U0861941

物　理　学

（适用少学时专业）

第 2 版

主编　刘永胜
编者　徐　力　吕　江
　　　康志泰　王莉华

天津大学出版社
TIANJIN UNIVERSITY PRESS

内容提要

本书内容包括质点运动学、质点动力学、刚体定轴转动、气体分子动理论、热力学基础、静电场、静电场中的导体和电介质、恒定电流的磁场、电磁感应、机械振动、机械波、光的干涉、光的衍射、光的偏振、狭义相对论基础、近代物理初步。为了便于读者学习和掌握其中的内容，每一章前都提出了基本要求和学习重点。同时大部分章节还配有阅读材料，其中包括物理学史、名人传记和物理学在实际中的一些应用，让读者在学习过程中进一步了解物理学史以及物理学在实际中的一些应用。每章最后给出了在基本要求范围内的同步练习，同步练习分为思考题、选择题、填空题和计算题四种题型，并在书后给出了答案。本书配有辅导教材，在辅导教材中，有习题分析、同步练习题的详细解答。

本书可作高等院校非理工类和理工类少学时的本科学生大学物理教材，也可作成人教育、高职院校的教材和理工科学生的物理学自学教材。

图书在版编目（CIP）数据

物理学/刘永胜主编；徐力等编. —天津：天津大学出版社，2009.8（2022.1 重印）
ISBN 978-7-5618-3083-3

Ⅰ. 物… Ⅱ. ①刘… ②徐… Ⅲ. 物理学 Ⅳ. 04

中国版本图书馆 CIP 数据核字（2009）第 126095 号

出版发行	天津大学出版社
地　　址	天津市卫津路 92 号天津大学内（邮编：300072）
电　　话	发行部：022-27403647
网　　址	www.tjupress.com.cn
印　　刷	廊坊市海涛印刷有限公司
经　　销	全国各地新华书店
开　　本	169mm×239mm
印　　张	22.5
字　　数	480 千
版　　次	2009 年 8 月第 2 版
印　　次	2022 年 1 月第11次
定　　价	48.00 元

前　言

物理学不仅是一门基础课,同时也是一门科学素质培养的课程。高等院校的理工类少学时学生开设物理课,就是要在学习物理基本知识的同时,了解物理学史和物理学在各个领域的一些应用。通过物理学的学习和训练,能够客观地认识物质世界和物质的运动规律,培养科学的思维方法,树立科学发展观,提高分析问题和解决问题的能力,提高综合素质,为后续课程奠定良好的基础。

编写本书的过程中,作者根据多年对少学时理工类专业的教学体会,并征求了部分少学时物理课教师的意见,确定了本书编写的基本思路和特点。本书特点是:①有完整的基本内容体系;②对传统的章节和内容作了适当的调整和删减;③简化了一些理论的推导和论证过程;④每章给出了可供参考的基本要求和学习重点;⑤每章给出了阅读材料和同步练习。

本书配有辅导教材,在辅导教材中,给出了每章的基本概念和规律及基本要求,编写了典型例题、同步练习的习题解答、自测题、自测题答案。编写本书辅导教材的目的是辅助读者能够更好地理解和掌握本教材每一章的基本要求、基本概念和内容,以便更好地学好物理学。

本书适用于大学理工类物理学计划教学时数在 96 学时以下的少学时专业使用,也可作其他专业物理课的参考书。

参加编写的人员及分工为:徐力执笔第 1 章、第 2 章、第 3 章;王莉华执笔第 6 章、第 7 章、第 8 章、第 16 章;康志泰执笔第 10 章、第 11 章;吕江执笔第 12 章、第 13 章、第 14 章、第 15 章;刘永胜执笔第 4 章、第 5 章、第 9 章,并负责全书统稿。

本书聘请了天津大学陈宜生教授作为主审。在本书编写过程中陈宜生教授给予了大量的指导和帮助,在此表示感谢。

由于编者水平有限,书中缺点和错误很难避免,恳请读者给予指正。

编　者

2009 年 6 月

目　录

第 1 章　质点运动学

基本要求

1. 熟悉描述质点运动物理量的定义及其矢量性、相对性和瞬时性。

2. 掌握运动方程的物理意义，会用微积分方法求解一维运动学的两类问题。

3. 理解平面抛体运动和圆周运动的规律；掌握圆周运动的角速度、角加速度、切向加速度、法向加速度的简单计算。

4. 了解经典力学时空观的局限性。

学习重点

1. 描述质点运动及运动变化的 4 个基本物理量的概念。

2. 描述质点运动全过程的运动方程。

力学是研究物质机械运动的学科。**机械运动**是指物体之间或物体各部分之间空间相对位置的变化，它是物质各种运动形式中最普通、最简单又最基本的形式。机械运动存在于一切其他高级运动形式之中，所以力学是整个物理学的基础，也是工程技术的理论基础。

力学以牛顿运动定律为基础，研究宏观物体的低速（远小于光速的）运动的客观规律，亦称**经典力学**，或牛顿力学。

牛顿力学一般分为三个部分。

①运动学，研究如何描述物体的空间位置随时间的变化，仅关心物体的运动状态，而不涉及运动状态改变的原因。

②动力学，研究物体间相互作用（力）对物体运动的影响和所遵循的规律。

③静力学，研究物体的平衡问题。

1.1　质点运动的描述

1.1.1　参照系和坐标系

1.1.1.1　参照系

物体的机械运动是指它的位置随时间的改变。位置总是相对的，这就说明任何一个物体的位置总是相对于其他物体或物体系来确定的，这个被选作参照的其他物体或物体系称为**参照系**。如图 1-1 所示，一棵树，人站在地面看,它是静止的;坐在运动的汽车上看,它在运动。树究竟是静止的还是运动的呢?运动是绝对的,而运动的描述是相对的。因此,当研究某一物体的运动时,必须具体指明运动是相对于哪一个物体而言的。

图 1-1 参照系

一般来说,甲对乙运动,甲就是运动物体,乙就是参照系。例如,研究月亮相对于地球的运动,月亮是运动物体,地球就是参照系;若研究月亮相对于太阳的运动,太阳就可以定为参照系。

通常,同一物体的运动相对于不同的参照系可以作出不同的描述。例如:一自由落体的运动,在地面参照系中观察时,它是竖直向下的直线运动;如果在近旁驶过的车厢内观察,即以一行进的车厢为参照系,则物体将作曲线运动。物体的运动形式随参照系的不同而不同,这个事实就是**运动描述的相对性**。由于运动描述的相对性,在确定一个物体的运动时就必须指明是相对于哪个参照系来说的。宇宙中的所有物体都处于永不停止的运动中,这就是**运动的绝对性**。

1.1.1.2 坐标系

为了对物体的位置及运动状态进行定量描述,还必须在参照系上建立合适的坐标系,这样物体在某时刻的位置就可以用坐标表示,将位置与数学联系起来。在参照系上取一点作为坐标原点,架上有刻度的坐标轴就建起坐标系了。

坐标系的选取要看问题的性质和研究的方便,最常见的坐标系有直角坐标系、极坐标系、自然坐标系等。一般情况下,平面运动选用直角坐标(x, y)、极坐标(r, θ);三维运动选用直角坐标(x, y, z)、球坐标(r, θ, φ)及柱坐标(r, θ, z)。

1.1.2 质点和刚体模型

1.1.2.1 质点

实际物体都有一定的大小和形状。当物体运动时,一般说来,物体上各点的运动状态是不相同的。但是,如果物体的大小和形状在所研究的问题中不起作用或作用很小,就可以忽略物体的大小和形状,而把物体抽象为只有质量的几何点,这样的研究对象在力学中称为**质点**。

应当指出,一个物体能否看成质点,不是依物体的大小而定,而是依问题的性质和具体情况而定。一般来说,在所研究的问题中,若可以不考虑物体的转动和形变,不涉及物体各部分间的相对运动,均可把它当作质点来处理。例如,当研究地球绕太阳公转时,地球的平均半径虽然大到 6 370 km,但是它与地球和太阳之间的平均距离(约为 1.5×10^{8} km)相比是微不足道的,此时地球上各点的运动状态的差别完全可以忽略不计,因此可以把地球当作质点来处理。但是在研究地球的自转时,就必须考虑其大小和形状,不能将其看成质点了。在另一些问题中,例如研究刚体、流体、弹性体的运动时,虽然不能把整个研究对象看作质点,但可以把它们当作是由大量质点所组成的,通过研究各质点的运动规律,也就可以了解整个研究对象的运动规律。因此,研究质点的运动规律也是研究一般物体运动规律的基础。

1.1.2.2　刚体

刚体是力学中另一个十分有用的理想模型。实验证明,任何物体在受到力的作用时,都将发生不同程度的形变,例如汽车驶过桥梁时,桥墩将发生压缩和弯曲变形,对固体而言,通常这种变形非常微小。如果在研究的问题中,物体受力而发生的微小形变是次要因素,以致忽略这种形变而不影响问题的研究时,则可把该物体看成在外力的作用下保持其大小、形状不变。这种在力的作用下,大小和形状都保持不变的物体称为**刚体**。

实际上物体总有一定的大小,没有真正的质点;物体受力,总要发生形变,因而也没有真正的刚体。在物理研究中,为了便于抓住本质,解决问题,常在科学分析的基础上,引入像**质点**、**刚体**这样的理想模型,以对理想模型的研究代替对实际物体的研究,这是物理学中常用的研究方法。至于理想模型能否较好地反映客观实际,在什么条件下可以用这种理想模型,则必须通过实践来检验和确定。

在力学中,质点和刚体是实际物体简化的理想模型,研究一个物体的运动时究竟把它简化为一个什么样的理想模型取决于所要研究的问题的性质。本章从研究质点运动规律着手,逐步过渡到刚体和实际物体。为描述质点运动,需引入下列物理量。

1.1.3　位置矢量和运动方程

为了确定质点在坐标系中的位置,需要引入位置矢量。如图 1-2 所示质点的位置 P 点,可以用直角坐标系中的三个坐标 x、y、z 确定。如果从原点 O 向 P 点作有向线段 $\boldsymbol{r}$,显然,有向线段 $\boldsymbol{r}$ 与 P 点的位置(x,y,z)有一一对应的关系。因此可以借用从参考点 O 到 P 的有向线段 $\boldsymbol{r}$ 来表示 P 点的位置,$\boldsymbol{r}$ 称为 P 点的**位置矢量**。若以 $\boldsymbol{i}$、$\boldsymbol{j}$、$\boldsymbol{k}$ 分别表示沿 X、Y、Z 轴的单位矢量,则在直角坐标系中,P 点的位置矢量为

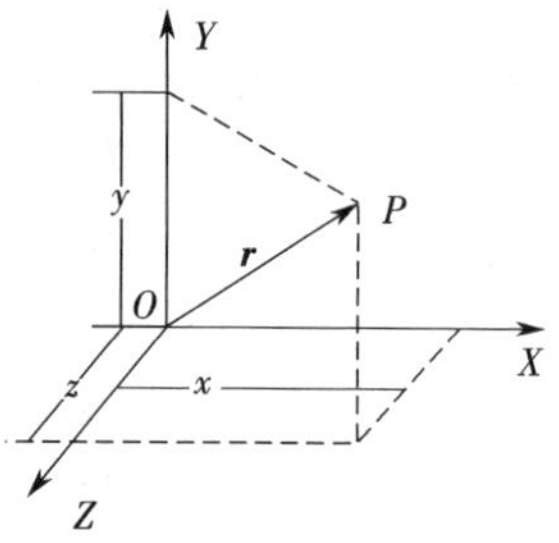

图 1-2 位置矢量

$$\boldsymbol{r}(t)=x(t)\boldsymbol{i}+y(t)\boldsymbol{j}+z(t)\boldsymbol{k} \tag{1-1}$$

质点运动时,质点的坐标 x、y、z 及位置矢量 $\boldsymbol{r}$ 是随时间变化的,因此它们都是时间 t 的函数,即

$$\boldsymbol{r}=\boldsymbol{r}(t)$$

上式称为质点的运动方程。或用其分量式表示为

$$x=x(t),y=y(t),z=z(t)$$

某一时刻 $\boldsymbol{r}$ 的大小和方向也可分别用其模和方向余弦来表示,即

$$r=|\boldsymbol{r}|=\sqrt{x^2+y^2+z^2}$$

$$\cos\alpha=\frac{x}{r}$$

$$\cos\beta=\frac{y}{r}$$

$$\cos\gamma=\frac{z}{r}$$

式中,α、β、γ 分别表示位置矢量 $\boldsymbol{r}$ 与 X、Y、Z 轴正方向的夹角,而且满足

$$\cos^2\alpha+\cos^2\beta+\cos^2\gamma=1$$

故只有两个夹角是独立的。

质点的空间位置一般需要由三个坐标来确定,缺一不可。如上述中的直角坐标 x、y、z 或 r、α、β。因此,质点在空间的运动是三维运动。

若质点的运动限于某一个平面内,质点的位置只需要用两个坐标来确定,故平面运动是二维运动。可以将 X、Y 坐标平面建立在质点运动的平面上,质点位置矢量的 z 分量恒为 0,运动方程的分量表达式即被简化为

$$x=x(t),y=y(t)$$

若质点作直线运动,仅需要用一个坐标来确定质点的位置,故称为一维运动,运动方程将简化为

$$x=x(t)$$

在直线运动中,质点的位移、速度、加速度等物理量的方向可用数值的正、负来表示。在国际单位制(SI)中,位置矢量的单位为米,用符号 m 表示。

运动的质点在空间所经过的路径称为**轨道**,质点的运动轨道为直线时,称为**直线运动**;运动轨道为曲线时称为**曲线运动**,从运动方程中消去时间参量 t 就可以得到轨道方程。

1.1.4　位移、速度、加速度

1.1.4.1　位移

当质点运动时，其位置矢量发生变化，这个变化用位移来描述。位移是描述质点位置改变的物理量。如图1-3所示，沿某空间轨道运动的质点在 t 时刻位于 A 点，在 $t+\Delta t$ 时刻位于 B 点。在 Δt 时间内，该质点位置的改变可以用其位置矢量的增量来描述，称为质点在 Δt 时间内的**位移**，记作 $\Delta \boldsymbol{r}$，

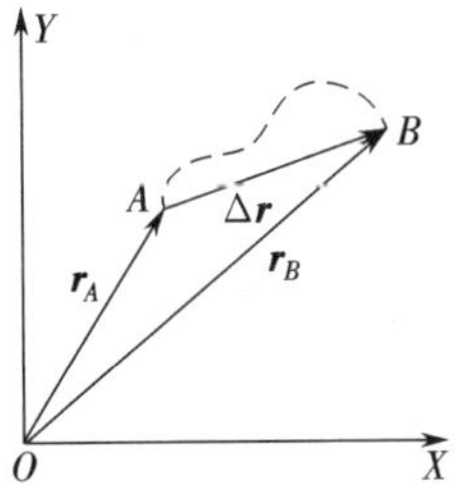

图1-3　位移矢量

$$\Delta \boldsymbol{r}=\boldsymbol{r}_B-\boldsymbol{r}_A \tag{1-2}$$

其中

$$\boldsymbol{r}_A=x_A\boldsymbol{i}+y_A\boldsymbol{j},\boldsymbol{r}_B=x_B\boldsymbol{i}+y_B\boldsymbol{j}$$

故

$$\Delta \boldsymbol{r}=(x_B-x_A)\boldsymbol{i}+(y_B-y_A)\boldsymbol{j}$$

在国际单位制中，位移的单位是米，用符号 m 表示。

这里必须指出的是，位移并非路程。一般讲，质点在 Δt 时间内沿着路径走过的路程 Δs 与其位移矢量的大小 $|\Delta \boldsymbol{r}|$ 之间没有确定的关系。只有当 $|\Delta \boldsymbol{r}|\to 0$ 的极限情形下，它们才趋近于相等，即 $\lim\limits_{\Delta t\to 0}\Delta s=\lim\limits_{\Delta t\to 0}|\Delta \boldsymbol{r}|$，或 $\mathrm{d}s=|\mathrm{d}\boldsymbol{r}|$。

1.1.4.2　速度和速率

速度是描述质点运动快慢和方向的物理量。位移 $\Delta \boldsymbol{r}$ 与时间间隔 Δt 的比值表示 Δt 时间内位置矢量的平均变化率，称为质点在 Δt 时间内的**平均速度**，写为

$$\bar{\boldsymbol{v}}=\frac{\Delta \boldsymbol{r}}{\Delta t} \tag{1-3}$$

平均速度矢量的方向与位移矢量的方向一致，其大小为

$$|\bar{\boldsymbol{v}}|=\left|\frac{\Delta \boldsymbol{r}}{\Delta t}\right|$$

这里特别要提到与之容易混淆的另一个概念，即平均速率。**平均速率**表示的是路程随时间的变化率，即

$$\bar{v}=\frac{\Delta s}{\Delta t} \tag{1-4}$$

因此平均速率不等于平均速度的大小。

例如一个质点沿着半径为 R 的圆周运动，当它运动一周后，用了时间间隔 T 秒，则在这段时间间隔中，其平均速度为零，而平均速率却不为零。

通常情况下，在 $\Delta t \to 0$ 时，上述平均速度的极限表示 t 时刻位置矢量的瞬时变化率，称为质点在 t 时刻的**瞬时速度**，记为

$$\boldsymbol{v} = \lim_{\Delta t \to 0} \frac{\Delta \boldsymbol{r}}{\Delta t} = \frac{\mathrm{d}\boldsymbol{r}}{\mathrm{d}t} \tag{1-5}$$

质点的瞬时速度即为其位置矢量对时间的一阶导数。显然，速度的方向就是 t 时刻质点所在处轨道曲线的切线方向。在国际制单位中，速度的单位是米·秒$^{-1}$，符号为 $\mathrm{m \cdot s^{-1}}$。

瞬时速度的大小称为**瞬时速率**，记为 v，

$$v = |\boldsymbol{v}| = \left|\frac{\mathrm{d}\boldsymbol{r}}{\mathrm{d}t}\right| = \frac{|\mathrm{d}\boldsymbol{r}|}{\mathrm{d}t} = \frac{\mathrm{d}s}{\mathrm{d}t} \tag{1-6}$$

在直角坐标系中，速度可表示为

$$\boldsymbol{v} = \frac{\mathrm{d}}{\mathrm{d}t}(x\boldsymbol{i} + y\boldsymbol{j} + z\boldsymbol{k}) \tag{1-7a}$$

$$\boldsymbol{v} = \frac{\mathrm{d}x}{\mathrm{d}t}\boldsymbol{i} + \frac{\mathrm{d}y}{\mathrm{d}t}\boldsymbol{j} + \frac{\mathrm{d}z}{\mathrm{d}t}\boldsymbol{k} \tag{1-7b}$$

$$\boldsymbol{v} = v_x\boldsymbol{i} + v_y\boldsymbol{j} + v_z\boldsymbol{k} \tag{1-7c}$$

其分量式为

$$v_x = \frac{\mathrm{d}x}{\mathrm{d}t}$$

$$v_y = \frac{\mathrm{d}y}{\mathrm{d}t}$$

$$v_z = \frac{\mathrm{d}z}{\mathrm{d}t}$$

说明：由前面的定义可以看出，位置矢量可以确定质点当前位置，与坐标系选取的原点有关；而位移是位置矢量的变化量，它与坐标系选取的原点无关。

1.1.4.3 加速度

有了速度的概念，就可以用它来比较两物体运动的快慢和方向了。但速度一般也在变化，并且质点在轨道不同的位置时，它的速度大小和方向通常也是不相同的。因此为了比较物体运动变化的快慢和方向，需要引入加速度的概念。

若以 $\boldsymbol{v}(t)$ 和 $\boldsymbol{v}(t+\Delta t)$ 分别表示质点在 t 时刻和 $t+\Delta t$ 时刻的速度，如图 1-4 所示，则在 Δt 时间内的**平均加速度** $\bar{\boldsymbol{a}}$ 由下式来定义：

$$\bar{\boldsymbol{a}} = \frac{\Delta \boldsymbol{v}}{\Delta t} = \frac{\boldsymbol{v}(t+\Delta t) - \boldsymbol{v}(t)}{\Delta t} \tag{1-8}$$

当 $\Delta t \to 0$ 时，此平均加速度的极限，即速度对时间的变化率，称为质点在 t 时刻的**瞬时加速度**（简称加速度），以 $\boldsymbol{a}$ 表示，即

$$\boldsymbol{a} = \lim_{\Delta t \to 0} \frac{\Delta \boldsymbol{v}}{\Delta t} = \frac{\mathrm{d}\boldsymbol{v}}{\mathrm{d}t} = \frac{\mathrm{d}^2\boldsymbol{r}}{\mathrm{d}t^2} \tag{1-9}$$

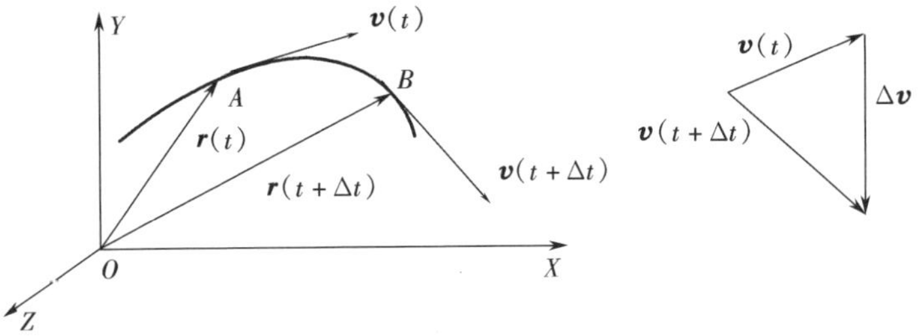

图 1-4　平均加速度

加速度等于速度对时间的一阶导数,或位置矢量对时间的二阶导数。加速度是矢量,其方向是在 $\Delta t \to 0$ 时,速度增量的极限方向。一般情况下,质点的加速度与速度在方向上并不一致,只有在直线运动中,它们的方向才在同一直线上,同向或反向。在 SI 制中,加速度的单位是米·秒$^{-2}$,符号为 $m \cdot s^{-2}$。将式(1-7)带入式(1-9),可得其直角坐标系的分量式:

$$\boldsymbol{a} = \frac{dv_x}{dt}\boldsymbol{i} + \frac{dv_y}{dt}\boldsymbol{j} + \frac{dv_z}{dt}\boldsymbol{k} = a_x\boldsymbol{i} + a_y\boldsymbol{j} + a_z\boldsymbol{k} \tag{1-10}$$

加速度也是矢量,由于它是速度对时间的变化率,所以不管是速度的大小发生变化,还是速度的方向发生变化,都会产生加速度。

在定义速度和加速度时,都用到了求极限的方法,这种方法在物理学各部分中经常出现。求极限是人类对物体运动作定量描述时在准确程度上的一次重大飞跃。实际上极限概念是牛顿在 17 世纪对物体的运动作定量研究时提出的,可见微积分学的创立与对物体运动的定量研究是分不开的。微积分学是数学的一个重要分支,也是研究物理学不可缺少的重要工具。

说明:速度的方向是位移的方向,不是位置矢量的方向;加速度的方向是速度增量的方向,不一定是速度的方向,圆周运动就是例子。

已知 $\boldsymbol{r}$ 可先求出 $\boldsymbol{v} = \frac{d\boldsymbol{r}}{dt}$,再求得 $\boldsymbol{a} = \frac{d\boldsymbol{v}}{dt}$,从而运用 $\boldsymbol{F} = m\boldsymbol{a}$ 求得 $\boldsymbol{F}$;另外还可已知 $\boldsymbol{a}$,通过积分求得 $\boldsymbol{v}(t)$、$\boldsymbol{r}(t)$,这正是质点运动学的两大类问题:微分类问题和积分类问题。

积分类问题将在下一节讨论。

例题 1.1　已知质点运动方程为 $x = 2t$, $y = 19 - 2t^2$, 式中 x、y 以米计,t 以秒计,试求:

(1)轨道方程;

(2)$t = 1$ s 时的速度和加速度;

(3)何时质点的位置矢量与速度矢量垂直?

解:(1)联立运动方程,消去时间 t 得到轨道方程

$$y = 19 - \frac{1}{2}x^2$$

(2)对运动方程求导,得到任意时刻的速度

$$v_x = \frac{dx}{dt} = 2$$

$$v_y = \frac{dy}{dt} = -4t$$

对速度求导,得到任意时刻的加速度

$$\begin{cases} a_x = \dfrac{dv_x}{dt} = 0 \\ a_y = \dfrac{dv_y}{dt} = -4 \end{cases}$$

将时间 $t = 1$ s 代入速度和加速度分量式中,求出 $t = 1$ s 对应的速度和加速度

$$\begin{cases} v_x = \dfrac{dx}{dt} = 2 \\ v_y = \dfrac{dy}{dt} = -4 \end{cases}$$

$$\boldsymbol{v} = v_x\boldsymbol{i} + v_y\boldsymbol{j} = 2\boldsymbol{i} - 4\boldsymbol{j}$$

速度大小

$$v = \sqrt{v_x^2 + v_y^2} = 4.47\ \text{m} \cdot \text{s}^{-1}$$

与 X 轴夹角

$$\alpha = \arctan\left(\frac{v_y}{v_x}\right) = -63°26'$$

加速度大小

$$a = \sqrt{a_x^2 + a_y^2} = 4\ \text{m} \cdot \text{s}^{-2}$$

方向与 Y 轴正方向相反。

(3)质点位置矢量与速度矢量垂直的条件为

$$\boldsymbol{r} \cdot \boldsymbol{v} = 0$$

故

$$\boldsymbol{r} \cdot \boldsymbol{v} = (x\boldsymbol{i} + y\boldsymbol{j}) \cdot (v_x\boldsymbol{i} + v_y\boldsymbol{j}) = xv_x + yv_y = -72t + 8t^3 = 0$$

解得

$$t = 0, t = \pm 3\ \text{s}$$

将 $t = -3$ s 舍去,所以质点位置矢量与速度矢量在 $t = 0$ 和 $t = 3$ s 时相互垂直。

例题 1.2 一人自原点出发,在 25 s 内向东走 30 m,而后又在 10 s 内向南走 10 m,再于 15 s 内向正西北走 18 m。求在这 50 s 内:

(1)平均速度的大小和方向;

(2)平均速率的大小。

解:(1)如图1-5所示

$$\overrightarrow{OC}=\overrightarrow{OA}+\overrightarrow{AB}+\overrightarrow{BC}$$
$$=30\boldsymbol{i}+(-10\boldsymbol{j})+18(-\cos 45°\boldsymbol{i}+\sin 45°\boldsymbol{j})$$
$$=17.27\boldsymbol{i}+2.73\boldsymbol{j}$$
$$|\overrightarrow{OC}|=17.48\ \text{m}$$

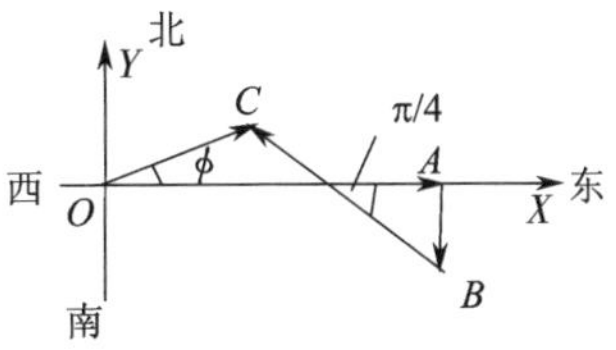

图1-5　例题1.2图

方向 $\phi=8.98°$(东偏北)。

$$|\bar{\boldsymbol{v}}|=|\Delta\boldsymbol{r}/\Delta t|=|\overrightarrow{OC}/\Delta t|=0.35\ \text{m}\cdot\text{s}^{-1}$$

方向东偏北8.98°

(2)(路程)$\Delta s=30+10+18=58\ \text{m}$,　$\bar{v}=\Delta s/\Delta t=1.16\ \text{m}\cdot\text{s}^{-1}$

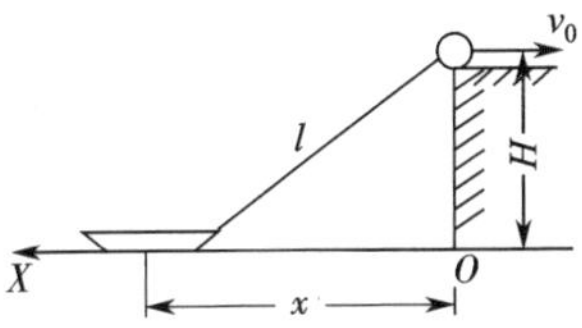

图1-6　例题1.3图

例题1.3　如图1-6所示,设绳的原长为 l_0,人以匀速 v_0 拉绳子,试写出小船的运动学方程。

解:建立如图所示的 OX 坐标轴,$t=0$ 时,绳长为 l_0-v_0t;此时船的坐标是:

$$x=\sqrt{(l_0-v_0t)^2-H^2}$$

上式即为小船的运动学方程,它指出小船的位置 x 随时间 t 的变化规律。利用式(1-7)可得

$$v=\frac{\mathrm{d}x}{\mathrm{d}t}=-\frac{(l_0-v_0t)v_0}{\sqrt{(l_0-v_0t)^2-H^2}}$$

负号表示速度方向与 X 轴正向相反。

1.2　加速度为恒量时的质点运动

一般来说,质点运动时其加速度会随时间而改变,但在有些情况下,质点的加速度可以是恒定的,即其大小和方向都不随时间而改变,如质点在地球表面附近运动、电荷在均匀电场中的运动等,都属于这种情况。

1.2.1　质点作匀加速直线运动

假设质点沿 x 轴作匀加速直线运动,加速度 a 不随时间变化,初始位置为 x_0,初速度为 v_0,则

$$a=\frac{\mathrm{d}v}{\mathrm{d}t}$$

所以

$$\mathrm{d}v=a\mathrm{d}t$$

对上式两边进行定积分可得

$$\int_{v_0}^{v} \mathrm{d}v = \int_0^t a\mathrm{d}t$$

$$v = v_0 + at \tag{1-11}$$

又因为

$$\frac{\mathrm{d}x}{\mathrm{d}t} = v_0 + at$$

所以

$$\mathrm{d}x = (v_0 + at)\mathrm{d}t$$

对上式两边再取定积分,可得

$$\int_{x_0}^{x} \mathrm{d}x = \int_0^t (v_0 + at)\mathrm{d}t$$

$$x = x_0 + v_0 t + \frac{1}{2}at^2 \tag{1-12}$$

式(1-11)和式(1-12)消去时间参数 t,可得

$$v^2 - v_0^2 = 2a(x - x_0) \tag{1-13}$$

式(1-11)、式(1-12)和式(1-13)正是中学学过的匀变速直线运动公式。

可见,如果知道了质点的运动方程,就可以根据速度和加速度的定义用求导数的方法求出质点在任何时刻(或任何位置)的速度和加速度。然而在许多实际问题中,往往先知道质点的加速度,而且要求在此基础上求出质点在各时刻的速度和位置,求解此类问题可采用积分法。

例题 1.4　一质点沿 X 轴运动,其加速度为 $a = 4t$ (SI),已知 $t = 0$ 时,质点位于 $x_0 = 10$ m 处,初速度 $v_0 = 0$,试求其位置和时间的关系式。

解:因为

$$a = \frac{\mathrm{d}v}{\mathrm{d}t} = 4t$$

所以有

$$\mathrm{d}v = 4t\ \mathrm{d}t$$

作定积分有

$$\int_0^v \mathrm{d}v = \int_0^t 4t\mathrm{d}t$$

$$v = 2t^2$$

而

$$v = \frac{\mathrm{d}x}{\mathrm{d}t} = 2t^2$$

所以有

$$\mathrm{d}x = 2t^2\mathrm{d}t$$

再作定积分有

$$\int_{10}^{x} \mathrm{d}x = \int_0^t 2t^2\mathrm{d}t$$

得

$$x=\frac{2}{3}t^3+x_0=\frac{2}{3}t^3+10\ (\mathrm{SI})$$

1.2.2　斜抛运动

质点在确定的平面内可作 $\boldsymbol{a}$ 为恒量的曲线运动，常见的实例有抛体运动。从地面上某点向空中抛出一物体，它在空中的运动称为**抛体运动**。物体被抛出之后，若忽略风力及空气阻力的影响，它的运动轨迹总是被限制在通过抛射点的抛出方向和竖直方向所确定的平面内。因此描述这种运动，就可以把抛出点作为坐标原点，把水平方向和竖直方向分别作为 X 轴和 Y 轴，如图 1-7 所示。

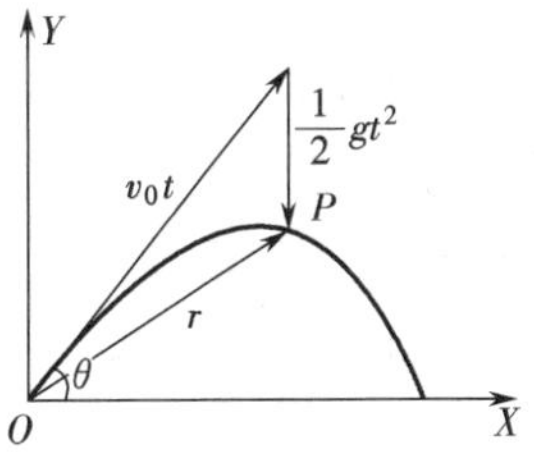

图 1-7　斜抛运动

若从抛出时刻开始计时，则 $t=0$ 时，物体的初始位置在原点，即 $O(0,0)$，以 $\boldsymbol{v}_0$ 表示物体的初速度，以 θ 角表示抛射角，即初速度与 X 轴的夹角，则 $\boldsymbol{v}_0$ 沿 X 轴和 Y 轴的分量分别为

$$v_{0_x}=v_0\cos\theta$$

$$v_{0_y}=v_0\sin\theta$$

物体在空中的加速度分量分别为

$$a_x=0$$

$$a_y=-g$$

即

$$\boldsymbol{a}=-g\boldsymbol{j}$$

其中负号表示加速度的方向与 Y 轴的正方向相反。

利用这些条件，可以方便地求出物体在任意时刻的速度分量分别为

$$v_x=v_0\cos\theta$$

$$v_y=v_0\sin\theta-gt$$

即

$$\boldsymbol{v}=v_0\cos\theta\boldsymbol{i}+(v_0\sin\theta-gt)\boldsymbol{j}\tag{1-14}$$

也可以得出物体在空中任意时刻的位置坐标为

$$x=v_0t\cos\theta$$

$$y=v_0t\sin\theta-\frac{1}{2}gt^2\tag{1-15}$$

即

$$\boldsymbol{r}=(v_0t\cos\theta)\boldsymbol{i}+(v_0t\sin\theta-\frac{1}{2}gt^2)\boldsymbol{j}$$

由图 1-7 可以看出,斜抛运动可看作是沿 X 轴的匀速直线运动与沿 Y 轴的匀加速直线运动叠加而成,而且这两个运动是互不影响的。这就是通常所说的运动叠加原理。

1.3 圆周运动

前面以抛体运动为例讨论了恒定加速度时的质点运动,这一节将以圆周运动为例讨论加速度不恒定的运动。所谓**圆周运动**就是指在确定的平面上质点的运动轨迹是圆周。下面从加速度的定义出发,进一步分析讨论质点作圆周运动时的加速度。

1.3.1 描述圆周运动的角量

设有一质点在如图 1-8 所示的 XOY 平面内运动,某时刻它位于点 A。由坐标原点 O 到点 A 的有向线段 $\boldsymbol{r}$ 称为位置矢量, $\boldsymbol{r}$ 与 OX 轴之间的夹角为 θ。于是,质点在点 A 的位置可由($\boldsymbol{r}$,θ)来确定。这种以($\boldsymbol{r}$,θ) 为坐标的参考系称为**平面极坐标系**。如图 1-9 所示,质点的位置由位置矢量 $\boldsymbol{r}$ 与 OX 轴之间的夹角 θ 来确定,θ 称为**角位置**,又称角坐标。当质点运动时,θ 随时间而改变,即 θ 是时间的函数 $\theta(t)$,它被称为**角量的运动方程**。

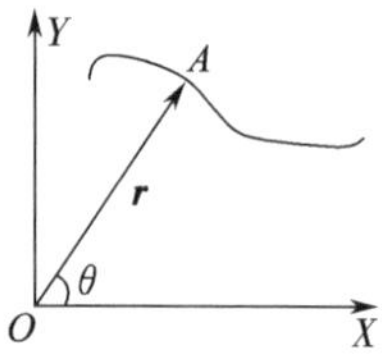

图 1-8 平面极坐标

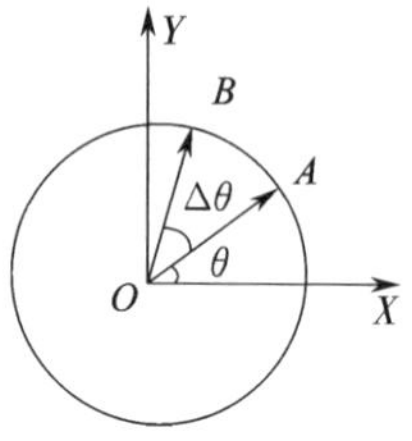

图 1-9 质点在平面作圆周运动

在 Δt 时间间隔内,质点由 A 点运动到达 B 点,此时其角位置为 $\theta+\Delta\theta$,在 Δt 时间内,质点转过的角度 $\Delta\theta$ 称为**角位移**。质点沿圆周运动的绕行方向不同,角位移的转向也不同。一般情况下,规定质点沿逆时针方向绕行时角位移取正值,质点沿顺时针方向绕行时角位移取负值。

角坐标 $\theta(t)$ 随时间的变化率即$\dfrac{\mathrm{d}\theta}{\mathrm{d}t}$,叫做**角速度**,用符号 ω 表示,则有

$$\omega=\frac{\mathrm{d}\theta}{\mathrm{d}t} \tag{1-16}$$

如果在 Δt 时间内,质点由图上的 A 点运动到 B 点,所经过的圆弧长为 $\Delta s=r\Delta\theta$,$\Delta\theta$ 为 Δt 内位置矢量 $\boldsymbol{r}$ 所转过的角度。当 $\Delta t\to 0$ 时,$\dfrac{\Delta s}{\Delta t}$ 的极

限值为

$$\lim_{\Delta t\to 0}\frac{\Delta s}{\Delta t}=r\lim_{\Delta t\to 0}\frac{\Delta\theta}{\Delta t}$$

即

$$\frac{\mathrm{d}s}{\mathrm{d}t}=r\frac{\mathrm{d}\theta}{\mathrm{d}t}$$

其中$\frac{\mathrm{d}s}{\mathrm{d}t}$为质点在 A 点的速率,也称**线速度**,用 v 表示;而$\frac{\mathrm{d}\theta}{\mathrm{d}t}$为质点在 A 点的角速度 ω,故有

$$v=r\omega \tag{1-17}$$

式(1-17)是质点作圆周运动时线速度与角速度之间的瞬时关系。

为描述角速度变化的快慢和方向,引入**角加速度**,用 β 表示,定义为

$$\beta=\lim_{\Delta t\to 0}\frac{\Delta\omega}{\Delta t}=\frac{\mathrm{d}\omega}{\mathrm{d}t} \tag{1-18}$$

在国际单位制(SI)中,角位置、角位移的单位为弧度,符号为 rad;角速度 ω 的单位为弧度·秒$^{-1}$,符号为 rad·s^{-1};角加速度 β 的单位为弧度·秒$^{-2}$,符号为 rad·s^{-2}。

1.3.2　圆周运动的切向加速度和法向加速度

如图 1-10 所示,作圆周运动的质点在 Δt 时间内,由 A 点到 B 点,速度由 $\boldsymbol{v}_A$ 变为 $\boldsymbol{v}_B$,在这一段时间内速度的增量为 $\Delta\boldsymbol{v}=\boldsymbol{v}_B-\boldsymbol{v}_A$,于是由 $\boldsymbol{v}_A$ 和 $\boldsymbol{v}_B$、$\Delta\boldsymbol{v}$ 组成的三角形 $O'A'B'$ 中取 $O'C'$ 的长度等于 $O'A'$ 的长度,那么速度的增量 $\Delta\boldsymbol{v}$ 就可分解为两个矢量 $\Delta\boldsymbol{v}_{\mathrm{n}}$ 和 $\Delta\boldsymbol{v}_{\mathrm{t}}$ 之和,即 $\Delta\boldsymbol{v}=\Delta\boldsymbol{v}_{\mathrm{n}}+\Delta\boldsymbol{v}_{\mathrm{t}}$。显然 $\Delta\boldsymbol{v}_{\mathrm{t}}$ 反映速度的数值变化,而 $\Delta\boldsymbol{v}_{\mathrm{n}}$ 反映其方向变化,所以加速度

$$\boldsymbol{a}=\lim_{\Delta t\to 0}\frac{\Delta\boldsymbol{v}}{\Delta t}=\lim_{\Delta t\to 0}\frac{\Delta\boldsymbol{v}_{\mathrm{n}}}{\Delta t}+\lim_{\Delta t\to 0}\frac{\Delta\boldsymbol{v}_{\mathrm{t}}}{\Delta t}$$

令

$$\boldsymbol{a}_{\mathrm{n}}=\lim_{\Delta t\to 0}\frac{\Delta\boldsymbol{v}_{\mathrm{n}}}{\Delta t},\boldsymbol{a}_{\mathrm{t}}=\lim_{\Delta t\to 0}\frac{\Delta\boldsymbol{v}_{\mathrm{t}}}{\Delta t}$$

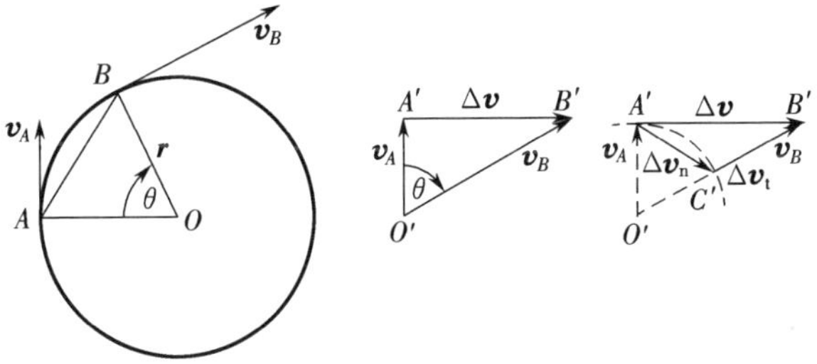

图 1-10　变速圆周运动

则

$$\boldsymbol{a}=\boldsymbol{a}_{\mathrm{n}}+\boldsymbol{a}_{\mathrm{t}} \tag{1-19}$$

下面讨论 $\boldsymbol{a}_{\mathrm{n}}$ 和 $\boldsymbol{a}_{\mathrm{t}}$ 的大小、方向和物理意义。

当 $\Delta t \to 0$ 时，A 点无限趋近于 B 点，OA 与 OB 之间的夹角 $\Delta\theta \to 0$，$\Delta \boldsymbol{v}_{\mathrm{t}}$ 的极限方向与 $\boldsymbol{v}_A$ 相同，是 A 点处圆周的切线方向；$\Delta \boldsymbol{v}_{\mathrm{n}}$ 的极限方向与 $\boldsymbol{v}_A$ 垂直，沿半径指向圆心。可见质点在 A 点处的加速度 $\boldsymbol{a}$ 的两个分量 $\boldsymbol{a}_{\mathrm{n}}$ 和 $\boldsymbol{a}_{\mathrm{t}}$，恰好分别指向圆周上 A 点处的法向和切向这两个特殊方向。因此，将 A 点处的 $\boldsymbol{a}_{\mathrm{n}}$ 称为该点处的**法向加速度**（对于圆周运动即为向心加速度），将 A 点处的 $\boldsymbol{a}_{\mathrm{t}}$ 称为该点处的切向加速度。

平移 $\boldsymbol{v}_A$ 于 O' 点，由图 1-10 可以看出，$|\Delta \boldsymbol{v}_{\mathrm{t}}|$ 正是速度大小的增量（即速率的增量 Δv），于是切向加速度 $\boldsymbol{a}_{\mathrm{t}}$ 的大小为

$$a_{\mathrm{t}}=\lim_{\Delta t\to 0}\frac{|\Delta \boldsymbol{v}_t|}{\Delta t}=\lim_{\Delta t\to 0}\frac{\Delta v}{\Delta t}=\frac{\mathrm{d}v}{\mathrm{d}t}$$

$$a_{\mathrm{t}}=\frac{\mathrm{d}v}{\mathrm{d}t} \tag{1-20}$$

注意：a_{t} 是对速度大小的求导。

又因为 $\triangle OAB \backsim \triangle O'A'C'$，所以

$$\frac{|\Delta \boldsymbol{v}_{\mathrm{n}}|}{v_A}=\frac{\overline{AB}}{r}$$

故法向加速度 $\boldsymbol{a}_{\mathrm{n}}$ 的大小为

$$a_{\mathrm{n}}=\lim_{\Delta t\to 0}\frac{|\Delta \boldsymbol{v}_{\mathrm{n}}|}{\Delta t}=\lim_{\Delta t\to 0}\frac{\overline{AB}}{\Delta t}\cdot\frac{v_A}{r}$$

由于 A 点是圆周上的任意一点，所以质点在圆周上的加速度 $\boldsymbol{a}_{\mathrm{n}}$ 的大小为

$$a_{\mathrm{n}}=\frac{v^2}{r} \tag{1-21}$$

其中 v 为对应点的速度的大小（即速率）。

通过上面的分析和研究发现：切向加速度 $\boldsymbol{a}_{\mathrm{t}}$ 与质点运动的速率改变相联系，法向加速度 $\boldsymbol{a}_{\mathrm{n}}$ 与质点运动的方向改变相联系。于是将其归纳为

$$\boldsymbol{a}=\boldsymbol{a}_{\mathrm{n}}+\boldsymbol{a}_{\mathrm{t}}=\frac{v^2}{r}\boldsymbol{e}_{\mathrm{n}}+\frac{\mathrm{d}v}{\mathrm{d}t}\boldsymbol{e}_{\mathrm{t}}$$

其中 $\boldsymbol{e}_{\mathrm{n}}$ 和 $\boldsymbol{e}_{\mathrm{t}}$ 分别是法向与切向的单位矢量。

$$a=|\bar{\boldsymbol{a}}|=\sqrt{\boldsymbol{a}_{\mathrm{n}}^2+\boldsymbol{a}_{\mathrm{t}}^2}$$

如图 1-11 所示，

$$\tan\varphi=\frac{a_{\mathrm{n}}}{a_{\mathrm{t}}}$$

注意：加速度不再指向圆心，其方向由 $\tan\varphi$ 来决定。对一般曲线运动，半径 r 由曲率半径 ρ 来代替，即

$$a_n = \frac{v^2}{\rho}, a_t = \frac{dv}{dt}$$

例题 1.5　质点 M 在水平面内运动，轨迹如图 1-12 所示，OA 段为直线，AB、BC 段分别为不同半径的两个 1/4 圆周。设 $t=0$ 时，M 在 O 点，已知运动学方程为 $s=30t+5t^2$ (SI)，求在 $t=2$ s 时刻，质点 M 的切向加速度和法向加速度的大小。

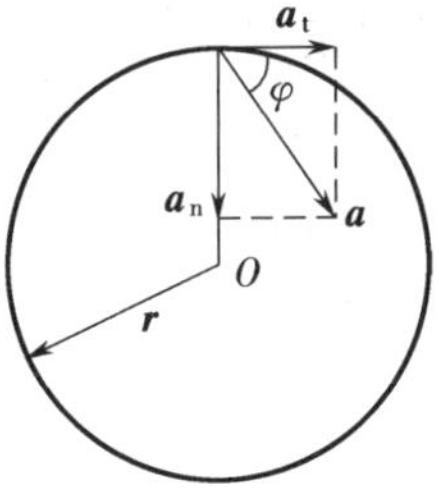

图 1-11　圆周运动的切向加速度和法向加速度

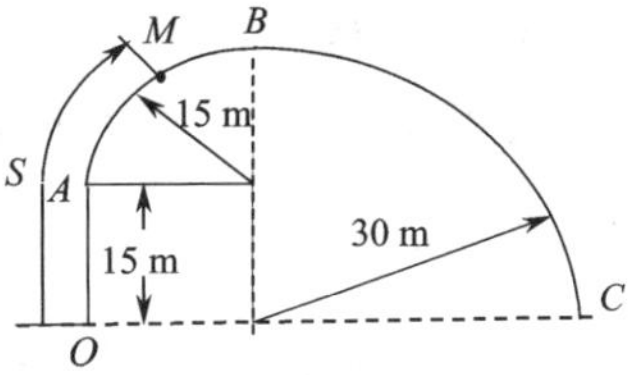

图 1-12　例题 1.5 图

解：首先求出 $t=2$ s 时质点在轨迹上的位置

$$s = 30\times 2 + 5\times 2^2 = 80 \text{ m} \quad （在大圆上）$$

各瞬时质点的速率

$$v = ds/dt = 30 + 10t$$

故 $t=2$ s 时

$$v = 30 + 10\times 2 = 50 \text{ m}\cdot\text{s}^{-1}$$

因此，各瞬时质点的切向加速度和法向加速度的大小

$$a_t = \frac{dv}{dt} = \frac{d^2 s}{dt^2} = 10 \text{ m}\cdot\text{s}^{-2}$$

$$a_n = \frac{v^2}{\rho} = \frac{50^2}{30} = 83.3 \text{ m}\cdot\text{s}^{-2}$$

故 $t=2$ s 时

$$a_t = 10 \text{ m}\cdot\text{s}^{-2}, a_n = 83.3 \text{ m}\cdot\text{s}^{-2}$$

例题 1.6　一质点沿半径为 R 的圆周运动，其角位置与时间的函数关系式(即角量运动方程)为 $\theta = 2+3t^2$，取 SI 制，则质点的角速度、角加速度、切向加速度和法向加速度各为多少？

解：因为

$$\theta = 2 + 3t^2$$

所以质点的角速度的大小

$$\omega = \frac{d\theta}{dt} = 6t$$

质点的角加速度大小

$$\beta = \frac{d\omega}{dt} = 6\ \text{rad} \cdot \text{s}^{-2}$$

质点的切向加速度大小

$$a_t = R\beta = 6R$$

质点的法向加速度大小

$$a_n = R\omega^2 = 36t^2R$$

1.3.3 圆周运动的特例——匀速率圆周运动和匀变速率圆周运动

1.3.3.1 匀速率圆周运动

质点作匀速率圆周运动时，其速率 v 和角速度 ω 都为常量，故角加速度 $\beta = 0$，切向加速度 $a_t = 0$，而法向加速度的值 $a_n = \frac{v^2}{r} = r\omega^2$ 也为常量。于是匀速率圆周运动的加速度

$$\boldsymbol{a} = \boldsymbol{a}_n = \frac{v^2}{r}\boldsymbol{e}_n$$

这里的 $\boldsymbol{e}_n$ 为法向的单位矢量。

由式(1-16)可得

$$d\theta = \omega dt$$

如取 $t = 0$ 时，$\theta = \theta_0$，则有

$$\theta = \theta_0 + \omega t \tag{1-22}$$

1.3.3.2 匀变速率圆周运动

质点作匀变速率圆周运动时，其角加速度 β = 常量，故圆周上某点的切向加速度的值 $a_t = r\beta$ = 常量，而法向加速度的值仍为 $a_n = \frac{v^2}{r} = r\omega^2$，但不为常量。于是匀变速率圆周运动的加速度

$$\boldsymbol{a} = \boldsymbol{a}_n + \boldsymbol{a}_t = r\beta\boldsymbol{e}_t + r\omega^2\boldsymbol{e}_n$$

式中，$\boldsymbol{e}_t$ 和 $\boldsymbol{e}_n$ 分别为切向单位矢和法向单位矢。

由于匀变速率圆周运动的角加速度 β = 常量，如 $t = 0$ 时，$\theta = \theta_0$，$\omega = \omega_0$，那么由式(1-16)和式(1-18)可得

$$\left.\begin{aligned} \omega &= \omega_0 + \beta t \\ \theta &= \theta_0 + \omega_0 t + \frac{1}{2}\beta t^2 \\ \omega^2 &= \omega_0^2 + 2\beta(\theta - \theta_0) \end{aligned}\right\} \tag{1-23}$$

这三个公式与中学物理已学过的匀变速直线运动的公式在形式上是相似的。

阅读材料

科学家介绍——伽利略

伽利略(Galileo Galilei)1564年生于意大利比萨城的一个没落贵族家庭。他从小表现聪颖,17岁(1581)时被父亲送入比萨大学学医,但他对医学不感兴趣。由于受到一次数学演讲的启发,开始热衷于数学和物理学的研究。1585年辍学回家,此后曾在比萨大学和帕多瓦大学任教。在此期间,他在科学研究上取得了不少成绩。由于他反对当时统治知识界的亚里士多德世界观和物理学,同时又由于他积极宣扬违背天主教教义的哥白尼太阳中心说,所以不断受到教授们的排挤以及教士和罗马教皇的激烈反对。最后终于在1633年被罗马宗教裁判所强迫在写有“我悔恨我的过失、宣传地球运动的邪说”的“悔罪书”上签字,并被判刑入狱(后不久改为在家监禁)。这使他的身体和精神都受到很大的摧残,但他仍致力于力学的研究工作。1637年他双目失明,1642年由于寒热病在孤寂中离开了人世,时年78岁。间隔347年,罗马教皇于1980年宣布承认对伽利略的压制是错误的,并为他“恢复名誉”。

伽利略

(Galileo Galilei,1564—1642)

伽利略的主要传世之作有两本书。一本是1632年出版的《关于两个世界体系的对话》,简称《对话》,主旨是宣扬哥白尼的太阳中心说。另一本是1638年出版的《关于力学和局部运动两门新科学的谈话和数学证明》,简称《两门新科学》,书中主要陈述了他在力学方面研究的成果。伽利略在科学上的贡献主要有以下几方面。

①论证和宣扬了哥白尼学说,令人信服地说明了地球的公转、自转以及行星的绕日运动。他还用自制的望远镜仔细地观测了木星的4个卫星的运动,在人们面前展示了一个太阳系的模型,有力地支持了哥白尼学说。

②论证了惯性运动,指出维持运动并不需要外力。这就否定了亚里士多德的“运动必须推动”的教条。不过伽利略对惯性运动的理解还没有完全摆脱亚里士多德的影响,他也认为“维持宇宙完善秩序”的惯性运动不可能是直线运动,而只能是圆周运动。这个错误理解被他的同代人笛卡儿和后人牛顿纠正了。

③论证了所有物体都以同一加速度下落。这个结论直接否定了亚里

士多德的重物比轻物下落得快的说法。两百多年后，从这个结论萌发了爱因斯坦的广义相对论。

④用实验研究了匀加速运动。他使小球沿斜面滚下，通过实验测量验证了他推出的公式：从静止开始的匀加速运动的路程和时间的平方成正比。他还把这一结果推广到自由落体运动，即倾角为90°的斜面上的运动。

⑤提出运动合成的概念。他明确指出平抛运动是相互独立的水平方向的匀速运动和竖直方向的匀加速运动的合成，并用数学证明合运动的轨迹是抛物线。他还根据这个概念计算出了斜抛运动在仰角45°时射程最大，而且比45°大或小同样角度时射程相等。

⑥提出了相对性原理的思想。他生动地叙述了大船内的一些力学现象，并且指出船以任何速度匀速前进时这些现象都一样地进行，从而无法根据它们来判断船是否在动。这个思想后来被爱因斯坦发展成相对性原理，从而成了狭义相对论的基本假设之一。

⑦发现了单摆的等时性并证明了单摆振动的周期和摆长的平方根成正比。他还解释了共振和共鸣现象。

此外，伽利略还研究过固体材料的强度、空气的重量、潮汐现象、太阳黑子、月亮表面的隆起与凹陷等问题。除了具体的研究成果外，伽利略还在研究方法上为近代物理学的发展开辟了道路。是他首先把实验引进物理学并赋予重要的地位，革除了以往只靠思辨下结论的恶习。他同时也很注意严格的推理和数学的运用，例如他用消除摩擦的极限情况来说明惯性运动，推论大石头和小石块绑在一起下落应具有的速度来使亚里士多德陷于自相矛盾的困境，从而否定重物比轻物下落快的结论。这样的推理就能消除直觉的错误，从而更深入地理解现象的本质。爱因斯坦和英费尔德在《物理学的进化》一书中曾评论说："伽利略及他所应用的科学的推理方法，是人类思想史上最伟大的成就之一，而且标志着物理学的真正开端。"

伽利略一生和传统的错误观念进行了不屈不挠的斗争，他对待权威的态度也很值得我们学习。他说过："老实说，我赞成亚里士多德的著作，并精心地加以研究。我只是责备那些使自己完全沦为他的奴隶的人，变得不管他讲什么都盲目地赞成，并把他的话一律当作丝毫不能违抗的圣旨一样，而不深究其他任何依据。"

同步练习

思考题

1.1 对于一个质点来说，$\mathrm{d}v/\mathrm{d}t$、$\mathrm{d}r/\mathrm{d}t$、$\mathrm{d}s/\mathrm{d}t$、$\mathrm{d}\boldsymbol{v}/\mathrm{d}t$、$|\mathrm{d}\boldsymbol{v}|/\mathrm{d}t$各表示什

么物理意义？

1.2　有人说："分子很小，可将其当作质点；地球很大，不能当作质点。"这样的说法对吗？

1.3　已知质点的运动方程为 $\boldsymbol{r}=x(t)\boldsymbol{i}+y(t)\boldsymbol{j}$，有人说其速度和加速度分别为 $v=\mathrm{d}r/\mathrm{d}t$，$a=\mathrm{d}^2r/\mathrm{d}t^2$，其中 $r=\sqrt{x^2+y^2}$，你说对吗？

1.4　回答下列问题：

(1)位移和路程有何区别？

(2)速度和速率有何区别？

(3)瞬时速度和平均速度的区别和联系是什么？

1.5　圆周运动中质点的加速度是否一定和速度的方向垂直？如不一定，该加速度的方向在什么情况下偏向运动的前方？

1.6　下列说法是否正确：

(1)质点作圆周运动时的加速度指向圆心；

(2)匀速圆周运动的加速度为恒量；

(3)只有法向加速度的运动一定是圆周运动；

(4)只有切向加速度的运动一定是直线运动。

1.7　有人说，作曲线运动的物体必然有加速度。此话是否正确？为什么？

1.8　质点的速度为零时，加速度是否一定为零？加速度为零时，速度是否一定为零？

选择题

1.9　某质点作直线运动的运动学方程为 $x=3t-5t^3+6$(SI)，则该质点作　[　　]

A. 匀加速直线运动，加速度沿 X 轴正方向

B. 匀加速直线运动，加速度沿 X 轴负方向

C. 变加速直线运动，加速度沿 X 轴正方向

D. 变加速直线运动，加速度沿 X 轴负方向

1.10　如图所示，湖中有一小船，有人用绳绕过岸上一定高度处的定滑轮拉湖中的船向岸边运动。设该人以匀速率 v_0 收绳，绳不伸长、湖水静止，则小船的运动是　[　　]

A. 匀加速运动

B. 匀减速运动

C. 变加速运动

D. 变减速运动

E. 匀速直线运动

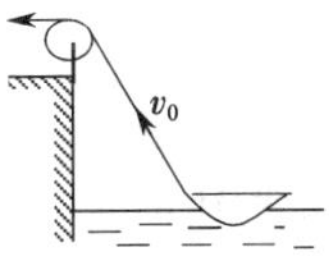

题 1.10 图

1.11　一质点在平面上作一般曲线运动，其瞬

时速度为 $\boldsymbol{v}$，瞬时速率为 v，某一时间内的平均速度为 $\bar{\boldsymbol{v}}$，平均速率为 $\bar{v}$，它们之间的关系必定有 [ ]

A. $|\boldsymbol{v}| = v, |\bar{\boldsymbol{v}}| = \bar{v}$　　B. $|\boldsymbol{v}| \neq v, |\bar{\boldsymbol{v}}| = \bar{v}$

C. $|\boldsymbol{v}| \neq v, |\bar{\boldsymbol{v}}| \neq \bar{v}$　　D. $|\boldsymbol{v}| = v, |\bar{\boldsymbol{v}}| \neq \bar{v}$

1.12　质点作曲线运动，$\boldsymbol{r}$ 表示位置矢量，$\boldsymbol{v}$ 表示速度，$\boldsymbol{a}$ 表示加速度，s 表示路程，a_t表示切向加速度大小，下列表达式中， [ ]

(1) $\mathrm{d}v/\mathrm{d}t = a$，　(2) $\mathrm{d}r/\mathrm{d}t = v$，

(3) $\mathrm{d}s/\mathrm{d}t = v$，　(4) $|\mathrm{d}\boldsymbol{v}/\mathrm{d}t| = a_t$。

A. 只有(1)、(4)是对的　　B. 只有(2)、(4)是对的

C. 只有(2)是对的　　D. 只有(3)是对的

1.13　质点沿半径为 R 的圆周作匀速率运动，每 T 秒转一圈。在 $2T$ 时间间隔中，其平均速度大小与平均速率大小分别为 [ ]

A. $2\pi R/T$, $2\pi R/T$　　B. 0, $2\pi R/T$

C. 0, 0　　D. $2\pi R/T$, 0

填空题

1.14　在 XOY 平面内有一运动质点，其运动学方程为 $\boldsymbol{r} = 10\cos 5t\boldsymbol{i} + 10\sin 5t\boldsymbol{j}$(SI)，则 t 时刻其速度 $\boldsymbol{v}$ = ______；其切向加速度的大小 a_t = ______；该质点运动的轨迹是______。

1.15　一质点沿直线运动，其运动学方程为 $x = 6t - t^2$(SI)，则在 t 由 0 至 4 s 的时间间隔内，质点的位移大小为 ________，在 t 由 0 到 4 s 的时间间隔内，质点走过的路程为________。

1.16　一质点沿半径为 0.1 m 的圆周运动，其角位移 θ 随时间 t 的变化规律是 $\theta = 2 + 4t^2$(SI)。在 t = 2 s 时，它的法向加速度 a_n = ______；切向加速度 a_t = ______。

计算题

1.17　有一质点沿 X 轴作直线运动，t 时刻的坐标为 $x = 4.5t^2 - 2t^3$(SI)。试求：

(1)第 2 秒内的平均速度；

(2)第 2 秒末的瞬时速度；

(3)第 2 秒内的路程。

1.18　一质点沿半径为 R 的圆周运动，质点所经过的弧长与时间的关系为 $s = bt + \frac{1}{2}ct^2$，其中 b、c 是大于零的常量。求从 $t = 0$ 开始到切向加速度与法向加速度大小相等时所经历的时间。

1.19　质点沿 X 轴运动，其加速度 $a = 4t$(SI)，已知 $t = 0$ 时，质点位于 $x_0 = 10$ m 处，初速度 $v_0 = 0$。试求其位置和时间的关系式。

第2章 质点动力学

基本要求

1. 理解牛顿运动定律的内容及实质;掌握用隔离法解一般的动力学问题。

2. 理解动量定理和动能定理。

3. 掌握保守力做功特点及与势能的关系。

4. 了解功与能(动能、势能)的关系与区别。

5. 了解三大守恒定律的物理意义及应用条件。

学习重点

牛顿运动三定律、机械能守恒定律、动量守恒定律的应用。

2.1 牛顿运动定律

2.1.1 牛顿第一定律

按照古希腊哲学家亚里士多德(Aristotle,公元前384—公元前322)的说法,静止是物体的自然状态,要使物体以某一速度作匀速运动,必须有力对它作用才行。意大利物理学家和天文学家伽利略指出,如果没有外力作用,物体将以恒定的速度运动下去。**力不是维持物体运动的原因,而是使物体运动状态改变的原因。**

1686年,牛顿(Newton,1642—1727)在他的名著《自然哲学的数学原理》一书中写道:任何物体都要保持静止或匀速直线运动状态,直到外力迫使它改变运动状态为止,这就是**牛顿第一定律。**

牛顿第一定律包含了两个重要的物理概念:第一,任何物体都具有保持其运动状态不变的性质,人们把物体的这种性质叫做**惯性**,因此第一定律也称为惯性定律;第二,要改变物体的运动状态,即要使物体获得加速度,就必须使它受到力的作用,这就确立了“力”的确切含义,力是使物体改变其运动状态的原因,或是使物体获得加速度的一种作用。

2.1.2 牛顿第二定律

牛顿第二定律陈述如下:一个物体的动量对时间的变化率正比于这个物体所受的外力,其方向与所受外力的方向相同。

物体的动量$\boldsymbol{p}$定义为它的质量m和速度$\boldsymbol{v}$的乘积,即$\boldsymbol{p}=m\boldsymbol{v}$。因

此，第二定律的数学表达式为

$$\boldsymbol{F}=\frac{\mathrm{d}\boldsymbol{p}}{\mathrm{d}t}=\frac{\mathrm{d}(m\boldsymbol{v})}{\mathrm{d}t} \tag{2-1}$$

如果物体的质量不随时间而变，则第二定律可以写成

$$\boldsymbol{F}=m\frac{\mathrm{d}\boldsymbol{v}}{\mathrm{d}t}=m\boldsymbol{a} \tag{2-2}$$

式(2-1)是牛顿第二定律的普遍形式，式(2-2)则是在质量保持不变条件下的特殊形式。火箭在发射过程中，由于质量随时间而减小，因此不能用式(2-2)，当物体的运动速度接近光速时，物体的质量将随速率而有显著的变化，此时式(2-1)也不再适用。仅当物体的运动速率远小于光速，也不涉及物体喷出或吸附质量的过程时，式(2-1)才是正确的。

在国际单位制(SI)中，质量的单位是千克，符号为 kg；加速度的单位是米·秒$^{-2}$，符号为 m·s^{-2}；力的单位是牛顿，符号为 N。

牛顿第二定律表明，对一定的物体而言，它所获得的加速度与所受的力成正比；在一定的力作用下，加速度则和物体的质量成反比。后一事实表明，质量越大的物体，运动状态越不容易改变。与惯性的概念联系起来，也可以说质量越大的物体惯性越大，因此质量 m 是物体惯性大小的量度。

牛顿第二定律给出的是每一瞬时物体的加速度和它所受的合外力之间的关系，它是一个矢量等式。在应用该定律时，经常把力和加速度沿选定的坐标轴分解。

在直角坐标系中，第二定律写成如下分量式：

$$\left.\begin{aligned} F_x&=ma_x=m\frac{\mathrm{d}^2x}{\mathrm{d}t^2}\\ F_y&=ma_y=m\frac{\mathrm{d}^2y}{\mathrm{d}t^2}\\ F_z&=ma_z=m\frac{\mathrm{d}^2z}{\mathrm{d}t^2}\end{aligned}\right\} \tag{2-3}$$

$$\boldsymbol{F}=ma_x\boldsymbol{i}+ma_y\boldsymbol{j}+ma_z\boldsymbol{k} \tag{2-4}$$

在讨论圆周运动和平面曲线运动问题时，常采用法向和切向分量式，此时第二定律可写成如下分量形式：

$$\left.\begin{aligned} F_\mathrm{n}&=ma_\mathrm{n}=m\frac{v^2}{\rho}\\ F_\mathrm{t}&=ma_\mathrm{t}=m\frac{\mathrm{d}v}{\mathrm{d}t}\end{aligned}\right\} \tag{2-5}$$

$$\boldsymbol{F}=ma_\mathrm{n}\boldsymbol{e}_\mathrm{n}+ma_\mathrm{t}\boldsymbol{e}_\mathrm{t}$$

式中：$\boldsymbol{F}_\mathrm{t}$ 叫做切向力，$\boldsymbol{F}_\mathrm{n}$ 叫做法向力；$\boldsymbol{a}_\mathrm{t}$ 和 $\boldsymbol{a}_\mathrm{n}$ 相应地叫做切向加速度和法向加速度。

牛顿第二定律概括了力的独立性(或叠加性)。实验证明,如果几个力同时作用在一个物体上,它们所产生的加速度等效于一个单力所产生的加速度。这个单力等于这几个力的矢量和。由此可见,几个力同时作用在一个物体上所产生的加速度,应等于每个力单独作用时所产生的加速度的叠加(矢量和),这叫做力的独立性原理或力的叠加原理。根据这个原理,矢量式中的 $\boldsymbol{F}=m\boldsymbol{a}$ 应理解为物体所受的合外力 $\sum_i \boldsymbol{F}_i$,加速度 $\boldsymbol{a}$ 的方向始终与合外力 $\boldsymbol{F}$ 的方向相同。

牛顿第二定律是牛顿力学的核心,应用它解决问题时必须注意以下几点。

①牛顿第二定律只适用于质点的运动,物体作平动时,物体上各质点的运动情况完全相同,所以物体的运动可看作是质点的运动,此时这个质点的质量就是整个物体的质量。以后如不特别指明,在论及物体的平动时,都是把物体当作质点来处理的。

②牛顿第二定律所表示的合外力与加速度之间的关系是瞬时关系,也就是说,加速度只在外力有作用时才产生,外力改变了,加速度也随之改变。

③力的叠加原理。当几个外力同时作用于物体时,其合外力所产生的加速度 $\boldsymbol{a}$ 与每个外力 $\boldsymbol{F}_i$ 所产生加速度 $\boldsymbol{a}_i$ 的矢量和是一样的,这就是力的叠加原理。

2.1.3 牛顿第三定律

牛顿第一定律指出物体只有在外力作用下才改变其运动状态,牛顿第二定律给出物体的加速度与作用于物体的力和物体质量之间的数量关系,牛顿第三定律说明力是物体间的相互作用。

两个物体之间的作用力 $\boldsymbol{F}$ 和反作用力 $\boldsymbol{F}'$,沿同一直线,大小相等,方向相反,分别作用在两个物体上,这就是牛顿第三定律,其数学表达式为

$$\boldsymbol{F}=-\boldsymbol{F}' \tag{2-6}$$

几点说明:

①$\boldsymbol{F}$ 与 $\boldsymbol{F}'$,一个称为作用力,另一个称为反作用力,所以,牛顿第三定律也称作用力反作用力定律;

②定律指明了作用的相互性,$\boldsymbol{F}$ 与 $\boldsymbol{F}'$ 分别作用在不同物体上,性质相同,一个物体所受作用力决不能与这个力的反作用力互相抵消。

2.1.4 牛顿运动定律的适用范围

牛顿运动定律是经典力学的基础,以牛顿定律为基础建立起来的具有多个分支的庞大力学理论,在工程建设、宇宙探索以及日常生活中发挥

了巨大威力。同时必须指出，牛顿力学是一定条件下的相对真理，科学的发展表明牛顿力学有一定的适用范围。

①牛顿定律仅适用于惯性系，在近似惯性系（如地球）中有一定的误差，在非惯性系中牛顿定律必须加以改造。

②牛顿定律仅适用于低速运动物体，对高速（接近于光速）运动物体必须用相对论力学，牛顿力学是相对论力学的低速近似。

③牛顿定律适用于宏观物体，在微观领域中要应用量子力学，牛顿力学是量子力学的宏观近似。

④牛顿定律仅适用于实物，作为物质的另一种状态——场，则不能用牛顿力学处理，要用有关场的理论解决。

动力学问题一般分为两类：一类是已知力的作用求运动情况；另一类是已知运动情况求力，这两类问题的分析方法都是一样的，下面举几个例子。

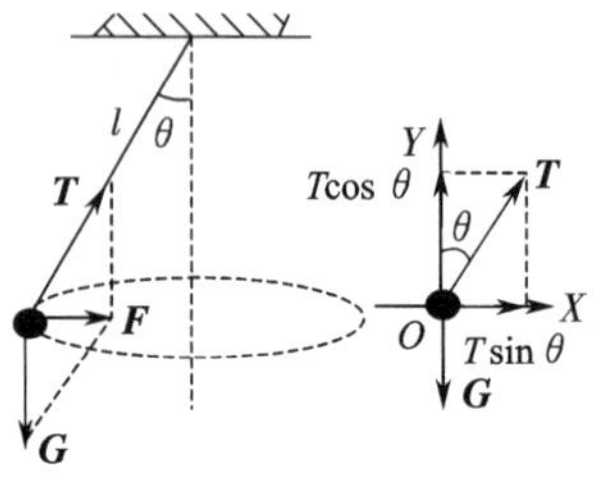

图 2-1　例题 2.1 图

例题 2.1　如图 2-1 所示，一质量为 m 的重物用绳悬起，绳的另一端系在天花板上，绳长 $l=0.5\ \mathrm{m}$。重物经推动后，在一水平面内作匀速率圆周运动，转速 $n=1\ \mathrm{r\cdot s^{-1}}$，这种装置叫做圆锥摆。求这时绳和竖直方向所成的角度。

解：重物作匀速圆周运动时，加速度是向心加速度。根据牛顿第二定律，合外力的方向应与加速度的方向相同。因此本题中重物所受合外力亦即绳子拉力 $\boldsymbol{T}$ 和重力 $\boldsymbol{G}(=m\boldsymbol{g})$ 的合力 $\boldsymbol{F}$，必定指向圆心。通常把这种引起向心加速度的合外力称为向心力，向心力的量值等于质点的质量和向心加速度的乘积。

在竖直方向上，重物所受的力是平衡的，即

$$T\cos\theta=mg \tag{1}$$

式中：θ 为绳和竖直方向所成的角。在水平面内，重物所受的合力 $\boldsymbol{F}$ 的大小为 $T\sin\theta$，所以

$$T\sin\theta=ma \tag{2}$$

式中：a 为向心加速度。由(1)、(2)两式可得

$$\frac{\sin\theta}{\cos\theta}=\tan\theta=\frac{a}{g} \tag{3}$$

从图中可以看出，圆的半径 $R=l\sin\theta$，圆周长为 $2\pi l\sin\theta$，所以重物在圆周上运动的速率

$$v=2\pi nl\sin\theta$$

其向心加速度为

$$a=\frac{v^2}{R}=\frac{(2\pi nl\sin\theta)^2}{l\sin\theta}=4\pi^2n^2l\sin\theta \tag{4}$$

将式(4)代入式(3)得

$$\cos\theta=\frac{g}{4\pi^2n^2l}$$

代入已知数据得

$$\cos\theta=\frac{9.8}{4\pi^2\times1\times0.5}=0.497$$

即

$$\theta=60°13'$$

从上式可以看出,物体的转速 n 越大,θ 也越大,而与重物的质量 m 无关。应该指出,工厂里常见的离心加速器就是根据圆锥摆原理制成的。

2.2 动量和动量守恒定律

关于物体运动规律的表述,除了牛顿运动定律之外,还有能量、动量和角动量三个定理和三个守恒定律。表面上看来,这三个定理仅是牛顿运动方程的数学变形,但物理学的发展表明,**能量、动量**和**角动量**是更为基本的物理量,它们的守恒定律具有更广泛、更深刻的意义。能量、动量和角动量及其各自遵守的守恒定律是既适用于宏观世界,又适用于微观领域,既适用于实物,又适用于场的物理量和运动规律。

在物理学中,物质运动的某些内在属性常在一定条件下以某个量的不变性(即守恒性)表现出来,能量、动量和角动量无一不是如此。

人们在牛顿运动定律建立之前就提出了动量这一概念,而牛顿也是用动量的变化率来表述第二定律的。动量是从动力学方面描写质点的运动或质点系整体运动的物理量。在不受外力的质点系中,各个质点的动量通过内力可以交换和转化,但全体质点动量的矢量和却保持不变。正是动量的这个守恒性,使人们发现了这个重要的物理量。近代理论认为,用动量来描述运动的状态和表述力学定律更具有普遍性,动量守恒定律是物理学中最重要的守恒定律之一。

2.2.1 质点和质点系的动量定理

2.2.1.1 质点的动量定理

由牛顿第二定律得

$$\boldsymbol{F}=\frac{\mathrm{d}\boldsymbol{p}}{\mathrm{d}t}$$

将上式两边同乘 $\mathrm{d}t$,得到

$$\boldsymbol{F}\mathrm{d}t=\mathrm{d}\boldsymbol{p}=\mathrm{d}(m\boldsymbol{v})$$

如果在 t_1 到 t_2 的有限时间内对上式积分，则可得到

$$\int_{t_1}^{t_2}\boldsymbol{F}\mathrm{d}t=\int_{\boldsymbol{p}_1}^{\boldsymbol{p}_2}\mathrm{d}\boldsymbol{p}=\boldsymbol{p}_2-\boldsymbol{p}_1 \tag{2-7}$$

式中：$\boldsymbol{p}_1$ 和 $\boldsymbol{p}_2$ 分别为 t_1 和 t_2 时刻质点的动量。左边的积分表示在 t_1 到 t_2 这段时间内合外力的冲量，以 $\boldsymbol{I}$ 表示此冲量，即

$$\boldsymbol{I}=\int_{t_1}^{t_2}\boldsymbol{F}\mathrm{d}t$$

则式(2-7)可写成

$$\boldsymbol{I}=\int_{t_1}^{t_2}\boldsymbol{F}\mathrm{d}t=\boldsymbol{p}_2-\boldsymbol{p}_1 \tag{2-8}$$

上式表明，质点所受合外力的冲量 $\boldsymbol{I}=\int_{t_1}^{t_2}\boldsymbol{F}\mathrm{d}t$ 等于质点动量的增量，这一结论称为**质点动量定理**。

下面对动量定理作几点说明。

①冲量 $\boldsymbol{I}=\int_{t_1}^{t_2}\boldsymbol{F}\mathrm{d}t$ 是矢量函数的积分，因此冲量 $\boldsymbol{I}$ 是矢量。冲量 $\boldsymbol{I}$ 的方向一般与 $\boldsymbol{F}$ 的方向不同，只有 $\boldsymbol{F}$ 的方向不变，$\boldsymbol{I}$ 与 $\boldsymbol{F}$ 才有相同的方向。

②动量定理常用于碰撞过程。在碰撞这类问题中，相互作用力很大且作用时间很短，力随时间的变化很复杂，通常只能估算这种冲力的平均值(平均冲力)：

$$\boldsymbol{F}=\frac{\boldsymbol{p}_2-\boldsymbol{p}_1}{t_2-t_1} \tag{2-9}$$

在碰撞、冲击问题中，冲力作用的时间很短，但因冲力很大，故能产生较大的冲量。相对地说，一些常力(例如重力、摩擦力等)的冲量较小，通常只占总冲量的几十分之一或几百分之一，故常可略去。

③动量定理只在惯性系中成立。在经典力学范围内，对不同的惯性系，同一质点的动量不同，但动量的增量相同。又因为力 $\boldsymbol{F}$ 和时间 t 都与参考系无关，所以在不同的惯性系中同一力的冲量相同。由此可知，动量定理适用于所有惯性系。在非惯性系中，只有添加了惯性力的冲量之后动量定理才成立。

应当明白，牛顿第二定律反映的是质点所受的合外力与它所获得的加速度之间的瞬时关系，而动量定理则说明力对质点作用一段时间所产生的累积效果，这个累积作用导致质点动量的有限变化。通过动量定理，只要能计算出合外力对质点作用的冲量，就能求得质点速度矢量的变化，而无须去研究质点在每一时刻的运动情况，从而使问题的解决得以简化。

2.2.1.2 质点系的动量定理

由有相互作用的若干个质点组成的系统，一般简称**质点系**。系统内各质点间的相互作用力称为**内力**。系统以外的其他物体对系统内任意一

质点的作用力称为**外力**。把质点动量定理应用于质点系中的每一个质点，可以得到用于整个系统的动量定理。

设一系统有 n 个物体，如图 2-2 所示：$\boldsymbol{f}_{12}, \boldsymbol{f}_{21}, \cdots, \boldsymbol{f}_{1n}, \boldsymbol{f}_{n1} \cdots$ 为系统内物体相互作用的内力；$\boldsymbol{F}_1, \boldsymbol{F}_2, \cdots, \boldsymbol{F}_n$ 分别表示系统外的物体对系统内第 1、第 2……第 n 个物体作用的外力，分别对各质点写出动量定理，得

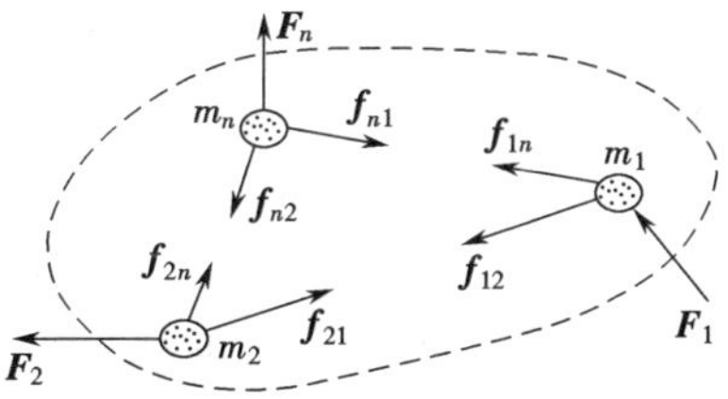

图 2-2　系统的内力和外力

$$\int_0^t (\boldsymbol{f}_{12} + \boldsymbol{f}_{13} + \cdots + \boldsymbol{f}_{1n} + \boldsymbol{F}_1)\,\mathrm{d}t = \boldsymbol{p}_1 - \boldsymbol{p}_{10}$$

$$\int_0^t (\boldsymbol{f}_{21} + \boldsymbol{f}_{23} + \cdots + \boldsymbol{f}_{2n} + \boldsymbol{F}_2)\,\mathrm{d}t = \boldsymbol{p}_2 - \boldsymbol{p}_{20}$$

$$\vdots$$

$$\int_0^t (\boldsymbol{f}_{n1} + \boldsymbol{f}_{n2} + \cdots + \boldsymbol{f}_{n-1} + \boldsymbol{F}_n)\,\mathrm{d}t = \boldsymbol{p}_n - \boldsymbol{p}_{n0}$$

但按牛顿第三定律，在任一瞬时，每一对内力都满足 $\boldsymbol{f}_{12} + \boldsymbol{f}_{21} = \boldsymbol{0}, \cdots, \boldsymbol{f}_{1n} + \boldsymbol{f}_{n1} = \boldsymbol{0}$ 关系式，将上面各式相加，得到

$$\int_0^t (\boldsymbol{F}_1 + \boldsymbol{F}_2 + \cdots + \boldsymbol{F}_n)\,\mathrm{d}t = \int_0^t (\sum \boldsymbol{F}_i)\,\mathrm{d}t = \sum \boldsymbol{p}_i - \sum \boldsymbol{p}_{i0}$$

即

$$\sum_i \boldsymbol{I}_i = \boldsymbol{p} - \boldsymbol{p}_0 \tag{2-10}$$

这就是**质点系的动量定理**，它表明系统所受的合外力的冲量等于系统总动量的增量。

在日常生活中，人们经常利用动量定理处理一些具体问题。例如：贵重或易碎物品的包装，采用海绵、纸屑、绒布等垫衬，用来防止震动和撞跌对物品的损坏。在体育运动中，人从高处落到沙坑或海绵上，由于沙坑或海绵的缓冲而不致挫伤；打篮球迎接队友传来的球时，总是有一向后拉的动作也是这个道理。

2.2.2　动量守恒定律

如果质点系所受的合外力为零，即 $\sum \boldsymbol{F}_i = \boldsymbol{0}$，则由式(2-10)可得

$$\sum_i \boldsymbol{p}_i = \sum_i \boldsymbol{p}_{i0}$$

亦即

$$\sum_i \boldsymbol{p}_i = \sum_i m\boldsymbol{v} = 常矢量 \tag{2-11}$$

这就是说**当一个质点系所受的合外力为零时，动量就保持不变。这一结**

论叫做动量守恒定律。

应用动量守恒定律分析解决问题时,应该注意以下几点。

①系统动量守恒的条件是合外力为零,即 $\sum \boldsymbol{F}_i = \boldsymbol{0}$。但在外力比内力小得多的情况下,外力对质点系的总动量变化影响甚小,这时可以认为近似满足守恒条件,也就可以近似地应用动量守恒定律。例如两物体的碰撞过程,由于相互撞击的内力往往很大,所以此时即使有摩擦力或重力等外力,也常可忽略它们,而认为系统的总动量守恒。又如爆炸过程也属于内力远大于外力的过程,也可以认为在此过程中系统的总动量守恒。

②动量守恒表示式(2-11)是矢量关系式。在实际问题中,常应用其沿坐标轴的分量式:

$$\left.\begin{aligned}\sum F_x = 0\ \text{时},\ \sum m_i v_{ix} = \text{恒量}\\ \sum F_y = 0\ \text{时},\ \sum m_i v_{iy} = \text{恒量}\\ \sum F_z = 0\ \text{时},\ \sum m_i v_{iz} = \text{恒量}\end{aligned}\right\}\tag{2-12}$$

由此可见,如果质点系沿某坐标方向所受的合外力为零,则沿此坐标方向的总动量的分量守恒。例如:一个物体在空中爆炸后碎裂成几块,在忽略空气阻力的情况下,这些碎块受到的外力只有竖直向下的重力,因此它们的总动量在水平方向的分量是守恒的。

③由于是用动量定理导出动量守恒定律的,所以它只适用于惯性系。上面从牛顿定律出发导出了以式(2-11)表示的动量守恒定律,应该指出,更普遍的动量守恒定律并不依靠牛顿定律,动量概念不仅适用于以速度 $\boldsymbol{v}$ 运动的质点或粒子,而且也适用于电磁场,只是对于后者,其动量不再能用 $m\boldsymbol{v}$ 这样的形式表示。考虑包括电磁场在内的系统发生的过程时,其总动量必须也把电磁场的动量计算在内,不但对可以用作用力和反作用力描述其相互作用的质点系所发生的过程,动量守恒定律成立,而且对其内部的相互作用不能用力的概念描述的系统所发生的过程(如光子和电子的碰撞、光子转化为电子、电子转化为光子等过程),只要系统不受外界影响,它们的动量都是守恒的。动量守恒定律实际上是关于自然界的一切过程的一条最基本的定律。

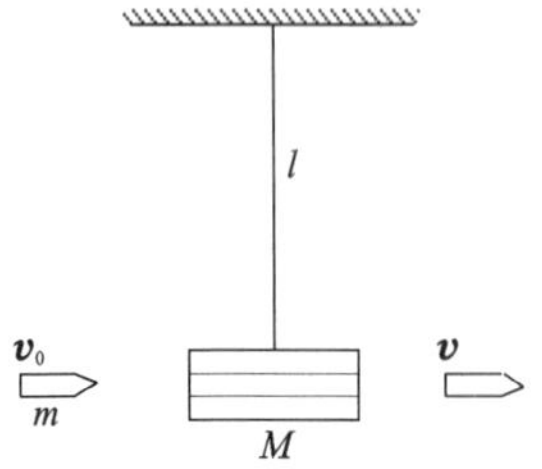

图 2-3 例题 2.2 图

例题 2.2 如图 2-3 所示,质量为 $M = 1.5\ \text{kg}$ 的物体,用一根长为 $l = 1.25\ \text{m}$ 的细绳悬挂在天花板上。今有一质量为 $m = 10\ \text{g}$ 的子弹以 $v_0 = 500\ \text{m}\cdot\text{s}^{-1}$ 的水平速度射穿物体,刚穿出物体时子弹的速度大小 $v = 30\ \text{m}\cdot\text{s}^{-1}$,设穿透时间极短。求:

(1) 子弹刚穿出时绳中张力的大小;

(2) 子弹在穿透过程中所受的冲量。

解:(1) 因穿透时间极短,故可认为物体未离开平衡位置。因此,作用于子弹、物体系统上的外力均在竖直方向,故系统在水平方向动量守恒。令子弹穿出时物体的水平速度为 v',有

$$mv_0 = mv + Mv'$$

$$v' = m(v_0 - v)/M = 3.13\ \mathrm{m \cdot s^{-1}}$$

$$T = Mg + Mv^2/l = 26.5\ \mathrm{N}$$

(2) $f\Delta t = mv - mv_0 = -4.7\ \mathrm{N \cdot s}$　(设 $\boldsymbol{v}_0$ 方向为正方向)
负号表示冲量方向与 $\boldsymbol{v}_0$ 方向相反。

2.3　功和能

机械能守恒定律是解决动力学问题的有效手段之一,也是力学与物理学其他部分相联系的重要桥梁。这个定律的建立,是与功、动能、势能等概念逐步明确的过程分不开的。

2.3.1　功

在工作过程中,总有力在作用而且物体总要发生一定的位移,作用力和位移越大,完成的工作量就越多。这些感性知识反映到物理学中,就逐步形成了功的科学概念。一般地,当一个物体在力的作用下发生了位移,就称该力对物体做了功。

2.3.1.1　恒力的功

当物体在恒力 $\boldsymbol{F}$ 作用下作直线运动时(图 2-4),该恒力对物体做的功被定义为力在物体位移方向的分量与位移的乘积,即

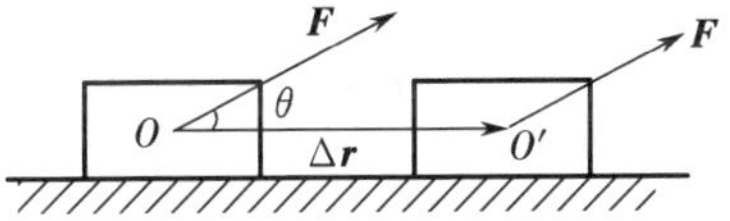

图 2-4　恒力的功

$$W = F\cos\theta \cdot |\Delta \boldsymbol{r}|$$

式中:θ 表示矢量 $\boldsymbol{F}$ 与位移 $\Delta \boldsymbol{r}$ 之间的夹角。据矢量运算法则,功又可表示为

$$W = \boldsymbol{F} \cdot \Delta \boldsymbol{r} \tag{2-13}$$

上式表明,力所做的功不仅与力和位移的大小有关,而且同力与位移之间的夹角有关:①当作用力与位移的夹角 $\theta < \pi/2$ 时,$W > 0$,力对物体做正功;②当作用力与位移的夹角 $\theta > \pi/2$ 时,$W < 0$,力对物体做负功,或称为物体克服外力做了功;③当作用力与位移的夹角 $\theta = \pi/2$ 时,$W = 0$,表示力对物体不做功。

如果一个物体受到两个或两个以上力的作用,则由功的定义式可以推知:合力所做的功,等于各分力所做功的代数和。计算功时,必须明确是哪一个力(分力或合力)对物体所做的功。

2.3.1.2 变力的功

在许多问题中，物体是在变力作用下沿着曲线轨迹运动。在这些情况下，显然必须将功的定义式进行推广。

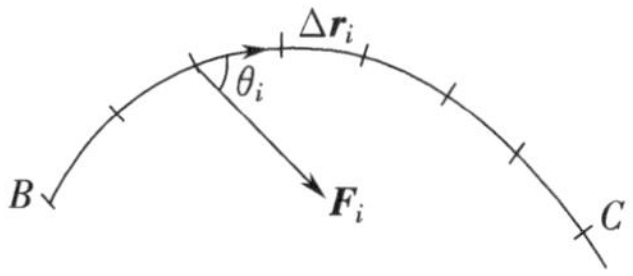

图 2-5 变力的功

设有一个物体在变力的作用下，沿曲线从 B 点运动到 C 点，如图 2-5 所示。为了计算变力在该运动过程中所做的功，可将物体的轨迹曲线分成若干小段。由于每一个小段是如此之短，以至于力可以相当精确地被看作恒力，因而力 $\boldsymbol{F}_i$ 在这一小段位移 $\Delta \boldsymbol{r}_i$ 中对物体所做的元功可以用式(2-13)来计算，即

$$\Delta W_i = \boldsymbol{F}_i \cdot \Delta \boldsymbol{r}_i$$

在物体沿曲线 B 运动到 C 的过程中，力对物体所做的总功是所有元功的代数和，即

$$W = \lim_{\Delta r_i \to 0} \sum \boldsymbol{F}_i \cdot \Delta \boldsymbol{r}_i$$

$$W = \int_B^C \boldsymbol{F} \cdot \mathrm{d}\boldsymbol{r} \tag{2-14}$$

上式表明，功是力对物体的空间累积效应。在国际单位制中，功的单位是焦耳，用符号 J 表示。

$$1\ \mathrm{J} = 1\ \mathrm{N \cdot m}$$

式(2-14)的几何图形如图 2-6 所示，曲线下面的面积在数值上等于变力所做的功。

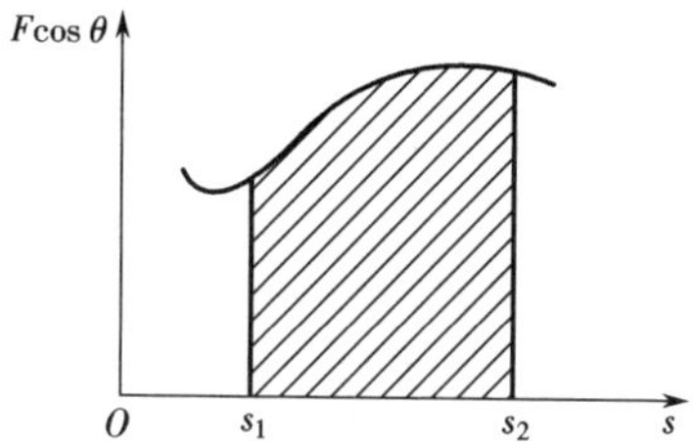

图 2-6 变力功的曲线

在 XOY 坐标系中，式(2-14)可写为

$$W = \int_A^B \boldsymbol{F} \cdot \mathrm{d}\boldsymbol{r} = \int_A^B (F_x \mathrm{d}x + F_y \mathrm{d}y)$$

2.3.1.3 功率

在机械做功时，做功多少固然重要，但做功所需时间的长短也同样重要。做功越多，费时越少，机械的使用价值就越大。通常，用功率来描述机械做功的快慢。

设在 Δt 时间内，力做了 ΔW 的功，则平均功率被定义为

$$P = \frac{\Delta W}{\Delta t} \tag{2-15}$$

显然，$\Delta t \to 0$ 时，平均功率的极限即**瞬时功率**，瞬时功率可以描述力在任意瞬间做功的速率。瞬时功率（简称为功率）的数学表达式为

$$P = \frac{\mathrm{d}W}{\mathrm{d}t} \tag{2-16}$$

根据功与功率的定义，可以得到下面的关系式

$$P = Fv$$

在国际单位制中，功率的单位是瓦特，用符号 W 表示。

$$1\ \mathrm{W} = 1\ \mathrm{J} \cdot \mathrm{s}^{-1}$$

例题 2.3　设作用在质量为 2 kg 的物体上的力为 $F = 6t$ (N)，若物体由静止出发沿直线运动，在头两秒的时间内，这个力做了多少功？

解：由定义有

$$W = \int_{x_1}^{x_2} \boldsymbol{F} \cdot \mathrm{d}\boldsymbol{x}$$

但从题意已知 $F = 6t$，而不知道 $F(x)$，故不能直接用上式来计算功，为此必须先找到 $x(t)$ 的函数。

$$F = ma, \quad a = \frac{F}{m} = \frac{6t}{2} = 3t,$$

$$v = \int_0^t a\mathrm{d}t = \int_0^t 3t\mathrm{d}t = \frac{3}{2}t^2 \quad (t = 0 \text{ 时}, v_0 = 0)$$

而

$$v = \frac{\mathrm{d}x}{\mathrm{d}t}$$

$$\mathrm{d}x = v\mathrm{d}t = \frac{3}{2}t^2\mathrm{d}t$$

则力 $F = 6t$ 在前 2 s 内所做的功为

$$W = \int_0^2 6t \cdot \frac{3}{2}t^2\mathrm{d}t = 36\ \mathrm{J}$$

说明：此题也可由冲量定理和动能定理求解。

2.3.2　质点和质点系的动能定理

2.3.2.1　质点的动能定理

力对空间有了积累效应，就称力对质点做了功。那么被做功的物体将有什么样的结果呢？

如图 2-7 所示，一质量为 m 的物体在变力 $\boldsymbol{F}$ 作用下，自 A 点沿曲线移动到 B 点，它在 A 点和 B 点的速率分别为 v_1 和 v_2。设想把路径分成许多位移元，并设作用在每一位移元 $\mathrm{d}\boldsymbol{r}$ 上的力 $\boldsymbol{F}$ 与 $\mathrm{d}\boldsymbol{r}$ 之间的夹角为 θ。由式(2-14)可得，当物体移动位移元 $\mathrm{d}\boldsymbol{r}$ 时，力 $\boldsymbol{F}$ 对物体所做的元功

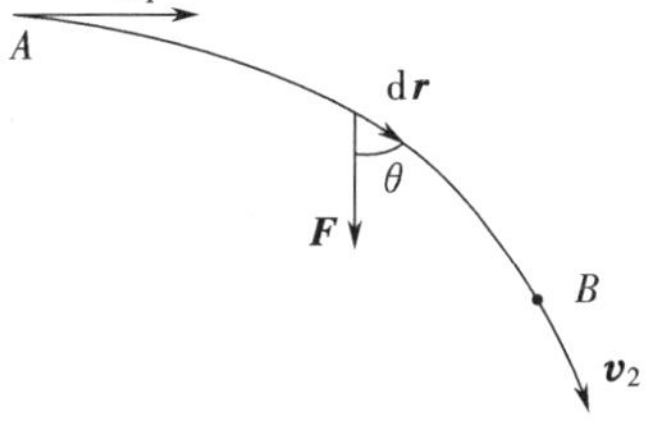

图 2-7　质点的动能定理

$$\mathrm{d}W = \boldsymbol{F} \cdot \mathrm{d}\boldsymbol{r} = F\cos\theta|\mathrm{d}\boldsymbol{r}| = F\cos\theta\mathrm{d}s$$

其中 $|\mathrm{d}\boldsymbol{r}| = \mathrm{d}s$，由式(2-5)有

$$F\cos\theta = ma_t = m\frac{dv}{dt}$$

所以元功

$$dW = m\frac{dv}{dt}ds = mvdv = d\left(\frac{1}{2}mv^2\right)$$

于是,物体自 A 点移至 B 点时,变力所做的总功

$$W = \int dW = \int_{v_1}^{v_2} d\left(\frac{1}{2}mv^2\right)$$

积分可算得

$$W = \frac{1}{2}mv_2^2 - \frac{1}{2}mv_1^2 \tag{2-17}$$

上式表明,合外力对质点做功的结果,使得$\frac{1}{2}mv^2$ 这个量获得了增量,而$\frac{1}{2}mv^2$ 是与质点的运动状态有关的参量,$\frac{1}{2}mv^2$ 叫做**质点的动能**,用 E_k 表示,即

$$E_k = \frac{1}{2}mv^2$$

这样,式(2-17)又可写成

$$W = E_{k2} - E_{k1} \tag{2-18}$$

这个结论就叫做**动能定理**。上式表明功是物体动能变化的量度。式中 E_{k1}称为初动能,E_{k2}称为末动能。

关于质点的动能定理还应说明以下两点。

①功与动能之间的联系和区别:只有合外力对质点做功,才能使质点的动能发生变化。功是能量变化的量度,是与在外力作用下质点的位置移动过程相联系的,故功是一个过程量。而动能则决定于质点的运动状态,故它是运动状态的函数。

②与牛顿第二定律一样,动能定理也适用于惯性系。此外,在不同的惯性系中,质点的位移和速度是不同的,因此,功和动能依赖于惯性系的选取。动能的单位和量纲与功的单位和量纲相同。

应该指出,应用动能定理时要计算功的线积分,故必须知道质点的运动路径。然而在许多情况下,这往往又是十分困难的。值得高兴的是,有些力的线积分与积分路径无关,只与质点的起始和终了位置有关,这些力就是下面要讲到的保守力。

2.3.2.2 质点系的动能定理

式(2-18)是单个质点的动能定理,它可推广到 n 个质点所组成的系统,即

$$W = E_k - E_{k0} = \Delta E_k \tag{2-19}$$

式中：E_{k0}是系统内 n 个质点的初动能之和，即

$$E_{k0} = \sum_{i=1}^{n} E_{k0i}$$

E_k 是这些质点的末动能之和，即

$$E_k = \sum_{i=1}^{n} E_{ki}$$

W 则是作用在 n 个质点上的力所做的功之和，即

$$W = W_1 + W_2 + \cdots + W_n = \sum_{i=1}^{n} W_i$$

因此，式(2-19)的物理意义是：**作用于质点系的力所做之功，等于该质点系的动能增量**。这就是**质点系的动能定理**。

正如前面所说，系统内的质点所受的力，既有来自系统外的外力，也有来自系统内各质点间相互作用的内力，因此，作用于质点系的力所做的功 $\sum_{i=1}^{n} W_i$，应是一切外力对质点系所做的功 $\sum W_{i外力}$ 与质点系内一切内力所做的功 $\sum W_{i内力}$ 之和，即

$$\sum_{i=1}^{n} W_i = \sum W_{i外力} + \sum W_{i内力}$$

或写成

$$W = W_{外力} + W_{内力}$$

因此，质点系的动能定理又可写为

$$W_{外力} + W_{内力} = E_k - E_{k0} \tag{2-20}$$

这是质点系动能定理的另一数学表达式。它表明，**质点系的动能的增量等于作用于质点系的一切外力做的功与一切内力做的功之和**。

例题 2.4 如图 2-8 所示，物体以 $v_0 = 10\ \mathrm{m \cdot s^{-1}}$ 的初速度沿倾角为 30°的斜面上滑，然后又滑回底部，此时 $v = 8\ \mathrm{m \cdot s^{-1}}$，求物体冲到最高点处的高度 h 。

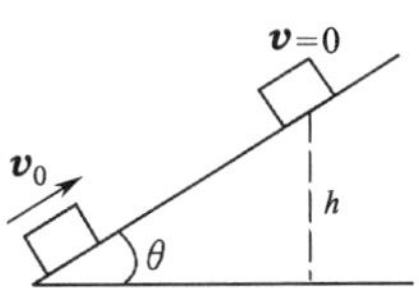

图 2-8 例题 2.4

解：设物体沿斜面运动距离为 s，上滑过程中应用动能定理，有

$$-mg\sin\theta \cdot s - \mu mg\cos\theta \cdot s = 0 - \frac{1}{2}mv_0^2 \tag{1}$$

下滑过程应用动能定理，有

$$mg\sin\theta \cdot s - \mu mg\cos\theta \cdot s = \frac{1}{2}mv^2 \tag{2}$$

由(1)、(2)两式得

$$s = (v_0^2 + v^2)/4g\sin\theta$$

$$h = s \cdot \sin\theta = (v_0^2 + v^2)/4g = 4.2\ \text{m}$$

说明:方程(2)换为整个过程中的动能定理,亦可求解本题。此题应用动量定理也可求解,请同学自己试做一下。

2.3.3 保守力及保守力的功

2.3.3.1 保守力和非保守力

由前面的学习可以知道,功是过程量,但也可以发现在力学中有一类力,它们对物体做的功只取决于初、末位置,而与运动物体经历的路径无关。凡做功具有这种特点的力称为**保守力**。可以用另一种表述来定义保守力:物体沿任意路径再回到原来位置时,某力对物体所做的功若为零,这种力便称为保守力。例如重力、弹性力和万有引力等都是保守力,保守力存在的空间称为保守力场。另外,有些力所做的功与过程有关,例如摩擦力等对物体做功不仅与物体的初、末位置有关,而且与路径有关,这类力称为非保守力。保守力和非保守力属于系统(质点组)的内力。

2.3.3.2 万有引力的功

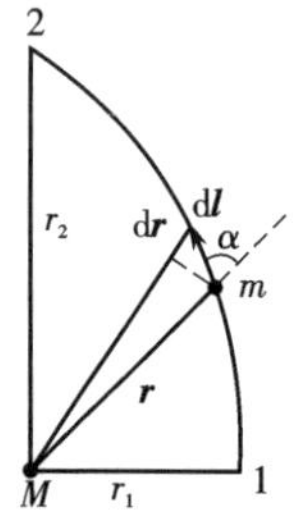

图 2-9 万有引力的功

如图 2-9 所示,因万有引力

$$\boldsymbol{F} = -G\frac{Mm}{r^3}\boldsymbol{r}$$

在万有引力作用下,m 从点 1 到点 2 该力的功为

$$W_{引} = \int_{r_1}^{r_2}\boldsymbol{F}\cdot \mathrm{d}\boldsymbol{l} = \int_{r_1}^{r_2} -G\frac{Mm}{r^3}\boldsymbol{r}\cdot \mathrm{d}\boldsymbol{l}$$

$$= \int_{r_1}^{r_2} -G\frac{Mm}{r^2}\cos\alpha \mathrm{d}l$$

将上式积分得

$$W_{引} = -\left[\left(-G\frac{Mm}{r_2}\right) - \left(-G\frac{Mm}{r_1}\right)\right]$$

可见万有引力所做的功仅与质点的始末位置有关,而与其经过的路径无关。

2.3.3.3 重力的功

如图 2-10 所示,因重力为

$$\boldsymbol{G} = m\boldsymbol{g}$$

所以,重力的功为

$$W_{重} = \int_{y_1}^{y_2}\boldsymbol{G}\cdot \mathrm{d}\boldsymbol{r} = \int_{y_1}^{y_2} mg\cos\alpha \mathrm{d}r$$

将上式积分得

$$W_{重} = -(mgy_2 - mgy_1)$$

可见重力所做的功仅与质点的始末位置有关,而与其经过的路径无关。

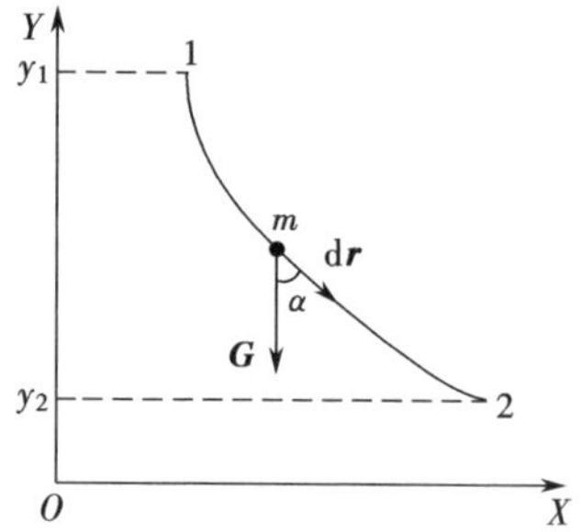

图 2-10 重力的功

2.3.3.4　弹力的功

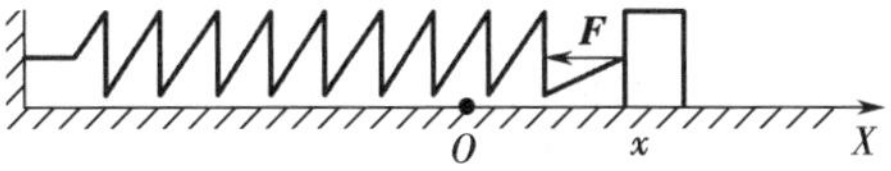

图2-11　弹力的功

如图2-11所示，因弹力为

$$\boldsymbol{F} = -kx\boldsymbol{i}$$

因此，弹力所做的功为

$$W_{弹} = \int_{x_1}^{x_2} \boldsymbol{F} \cdot \mathrm{d}x\boldsymbol{i}$$

将上式积分得

$$W_{弹} = -\left(\frac{1}{2}kx_2^2 - \frac{1}{2}kx_1^2\right)$$

可见弹力所做的功仅与质点的始末位置有关，而与其经过的路径无关。

2.3.4　势能

功是能量改变的量度，保守力做功所改变的能量称为**势能**（这种能量仅与位置有关，所以也称位能）。于是，对于质点和地球组成的系统而言，它们之间的万有引力是保守内力；对于弹簧和物块组成的系统而言，它们之间的弹力也是保守内力。因此，定义万有引力势能为

$$E_{p引} = -G\frac{Mm}{r} \tag{2-21}$$

重力势能为

$$E_{p重} = mgy \tag{2-22}$$

弹性势能为

$$E_{p弹} = \frac{1}{2}kx^2 \tag{2-23}$$

有了势能的概念以后，保守内力所做的功就可写为

$$W_{保守内力} = -(E_{p2} - E_{p1}) = -\Delta E_p \tag{2-24}$$

由此式可以看出，保守内力做正功，势能减少。

势能是一相对量，对于万有引力势能，通常取无穷远处作为零势能点，即式(2-21)中 $E_{p引(r=\infty)} = 0$；对于重力势能，通常取地面作为零势能点，即式(2-22)中 $E_{p重(y=0)} = 0$；对于弹性势能，通常取弹簧无形变处作为零势能点，即式(2-23)中 $E_{p弹(x=0)} = 0$。最后要注意，对于非保守力，不能引入势能的概念。

2.3.5　功能原理

对于一个力学系统（质点系），可能既具有动能同时还具有势能，通常把系统所具有的动能与势能之和称为**机械能**，用 E 表示，则

$$E = E_p + E_k \tag{2-25}$$

$$\Delta E = \Delta E_p + \Delta E_k$$

力学系统(质点系)的内力一般分为保守内力和非保守内力,相应的内力功也分为保守内力功和非保守内力功,于是有

$$W_{内力} = W_{保守内力} + W_{非保守内力}$$

这样质点系的动能定理式(2-20)可写为

$$W_{外力} + W_{保守内力} + W_{非保守内力} = \Delta E_{k}$$

又因式(2-24),上式可写为

$$W_{外力} + W_{非保守内力} = \Delta E_{p} + \Delta E_{k} = \Delta E \tag{2-26}$$

式(2-26)称为**功能原理**。其意义为:所有外力功与所有非保守内力功的代数和等于质点系机械能的增量。

在推导功能原理的过程中,不难发现,功能原理与质点系的动能定理本质是相同的,只是功能原理中用势能代替了保守内力的功,而质点系的动能定理中强调保守内力做的功会引起质点组动能的变化。

2.3.6 机械能转化和机械能守恒定律

从式(2-26)可以看出:若 $W_{外力} + W_{非保守内力} = 0$(机械能守恒的条件),则 $E = E_0$ 或 $E_k + E_p = E_{k0} + E_{p0}$(机械能守恒的内容)。其中 E_k 是质点组的总动能,E_p 是质点系的总势能,即

$$E_{k} = \sum_{i=1}^{N} E_{ki}$$

$$E_{p} = \sum_{i=1}^{N} E_{pi}$$

其意义为:若外力和非保守内力均不做功,或质点系在只有保守内力作用的条件下,质点系内部的机械能相互转化,但总的机械能守恒,称其为**机械能转化和机械能守恒定律**。

2.3.7 能量转化和能量守恒定律

对于一个力学系统(质点系)而言,从式(2-26)可看出:若 $W_{外力} + W_{非保守内力} \neq 0$,则系统的机械能将不守恒,这意味着系统的机械能的增加量来自于其他形式的能量,或机械能将变化为其他形式的能量。这其他形式的能量可能是热能、电磁能、原子能或这些能量的综合等。在总结各种自然现象过程中,人们也发现,如果一个系统是孤立的,与外界没有能量交换,则系统内部各种形式的能量可以相互转化,或由系统内一个物体传递给另一个物体,但这些能量的总和保持不变。这就是说,能量既不能消灭,也不能产生,它只能从一个物体传递给另一个物体,或从物体的一部分传递给另一部分,由一种形式转化为另一种形式,这称为**能量转化和能量守恒定律**。

能量转化和能量守恒定律与动量守恒定律以及在第 3 章将要学习的

角动量守恒定律，都是自然界普遍遵守的基本规律。它们均反映了自然界的秩序或规律性，机械能转化和机械能守恒定律只不过是能量转化和能量守恒定律在力学中的特例。

例题 2.5 如图 2-12 所示，质点沿半圆形轨道由静止下滑至底部的速度大小为 v。试根据下列条件计算摩擦力做的功：(1)功的定义；(2)动能定理；(3)功能原理。

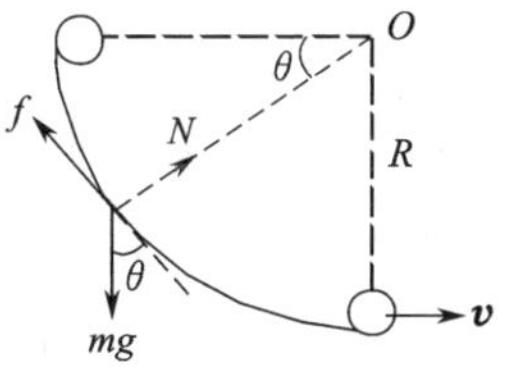

图 2-12 例题 2.5

解：(1)切线方向上有

$$mg\cos\theta - f = m\frac{dv}{dt}$$

$$f = -m\frac{dv}{dt} + mg\cos\theta$$

$$W_f = -\int\left(mg\cos\theta - m\frac{dv}{dt}\right)ds$$

即

$$W_f = -\int_0^{\frac{\pi}{2}} mg\cos\theta R d\theta + m\int_0^v v dv = \frac{1}{2}mv^2 - mgR$$

(2)动能定理：

$$W_f + mgR = \frac{1}{2}mv^2 \Rightarrow W_f = \frac{1}{2}mv^2 - mgR$$

(3)功能原理：

$$W_f = \Delta E_k + \Delta E_p = \frac{1}{2}mv^2 - mgR$$

由此可见，运用动能定理、功能原理解题要方便得多。

阅读材料

科学家介绍——牛顿

牛顿

(Isaac Newton ,1642—1727)

牛顿(Isaac Newton)在伽利略逝世那年出生于英格兰林肯郡伍尔索普的一个农民家庭。小时上学成绩一般，但爱制作机械模型，而且对问题爱追根究底。1661 年 18 岁时考入剑桥大学“三一”学院，他学习踏实认真，3 年后被选为优等生，1665 年毕业后留校研究。同年 6 月剑桥大学因瘟疫的威胁而停课，他回家乡一连住了 20 个月。这 20 个月的清静生活使他对在学校所研究的问题有了充分的思考时间，因而成了他一生中创造力最旺盛的时期。他一生中最重要的科学发现,如微积分、万有引力定律、光的色散等在这一时期都已基本上孕育成熟。在以后的岁月里,他的工作都是对这一时期研究工作的发展、完善和介绍。

1667 年牛顿回到剑桥,翌年获硕士学位。1669 年开始当数学讲座教授,时年 26 岁。此后在力学方面的深入研究使他在 1687 年出版了伟大的科学著作《自然哲学的数学原理》,简称《原理》。在这部著作中:他把伽利略提出、笛卡儿完善的惯性定律写下来作为第一运动定律;他定义了质量、力和动量,提出了动量改变与外力的关系并把它作为第二运动定律;他写下了作用和反作用的关系作为第三运动定律。这一定律是在研究碰撞规律的基础上建立的,而在他之前,华里士、雷恩和惠更斯等人都仔细地研究过碰撞现象,实际上已发现了这一定律。他还写下了力的独立作用原理、伽利略的相对性原理、动量守恒定律,以及对空间和时间的理解,即所谓绝对空间和绝对时间的概念,等等。

牛顿三大运动定律总结提炼了当时已发现的所有力学现象的规律。它们形成了经典力学的基础,在以后的二百多年里几乎统治了物理学的各个领域。对于热、光、电现象人们都企图用牛顿定律加以解释,而且在有些方面,如热的动力论,居然取得了惊人的成功。这种理论上的成功甚至导致机械自然观的建立,后来曾在思想上束缚过自然科学的发展。在实践上,牛顿定律至今仍是许多工程技术,例如机械、土建、动力等的理论基础,发挥着从不衰退的作用。

在《原理》一书中,牛顿还继续了哥白尼、开普勒、伽利略等对行星运动的研究,在惠更斯的向心加速度概念和他自己的运动定律基础上得出了万有引力定律。实际上牛顿的同代人胡克、雷恩、哈雷等人也提出了万有引力定律(万有引力一词出自胡克),但他们只限于说明行星的圆运动,而牛顿用自己发明的微积分还解释了开普勒的椭圆轨道,从而圆满地解决了行星的运动问题。牛顿(还有胡克)正确地提出了地球表面物体受的重力和地球、月球之间以及太阳行星之间的引力具有相同的本质。这样,再加上他原来是把用于地球上的三条定律用于行星的运动而得出的正确结果,就宣告了天上地下的物体都遵循同一规律,彻底否定了亚里士多德以来人们认为的天上和地下不同的思想。这是人类对自然界认识的第一次大综合,是人类认识史上的一次重大飞跃。

除了在力学上的巨大成就外,牛顿在光学方面也有很大的贡献。例如,他发现并研究了色散现象。为了避免透镜引起的色散现象,他设计制造了反射式望远镜(这种设计今天还用于大型天文望远镜的制造),并为此在 1672 年成为伦敦皇家学会会员。1703 年出版了《光学》一书,记载了他对光学的研究成果以及提出的问题。书中讨论了颜色、色光的反射和折射、虹的形成、现在称之为"牛顿环"的光学现象的定量的研究、光和物体的相互“转化”问题、冰洲石的双折射现象等。关于光的本性，他曾谈论过“光微粒”，但他也并非是光的微粒说的坚持者，因为他也曾提到过“以太的振动”。

1689 年和 1701 年他两次以剑桥大学代表的身份被选入议会。1696 年被任命为皇家造币厂监督。1699 年又被任命为造币厂厂长，同年被选为巴黎科学院院士。1703 年被选为皇家学会会长直到逝世。由于他在科学研究和币制改革上的功绩，1705 年被女王授予爵士爵位。他终生未婚，晚年由侄女照顾。1727 年 3 月 20 日病逝，享年 85 岁。在他一生的后二三十年里，他转而研究神学，在科学上几乎没有什么贡献。

牛顿对他自己所以能在科学上有突出的成就以及这些成就的历史地位有清醒的认识。他曾说过：“如果说我比多数人看得远一些的话，那是因为我站在巨人们的肩上。”在临终时，他还留下了这样的遗言：“我不知道世人将如何看我，但是，就我自己看来，我好像不过是一个在海滨玩耍的小孩，不时地为找到一个比通常更光滑的卵石或更好看的贝壳而感到高兴，但是，有待探索的真理海洋正展现在我的面前。”

同步练习

思考题

2.1　摩擦力是否一定阻碍物体的运动？

2.2　一车辆沿弯曲公路运动，试问作用在车辆上的力的方向是指向道路外侧，还是指向道路的内侧？

2.3　两个大小与质量相同的小球，一个是弹性球，另一个是非弹性球。它们从同一高度自由落下与地面碰撞后，为什么弹性球跳得较高？地面对它们的冲量是否相同？为什么？

2.4　一人用恒力 $\boldsymbol{F}$ 推地上的木箱，经历时间 Δt 未能推动木箱，此推力的冲量等于多少？木箱既然受了力 $\boldsymbol{F}$ 的冲量，为什么它的动量没有改变？

2.5　一单摆，在摆动过程中，若不计空气阻力，摆球的动能、动量、机械能是否守恒？为什么？

2.6　判断下述说法的正误，并说明理由：

(1) 不受外力作用的系统，它的动量和机械能必然同时守恒；

(2) 内力都是保守力的系统，当它所受的合外力为零时，它的机械能必然守恒；

(3) 只有保守内力作用而不受外力作用的系统，它的动量和机械能必然守恒。

选择题

2.7 质量为 m 的小球，放在光滑的木板和光滑的墙壁之间，并保持平衡，如图所示。设木板和墙壁之间的夹角为 α，当 α 逐渐增大时，小球对木板的压力将 [ ]

A. 增加

B. 减少

C. 不变

D. 先是增加，后又减小，压力增减的分界角为 $\theta = 45°$

2.8 如图所示，一轻绳跨过一个定滑轮，两端各系一质量分别为 m_1 和 m_2 的重物，且 $m_1 > m_2$，滑轮质量及轴上摩擦均不计，此时重物的加速度的大小为 a。今用一竖直向下的恒力 $F = m_1 g$ 代替质量为 m_1 的物体，可得质量为 m_2 的重物的加速度的大小 a'，则 [ ]

A. $a' = a$ B. $a' > a$ C. $a' < a$ D. 不能确定

2.9 如图所示，假设物体沿着竖直面上的圆弧形轨道下滑，轨道是光滑的，在从 A 至 C 的下滑过程中，下面哪个说法是正确的？ [ ]

A. 它的加速度大小不变，方向永远指向圆心

B. 它的速率均匀增加

C. 它的合外力大小变化，方向永远指向圆心

D. 它的合外力大小不变

E. 轨道支持力的大小不断增加

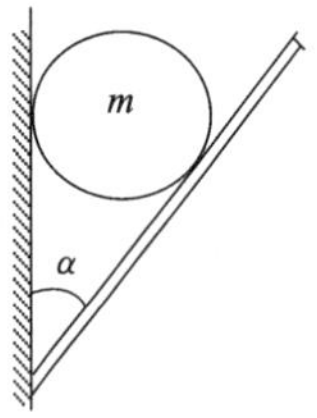

题 2.7 图

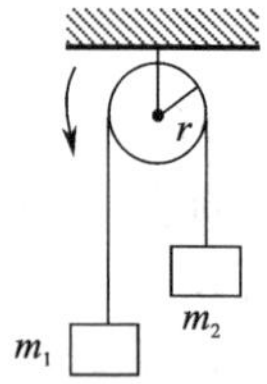

题 2.8 图

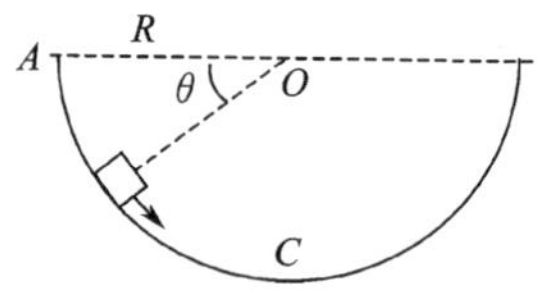

题 2.9 图

2.10 一个圆锥摆的摆线长为 l，摆线与竖直方向的夹角恒为 θ，如图所示，则摆锤摆动的周期为 [ ]

A. $\sqrt{\dfrac{l}{g}}$ B. $\sqrt{\dfrac{l\cos\theta}{g}}$ C. $2\pi\sqrt{\dfrac{l}{g}}$ D. $2\pi\sqrt{\dfrac{l\cos\theta}{g}}$

2.11 如图所示，圆锥摆的摆球质量为 m，速率为 v，圆半径为 R，当摆球在轨道上运动半周时，摆球所受重力冲量的大小为 [ ]

A. $2mv$ B. $\sqrt{(2mv)^2 + (mg\pi R/v)^2}$

C. $\pi Rmg/v$ D. 0

2.12 一质点在如图所示的坐标平面内作圆周运动，有一力 $\boldsymbol{F} =$

$F_0(x\boldsymbol{i}+y\boldsymbol{j})$作用在质点上。在该质点从坐标原点运动到$(0,2R)$位置的过程中，力 $\boldsymbol{F}$ 对它所做的功为　[　　]

A. F_0R^2　　B. $2F_0R^2$　　C. $3F_0R^2$　　D. $4F_0R^2$

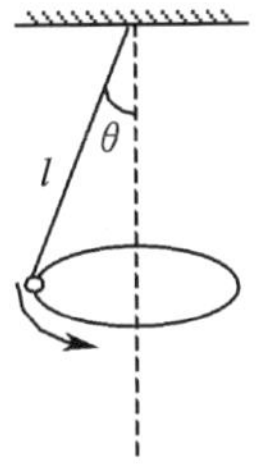

题 2.10 图

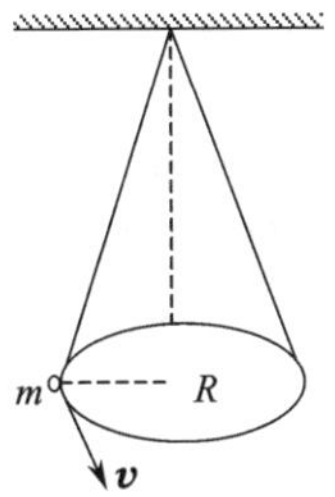

题 2.11 图

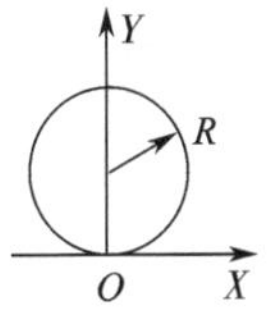

题 2.12 图

2.13　质量为 $m=0.5$ kg 的质点，在 XOY 坐标平面内运动，其运动方程为 $x=5t, y=0.5t^2$(SI)，从 $t=2$ s 到 $t=4$ s 这段时间内，外力对质点做的功为　[　　]

A. 1.5 J　　B. 3 J　　C. 4.5 J　　D. −1.5 J

填空题

2.14　沿水平方向的外力 F 将物体 A 压在竖直墙上，由于物体与墙之间有摩擦力，此时物体保持静止，并设其所受静摩擦力为 f_0，若外力增至 $2F$，则此时物体所受静摩擦力为______。

2.15　一圆锥摆摆长为 l，摆锤质量为 m，在水平面上作匀速圆周运动，摆线与铅直线夹角为 θ，则摆线的张力 $T=$______；摆锤的速率 $v=$______。

2.16　如图所示，质量为 m 的小球自高为 y_0 处沿水平方向以速率 v_0 抛出，与地面碰撞后跳起的最大高度为$\frac{1}{2}y_0$，水平速率为$\frac{1}{2}v_0$，则碰撞过程中，地面对小球的竖直冲量的大小为________；地面对小球的水平冲量的大小为________。

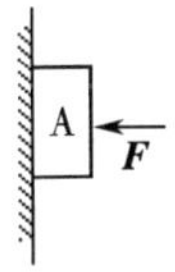

题 2.14 图

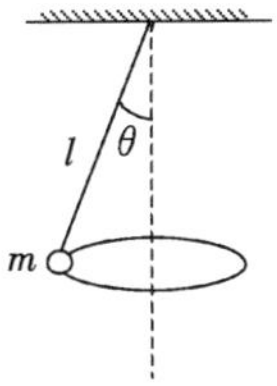

题 2.15 图

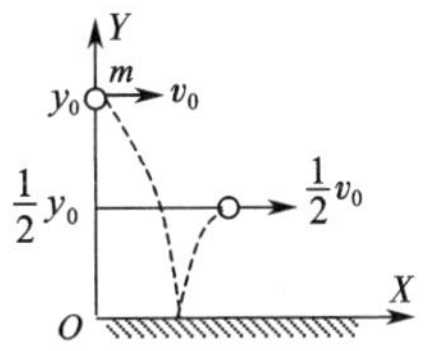

题 2.16 图

2.17　如图所示，沿着半径为 R 的圆周运动的质点，所受的几个力

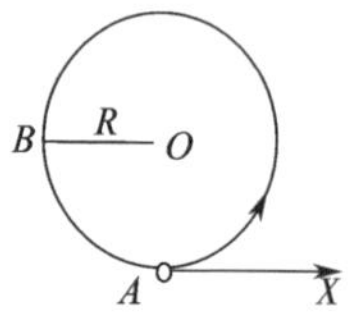

题 2. 17 图

中有一个是恒力 $\boldsymbol{F}_0$，方向始终沿 X 轴正向，即 $\boldsymbol{F}_0 = F_0\boldsymbol{i}$。当质点从 A 点沿逆时针方向走过 3 /4 圆周到达 B 点时，力 $\boldsymbol{F}_0$ 所做的功 $W =$ ________。

2. 18　质量 $m = 1$ kg 的物体，在坐标原点处从静止出发在水平面内沿 X 轴运动，其所受合力方向与运动方向相同，合力大小为 $F = 3 + 2x$ (SI)，那么，物体在开始运动的 3 m 内，合力所做的功 $W =$ ______；且 $x = 3$ m 时，其速率 $v =$ ______。

计算题

2. 19　质量为 m 的物体系于长度为 R 的绳子的一个端点上，在竖直平面内绕绳子另一端点（固定）作圆周运动。设 t 时刻物体瞬时速度的大小为 v，绳子与竖直向上的方向成 θ 角，如图所示。

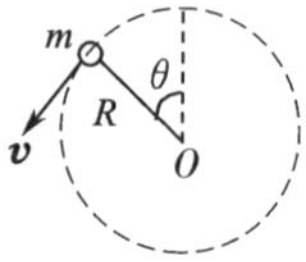

题 2. 19 图

（1）求 t 时刻绳中的张力 T 和物体的切向加速度 a_t；

（2）说明在物体运动过程中 a_t 的大小和方向如何变化。

2. 20　静水中停着两条质量均为 M 的小船，当第一条船中的一个质量为 m 的人以水平速度 $\boldsymbol{v}$（相对于地面）跳上第二条船后，两船运动的速度各为多大？（忽略水对船的阻力）

2. 21　一人从 10 m 深的井中提水，起始时桶中装有 10 kg 的水，桶的质量为 1 kg，由于水桶漏水，每升高 1 m 要漏去 0. 2 kg 的水。求水桶匀速地从井中提到井口人所做的功。

2. 22　质量 $m = 2$ kg 的质点在力 $\boldsymbol{F} = 12t\boldsymbol{i}$（SI）的作用下，从静止出发沿 X 轴正向作直线运动，求前 3 秒内该力所做的功。

第3章　刚体定轴转动

基本要求

1. 了解描述刚体定轴转动的角位移、角速度、角加速度等概念以及它们和有关线量的关系。

2. 理解转动惯量的概念。

3. 掌握刚体定轴转动的转动定律，并能应用它求解定轴转动刚体和质点的综合问题。

4. 了解力矩的功、转动动能的概念和转动动能定理。

5. 理解角动量的概念，掌握刚体定轴转动角动量定理和角动量守恒定律，能用该定律分析计算有关问题。

学习重点

刚体定轴转动的转动定律和角动量守恒定律。

前几章讲述了质点的运动规律。一般来讲，在许多问题中，物体的大小和形状对运动有着重要的影响，以至不能再把物体视为质点，这就不得不考虑物体的大小和形状。如果在外力作用下，物体的大小和形状始终保持不变，这种理想化的物体称为**刚体**。刚体可以看成是由无数个质点组成，由于刚体不会变形，刚体中任何两个质点间的距离都将保持不变，所以刚体也可以看成是一种特殊的质点系。因此，可以从质点及质点系的运动规律出发来讨论刚体的运动，从而使牛顿力学的研究范围从质点向刚体拓展开来。刚体的运动可分为平动与转动两种基本运动形式。当刚体中所有质点的运动轨迹都保持相同时，或者说刚体任意两点间的连线在运动过程中始终保持平行时，这种刚体的运动叫**平动**，如图3-1(a)所示；当刚体中所有点都绕同一直线作圆周运动时，这种运动叫**转动**，如图3-1(b)所示，这条直线叫转轴。如果转轴的位置或方向是随时间而变

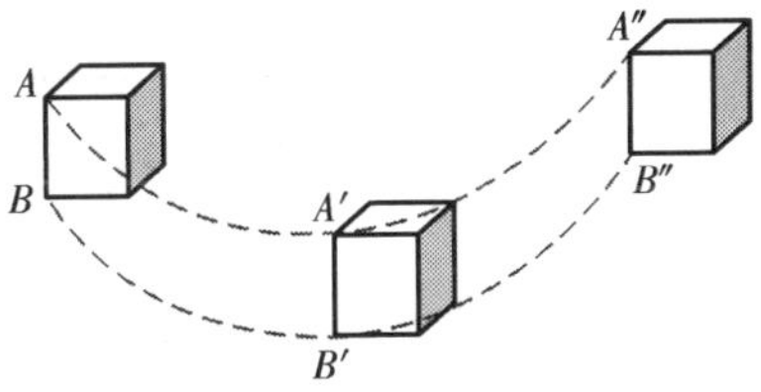

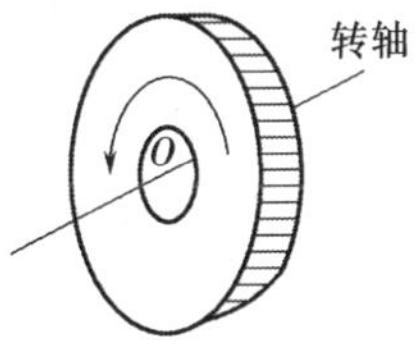

图3-1　刚体的平动和转动

的,这个转轴称为瞬时转轴;当转轴固定不变时,刚体的运动称为**定轴转动**。本章着重讲述刚体绕定轴转动。根据运动的叠加原理,一般刚体的运动可看成是平动和转动的合成运动。

3.1 刚体定轴转动的运动学

3.1.1 描述刚体转动的物理量

刚体转动中最基本、最常见、最重要、最简单的转动形式是刚体的定轴转动。在这种转动中,刚体上各质元均作圆周运动,而且各个圆的圆心都在一条相对于某一惯性参照系(例如地面)固定不动的直线上。这条固定不动的直线称为固定轴,这样的转动称为刚体的定轴转动。如机床上各种齿轮、飞轮通常都是绕固定轴在转动。对定轴转动,一般选取与轴固连的惯性系为参考系。

由于刚体上各质元的形状和大小不变,转轴又是固定的,那么刚体上任意一质元的位置一旦确定,刚体上各质元的位置也都确定了,如图 3-2 所示。

在定轴转动中,刚体上每个质点的速度各不相同,但是,每点到转轴的垂线在同样时间内转过的角度是一样的,每一时刻各点的角速度是相同的。因此,为研究方便,描述刚体转动状态常采用角量。垂直于固定轴的平面称为**转动平面**,如图 3-3 所示。若以 OX 为参考方向,则刚体上任意一质元的位置可以用它转动平面内的**角位置** θ 唯一地确定。刚体转动时角位置 θ 是随时间变化的,所以刚体的角位置也就是**刚体的运动方程**,即

$$\theta = \theta(t) \tag{3-1}$$

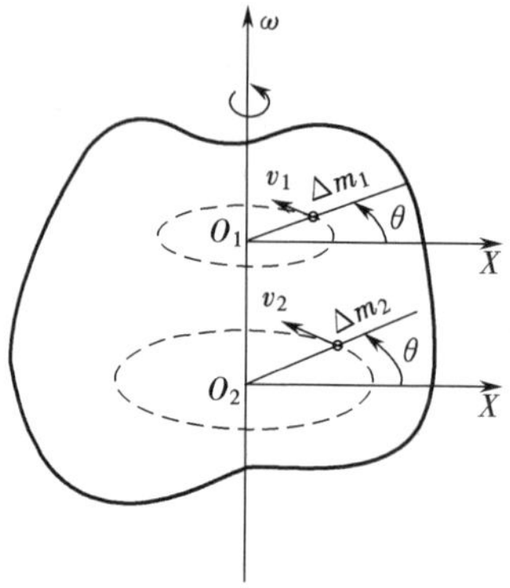

图 3-2 刚体的定轴转动

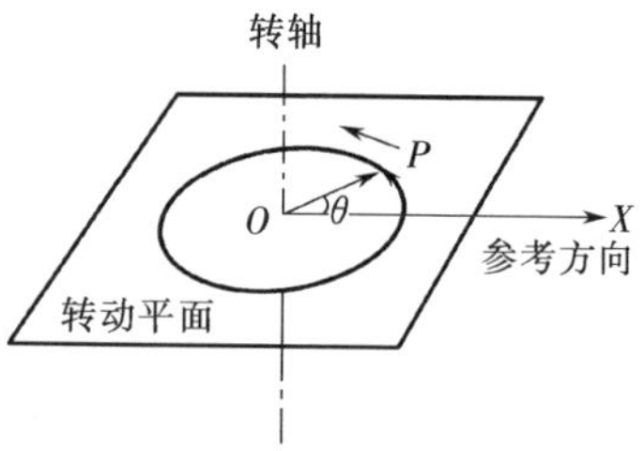

图 3-3 转动平面与角量描述

为描述刚体转动的快慢,引入**角速度**,如果以 $\mathrm{d}\theta$ 表示刚体在 $\mathrm{d}t$ 的时间内转过的角位移,则刚体的角速度大小定义为

$$\omega = \frac{\mathrm{d}\theta}{\mathrm{d}t} \tag{3-2}$$

角速度是矢量,其方向规定沿 Z 轴,与角位移的方向一致,其指向遵从右手螺旋法则,如图 3-4 所示。

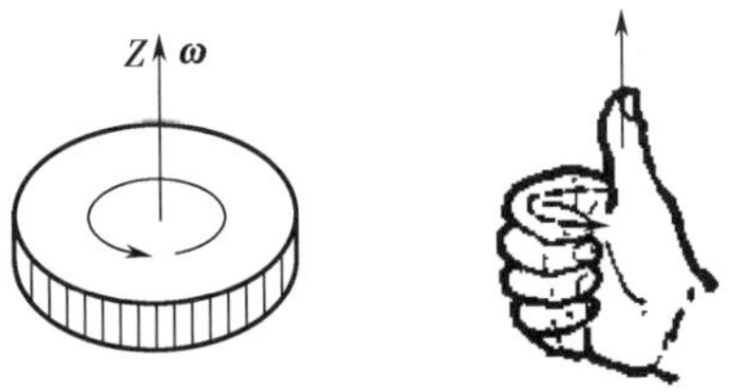

图 3-4　角速度矢量图

为描述角速度变化的快慢,引入**角加速度**,其大小用 β 表示,定义为

$$\beta = \frac{\mathrm{d}\omega}{\mathrm{d}t} = \frac{\mathrm{d}^2\theta}{\mathrm{d}t^2} \tag{3-3}$$

在定轴转动中,$\boldsymbol{\beta}$ 的方向也与转轴平行。当角速度变化率为正,角加速度与角速度同向;角速度变化率为负,则反向。但在刚体的定点和不定轴转动中,角加速度的方向并不一定与角速度的方向平行。在 SI 制中,角速度的单位是弧度·秒$^{-1}$,符号为 $\mathrm{rad \cdot s^{-1}}$;角加速度的单位是弧度·秒$^{-2}$,符号为 $\mathrm{rad \cdot s^{-2}}$。

离转轴的距离为 r_i 处质元的线速度和线加速度与刚体的角速度和角加速度的关系为

$$\left.\begin{aligned} v_i &= r_i\omega \\ a_\mathrm{t} &= r_i\beta \\ a_\mathrm{n} &= r_i\omega^2 \end{aligned}\right\} \tag{3-4}$$

可见,描述刚体的定轴转动只需要一个坐标变量 θ,有了角位置 θ,就可以按照上面的研究方法确定刚体定轴转动时的角速度、角加速度及任意点的线速度和线加速度。

3.1.2　刚体匀加速定轴转动

定轴转动中的一种简单情况是**匀加速转动**。在这一转动过程中,刚体的角加速度 β 保持不变。若以 θ_0、ω_0 表示刚体在 $t=0$ 时刻的角坐标、角速度,以 θ、ω 表示刚体在 t 时刻的角坐标、角速度,则可以导出匀加速定轴转动的相应公式如下:

$$\left.\begin{aligned} \omega &= \omega_0 + \beta t \\ \theta &= \theta_0 + \omega_0 t + \frac{1}{2}\beta t^2 \\ \omega^2 &= \omega_0^2 + 2\beta(\theta - \theta_0) \end{aligned}\right\} \tag{3-5}$$

它类似于质点的匀加速直线运动的情况。表 3-1 把这几个公式与质点匀

变速直线运动公式作了对比。

表 3-1 质点匀加速直线运动与刚体匀加速定轴转动

质点匀加速直线运动	刚体匀加速定轴转动
$v=v_0+at$	$\omega=\omega_0+\beta t$
$x=x_0+v_0t+\frac{1}{2}at^2$	$\theta=\theta_0+\omega_0t+\frac{1}{2}\beta t^2$
$v^2=v_0^2+2a(x-x_0)$	$\omega^2=\omega_0^2+2\beta(\theta-\theta_0)$

例题 3.1 一砂轮由静止开始作匀加速转动，角加速度 $\beta=2.5\ \mathrm{r\cdot s^{-2}}$。求 10 s 时的角速度和在 10 s 内转过的角度。($1\ \mathrm{r\cdot s^{-2}}=2\pi\ \mathrm{rad\cdot s^{-2}}$)

解: $\omega_0=0$，由式(3-5)可得 $t=10$ s 时的角速度为

$$\omega=\beta t=2.5\times10=25\ \mathrm{r\cdot s^{-1}}=157\ \mathrm{rad\cdot s^{-1}}$$

由式(3-5)又得在 $t=10$ s 内砂轮转过的角度

$$\theta=\frac{1}{2}\beta t^2=\frac{1}{2}\times2.5\times(10)^2=125\ \mathrm{r}=785\ \mathrm{rad}$$

3.2 刚体定轴转动的动力学

3.1 节讨论了刚体定轴转动的运动学问题。这一节将讨论刚体定轴转动的动力学问题，即研究刚体获得角加速度的原因以及刚体绕定轴转动时所遵循的规律。

3.2.1 刚体定轴转动的转动定律

3.2.1.1 力矩

对绕定轴转动的刚体来说，外力对刚体转动的影响，不仅与力的大小有关，而且还与力的作用点的位置和力的方向有关。例如，用同样大小的力推门，当作用点靠近门轴时，不容易把门推开；当作用点远离门轴时，就容易把门推开；当力的作用线通过门轴时，就不能把门推开。现在用力矩这个物理量来描述力对刚体转动的作用。

关于力矩的概念中学时作过介绍，这里要在中学的基础上给出力矩的一般概念，进而给出刚体定轴转动的力矩。

对于定轴转动而言，图 3-5 所示的是刚体的横截面，它可绕通过 O 点且垂直于该平面的转轴 OZ 转动。作用于刚体内一点 P 上的力 $\boldsymbol{F}$ 亦在此平面内，在力 $\boldsymbol{F}$ 的作用下刚体绕定轴 OZ 转动。力 $\boldsymbol{F}$ 的作用线到 O 点的距离 d 叫做对转轴的力臂，$\boldsymbol{r}$ 为 P 点的位置矢量，力 $\boldsymbol{F}$ 与 $\boldsymbol{r}$ 的夹角为 θ，

则力 $\boldsymbol{F}$ 对定轴 OZ 的力矩 $\boldsymbol{M}$ 的大小为

$$M = Fd = Fr\sin\theta$$

由于力矩是既有大小又有方向的矢量，不管是力矩的大小不同，还是力矩的方向不同，力矩作用效果都不同，结合矢量叉积的概念有

$$\boldsymbol{M} = \boldsymbol{r} \times \boldsymbol{F} \tag{3-6}$$

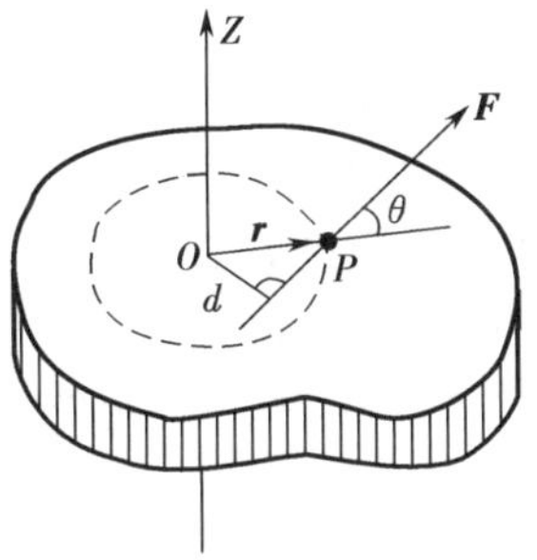

图 3-5 力矩的定义

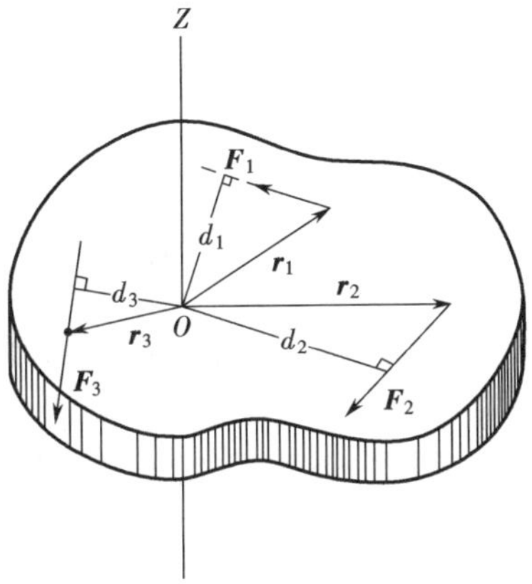

图 3-6 几个力的合力矩

如图 3-6 所示，如果有几个外力同时作用在一个绕定轴转动的刚体上，而且这几个外力都在与转轴垂直的平面内，则它们的合外力矩等于这几个外力矩的代数和，即

$$M = F_1 r_1 \sin\theta_1 - F_2 r_2 \sin\theta_2 + F_3 r_3 \sin\theta_3$$

若 $M>0$，合力矩的方向沿 OZ 轴的正向；若 $M<0$，合力矩的方向沿 OZ 轴的负向。

上面仅讨论了作用于刚体的外力矩，而实际上，刚体内各质点间还有内力作用。在后边讨论刚体的定轴转动时，这些内力矩对刚体的运动状态没有影响。因为内力总是成对出现的，且每一对内力属于作用力与反作用力，它们是同一性质的力，大小相等、方向相反、力的作用线在同一直线上，对转轴的力臂是相同的，所以每一对作用力与反作用力对转轴的力矩一定大小相等、方向相反，所以内力矩之和为零。

在国际单位制(SI)中，力矩的单位为牛顿·米，符号为 N·m。

3.2.1.2 刚体定轴转动转动定律

研究质点运动时，在外力的作用下，质点会获得加速度，外力和加速度之间的关系由牛顿第二定律给出为 $\boldsymbol{F} = m\boldsymbol{a}$，式中 m 为质点的质量。在外力矩的作用下，绕定轴转动的刚体的角速度也会发生变化，即具有角加速度。下面就来讨论外力矩和角加速度之间的关系。

当刚体绕定轴转动时，刚体内的每个质元都在转动平面内绕转轴作圆周运动，如图 3-7 所示。虽然这些质元对各自的转动中心的位置矢量

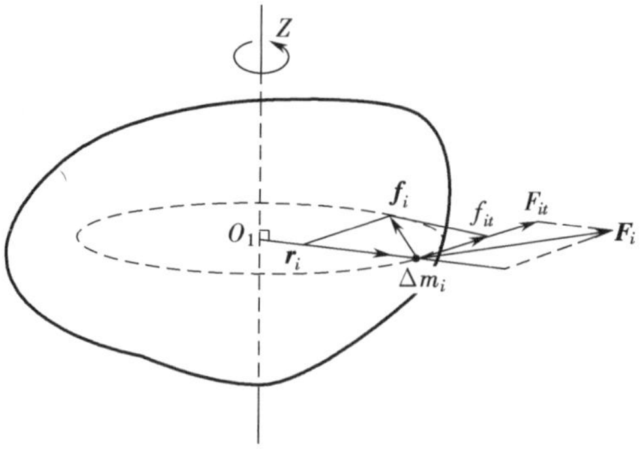

图 3-7 转动定律

不同,但是却具有大小和方向都相同的角速度 $\boldsymbol{\omega}$ 和角加速度 $\boldsymbol{\beta}$,这个角速度 $\boldsymbol{\omega}$ 和角加速度 $\boldsymbol{\beta}$ 也正是刚体的角速度和角加速度。角速度 $\boldsymbol{\omega}$ 的方向沿转轴,其指向与质元沿圆周的绕行方向遵守右手螺旋法则;$\boldsymbol{\beta}$ 的方向也沿转轴,其指向由 $\boldsymbol{\omega}$ 的增加和减小而定。

图 3-7 所示是一个绕固定轴以角速度 $\boldsymbol{\omega}$ 和角加速度 $\boldsymbol{\beta}$ 转动的刚体。其中任一质量元 Δm_i(简称质元)在转动平面内的位置矢量为 $\boldsymbol{r}_i$,以 F_{it}表示它所受切向合外力,以 f_{it}表示它所受切向合内力,刚体所有质元受力对转轴的总力矩为

$$\sum_i F_{it} r_i + \sum_i f_{it} r_i = \sum_i \Delta m_i r_i^2 \beta \tag{3-7}$$

上式的第一项是刚体所受的外力对转轴的力矩之和,又称合外力矩;第二项是刚体所受的内力对转轴的力矩之和,已知其内力矩之和为零,即内力矩对刚体的运动状态没有影响,因此式(3-7)又可以写成

$$\sum_i F_{it} r_i = \left(\sum \Delta m_i r_i^2\right)\beta \tag{3-8}$$

不难看出,$\sum \Delta m_i r_i^2$ 是由刚体的各质元相对于固定转轴的分布所决定的,与刚体的运动以及所受的外力无关。这个表示刚体本身特征的物理量叫做刚体对于转轴的**转动惯量**,通常用 J 来表示,即

$$J = \sum \Delta m_i r_i^2 \tag{3-9}$$

式中:r_i 为刚体各质元到转轴的垂直距离。

对于质量连续分布的刚体,上式求和号应以积分代替,为

$$J = \int r^2 \mathrm{d}m \tag{3-10}$$

式中:r 为刚体质元 $\mathrm{d}m$ 到转轴的垂直距离。

如果再以 M 表示合外力矩,式(3-8)就可写成

$$M = J\beta \tag{3-11}$$

此式表明,刚体所受的对于某一固定转轴的合外力矩等于刚体对此转轴的转动惯量与刚体所获得的角加速度的乘积。这一关系称为**刚体定轴转动的转动定律**。

3.2.1.3 转动惯量的计算

刚体的转动惯量计算,首先要确定构成刚体的各个质元是离散分布

还是连续分布,如果质元是离散分布的,可用式(3-9)计算;如果质元是连续分布的,可用式(3-10)计算。式(3-10)中,dm 为质量元,视刚体的形状计算如下:

质量为线分布,

$$dm = \lambda dl$$

质量为面分布,

$$dm = \sigma dS$$

质量为体分布,

$$dm = \rho dV$$

其中:λ、σ、ρ 分别为刚体的质量线密度、面密度和体密度。

由式(3-9)和式(3-10)可知,刚体的转动惯量等于刚体中各质元的质量和它们各自离转轴的垂直距离的平方的乘积的总和,它的大小不仅与刚体的总质量有关,而且与质量的分布、转轴的位置有关。可以概括为以下三点:

①形状、大小相同的均匀刚体总质量越大,转动惯量越大;

②总质量相同的刚体,质量分布离轴越远, 转动惯量越大;

③同一刚体,转轴不同,质量对轴的分布就不同,因而转动惯量就不同。

在国际单位制(SI)中,转动惯量的单位为千克·米^2,符号为 kg·m^2。

例题 3.2　求长度为 L、质量为 m 的均匀细棒 AB 的转动惯量。

(1)通过细棒一端并与棒垂直的轴;

(2)通过细棒中心并与棒垂直的轴。

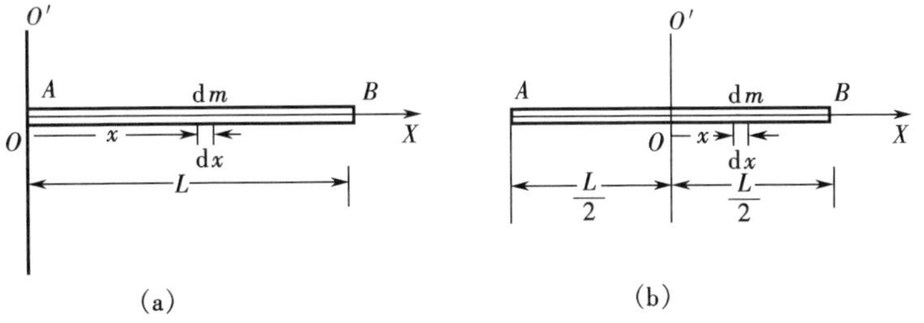

图 3-8　例题 3.2 图

解:设细棒的线密度为 $\lambda = \dfrac{m}{L}$。

(1)如图 3-8 (a)所示,取一距离转轴 OO' 为 x 处的质量元 $dm = \lambda dx$,所以

$$J = \int x^2 dm = \lambda \int_0^L x^2 dx = \frac{1}{3} mL^2$$

(2)同理,如图 3-8(b)所示,取一距离转轴 OO' 为 x 处的质量元 dm

$=\lambda\,\mathrm{d}x$，所以

$$J=\int x^2\mathrm{d}m=\int \lambda x^2\mathrm{d}x$$

由于转轴通过棒的中心，故有

$$J=2\lambda\int_0^{\frac{L}{2}}x^2\mathrm{d}x=\frac{1}{12}\lambda L^3=\frac{1}{12}mL^2$$

这里必须要指出，实际上只有对几何形状简单、质量连续且均匀分布的刚体，才能用积分的方法计算出它们的转动惯量。对于任意刚体的转动惯量，通常是用实验的方法测定出的。表 3-2 给出了几种常见刚体的转动惯量。

表 3-2　几种常见刚体的转动惯量

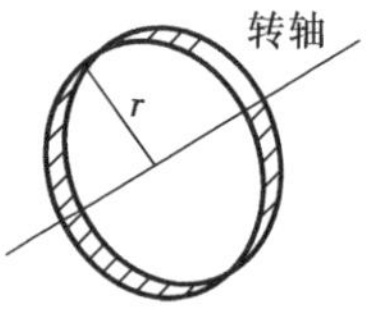 圆环转轴通过中心与环面垂直 $J=mr^2$	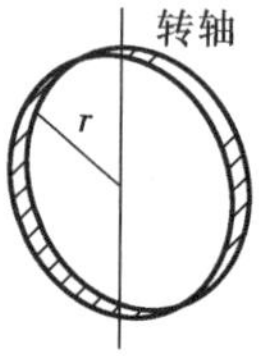 圆环转轴沿直径 $J=\frac{mr^2}{2}$
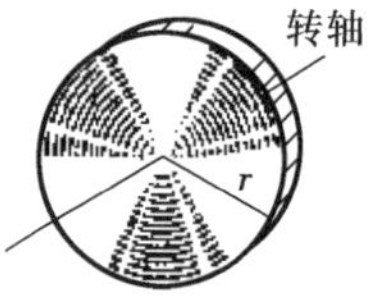 薄圆盘转轴通过中心与盘面垂直 $J=\frac{mr^2}{2}$	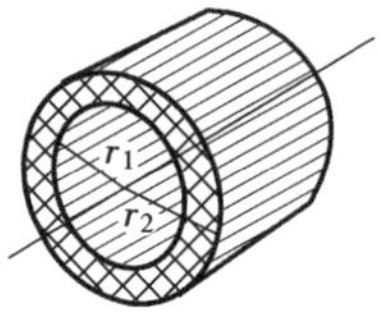 圆筒转轴沿几何轴 $J=\frac{m}{2}(r_1^2+r_2^2)$
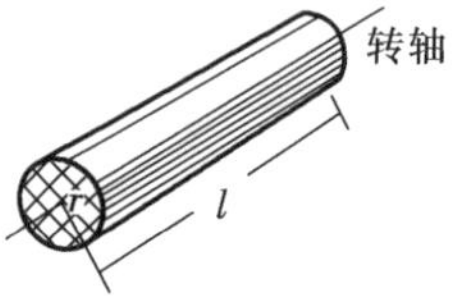 圆柱体转轴沿几何轴 $J=\frac{mr^2}{2}$	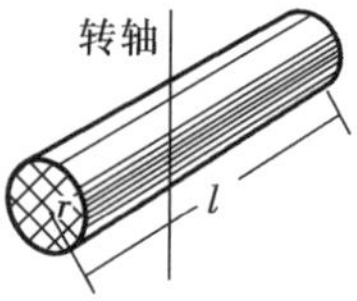 圆柱体转轴通过中心与几何轴垂直 $J=\frac{mr^2}{4}+\frac{ml^2}{12}$
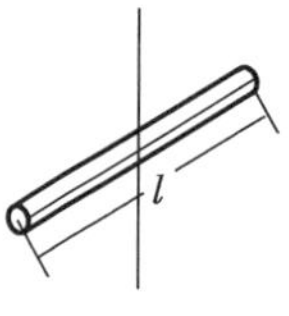 细棒转轴通过中心与棒垂直 $J=\frac{ml^2}{12}$	 细棒转轴通过端点与棒垂直 $J=\frac{ml^2}{3}$

续表

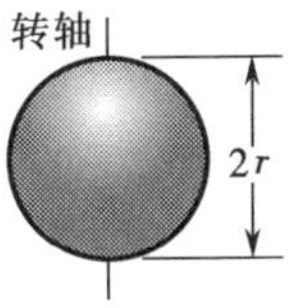 球体转轴沿直径 $J=\frac{2mr^2}{5}$	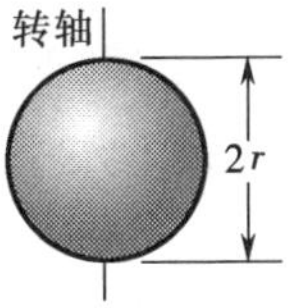 球壳转轴沿直径 $J=\frac{2mr^2}{3}$

3.2.1.4　刚体定轴转动定律的应用

应用刚体定轴转动定律还是比较容易的，不过要特别注意转动轴的位置和指向，也要注意力矩、角速度和角加速度的正负。下面举几个例题。

例题 3.3　如图 3-9(a)所示，一质量为 m 的物体悬于一条轻绳的一端，绳另一端绕在一轮轴的轴上，轴水平且垂直于轮轴面，其半径为 r，整个装置架在光滑的固定轴承之上。当物体从静止释放后，在时间 t 内下降了一段距离 s，试求整个轮轴的转动惯量(用 m、r、t 和 s 表示)。

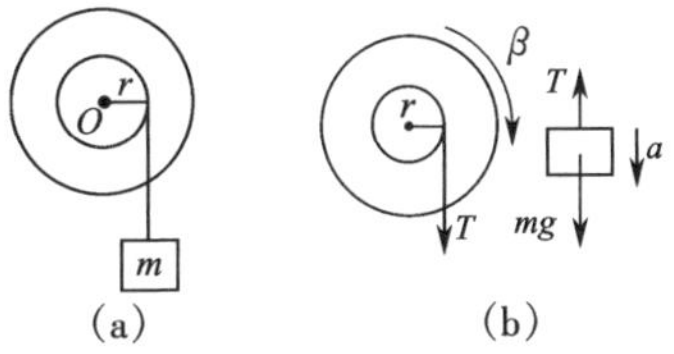

图 3-9　例题 3.3 图

解：设绳子对物体(或绳子对轮轴)的拉力为 T，受力分析如图 3-9(b)所示，则根据牛顿运动定律和转动定律得

$$mg - T = ma \tag{1}$$

$$Tr = J\beta \tag{2}$$

由质点运动学有

$$a = r\beta \tag{3}$$

由式(1)、(2)、(3)解得

$$J = \frac{m(g-a)r^2}{a} \tag{4}$$

又根据已知条件

$$v_0 = 0$$

故

$$\left.\begin{aligned} s &= \frac{1}{2}at^2 \\ a &= \frac{2s}{t^2} \end{aligned}\right\} \tag{5}$$

将式(5)代入式(4)得

$$J = mr^2\left(\frac{gt^2}{2s} - 1\right)$$

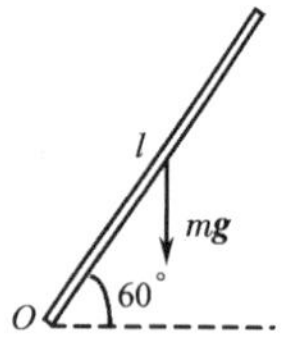

图 3-10 例题 3.4 图

例题 3.4 如图 3-10 所示，一长 $l=1$ m 的均匀直棒可绕过其一端且与棒垂直的水平光滑固定轴转动。今抬起另一端使棒向上与水平面成 60°，然后无初转速地将棒释放。已知棒对轴的转动惯量为$\frac{1}{3}ml^2$，其中 m 和 l 分别为棒的质量和长度。求：

（1）放手时棒的角加速度；

（2）棒转到水平位置时的角加速度。

解：(1)设棒的质量为 m，当棒与水平面成 60°角并开始下落时，根据转动定律有

$$M = J\beta$$

其中

$$M = \frac{1}{2}mgl\sin 30° = mgl/4$$

于是

$$\beta = \frac{M}{J} = \frac{3g}{4l} = 7.35\ \text{rad}\cdot\text{s}^{-2}$$

(2)当棒转动到水平位置时，

$$M = \frac{1}{2}mgl$$

于是得

$$\beta = \frac{M}{J} = \frac{3g}{2l} = 14.7\ \text{rad}\cdot\text{s}^{-2}$$

3.2.2 刚体定轴转动的角动量定理和角动量守恒定律

第 2 章中关于力作用在质点上，已从力的空间和时间的累计效果，分别研究了质点的动能定理和动量定理，进而得到了机械能守恒定律和动量守恒定律。同样，力矩作用在刚体上也总是在一定的时间和空间进行的，下面研究力矩作用在刚体上的时间累积效果。

3.2.2.1 质点和刚体的角动量

设一质量为 m 的质点，绕圆心 O 作圆周运动，如图 3-11(a)所示。设某一时刻质点的速度为 $\boldsymbol{v}$，$\boldsymbol{v}$ 与矢径 $\boldsymbol{r}$ 相互垂直，并在同一平面内。质点在圆周上某点的动量大小(mv)和矢径大小(r)的乘积叫做质点对圆心 O 的角动量(或称动量矩)，用符号 L 表示，有

$$L = mvr \tag{3-12a}$$

由于 $v=r\omega$，上式又可表示为

$$L = mr^2\omega \tag{3-12b}$$

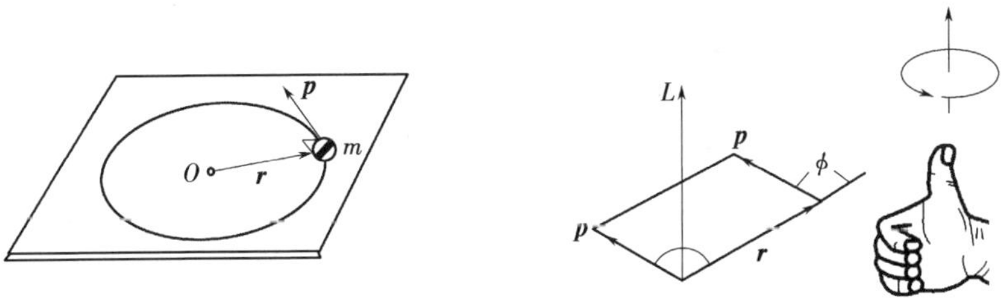

(a) (b)

图 3-11 质点角动量

如同动量是矢量一样，角动量也是矢量，它的方向一般规定为垂直于 $\boldsymbol{r}$ 和 $\boldsymbol{v}$ 组成的平面。在一般情况下，质点的动量和它对于给定点的矢径不一定垂直。角动量可用矢径 $\boldsymbol{r}$ 和动量 $\boldsymbol{p}$ 的矢量积表示，即

$$\boldsymbol{L} = \boldsymbol{r} \times \boldsymbol{p} \tag{3-13}$$

上式表明，角动量 $\boldsymbol{L}$ 的大小为 $L = pr\sin\phi$，方向垂直于矢径 $\boldsymbol{r}$ 和动量 $\boldsymbol{p}$ 所组成的平面，指向是由 $\boldsymbol{r}$ 经小于 180°的角转到 $\boldsymbol{p}$ 的右螺旋的前进方向所确定，如图 3-11(b)所示。

由于刚体是由许多质点组成，因而整个刚体绕给定轴的角动量为各质点对此轴的角动量的矢量和。由于刚体绕定轴转动，每个质点的角动量方向均相同，因此各质点对给定轴的角动量的矢量和可用代数和来计算。如图 3-12 所示，圆柱体以角速度 ω 绕给定轴 Z 转动，刚体上每一个质点都以相同角速度 ω 绕 Z 轴作圆周运动，其中质点 Δm_i 对 Z 轴的角动量为

$$\Delta m_i r_i v_i = \Delta m_i r_i^2 \omega$$

刚体上所有质点对 Z 轴的角动量为

$$L = \sum_i \Delta m_i r_i^2 \omega = \left(\sum_i \Delta m_i r_i^2\right)\omega \tag{3-14}$$

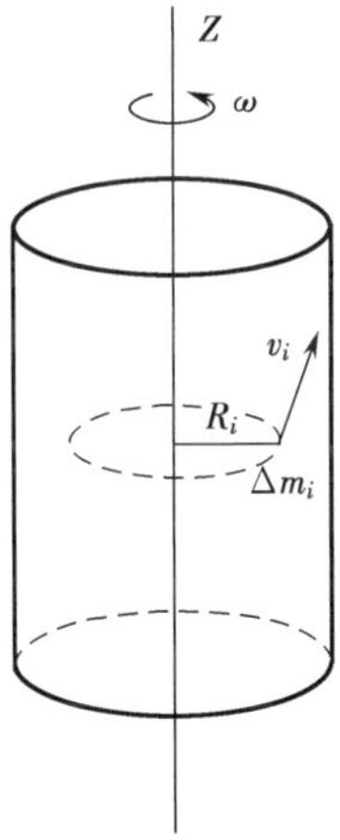

图 3-12 刚体的角动量

式中：$\left(\sum_i \Delta m_i r_i^2\right)$为圆柱体绕 Z 轴的转动惯量 J，于是圆柱体对 Z 轴的角动量为

$$L = J\omega \tag{3-15}$$

应该指出，上式虽然是从圆柱体这一特例得出的，它对其他形状的刚体也适用，但要注意 L、J 和 ω 都是对同一给定轴 Z 而言的。

对于一个固定轴转动的刚体，$\boldsymbol{L}$ 与 $\boldsymbol{\omega}$ 的方向相同，写成矢量形式为

$$\boldsymbol{L} = J\boldsymbol{\omega} \tag{3-16}$$

3.2.2.2 刚体定轴转动的角动量定理

在第2章中，曾根据牛顿第二定律从力对时间的累积作用出发，讨论了外力对质点作用一段时间后所引起的质点运动状态的变化，得出了动量定理。现在根据转动定律，从力矩对时间的累积作用出发，讨论外力矩对刚体作用一段时间后，引起刚体转动状态的变化。

牛顿第二定律如果用动量来表述，可写成质点动量随时间的变化率等于作用在质点上的合外力，即

$$\boldsymbol{F}=\frac{\mathrm{d}\boldsymbol{p}}{\mathrm{d}t}$$

与此相似，引进角动量以后，刚体绕定轴转动的转动定律亦可写成更基本的形式。由角动量定义 $L=J\omega$，刚体绕定轴转动的转动定律又可表示为

$$M=J\beta=J\frac{\mathrm{d}\omega}{\mathrm{d}t}=\frac{\mathrm{d}(J\omega)}{\mathrm{d}t}$$

即

$$M=\frac{\mathrm{d}L}{\mathrm{d}t} \tag{3-17}$$

上式表明，对绕定轴转动的刚体，其角动量随时间的变化率等于作用在刚体上的合外力矩。它是转动定律的另一表达方式，意义更加普遍，即使绕轴转动物体的转动惯量 J 发生了变化，式(3-11)已不能成立，但式(3-17)仍能成立。

设有一转动惯量为 J 的刚体绕定轴转动，在外力矩 M 的作用下，在时间 $\Delta t=t-t_0$ 内，其角速度由 ω_0 变为 ω，对式(3-17)积分得

$$\int_{t_0}^{t}M\mathrm{d}t=\int_{L_0}^{L}\mathrm{d}L=J\omega-J\omega_0 \tag{3-18}$$

当 $M=$ 恒量时，上式变为

$$M\Delta t=\int_{L_0}^{L}\mathrm{d}L=J\omega-J\omega_0 \tag{3-19}$$

上两式中，$\int_{t_0}^{t}M\mathrm{d}t$ 和 $M\Delta t$ 都是外力矩与作用时间的乘积，叫做力矩对给定轴的**冲量矩**，又叫**角冲量**。式(3-18)表明，当转轴给定时，作用在物体上的冲量矩等于角动量的增量，这一结论叫做**刚体定轴转动的角动量原理**。它与质点动力学中的动量定理在形式上很相似。在国际单位制中，角动量的单位是千克·米^2·秒$^{-1}$，符号为 $\mathrm{kg\cdot m^2\cdot s^{-1}}$，冲量矩的单位是牛顿·米·秒，符号表示为 N·m·s。

推广之，如果物体在转动过程中物体内各质点相对于转轴的位置发生了变化，那么物体的转动惯量 J 也必然随时间变化。若在 Δt 时间内，转动惯量由 J_0 变为 J，则式(3-18)中的 $J\omega_0$ 应改为 $J_0\omega_0$。于是下面的关系式是成立的，即

$$M\Delta t = J\omega - J_0\omega_0 \tag{3-20}$$

或

$$\int_{t_0}^{t} M\mathrm{d}t = J\omega - J_0\omega_0 \tag{3-21}$$

顺便可以注意一下,在物理量中,量纲相同的物理量,有的有物理意义上的内在联系,有的则没有。例如冲量矩和角动量的量纲相同,而且冲量矩是角动量变化的量度。同理,功和能的量纲相同,功也是能量变化的量度,它们在物理意义上都有内在联系。然而,功和力矩的量纲虽然相同,但物理意义却完全不同,它们没有内在联系。

3.2.2.3　角动量守恒定律

当作用在质点上的合外力等于零时,由动量原理可以导出动量守恒定律。同样,当作用在绕定轴转动的刚体上的合外力矩等于零时,由角动量定理也可导出**角动量守恒定律**。

由式(3-18)可以看出,当合外力矩为零时,可得

$$J\omega = \text{恒量} \tag{3-22}$$

这就是说,如果刚体所受的合外力矩等于零,或者不受外力矩的作用,刚体的角动量保持不变,这个结论称为角动量守恒定律。

外力矩为零有两种情况:

①质点所受的外力为零;

②质点所受的外力不为零,但是在任意时刻外力对于固定参考点的合力矩为零。

必须指出,上面在角动量守恒定律的推导过程中受到刚体、定轴等条件的限制,但它的适用范围却远远超出这些限制,目前对所有的物理领域都是适用的。

下面讨论角动量守恒定律的两种情况。

①物体绕定轴转动时,如果转动惯量保持不变,由于 $J\omega$ = 恒 量,故 ω = 恒量,即物体作匀角速转动。

②物体绕定轴转动时,如果转动惯量可以改变,则有 $J\omega = J_0\omega_0$,得

$$\omega = \frac{J_0\omega_0}{J}$$

这时,物体的角速度随转动惯量的改变而变化,但乘积 $J\omega$ 保持不变。当 J 变大时,ω 变小;J 变小时,ω 变大。

角动量守恒定律是物理学的另一基本规律,在研究天体运动和微观粒子运动时角动量守恒定律都起着重要作用。在日常生活中,有很多事例可以用角动量守恒定律来说明。如图 3-13 所示为一个人双手各拿一只哑铃坐在可旋转的凳子(茹可夫斯基凳)上,在和凳子一起旋转时,开始时双臂伸开,设此时转动角速度为 ω_0,然后迅速把两臂收拢到胸前,这

图 3-13 角动量守恒

时，由于转动惯量变小，根据角动量守恒定律，ω 角速度必增大，因而旋转变快。相类似的运动如跳水运动员表演时，常在空中先把手臂和腿蜷缩起来，以减小转动惯量而增大转动角速度，在快到水面时，则又把手、腿伸直，以增大转动惯量而减小转动角速度，于是以一定的方向落入水中。

最后还应该指出，角动量守恒定律、动量守恒定律和能量守恒定律，都是在不同的理想化条件(如质点、刚体……)下，用经典的牛顿力学原理推证出来的。它们不仅适用于牛顿力学有效的所有经典领域，同时也适用于牛顿力学失效的近代物理理论——量子力学和相对论。这就充分说明上述三条守恒定律不但比牛顿力学理论更基本、更普遍，而且也是近代物理理论的基础。角动量守恒定律是自然界中的普遍规律，即使在原子内部，此定律也成立，即对宏观物体和微观物体都适用。

例题 3.5 两个质量均为 m 的小球 A 和 B 由细绳系着，可以在一个无质量的细杆上自由滑动，如图 3-14 所示，细绳的另一端通过换向机构，沿 OO' 轴铅直下垂。细杆水平放置并可绕铅直轴 OO' 转动，铅直轴在两物体之间的中点上。当用力拉铅直下垂的绳的一端时，两球要受到沿轴的外力作用，它们就沿细杆向中心移动。设两球离中心距离为 r_0 时的角速度(相对铅直轴)为 ω_0。问：(1)它们被拉到离中心 $r_0/2$ 处的角速度为多少？(2)在此过程中，系统的动能有无变化？绳的质量和摩擦力均不计。

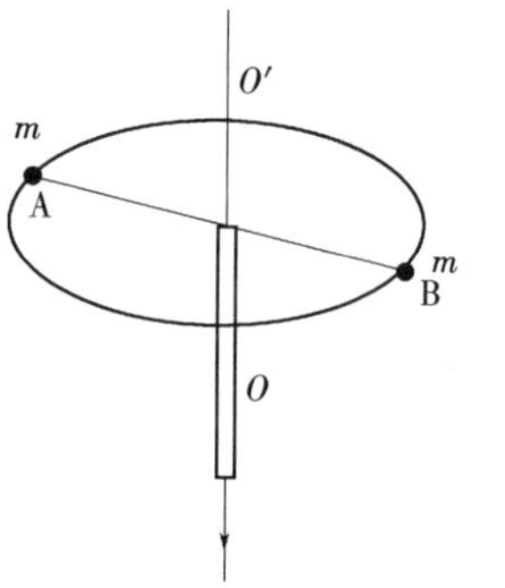

图 3-14 例题 3.5 图

解：(1)由题意知，两球的初角动量为 $J_0\omega_0 = 2mr_0^2\omega_0$，末角动量为 $J\omega = 2m\dfrac{r_0^2}{4}\omega$。由于球向中心移动的过程中，球所受拉力不产生外力矩，因此角动量守恒，即

$$J\omega = J_0\omega_0$$

或

$$2mr_0^2\omega_0 = \frac{1}{2}mr_0^2\omega$$

有

$$\omega = 4\omega_0$$

(2)初转动动能

$$E_{k0} = 2 \times \frac{1}{2} m v_0^2 = m r_0^2 \omega_0^2$$

末转动动能

$$E_k = 2 \times \frac{1}{2} m v^2 = m\left(4\omega_0 \frac{r_0}{2}\right)^2 = 4 m r_0^2 \omega_0^2$$

可见 $E_k = 4E_{k0}$,亦即转动动能的增量为

$$\Delta E_k = E_k - E_{k0} = 3 m r_0^2 \omega_0^2$$

3.2.3　刚体定轴转动的动能定理

质点在外力的作用下发生位移时,则称外力对质点做了功。当刚体在外力的作用下绕定轴转动而发生角位移时,称力矩对刚体做了功。这就是力矩作用在刚体上的空间累积效果。

3.2.3.1　力矩的功

当刚体受到外力矩的作用而加速转动时,刚体的转动动能必然增加,这是由于外力矩对刚体做功的结果。下面讨论一下力矩的功,设一物体在力 $\boldsymbol{F}$ 的作用下,绕 OZ 轴转过一极小的角度 $\mathrm{d}\theta$,力 $\boldsymbol{F}$ 的作用点的位移是 $\mathrm{d}s$。由图 3-15 中可看出,$\mathrm{d}s = r\mathrm{d}\theta$。由于 $\mathrm{d}s$ 很小,可近似地认为它是一直线并与 OP 垂直,且与力 $\boldsymbol{F}$ 的夹角是 α。

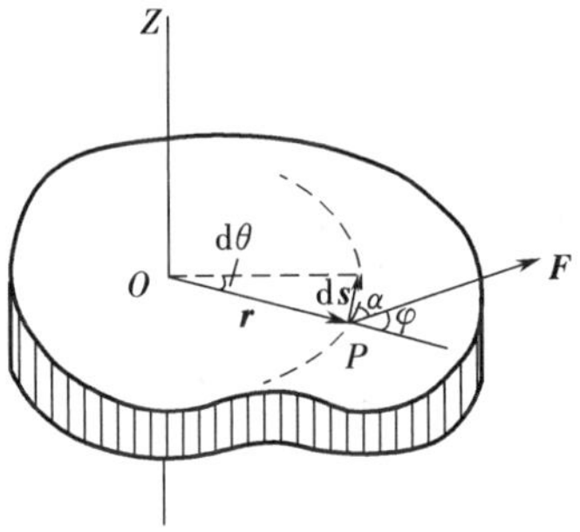

图 3-15　力矩的功

由功的定义,力 $\boldsymbol{F}$ 在这段位移中所做的元功为

$$\mathrm{d}W = Fr\cos\alpha\,\mathrm{d}\theta$$

因为

$$\alpha + \varphi = 90°$$

所以

$$\cos\alpha = \cos(90° - \varphi) = \sin\varphi$$

因此有

$$\mathrm{d}W = Fr\sin\varphi\,\mathrm{d}\theta = M\mathrm{d}\theta$$

式中:$M = Fr\sin\varphi$。上式说明力矩所做的功等于力矩 M 和角位移 $\mathrm{d}\theta$ 的乘积。

如果力矩的大小和方向都不变,则当刚体在此力的作用下转过角 θ 时,力矩所做的功为

$$W = \int_0^w \mathrm{d}W = M\int_0^\theta \mathrm{d}\theta = M\theta \tag{3-23}$$

即恒力矩对绕定轴转动的刚体所做的功,等于力矩的大小与转过的角度的乘积。

如果作用在绕定轴转动的刚体上的力矩是变化的,那么变力矩的功为

$$W = \int M\mathrm{d}\theta \tag{3-24}$$

如果刚体同时受到几个力的作用,那么公式中的 M 就表示合外力矩。

由 $\mathrm{d}W = M\mathrm{d}\theta$ 可知力矩的功率为

$$P = \frac{\mathrm{d}W}{\mathrm{d}t} = M\frac{\mathrm{d}\theta}{\mathrm{d}t} = M\omega$$

即力矩的瞬时功率等于力矩和角速度的乘积。

3.2.3.2　刚体定轴转动的转动动能

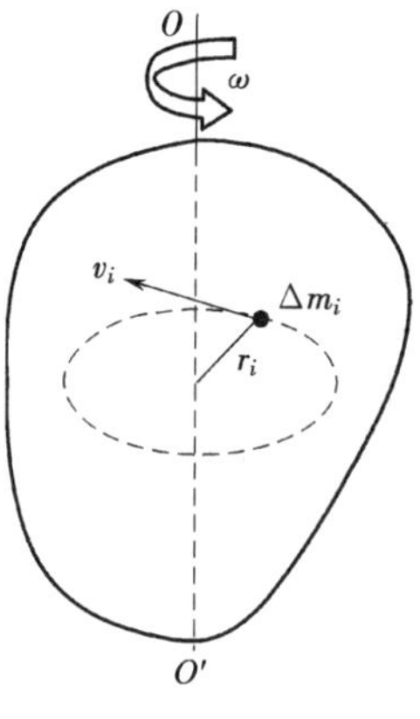

图 3-16　刚体的转动动能

刚体可以看成是由无数个质点组成的。因此,刚体的转动动能就等于所有质点的动能之和。设某刚体绕 OO'轴以角速度 ω 转动,则刚体中的每一个质元都将在各自的转动平面内以角速度 ω 作圆周运动。若把刚体划分成 N 块(即 N 个质元),以 Δm_i 表示第 i 个质元的质量,v_i 和 r_i 分别表示它作圆周运动的速率和半径,如图 3-16 所示。于是第 i 个质元的动能为

$$E_{ki} = \frac{1}{2}\Delta m_i v_i^2 = \frac{1}{2}\Delta m_i r_i^2 \omega^2$$

式中,由于 ω 是所有质元的角速度,所以没有下标。因此整个刚体绕定轴转动的转动动能为

$$E_k = \sum_{i=1}^{N} E_{ki} = \frac{1}{2}\left(\sum_{i=1}^{N} \Delta m_i r_i^2\right)\omega^2$$

由于式中 $\sum_{i=1}^{N} \Delta m_i r_i^2$ 就是刚体对定轴的转动惯量, 所以

$$E_k = \frac{1}{2}J\omega^2 \tag{3-25}$$

即**刚体绕定轴转动的转动动能**等于刚体的转动惯量与角速度平方乘积的一半,这与质点的动能 $E_k = \frac{1}{2}mv^2$,在形式上是完全相似的。

3.2.3.3 刚体定轴转动的动能定理

设在合外力矩 M 的作用下，刚体绕定轴转过角位移 $\mathrm{d}\theta$，合外力矩对刚体所做的元功为

$$\mathrm{d}W = M\mathrm{d}\theta$$

由转动定律 $M = J\beta = J\dfrac{\mathrm{d}\omega}{\mathrm{d}t}$，上式又可写成

$$\mathrm{d}W = J\frac{\mathrm{d}\omega}{\mathrm{d}t}\mathrm{d}\theta = J\frac{\mathrm{d}\theta}{\mathrm{d}t}\mathrm{d}\omega = J\omega\mathrm{d}\omega$$

若上式中的 J 为常量，那么在 Δt 时间内，由合外力矩对刚体做的功，就使得刚体的角速度从 ω_1 变到 ω_2，合外力矩对刚体所做的功为

$$W = \int \mathrm{d}W = J\int_{\omega_1}^{\omega_2}\omega\mathrm{d}\omega$$

即

$$W = \frac{1}{2}J\omega_2^2 - \frac{1}{2}J\omega_1^2 \tag{3-26}$$

上式表明，合外力矩对绕定轴转动的刚体所做的功等于刚体转动动能的增量，这就是**刚体绕定轴转动的动能定理**。

例题 3.6 如图 3-17 所示，一根质量为 m、长为 l 的均匀细棒 OA，可绕通过其一端的光滑轴 O 在竖直平面内转动，今使棒从水平位置开始自由下摆，求细棒摆到竖直位置时其中点 C 和端点 A 的速度。

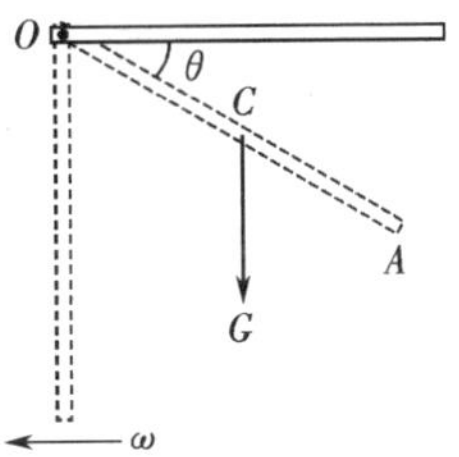

图 3-17 例题 3.6 图

解：先对细棒 OA 作受力分析，重力 G 作用在棒的中心点 C，方向竖直向下，轴和棒之间没有摩擦力，轴对棒作用的支撑力垂直于棒和轴的接触面且通过 O 点，在棒的下摆过程中，此力的方向和大小是随时改变的。在棒的下摆过程中，对转轴 O 而言，支撑力通过 O 点，所以支撑力的力矩等于零，重力 G 的力矩则是变力矩，大小等于 $\dfrac{1}{2}mgl\cos\theta$，棒转过微小的角位移 $\mathrm{d}\theta$ 时，重力矩所做的元功是

$$\mathrm{d}W = mg\frac{l}{2}\cos\theta\mathrm{d}\theta$$

在使棒从水平位置下摆到竖直位置的过程中，重力矩所做的功是

$$W = \int_0^{\frac{\pi}{2}} mg\frac{l}{2}\cos\theta d\theta = mg\frac{l}{2}$$

应该指出，重力矩做的功就是重力做的功，也可用重力势能的差值来表示。棒在水平位置时的角速度 $\omega_0 = 0$，下摆到竖直位置时的角速度为 ω，按力矩的功和转动动能增量的关系式得

$$mg\frac{l}{2}=\frac{1}{2}J\omega^2$$

由此得

$$\omega=\sqrt{\frac{mgl}{J}}$$

因 $J=\frac{1}{3}ml^2$，代入上式得

$$\omega=\sqrt{\frac{3g}{l}}$$

所以细棒在竖直位置时，端点 A 和中心点 C 的速度分别为

$$v_A=l\omega=\sqrt{3gl}$$

$$v_C=\frac{l}{2}\omega=\frac{1}{2}\sqrt{3gl}$$

为了便于理解刚体绕定轴转动的规律性，必须注意刚体与质点的运动规律和研究思路的相似性。表 3-3 给出了质点直线运动与刚体定轴转动的一些重要的物理量和重要规律。

表 3-3 质点直线运动与刚体定轴转动的对照表

质点直线运动	刚体定轴转动
运动方程 $x=x(t)$	运动方程 $\theta=\theta(t)$
速度 $v=\frac{dx}{dt}$	角速度 $\omega=\frac{d\theta}{dt}$
加速度 $a=\frac{dv}{dt}=\frac{d^2x}{dt^2}$	角加速度 $\beta=\frac{d\omega}{dt}=\frac{d^2\theta}{dt^2}$
力 F	力矩 M
牛顿第二定律 $F=ma$	转动定律 $M=J\beta$
动量 $p=mv$	角动量 $L=J\omega$
动量定理 $\int F dt=mv_2-mv_1$	角动量定理 $\int M dt=J\omega_2-J\omega_1$
动量守恒定律：当 $F=0$ 时，$mv=$ 恒量	角动量守恒定律：当 $M=0$ 时，$J\omega=$ 恒量
功 $W=\int F dx$	力矩的功 $W=\int M d\theta$
动能 $\frac{1}{2}mv^2$	转动动能 $\frac{1}{2}J\omega^2$
动能定理 $W=\frac{1}{2}mv_2^2-\frac{1}{2}mv_1^2$	转动动能定理 $W=\frac{1}{2}J\omega_2^2-\frac{1}{2}J\omega_1^2$

将刚体的定轴转动规律与质点的运动规律加以比较，可以发现研究步骤非常类似，研究方法基本相同。首先讨论了如何描述刚体的定轴转动，即刚体定轴转动运动学；其次讨论了力矩的瞬时作用规律，即刚体定

轴转动的转动定律;再次讨论了力矩对时间的累积效应,即刚体定轴转动的角动量定理;最后讨论了力矩对空间的累积效应,即刚体定轴转动的动能定理。

阅读材料

宇 宙

人类生活在地球上,地球处于宇宙之中。从远古时期,人们已经开始猜测宇宙的结构与状态。19 世纪以前,科学家对地球周围星系、星系团作了大量的观测,但是,对于宇宙有没有中心、是不是无限的问题却迷惑不解。

直到 1917 年,爱因斯坦建立了广义相对论,认为宇宙空间是弯曲的,才解释了宇宙空间为什么既是有限的,同时又没有边界和中心。但是,在理论上引入真正的非循环式的动态宇宙模型,的确很不容易。1922 年,弗里德曼得到爱因斯坦原始场方程的非定态解,描绘出一个动态的宇宙模型,从理论上指出存在临界密度,宇宙膨胀的前景如何,取决于宇宙平均密度相对于临界密度的大小。

19 世纪初,斯里弗首先发现河外星系谱线有系统的红移现象,并解释为多普勒效应。经过对周围许多星系光谱的研究,1929 年,哈勃宣布:由红移算出的河外星系视向退行速度和距离大致成线性关系,这便是哈勃定律。哈勃常数的测定至关重要,它涉及宇宙年龄的推测和标准大爆炸宇宙模型的确立。然而,从 20 世纪 30 年代起,对哈勃常数的测定值几经修正,至今未果。大爆炸宇宙理论认为,宇宙起源于一个温度极高(10^{11} K)、体积极小的原始火球。距今约 200 亿年,该火球发生大爆炸,宇宙物质四处飞散,不断膨胀,温度逐渐下降,形成宇宙。大爆炸后 10^{-43} s 到 10^{-6} s 之间宇宙充满夸克、电子、μ 子等,紧接着形成强子(包括重子(质子、中子)和介子(π、ω、Λ 介子)等)。继而质子、中子、电子等基本粒子聚合成氢、氘、氦、锂等元素,逐渐形成星云、恒星、太阳、地球、细胞、动物、植物直至人类。至今宇宙仍在膨胀。

"大爆炸"宇宙理论曾预言过,早期宇宙会遗留下一个微波辐射背景。20 世纪 60 年代后半期以来,3K 宇宙背景辐射的发现,使这种理论逐渐被广泛接受。1964 年,彭齐亚斯和威尔逊用噪声极低的反射天线测量发出的射电波强度,出乎意料地观测到来自宇宙深处的 7.35 cm 电磁辐射,其"等效温度"在 2.5 ~4.5 K 之间。之后,射电天文学家们又在不同的波长上作了测量。1972 年,康奈尔火箭小组、麻省理工学院及伯克利气球小组报告了小于 0.1 cm 波长段的探测结果。人们探测到的来自宇宙的微波辐射频谱十分接近 3K 的黑体辐射公式，这成为大爆炸宇宙模型最强有力的证据。

而当今宇宙密度的估算，是一个非常难解答的问题。采用光度学方法估算与采用动力学方法，如“双星系法”、“位力法”估算的结果相差悬殊。而宇宙学方法，用“哈勃图”从整体上对宇宙的测算结果肯定了动力学方法的结论，认为宇宙是封闭的、有限的，将来要坍缩。那么，光度学方法结果的偏差就表明了宇宙中有一些不发光的暗物质的存在。近年来，利用射电望远镜观测已发现了星系外围的暗物质包层，称为星系冕。关于暗物质的成分，有着许多种推测，曾经提出是恒星演化而成的白矮星、中子星和黑洞，也曾提出是静质量不为零的中微子，近年来，超对称、超引力理论预言，可能是属于“微子”的多种新粒子，还有人认为是宇宙早期形成的原生黑洞。

总之，“短缺质量”问题仍是一个谜，宇宙有限还是无限，动态宇宙模型到底是什么样的，前景如何，等等，都还是尚未解决的难题。

同步练习

思考题

3.1 绕固定轴作匀变速转动的刚体，其上各点都绕转轴作圆周运动。试问刚体上任意一点是否有切向加速度？是否有法向加速度？切向加速度和法向加速度的大小是否变化？理由如何？

3.2 刚体转动惯量的物理意义是什么？它与什么因素有关？

3.3 如果一个刚体所受合外力为零，其合力矩是否也一定为零？如果刚体所受合外力矩为零，其合外力是否也一定为零？

3.4 在某一瞬时，物体在力矩作用下，其角速度可以为零吗？其角加速度可以为零吗？

3.5 一人手持长为 l 的棒的一端打击岩石，但又要避免手受到剧烈的冲击。请问:此人应当用棒的哪一点去打击岩石？

3.6 一人坐在角速度为 ω_0 的转台上，手持一个旋转着的飞轮，其转轴垂直于地面，角速度为 ω'。如果突然使飞轮的转轴倒转，将会发生什么情况？设转台和人的转动惯量为 J，飞轮的转动惯量为 J'。

选择题

3.7 几个力同时作用在一个具有光滑固定转轴的刚体上，如果这几个力的矢量和为零，则此刚体 [ ]

A. 必然不会转动　　B. 转速必然不变

C. 转速必然改变　　D. 转速可能不变，也可能变

3.8　如图所示，A、B 为两个相同的绕着轻绳的定滑轮，A 滑轮挂一质量为 m 的物体，B 滑轮受拉力 F，而且 $F = Mg$。设 A、B 两滑轮的角加速度分别为 β_A 和 β_B，不计滑轮轴的摩擦，则有　[　　]

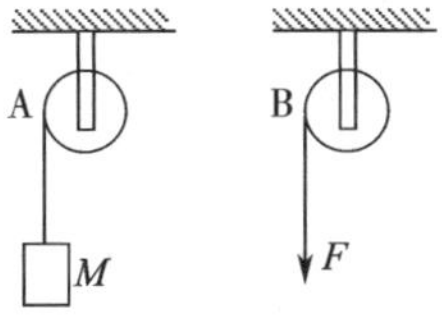

题 3.8 图

A. $\beta_A = \beta_B$　　B. $\beta_A > \beta_B$

C. $\beta_A < \beta_B$　　D. 开始时 $\beta_A = \beta_B$，以后 $\beta_A < \beta_B$

3.9　关于刚体对轴的转动惯量，下列说法中正确的是　[　　]

A. 只取决于刚体的质量，与质量的空间分布和轴的位置无关

B. 取决于刚体的质量和质量的空间分布，与轴的位置无关

C. 取决于刚体的质量、质量的空间分布和轴的位置

D. 只取决于转轴的位置，与刚体的质量和质量的空间分布无关

3.10　两个匀质圆盘 A 和 B 的密度分别为 ρ_A 和 ρ_B，若 $\rho_A > \rho_B$，但两圆盘的质量与厚度相同，如两盘对通过盘心垂直于盘面轴的转动惯量各为 J_A 和 J_B，则　[　　]

A. $J_A > J_B$　　B. $J_B > J_A$

C. $J_A = J_B$　　D. J_A、J_B 哪个大，不能确定

3.11　花样滑冰运动员绕通过自身的竖直轴转动，开始时两臂伸开，转动惯量为 J_0，角速度为 ω_0，然后她将两臂收回，使转动惯量减少为 $\frac{1}{3}J_0$，这时她转动的角速度变为　[　　]

A. $\frac{1}{3}\omega_0$　　B. $(1/\sqrt{3})\omega_0$

C. $\sqrt{3}\omega_0$　　D. $3\ \omega_0$

3.12　有一半径为 R 的水平圆转台，可绕通过其中心的竖直固定光滑轴转动，转动惯量为 J，开始时转台以匀角速度 ω_0 转动，此时有一质量为 m 的人站在转台中心，随后人沿半径向外跑去，当人到达转台边缘时，转台的角速度为　[　　]

A. $\frac{J}{J + mR^2}\omega_0$　　B. $\frac{J}{(J+m)R^2}\omega_0$

C. $\frac{J}{mR^2}\omega_0$　　D. ω_0

3.13　一块方板，可以绕通过其一个水平边的光滑固定轴自由转动，最初板自由下垂。今有一小团黏土，垂直板面撞击方板，并粘在板上。对黏土和方板系统，如果忽略空气阻力，在碰撞中守恒的量是　[　　]

A. 动能　　B. 绕木板转轴的角动量

C. 机械能　　D. 动量

3.14 关于力矩有以下几种说法：

(1)对某个定轴而言，内力矩不会改变刚体的角动量

(2)作用力和反作用力对同一轴的力矩之和必为零

(3)质量相等，形状和大小不同的两个刚体，在相同力矩的作用下，它们的角加速度一定相等

在上述说法中， [ ]

A. 只有(2)是正确的　　B. (1)、(2)是正确的

C. (2)、(3)是正确的　　D. (1)、(2)、(3)都是正确的

填空题

3.15 一个以恒定角加速度转动的圆盘，如果在某一时刻的角速度为 $\omega_1 = 20\pi$ rad/s，再转 60 r(1 r = 2π rad)后角速度为 $\omega_2 = 30\pi$ rad /s，则角加速度 β = ______，转过上述 60 r 所需的时间 Δt = ______。

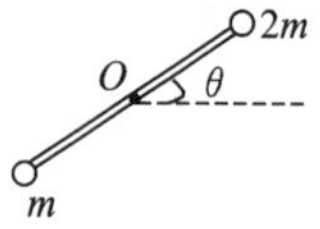

题 3.16 图

3.16 一长为 l、质量可以忽略的直杆，两端分别固定有质量为 $2m$ 和 m 的小球，杆可绕通过其中心 O 且与杆垂直的水平光滑固定轴在铅直平面内转动。开始杆与水平方向成某一角度 θ，处于静止状态，如图所示。释放后，杆绕 O 轴转动，则当杆转到水平位置时，该系统所受到的合外力矩的大小 M = ______，此时该系统角加速度的大小 β = ______。

3.17 一飞轮以角速度 ω_0 绕光滑固定轴旋转，飞轮对轴的转动惯量为 J_1；另一静止飞轮突然与上述转动的飞轮啮合，绕同一转轴转动，该飞轮对轴的转动惯量为前者的 2 倍，啮合后整个系统的角速度 ω = ______。

3.18 一飞轮以 600 r/min 的转速旋转，转动惯量为 2.5 kg·m^2，现加一恒定的制动力矩使飞轮在 1 s 内停止转动，则该恒定制动力矩的大小 M = ________。

3.19 如图所示，一轻绳绕于半径 r = 0.2 m 的飞轮边缘，并施以 F = 98 N 的拉力，若不计轴的摩擦，飞轮的角加速度等于 39.2 rad/s^2，此飞轮的转动惯量为______。

3.20 长为 l 的杆如图悬挂。O 为水平光滑固定转轴，平衡时杆竖直下垂，一子弹水平地射入杆中，则在此过程中，______系统对转轴 O 的______守恒。

计算题

3.21 一长 l = 1 m 的均匀直棒可绕过其一端且与棒垂直的水平光滑固定轴转动，抬起另一端使棒向上与水平面成 60°，然后无初转速地将棒释放。已知棒对轴的转动惯量为 $\frac{1}{3}ml^2$，其中 m 和 l 分别为棒的质量和长度。求：

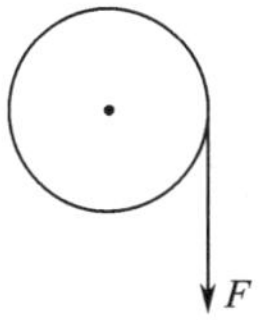

题 3.19 图

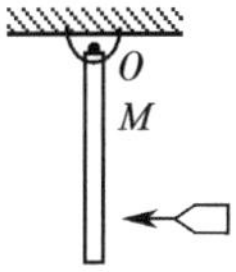

题 3.20 图

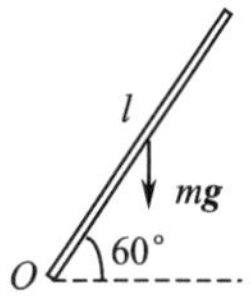

题 3.21 图

(1)放手时棒的角加速度；

(2)棒转到水平位置时的角加速度。

3.22　如图所示，一个质量为 m_1 的物体与绕在定滑轮上的绳子相连，绳子质量可以忽略，它与定滑轮之间无滑动。假设定滑轮质量为 m_2、半径为 R，其转动惯量为$\frac{1}{2}m_2R^2$，滑轮轴光滑。试求在该物体由静止开始下落的过程中，下落速度与时间的关系。

3.23　如图所示，设两重物的质量分别为 m_1 和 m_2，且 $m_1 > m_2$，定滑轮的半径为 r，对转轴的转动惯量为 J，轻绳与滑轮间无滑动，滑轮轴上摩擦不计。设开始时系统静止，试求 t 时刻滑轮的角加速度。

3.24　一质量均匀分布的圆盘，质量为 m，半径为 R，放在一粗糙水平面上，圆盘与水平面之间的摩擦系数为 μ，圆盘可绕通过其中心 O 的竖直固定光滑轴转动。开始时，圆盘静止，一质量为 m_0 的子弹以水平速度 v_0 垂直于圆盘半径打入圆盘边缘并嵌在盘边上。求：

(1)子弹击中圆盘后，盘所获得的角速度；

(2)经过多少时间后，圆盘停止转动。

(圆盘绕通过 O 的竖直轴的转动惯量为$\frac{1}{2}mR^2$，忽略子弹重力造成的摩擦阻力矩)

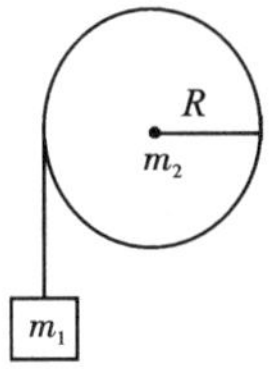

题 3.22 图

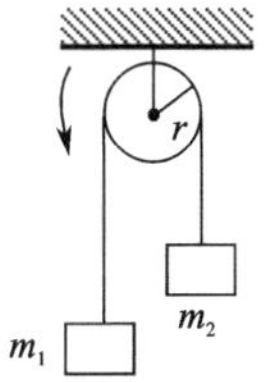

题 3.23 图

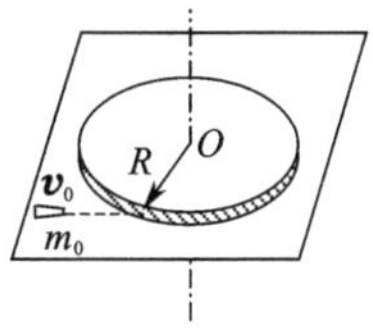

题 3.24 图

第4章　气体分子动理论

基本要求

1. 掌握理想气体状态方程，理解平衡态、状态参量等概念。

2. 掌握理想气体压强公式和温度公式。

3. 理解自由度概念，掌握能量按自由度均分原理，并由它导出理想气体内能的公式。

4. 了解麦克斯韦速率分布律$\frac{dN}{N}$和速率分布函数$f(v)=\frac{dN}{Ndv}$。

5. 理解$f(v)$—v曲线的特点及三种特征速率。

6. 了解平均自由程、平均碰撞频率概念及其计算。

学习重点

理想气体状态方程。

4.1　理想气体

气体分子动理论是研究大量气体分子热运动的基本规律。它从物质的微观结构出发，利用统计平均的方法研究气体分子的微观运动（以微观量标志）和大量气体分子运动的宏观表现（以宏观量标志）的关系。

4.1.1　理想气体的描述

日常接触的气体为真实气体，为了简化研究过程，抽象出一个理想气体模型。真实气体分子很小，它本身的体积与其占有空间体积的比值很小，在建立理想气体模型时，分子本身的体积可以忽略不计。分子与分子之间的间距很大，因此分子间的相互作用力可忽略不计。研究过程中还把气体分子视为弹性小球，分子作热运动相互碰撞时认为是弹性碰撞。因此建立的理想气体模型应该具有以下三个特性。

①分子本身线度与分子间平均距离相比小得多，因此计算体积时分子本身体积可忽略不计。

②除瞬间碰撞外，分子与分子、分子与器壁间的作用力可忽略不计。

③分子热运动过程中，分子与分子、分子与器壁间的碰撞认为是完全弹性的。

通常把要研究的物体或大量的气体称为**热力学系统**，简称系统。要研究一个系统的特性及其变化规律，首先要对系统的状态加以描述。对一个系统的状态从整体上加以描述的方法叫**宏观描述**。这时所用的表征系统状态和属性的物理量称为**宏观量**。如一汽缸内气体的化学组成、体积、压强、温度等物理量就是宏观量。宏观量可以直接用仪器测量，而且一般能被人的感官所觉察。

任何宏观物体都是由大量分子或原子组成的。分子或原子统称为微观粒子，其线度一般为 $10^{-9} \sim 10^{-10}$ m。任何宏观物体中所包含的微观粒子数都是非常巨大的，典型的数值是阿佛伽德罗数，其值 $N_A = 6.023 \times 10^{23} \mathrm{mol}^{-1}$。分子或原子都以不同的形式不停地运动着。如果给出了系统中所有微观粒子在某个时刻的运动状态，也就给出了该系统在该时刻的状态。这种通过对微观粒子运动状态的说明描述系统状态的方法称为**微观描述**。描述一个微观粒子运动状态的物理量叫**微观量**，如分子质量、速度、位置、能量等。微观量不能被人们的感官直接观察到，一般也不能直接测量。

宏观描述和微观描述是描述同一物理现象的两种不同方法，因此它们之间有一定的内在联系。由于宏观物体所发生的各种现象都是它所包含的大量微观粒子运动的集体表现，因此宏观量总是一些微观量的统计平均值。例如，气体对容器壁的压力是大量气体分子撞击容器壁的集体效果。所以气体的压强就和气体分子因撞击器壁而引起的动量变化率的平均值有关。

4.1.2　平衡态和理想气体状态方程

平衡态是一个重要的概念，在不受外界影响的条件下，一个系统的宏观性质不随时间改变的状态称为**平衡态**。在平衡态下，组成系统的大量分子还在不停地运动着，这些微观运动的总效果也随时间不停地急速地变化着，不过其总的平均效果不随时间变化。因此平衡态从微观统计的角度应该理解为**动态平衡**。

系统的平衡态可以用不多的几个宏观状态参量来描述。如在一定体积内单一成分的气体，在平衡态下，如果忽略重力的影响，其压强、温度是处处一样的。因此就可以用体积 V、压强 p 和温度 T 来描述它的状态。实验结果表明，对一定量的理想气体，在平衡态下，这些状态参量间的关系为

$$pV = \frac{m}{M}RT \tag{4-1}$$

式中 m 是气体的质量，M 是气体的摩尔质量，R 为普适气体常量，$R = 8.31\ \mathrm{J \cdot mol^{-1} \cdot K^{-1}}$。这是理想气体在任一平衡态下各宏观状态参量之间的关系，称为**理想气体状态方程**。

压强 p 的单位是帕，符号是 Pa，$1\ \mathrm{Pa} = 1\ \mathrm{N \cdot m^{-2}}$。压强有时还用其他

单位,它们之间的换算关系是:1atm(标准大气压) = 1.013×10^5 Pa(纬度45°海平面、温度0 ℃时的大气压强);1 mmHg(毫米汞柱) = 133.3 Pa。

体积 V 的单位是 m^3。

热力学温度 T 的单位是开尔文,符号是K,它与摄氏温度 t 之间的换算关系是:$t = T - 273.15$ 或 $T = 273.15 + t$。

1摩尔的任何气体中有 N_A 个分子,N_A 叫阿佛伽德罗常数,$N_A = 6.02\times10^{23}\ \mathrm{mol^{-1}}$。标准状态是气体特定的一个状态,这个状态是压强 p_0 = 1 atm,温度 $T_0 = 273.15$ K;标准状态下气体摩尔体积为 $V_0 = 2.24\times10^{-2}\ \mathrm{m^3\cdot mol^{-1}}$。

若以 N 表示体积 V 中的气体分子总数,则 $m/M = N/N_A$。引入另一普适数,称为玻尔兹曼常量,用 k 表示,

$$k = \frac{R}{N_A} = 1.38\times10^{-23}\ \mathrm{J\cdot K^{-1}} \tag{4-2}$$

理想气体状态方程式(4-1)可写成

$$pV = \frac{N}{N_A}RT = NkT \tag{4-3}$$

或

$$p = nkT \tag{4-4}$$

其中 $n = N/V$ 是单位体积内气体分子的个数,称为**分子数密度**。

4.2 理想气体的压强和温度

气体对容器壁有压强作用,这也是气体的压强。压强可以用气体动理论定量地加以微观解释。为从微观上解释气体的压强,先了解理想气体的分子及其运动的特征,然后应用假设的理想气体模型推证理想气体(宏观量)压强与(微观量)速率和平均平动动能的关系,以此建立一个宏观量与微观量之间的关系。

4.2.1 关于分子集体的统计性假设

关于分子集体有以下几个统计性假设。

①每个分子运动速度各不相同,并且通过碰撞使其不断发生变化。

②平衡态时,若忽略重力的影响,每个分子的位置处在容器内空间任何一点的机会(或几率)是一样的,或者说,分子按位置的分布是均匀的。如以 N 表示容器体积 V 内的分子总数,则分子数密度 n 应到处一样,即

$$n = \frac{N}{V} \quad 或 \quad n = \frac{\mathrm{d}N}{\mathrm{d}V} \tag{4-5}$$

③在平衡态时，每个分子的速度指向任何方向的机会（或几率）是一样的，或者说，分子速度按方向的分布是均匀的。因此速度的每个分量的平方的平均值应该相等，即

$$\overline{v_x^2}=\overline{v_y^2}=\overline{v_z^2} \tag{4-6}$$

其中各速度分量的平方的平均值按下式的方法定义，如

$$\overline{v_x^2}=\frac{v_{1x}^2+v_{2x}^2+\cdots+v_{Nx}^2}{N} \tag{4-7}$$

由于每个分子的速率 v_i 和速度分量有下述关系：

$$v_i^2=v_{ix}^2+v_{iy}^2+v_{iz}^2$$

取上式等号两侧的平均值，可得

$$\overline{v^2}=\overline{v_x^2}+\overline{v_y^2}+\overline{v_z^2} \tag{4-8}$$

将式(4-6)代入上式得

$$\overline{v_x^2}=\overline{v_y^2}=\overline{v_z^2}=\frac{1}{3}\overline{v^2} \tag{4-9}$$

上述②、③两个假设实际上是关于分子无规则运动的假设。它是一种统计性假设，只适用于大量分子的集体。上面的 $n,\overline{v_x^2},\overline{v_y^2},\overline{v_z^2},\overline{v^2}$ 等都是统计平均值，只对大量分子的集体才有确定的意义。

4.2.2　理想气体的压强公式

在上述假设的基础上，可以定量地推导理想气体的压强公式。设有一定质量的某种理想气体，被封闭在体积为 V 的容器内处于平衡态。分子总数为 N，每个分子的质量为 μ，分子数密度为 n，可以证明理想气体的压强为

$$p=\frac{1}{3}n\mu\overline{v^2}$$

或

$$p=\frac{2}{3}n\left(\frac{1}{2}\mu\overline{v^2}\right)=\frac{2}{3}n\bar{\varepsilon}_t \tag{4-10}$$

其中

$$\bar{\varepsilon}_t=\frac{1}{2}\mu\overline{v^2} \tag{4-11}$$

式中：$\bar{\varepsilon}_t$为**分子的平均平动动能**。式(4-10)称为理想气体的压强公式，它把宏观量 p 和统计平均值 n 和$\bar{\varepsilon}_t$联系起来，显示了宏观量和微观量的关系。它表明气体压强这个概念具有统计意义，即它对于大量气体分子才有明确的意义。

4.2.3　理想气体的温度公式

将式(4-10)与式(4-4)对比，可得

$$\frac{2}{3}n\,\bar{\varepsilon}_t = nkT$$

或

$$\bar{\varepsilon}_t = \frac{3}{2}kT \tag{4-12}$$

上式说明,各种理想气体分子的平均平动动能只和温度有关,并与热力学温度成正比。反过来这个公式也说明了宏观量温度的微观意义:**温度标志着物体内部分子无规则运动的剧烈程度**。温度越高,表示物体内部分子无规则运动越剧烈。由于温度 T 与分子的动能统计平均值$\overline{\varepsilon_t}$相联系,所以温度也是一个统计概念,它只适用于大量分子的集体。对于单个分子,说它的温度是多少,是没有意义的。

由式(4-11)和式(4-12)可得

$$\frac{1}{2}\mu\,\overline{v^2} = \frac{3}{2}kT$$

$$\overline{v^2} = 3kT/\mu$$

$$\sqrt{\overline{v^2}} = \sqrt{\frac{3kT}{\mu}} = \sqrt{\frac{3RT}{M}} \tag{4-13}$$

式中:$\sqrt{\overline{v^2}}$叫气体分子的方均根速率,是分子速率的一种统计平均值。式(4-13)说明,在同一温度下,质量大的分子其方均根速率小。

例题 4.1 容量为 0.01 m^3的钢瓶装有压强为 50 atm 的氧气,室温 27 ℃保持不变,由于漏气,压强降到了 20 atm。求:(1)漏掉了多少千克氧气?(2)漏气后钢瓶内氧气的分子数密度是多少?

解:(1)设开始时氧气质量为 m_1,漏气后剩余质量为 m_2,根据式(4-1),可得

$$p_1V_1 = \frac{m_1}{M}RT_1$$

$$p_2V_2 = \frac{m_2}{M}RT_2$$

由已知条件 $V_1 = V_2, T_1 = T_2$可得

$$\Delta m = m_1 - m_2 = \frac{MV_1}{RT_1}(p_1 - p_2)$$

$$= \frac{3.2\times10^{-2}\times0.01}{8.31\times(273+27)}\times(50-20)\times1.013\times10^5 = 0.39\ \text{kg}$$

(2)由式(4-4)得剩下氧气的分子数密度

$$n_2 = \frac{p_2}{kT_2} = \frac{20\times1.013\times10^5}{1.38\times10^{23}\times(273+27)} = 4.89\times10^{-20}\ \text{m}^{-3}$$

4.3 分子能量按自由度均分定理

在已知气体分子总数的条件下，可以通过一个气体分子的平均平动动能式(4-12)求出气体中所有分子的总平动动能。不但如此，根据统计理论，还可以求出气体分子的总动能。分子是由原子组成的，分子可分为单原子分子气体(如He、Ne等)、双原子分子气体(如H_2、N_2等)与多原子分子气体(如CH_4、H_2O等)。这样，一个气体分子除了平动之外还可能有转动及分子内原子的振动。

用统计的方法计算分子的总动能，必须引入运动自由度这一概念。物体或分子运动时，描述其空间位置所需要的独立坐标数称为**自由度**，自由度数用i表示，几种气体分子的自由度数如表4-1所示。

表4-1 气体分子的自由度

分子种类	平动自由度t	转动自由度r	总自由度$i(i=t+r)$
单原子分子	3	0	3
刚性双原子分子	3	2	5
刚性多原子分子	3	3	6

现在研究一定量气体分子的总动能。前面讲过，一个分子的平均平动动能为

$$\bar{\varepsilon}_t=\frac{1}{2}\mu\overline{v^2}=\frac{3}{2}kT$$

利用分子运动的无规则性表示式(4-9)可得

$$\frac{1}{2}\mu\overline{v_x^2}=\frac{1}{2}\mu\overline{v_y^2}=\frac{1}{2}\mu\overline{v_z^2}=\frac{1}{2}kT \tag{4-14}$$

此式中前三个平方项的平均值各和一个平动自由度相对应，因此它说明分子的每一个平动自由度的平均动能都相等，而且等于$\frac{1}{2}kT$。

分子运动碰撞是无规则的，在碰撞过程中动能不但在分子之间进行交换，还可以从一个平动自由度转移到另一个平动自由度上去。由于在各个平动自由度中并没有哪一个具有特别的优势，因而各自由度就具有相等的平均动能。

这种能量的分配，在分子有转动的情况下，同样适用于转动自由度。这就是说，在分子的无规则碰撞过程中，平动和转动之间以及各转动自由度之间也可以交换能量，而且就能量而言这些自由度中也没有哪个是特殊的。因而就得出更为一般的结论：各自由度的平均动能是相等的。经

典统计物理可以更严格地证明：在温度为 T 的平衡态下，气体分子每个自由度的平均动能都相等，而且等于$\frac{1}{2}kT$。这一结论称为**能量按自由度均分定理**。在经典物理中，这一结论也适用于液体和固体的分子。

根据能量按自由度均分定理，如果一个气体分子的总自由度数（简称自由度数）是 i，则平均一个分子的总动能（简称动能）是

$$\overline{\varepsilon_i} = \frac{i}{2}kT \tag{4-15}$$

将表 4-1 中的 i 值代入，可得几种气体（每个）分子的平均总动能分别是：

单原子分子

$$\overline{\varepsilon_i} = \frac{3}{2}kT$$

刚性双原子分子

$$\overline{\varepsilon_i} = \frac{5}{2}kT$$

刚性多原子分子

$$\overline{\varepsilon_i} = 3kT$$

从宏观上讨论气体的能量时，引入气体的内能的概念。气体的内能是指它所包含的所有分子的动能和分子间的相互作用势能的总和。对于理想气体，由于分子之间的作用力可以忽略，所以分子之间无势能，因而理想气体的内能就是所有分子的动能的总和。以 N 表示一定的理想气体的分子总数，由于每个分子的平均动能由式(4-15)决定，所以理想气体的内能应是

$$E = N\overline{\varepsilon_i} = N\frac{i}{2}kT$$

由于 $k = R/N_A$，$\overline{\varepsilon_i} = \frac{i}{2}kT$，$N/N_A = m/M$（即气体的摩尔数），所以上式又可写成

$$E = \frac{i}{2}\frac{m}{M}RT \tag{4-16}$$

对质量为 m，摩尔质量为 M 的几种理想气体，它们的内能分别是：

单原子分子气体

$$E = \frac{3}{2}\frac{m}{M}RT$$

刚性双原子分子气体

$$E = \frac{5}{2}\frac{m}{M}RT$$

刚性多原子分子气体

$$E=3\frac{m}{M}RT$$

这些结果说明，一定量的理想气体的内能只是温度的函数，而且与热力学温度 T 成正比。

例题 4.2　分别计算 27 ℃时：(1) 1 摩尔氧气的内能 E_1；(2) 64 克氧气的内能 E_2；(3) 每个分子的平均动能 $\overline{\varepsilon_i}$；(4) 每个分子的平均平动动能 $\overline{\varepsilon_t}$。

解：(1) 由已知 $\frac{m}{M}=1$，自由度为 $i=5$，$T=273+27=300$ K，根据式 (4-16) 可得

$$E_1=\frac{5}{2}RT=\frac{5}{2}\times 8.31\times 300=6\ 232.5\ \text{J}$$

(2) $E_2=\frac{m}{M}\frac{i}{2}RT=\frac{64}{32}\times\frac{5}{2}\times 8.31\times 300=12\ 465\ \text{J}$

(3) 解法一：

$$\bar{\varepsilon}_i=\frac{5}{2}kT=\frac{5}{2}\times 1.38\times 10^{-23}\times 300=1.035\times 10^{-20}\ \text{J}$$

解法二：

$$\bar{\varepsilon}_i=\frac{E_1}{N_A}=\frac{6\ 232.5}{6.02\times 10^{23}}=1.035\times 10^{-20}\ \text{J}$$

(4) $\bar{\varepsilon}_t=\frac{3}{2}kT=\frac{3}{2}\times 1.38\times 10^{-23}\times 300=6.21\times 10^{-21}\ \text{J}$

4.4　麦克斯韦气体分子速率分布律

在平衡态下，如果不研究分子运动速度的方向，只考虑分子按速度的大小即按速率大小的分布，理想气体分子按速率的分布是有确定规律的，这个规律称为**麦克斯韦速率分布定律**。

从微观角度说，分子数很多，各分子的速率通过碰撞又在不断地改变，所以不可能逐个加以说明。按经典力学的概念，气体分子的速度 v 可以连续地取 0 到无限大的任何数值。要说明分子按速率分布，就需要取一系列的速率间隔（例如把速率以 10 $\text{m}\cdot\text{s}^{-1}$ 的间隔划分为 0 ~ 10 $\text{m}\cdot\text{s}^{-1}$，10 ~ 20 $\text{m}\cdot\text{s}^{-1}$，20 ~ 30 $\text{m}\cdot\text{s}^{-1}$，……）的区间，然后说明各区间的分子数是多少。一般地讲，速率分布就是要指出速率在 v 到 $v+\mathrm{d}v$ 区间的分子数 $\mathrm{d}N$ 是多少，或者 $\mathrm{d}N$ 占分子总数 N 的百分比，即 $\mathrm{d}N/N$ 是多少。这一百分比在各速率区间是不相同的，即它应是速率 v 的函数。在速率区间 $\mathrm{d}v$ 足够小的情况下，这个百分比还应与区间的大小成正比，于是有

$$\frac{\mathrm{d}N}{N}=f(v)\,\mathrm{d}v \tag{4-17}$$

或

$$f(v) = \frac{dN}{Ndv} \tag{4-18}$$

式中:函数$f(v)$叫速率分布函数。它的物理意义是:**速率在 v 附近的单位速率区间的分子数占分子总数的百分比。**

将式(4-17)对所有速率区间积分,将得到所有速率区间的分子数占总分子数百分比的总和。它显然等于1,因而有

$$\int_0^{\infty} \frac{dN}{N} = \int_0^{\infty} f(v)\,dv = 1 \tag{4-19}$$

所有速率分布函数都满足这一结果,这个结果被称为归一化条件。

麦克斯韦速率分布定律就是在一定条件下的速率分布函数的具体形式。可以推证,在平衡态下,气体分子速率在 v 到 $v+dv$ 区间内的分子数占总分子数的百分比为

$$\frac{dN}{N} = 4\pi\left(\frac{\mu}{2\pi kT}\right)^{\frac{3}{2}} v^2 e^{-\frac{\mu v^2}{2kT}} dv \tag{4-20}$$

与式(4-17)对比,可得麦克斯韦速率分布函数为

$$f(v) = 4\pi\left(\frac{\mu}{2\pi kT}\right)^{\frac{3}{2}} v^2 e^{-\frac{\mu v^2}{2kT}} \tag{4-21}$$

式中:T 是气体的热力学温度;μ 是一个分子的质量;k 是玻尔兹曼常量。

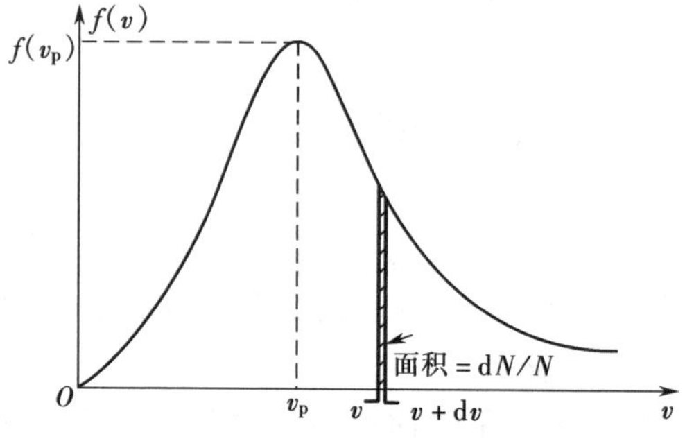

图4-1 麦克斯韦速率分布曲线

由式(4-21)可知,对一给定的气体(m 一定)来说,麦克斯韦速率分布函数只与温度有关。以 v 为横轴,以 $f(v)$ 为纵轴,画出的图线叫做麦克斯韦速率分布曲线,如图4-1所示,它能形象地表示出气体分子按速率分布的情况。图中曲线下面宽度为 dv 的小窄条面积在数值上等于在该区间内的分子数占分子总数的百分比 dN/N。

从麦克斯韦速率分布函数(曲线)可知:速率很小和速率很大的分子数都很少。在某一速率 v_p处函数有极大值。v_p称为**最概然速率**,它的物理意义是:若把整个速率范围分成许多相等的小区间,则 v_p所在的区间内的分子数占分子总数的百分比最大。v_p可以由下式求出:

$$\left.\frac{df(v)}{dv}\right|_{v_p} = 0$$

由此可得最概然速率为

$$v_p=\sqrt{\frac{2kT}{\mu}}=\sqrt{\frac{2RT}{M}}\approx 1.41\sqrt{\frac{RT}{M}} \tag{4-22}$$

而 $v=v_p$ 时，

$$f(v_p)=\left(\frac{8\mu}{\pi kT}\right)^{\frac{1}{2}}\frac{1}{e} \tag{4-23}$$

式(4-22)表明，v_p 随温度的升高而增大，又随 μ 增大而减小。图 4-2 给出某种气体在不同温度 T 的速率分布函数，从中可以看出温度对速率分布的影响，温度越高，最概然速率越大，$f(v_p)$ 越小。由于曲线下的面积恒等于 1，所以温度升高时曲线变得平坦些，并向高速区域扩展。也就是说，温度越高，速率较大的分子数越多。这就是通常所说的温度越高，分子运动越剧烈的真正含意。

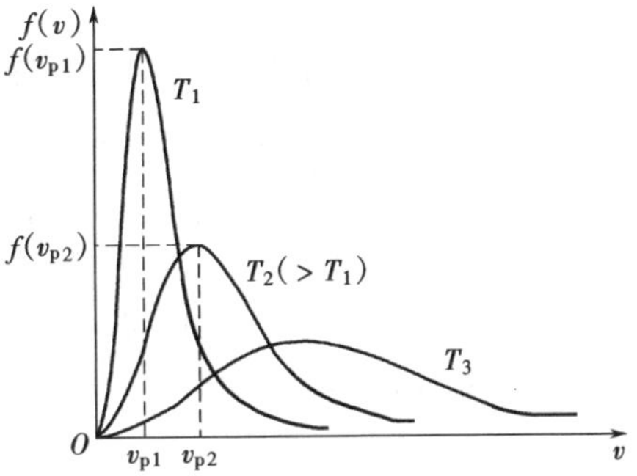

图 4-2 同种气体在不同温度下的麦克斯韦速率分布曲线

应该指出，麦克斯韦速率分布定律是一个统计规律，它只适用于大量分子组成的气体。由于分子运动的无规则性，在任何速率区间 v 到 $v+dv$ 的分子数都是不断变化的。式(4-20)中的 dN 只表示在这一速率区间的分子数的统计平均值。为使 dN 有确定的意义，区间 dv 必须是宏观小微观大的。如果区间是微观小的，dN 的数值将十分不确定因而失去实际意义。至于说速率正好是某一确定速率 v 的分子数是多少，那就根本没有什么意义了。

已知速率分布函数，可以求出分子运动的平均速率。平均速率的定义是

$$\bar{v}=\left(\sum_{i=1}^{N}v_i\right)/N=\int v\mathrm{d}N/N=\int_0^{\infty}vf(v)\cdot\mathrm{d}v \tag{4-24}$$

将麦克斯韦速率分布函数式(4-21)代入式(4-24)可求得平衡态下理想气体分子的平均速率为

$$\bar{v}=\sqrt{\frac{8kT}{\pi\mu}}=\sqrt{\frac{8RT}{\pi M}}\approx 1.60\sqrt{\frac{RT}{M}} \tag{4-25}$$

还可以利用速率分布函数求 v^2 的平均值。由平均值的定义

$$\overline{v^2}=\left(\sum_{i=1}^{N}v_i^2\right)/N=\int v^2\mathrm{d}N/N=\int_0^{\infty}v^2f(v)\mathrm{d}v$$

将麦克斯韦速率分布函数式(4-21)代入上式,可得

$$\overline{v^2}=\int_0^\infty v^4 4\pi\left(\frac{\mu}{2\pi kT}\right)^{\frac{3}{2}}e^{-\frac{\mu v^2}{2kT}}\mathrm{d}v=3kT/\mu$$

这一结果的平方根,即**方均根速率**

$$\sqrt{\overline{v^2}}=\sqrt{\frac{3kT}{\mu}}=\sqrt{\frac{3RT}{M}}=1.73\sqrt{\frac{RT}{M}} \tag{4-26}$$

此结果与式(4-13)相同。

由式(4-22)、式(4-25)、式(4-26)确定的三个速率值 v_p、$\bar{v}$、$\sqrt{\overline{v^2}}$都是在统计意义上说明大量分子的运动速率的典型值。它们都与$\sqrt{T}$成正比,与$\sqrt{\mu}$成反比。其中$\sqrt{\overline{v^2}}$最大,$\bar{v}$ 次之,v_p 最小。三种速率有不同的应用。例如,讨论速率分布时要用 v_p;计算分子的平均平动动能时要用$\sqrt{\overline{v^2}}$;以后讨论分子的碰撞次数时要用 $\bar{v}$。

4.5 气体分子的平均自由程

气体分子间的无规则碰撞对气体的平衡态的性质起着十分重要的作用。气体分子的能量均分就是靠碰撞来实现的,也正是由于分子间的无规则碰撞引起了分子速度的不断改变,所以在平衡态下,分子速度才有一稳定的分布。分子间的碰撞还在气体由非平衡态过渡到平衡态的过程中起着关键的作用。本节介绍关于分子间相互碰撞的规律。

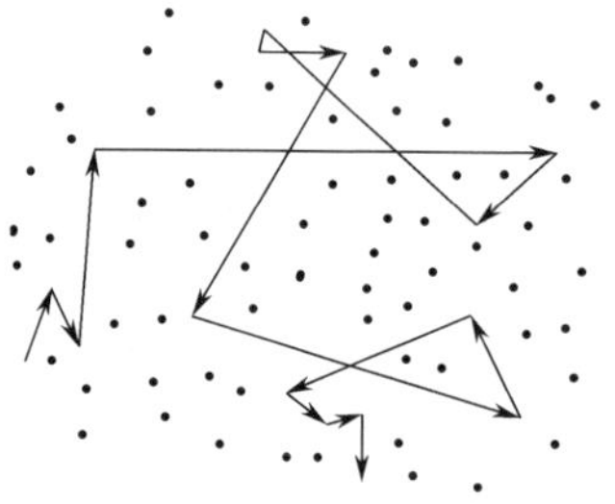

图 4-3 气体分子的自由程

一个分子与其他分子连续两次碰撞之间所经过的路程称为一个自由程。由于分子运动的无规则性,每个自由程的大小可能不同,如图 4-3 所示。在一定的宏观条件下,描述气体分子运动用平均自由程,一个气体分子在连续两次碰撞之间所可能经过的各段自由路程的平均值叫**平均自由程**,用$\bar{\lambda}$表示。它的大小与分子的碰撞频繁程度有关。一个分子在单位时间内与其他分子的平均碰撞次数叫**平均碰撞频率**,以 $\bar{z}$ 表示。若 $\bar{v}$ 代表气体分子运动的平均速率,则平均自由程应为

$$\bar{\lambda}=\frac{\bar{v}}{\bar{z}} \tag{4-27}$$

有哪些因素影响 $\bar{z}$ 和 $\bar{v}$ 值呢？在研究分子碰撞时,把气体分子看作有效直径为 d 的刚性小球。为了计算 $\bar{z}$,可以设想“跟踪”一个分子,例如分子 A(图 4-4),计算它在一段时间 Δt 内与多少分子相碰。对碰撞来说,

重要的是分子间的相对运动，为简便起见，可先假设其他分子都静止不动，只有分子 A 在它们之间以平均速率 $\bar{v}$ 运动。

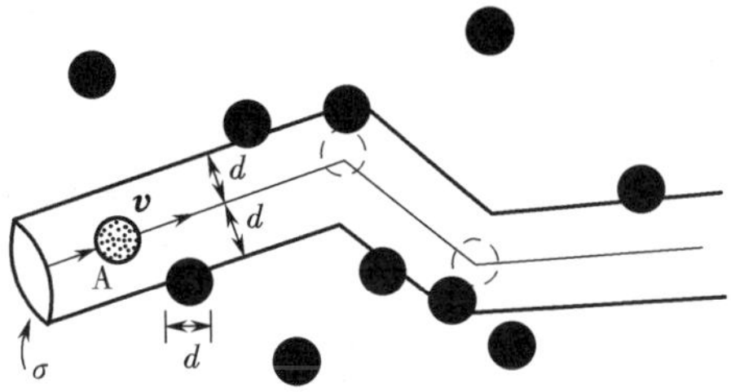

图 4-4 $\bar{z}$ 的计算

在分子 A 运动过程中，只有其中心与 A 的中心间距小于或等于分子有效直径 d 的那些分子才有可能与 A 相碰。因此，为了确定在时间 Δt 内 A 与多少分子相碰，可设想以 A 的中心的运动轨迹为轴线，以分子有效直径 d 为半径作一曲折的圆柱体，这样凡是中心在此圆柱体内的分子都会与 A 相碰。

在 Δt 时间内，A 所走过的路程为 $\bar{v}\Delta t$，相应的圆柱体的体积为 $\pi d^2\bar{v}\Delta t$，若 n 为气体分子数密度，则此圆柱体内的总分子数，亦即 A 与其他分子的碰撞次数应为 $n\pi d^2\bar{v}\Delta t$，因此平均碰撞频率为

$$\bar{z} = \frac{n\pi d^2\bar{v}\Delta t}{\Delta t} = n\pi d^2\bar{v} \tag{4-28}$$

考虑到其他分子也在运动，且速率遵守麦克斯韦速率分布，必须对式(4-28)加以修正，分子的平均碰撞频率增大到式(4-28)给出的数值的 $\sqrt{2}$ 倍。由此可得

$$\bar{z} = \sqrt{2}\pi d^2\bar{v}n \tag{4-29}$$

将此式代入式(4-27)，可得平均自由程为

$$\bar{\lambda} = \frac{1}{\sqrt{2}\pi d^2 n} \tag{4-30}$$

这说明，平均自由程与分子的有效直径的平方及分子数密度成反比，而与平均速率无关。又因为 $p = nkT$，所以式(4-30)又可写作

$$\bar{\lambda} = \frac{kT}{\sqrt{2}\pi d^2 p} \tag{4-31}$$

这说明当温度一定时，平均自由程与压强成反比。

对于空气分子，$d \approx 3.5\times10^{-10}$ m。利用式(4-31)可求出在标准状态下，空气分子的 $\bar{\lambda} = 6.9\times10^{-8}$ m，即约为分子直径的 200 倍。这时 $\bar{z} \approx 6.5\times10^{9}\ \mathrm{s^{-1}}$。每秒钟内一个分子竟经受几十亿次碰撞！

在 0 ℃时，不同压强下空气分子的平均自由程计算结果如表 4-2 所示。由此表可看出，压强低于 1.33×10^{-2} Pa（10^{-4} mmHg，普通白炽灯泡内的空气压强）时，空气分子的平均自由程已大于一般气体容器的线度（1 m 左右）。在这种情况下，空气分子在容器内相互之间很少发生碰撞，只是不断地来回碰撞器壁。因此在这种情况下，气体分子的平均自由程

就应该是容器的线度。还应该指出，即使在 1.33×10^{-4} Pa 的压强下，1 cm^3 内还有 3.5×10^{10} 个分子呢！

表 4-2 0 ℃时不同压强下空气分子的平均自由程（计算结果）

p (Pa)	1.013×10^5	1.33×10^2	1.33	1.33×10^{-2}	1.33×10^{-4}
$\bar{\lambda}$(m)	6×10^{-8}	5×10^{-5}	5×10^{-3}	0.5	50

同步练习

思考题

4.1 对热力学系统的宏观描述和微观描述的方法有何不同？有何联系？

4.2 什么是热力学系统的平衡态？气体在平衡状态时有何特征？当气体处于平衡态时还有分子热运动吗？

4.3 理想气体状态方程是根据什么实验定律导出的？

4.4 对一定量的气体来说，当温度不变时，气体的压强随体积的减小而增大；当体积不变时，压强随温度的升高而增大；从宏观来看，这两种变化同样使压强增大，从微观来看它们有何区别？

4.5 在铁路上行驶的火车，在海面上航行的船只，在空中飞行的飞机各有几个自由度？

4.6 CO_2（两个氧原子对称地附在碳原子的两侧）和 NH_3 分子各有几个自由度（不考虑分子内原子的振动）？

4.7 试指出下列各式所表示的物理意义：

(1) $\frac{1}{2}kT$；(2) $\frac{i}{2}kT$；(3) $\frac{i}{2}\ \frac{m}{M}RT$；(4) $\frac{3}{2}kT$。

4.8 一个分子的平均平动动能 $\bar{\varepsilon}_t=\frac{3}{2}kT$ 如何理解？对于某一个分子能否根据此式计算它的动能？

4.9 在相同温度下氢气和氧气分子的速率分布是否一样？在同一个图中定性地画出两种气体各自的麦氏速率分布曲线。

4.10 最概然速率和平均速率的物理意义各是什么？有人认为最概然速率就是速率分布中的最大速率，对不对？

4.11 在恒压下，加热理想气体，则气体分子的平均自由程和平均碰撞次数将如何随温度的变化而变化？

选择题

4.12 在一密闭容器中，储有 A、B、C 三种理想气体，处于平衡状态。

A 种气体的分子数密度为 n_1，它产生的压强为 p_1，B 种气体的分子数密度为 $2n_1$，C 种气体的分子数密度为 $3n_1$，则混合气体的压强 p 为　[　]

A. $3p_1$　　B. $4p_1$

C. $5p_1$　　D. $6p_1$

4.13　1 mol 刚性双原子分子理想气体，当温度为 T 时，其内能为　[　]

A. $\frac{3}{2}RT$　　B. $\frac{3}{2}kT$

C. $\frac{5}{2}RT$　　D. $\frac{5}{2}kT$

(式中 R 为普适气体常量，k 为玻尔兹曼常量)

4.14　温度、压强相同的氦气和氧气，它们分子的平均动能 $\bar{\varepsilon}$ 和平均平动动能 $\bar{\varepsilon}_t$ 有如下关系：　[　]

A. $\bar{\varepsilon}$ 和 $\bar{\varepsilon}_t$ 都相等　　B. $\bar{\varepsilon}$ 相等，而 $\bar{\varepsilon}_t$ 不相等

C. $\bar{\varepsilon}_t$ 相等，而 $\bar{\varepsilon}$ 不相等　　D. $\bar{\varepsilon}$ 和 $\bar{\varepsilon}_t$ 都不相等

4.15　已知氢气与氧气的温度相同，请判断下列说法哪个正确？　[　]

A. 氧分子的质量比氢分子大，所以氧气的压强一定大于氢气的压强

B. 氧分子的质量比氢分子大，所以氧气的质量密度一定大于氢气的质量密度

C. 氧分子的质量比氢分子大，所以氢分子的速率一定比氧分子的速率大

D. 氧分子的质量比氢分子大，所以氢分子的方均根速率一定比氧分子的方均根速率大

4.16　一瓶氦气和一瓶氮气质量密度相同，分子平均平动动能相同，而且它们都处于平衡状态，则它们　[　]

A. 温度相同、压强相同

B. 温度、压强都不相同

C. 温度相同，但氦气的压强大于氮气的压强

D. 温度相同，但氦气的压强小于氮气的压强

4.17　在标准状态下，若氧气(视为刚性双原子分子的理想气体)与氦气的体积比 $V_1/V_2=1/2$，则其内能之比 E_1/E_2 为　[　]

A. 3/10　　B. 1/2

C. 5/6　　D. 5/3

4.18　汽缸内盛有一定量的氢气(可视作理想气体)，当温度不变而压强增大一倍时，氢气分子的平均碰撞频率 $\bar{z}$ 和平均自由程 $\bar{\lambda}$ 的变化情况是　[　]

A. $\bar{z}$ 和 $\bar{\lambda}$ 都增大一倍

B. $\bar{z}$ 和 $\bar{\lambda}$ 都减为原来的一半

C. $\bar{z}$ 增大一倍而 $\bar{\lambda}$ 减为原来的一半

D. $\bar{z}$ 减为原来的一半而 $\bar{\lambda}$ 增大一倍

4.19 容积恒定的容器内盛有一定量某种理想气体，其分子热运动的平均自由程为$\overline{\lambda_0}$，平均碰撞频率为$\overline{z_0}$，若气体的热力学温度降低为原来的1/4，则此时分子平均自由程 $\bar{\lambda}$ 和平均碰撞频率 $\bar{z}$ 分别为 [ ]

A. $\bar{\lambda}=\overline{\lambda_0}, \bar{z}=\overline{z_0}$　　B. $\bar{\lambda}=\overline{\lambda_0}, \bar{z}=\frac{1}{2}\overline{z_0}$

C. $\bar{\lambda}=2\overline{\lambda_0}, \bar{z}=2\overline{z_0}$　　D. $\bar{\lambda}=\sqrt{2}\overline{\lambda_0}, \bar{z}=\frac{1}{2}\overline{z_0}$

填空题

4.20 A、B、C 三个容器中皆装有理想气体，它们的分子数密度之比为 $n_A : n_B : n_C = 4:2:1$，而分子的平均平动动能之比为 $\bar{\varepsilon}_{tA} : \bar{\varepsilon}_{tB} : \bar{\varepsilon}_{tC} = 1:2:4$，则它们的压强之比 $p_A : p_B : p_C =$ ________.

4.21 在容积为 $10^{-2}\ m^3$的容器中，装有质量 100 g 的气体，若气体分子的方均根速率为 200 $m\cdot s^{-1}$，则气体的压强为______。

4.22 三个容器内分别贮有 1 mol 氦(He)、1 mol 氢(H_2)和 1 mol 氨(NH_3)(均视为刚性分子的理想气体)。若它们的温度都升高 1 K，则三种气体的内能的增加值分别为：(普适气体常量 $R=8.31\ J\cdot mol^{-1}\cdot K^{-1}$)

氦：$\Delta E=$ ____________；

氢：$\Delta E=$ ____________；

氨：$\Delta E=$ ____________。

4.23 对于单原子分子理想气体，下面各式分别代表什么物理意义？

(1) $\frac{3}{2}RT$：________________，

(2) $\frac{3}{2}R$：________________，

(3) $\frac{5}{2}R$：________________。

(式中 R 为普适气体常量，T 为气体的温度)

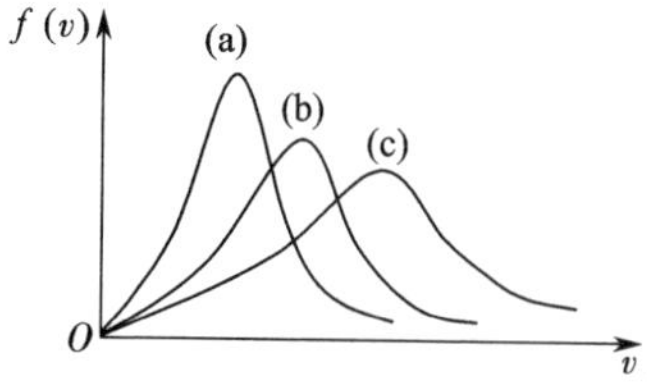

题 4.25 图

4.24 一氧气瓶的容积为 V，充入氧气的压强为 p_1，用了一段时间后压强降为 p_2，则瓶中剩下的氧气的内能与未用前氧气的内能之比为 __________。

4.25 图示曲线为处于同一温度 T 时氦(原子量 4)、氖(原子量 20)和氩（原子量40）三种气体分子的速率分布曲线。其中曲线(a)是______气分子的速率分布曲线；曲线(c)是______气分子的速率分布曲线。

4.26　图示为氢气分子和氧气分子在相同温度下的麦克斯韦速率分布曲线，则氢气分子的最概然速率为______，氧分子的最概然速率为______。

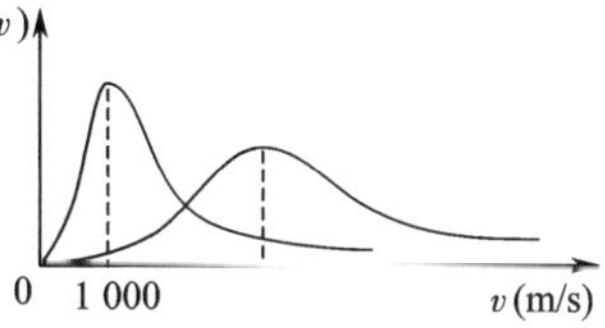

题 4.26 图

4.27　一容器内盛有质量密度为 ρ 的单原子理想气体，其压强为 p，此气体分子的方均根速率为______；单位体积内气体的内能是______。

4.28　氮气在标准状态下的分子平均碰撞频率为 $5.42\times10^{8}\ \mathrm{s}^{-1}$，分子平均自由程为 6×10^{-6} cm，若温度不变，气压降为 0.1 atm，则分子的平均碰撞频率变为______，平均自由程变为______。

计算题

4.29　求标准状态时氧气分子的以下几个量：(1) 分子数密度 n；(2) 质量密度 ρ；(3) 平均每个分子占有的体积 v；(4) 分子与分子的间隔 l。

4.30　有一体积为 $2\times10^{-3}\ \mathrm{m}^3$ 的容器，装有刚性双原子分子理想气体，其内能为 6.75×10^{2} J。

(1) 试求气体的压强；

(2) 设分子总数为 5.4×10^{22} 个，求分子的平均平动动能及气体的温度。

（玻尔兹曼常量 $k=1.38\times10^{-23}\ \mathrm{J\cdot K^{-1}}$）

第 5 章 热力学基础

基本要求

1. 了解系统的平衡态、准静态过程的概念和特点。

2. 理解热量、功、内能的概念。

3. 掌握热力学第一定律,并能用于分析理想气体的等值过程和绝热过程。

4. 了解摩尔热容量的定义,并会用它来计算等压、等体过程中的热量。

5. 理解循环过程、热机效率和致冷系数的物理意义,并掌握卡诺循环和一般循环的热机效率计算,了解致冷系数。

6. 了解可逆与不可逆过程,了解热力学第二定律两种表述及其等效性。

学习重点

热力学第一定律及应用,热力学第二定律。

5.1 准静态过程 功

前面讨论了气体处于平衡态时的一些性质,并说明了气体的宏观性质和微观本质。下面将讨论一个热力学系统的状态发生变化时所遵循的普遍规律。

5.1.1 准静态过程

在热力学中,一个系统的状态发生变化称为过程。在过程进行中的任一时刻,系统的状态通常不是平衡态。例如,推进活塞压缩汽缸内的气体时,气体的体积、密度、温度或压强都将发生变化,在这一过程中任一时刻,气体各部分的密度、压强、温度并不完全相同。靠近活塞表面的气体密度要大些,压强也要大些,温度也高些。在热力学中,为了能利用系统处于平衡态时的性质来研究过程的规律,引入了**准静态过程**的概念。所谓准静态过程,就是在过程进行中的任意时刻,系统都**无限地接近**平衡态,因而任何时刻系统的状态都可以当平衡态处理,这也就是说准静态过程是由一系列的平衡态所组成的过程。

准静态过程可以用系统的状态图表示,如 $p—V$ 图(或 $p—T$ 图、$V—T$ 图)中的一条曲线。在状态图中,任何一点都表示系统的一个平衡态,所以一条曲线就表示由一系列平衡态组成的准静态过程,这样的曲线叫过程曲线。如图 5-1 所示的 $p—V$ 图中画出了几种等值过程的曲线:a 是等压过程曲线;b 是等体过程曲线;c 是等温过程曲线。非平衡态不能用一定的状态参量描述,非准静态过程也就不能用状态图上的一条线来表示。

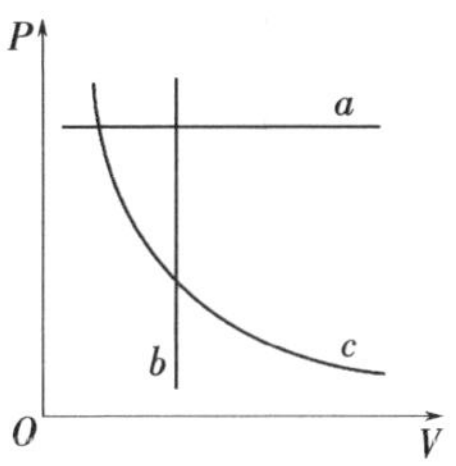

图 5-1　等值过程曲线

5.1.2　功

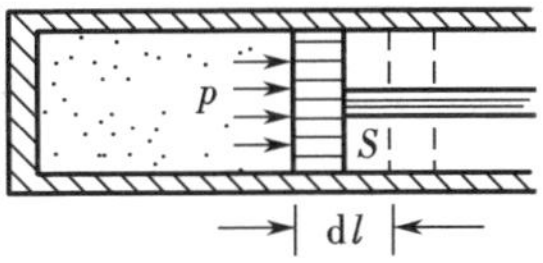

图 5-2　气体膨胀时做的功

功的大小常可以直接利用系统的状态参量来计算。最常见的是系统体积变化过程中的机械功。如图 5-2 所示,设想汽缸内的气体进行准静态的膨胀过程,以 S 表示活塞的面积,以 p 表示气体的压强,气体对活塞的压力 $F=pS$,当气体推动活塞向外缓慢地移动一段微小位移 $\mathrm{d}l$ 时,气体对外界做的元功为

$$\mathrm{d}W = F\mathrm{d}l = pS\mathrm{d}l$$

由于

$$S\mathrm{d}l = \mathrm{d}V$$

所以上式又可写成

$$\mathrm{d}W = p\mathrm{d}V \tag{5-1}$$

显然它是准静态过程中“体积功”的计算公式。它用系统的状态参量表示。如果 $\mathrm{d}V>0$,则 $\mathrm{d}W>0$,即系统体积膨胀时,系统对外界做功;如果 $\mathrm{d}V<0$,则 $\mathrm{d}W<0$,表示系统体积缩小时,系统对外界做负功,实际上是外界对系统做功。

当系统经历了一个有限的准静态过程,体积由 V_1 变化到 V_2 时,系统对外界做的总功

$$W = \int \mathrm{d}W = \int_{V_1}^{V_2} p\mathrm{d}V \tag{5-2}$$

如果知道过程中系统的压强随体积变化的关系式,将它代入此式就可以求出功来。

由积分的意义可知,用式(5-2)求出的功的大小在数值上等于 $p—V$ 图中过程曲线下的面积,所以 $p—V$ 图又称为**示功图**,如图 5-3 所示。比较(a)、(b)两图还可以看出,始末状态相同,过程不同,过程曲线下的面积也不同,即系统对外做功不同,所以说功是“过程量”。不能说系统处于某一状态时具有多少功,功不是状态的函数。

此结果说明,气体等温膨胀时($V_2>V_1$),气体对外界做正功;气体等

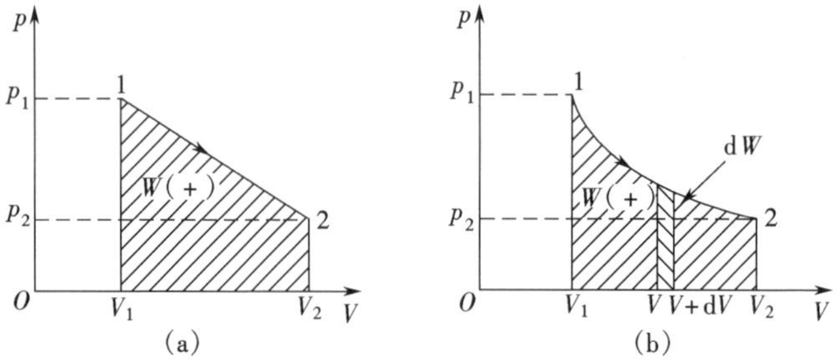

图 5-3 示功图

温压缩时($V_2 < V_1$),气体对外界做负功,即外界对气体做功。

功是能量传递和转化的量度。系统由于做功会使状态变化,而状态又决定系统的内能 E(见第 4 章)。

5.1.3 热量

不通过做功也能改变系统的状态。例如,把一壶冷水放到火炉上,冷水的温度就会逐渐升高而改变了状态。这种改变系统状态的方式叫传热,它是以系统与外界的温度不同为条件的热交换。传热过程实质上是通过分子间的相互作用传递分子的无规则运动能量,以此改变系统的内能。

传热过程中所传递能量的多少叫**热量**,通常以 Q 表示,它的单位是焦[耳],符号为 J。

通常规定:$Q>0$ 表示系统从外界吸热,$Q<0$ 表示系统向外界放热。

5.2 热力学第一定律及其在等值过程中的应用

5.2.1 热力学第一定律

一般情况下,系统状态的改变,可导致内能的改变,可能是做功和传热的共同结果。例如汽缸内气体内能的改变就可能是通过活塞做功和通过汽缸壁传热的共同结果。设在某一过程中,系统从外界吸收的热量为 Q,它对外界做的功为 W,系统内能由初始平衡态的 E_1 改变为末了平衡态的 E_2。由于能量的传递和转换服从守恒定律,所以有

$$Q = E_2 - E_1 + W \tag{5-3}$$

上式表明,系统从外界吸收的热量等于系统内能增量和系统对外做功之和,这一结论称为**热力学第一定律**。

对于一个微小过程,即初末平衡态相距很近的过程,式(5-3)写成微分形式为

$$dQ = dE + dW \tag{5-4}$$

式(5-3)或式(5-4)中内能 E 是系统状态的函数,是“状态量”。因此相应于初、末平衡态可以分别有内能 E_1 和 E_2,而其微小变化可以写成 dE。由于 W 是过程量,而 E 与过程无关,由式(5-3)可知,Q 也必然是过程量,即它的数值也决定于过程的具体形式。

应该指出,热力学第一定律是能量转换和守恒定律的一种具体形式,它适用于任何系统的任何过程(不管是准静态与否)。对于理想气体,内能只与温度有关,可以直接用式(4-16)求出。对于准静态过程,体积功可以直接由式(5-2)求出。

5.2.2　热力学第一定律在理想气体等值过程中的应用

实验证明,一切变化过程都遵守能量守恒和转换定律,热力学第一定律可以应用于气体、液体和固体。下面讨论热力学第一定律在几个理想气体等值过程中的应用。

1. 等体过程

等体过程是体积 V 保持不变的过程,如图 5-2 中的活塞保持不动。设汽缸壁在与热源接触处导热,其他处绝热,于是缸内气体吸热,缓慢地、准静态地升温、升压。因此,变化过程可用状态参数 T 和 p 表示。在 p—V 图中画出的等体过程线是一条平行于 p 轴的直线,如图 5-4 所示。

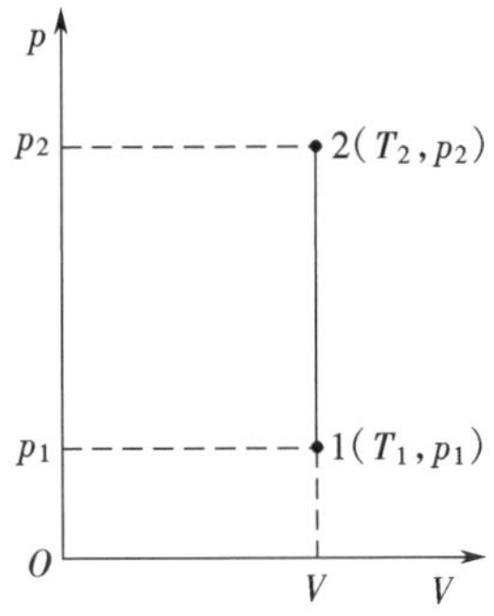

图 5-4　等体过程

因为 $dV = 0$,所以 $dW = pdV = 0$,等体过程系统不对外做功。由热力学第一定律 $dQ = dW + dE$ 可知

$$dQ_V = dE \tag{5-5}$$

Q_V 右下脚标 V 表示等体过程。过程中气体吸收的热量为

$$Q_V = \int dE$$

在等体过程中,外界传给气体的热量,全部用于增加气体的内能。为了计算热量,把在体积不变的过程,温度每升高(或降低)1 K,单位摩尔理想气体吸收(或放出)的热量定义为该气体的**定体摩尔热容量**,用 $C_{V,m}$ 表示,所以根据定义

$$C_{V,m} = \frac{dQ_V}{\frac{m}{M}dT}$$

式中:m 为气体的质量,$\frac{m}{M}$为摩尔数;$C_{V,m}$的单位为 $J \cdot mol^{-1} \cdot K^{-1}$。

因为等体过程的 dQ_V 等于 dE，由式(4-16)可知，理想气体的内能 $E=\frac{im}{2M}RT$，所以有

$$C_{V,m}=\frac{dQ_V}{\frac{m}{M}dT}=\frac{i}{2}R \tag{5-6}$$

理想气体的定体摩尔热容量，仅与该气体分子的自由度有关。在温度变化范围不大时，分子自由度不随温度变化，$C_{V,m}$ 与温度无关，可看成常数。

对于单原子分子，自由度 $i=3$，所以

$$C_{V,m}=\frac{i}{2}R=\frac{3}{2}\times 8.31=12.47\ \text{J}\cdot\text{mol}^{-1}\cdot\text{K}^{-1}$$

对于刚性的双原子分子，自由度 $i=5$，所以

$$C_{V,m}=\frac{i}{2}R=\frac{5}{2}\times 8.31=20.78\ \text{J}\cdot\text{mol}^{-1}\cdot\text{K}^{-1}$$

在等体过程中，气体不做功，温度由 T_1 变到 T_2，应用热力学第一定律，系统吸收(或放出)的热量

$$Q_V=\int_{T_1}^{T_2}\frac{m}{M}C_{V,m}dT=\frac{m}{M}C_{V,m}(T_2-T_1) \tag{5-7}$$

若 $T_2>T_1$，为吸热；$T_2<T_1$，为放热。

因为内能是状态函数，由式(5-6)知，内能 E 可表示为

$$E=\frac{m}{M}C_{V,m}T$$

对于理想气体，不管系统变化经过什么过程，始末状态温度为 T_1 和 T_2，则其内能变化都是

$$E_2-E_1=\frac{m}{M}C_{V,m}(T_2-T_1) \tag{5-8}$$

必须说明，上式的内能增量式，不只限于等体过程，也可以用它求理想气体其他过程的内能增量。

2. 等压过程

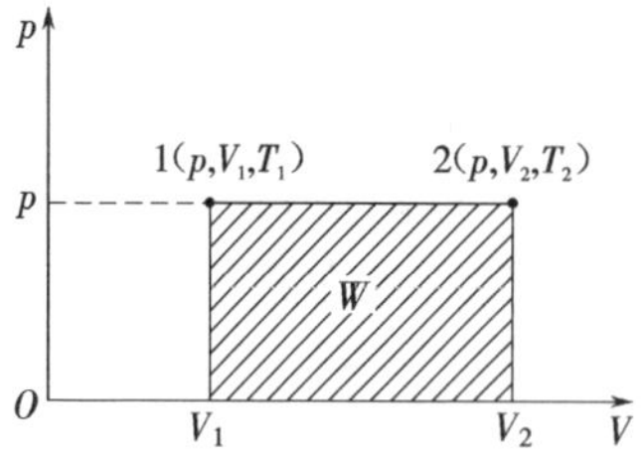

图5-5 等压过程

等压过程是压强 p 保持不变。在这个过程中，外界传热给气体，使气体温度从 T_1 升到 T_2，过程保持准静态地缓慢升温、膨胀，维持压强不变，体积由 V_1 变到 V_2，在 p—V 图中画出的等压过程线是一条平行于 V 轴的直线，如图5-5所示。等压过程气体做的功为

$$W=\int_{V_1}^{V_2}p dV=p(V_2-V_1) \tag{5-9}$$

其数值等于 p—V 图上等压线与 V 轴之间的矩形面积值。由理想气体状

态方程 $pV_1 = \frac{m}{M}RT_1$ 和 $pV_2 = \frac{m}{M}RT_2$，功还可写为

$$W = \frac{m}{M}R(T_2 - T_1) \tag{5-10}$$

等压过程的内能增量依然为

$$E_2 - E_1 = \frac{m}{M}C_{V,m}(T_2 - T_1)$$

应用热力学第一定律式(5-3)，等压过程吸收的热量为

$$\begin{aligned} Q_p &= E_2 - E_1 + W \\ &= \frac{m}{M}C_{V,m}(T_2 - T_1) + \frac{m}{M}R(T_2 - T_1) \\ &= \frac{m}{M}(C_{V,m} + R)(T_2 - T_1) \end{aligned} \tag{5-11}$$

Q_p 右下脚标 p 表示等压过程。等压膨胀过程是个升温过程，吸收的热量一部分用于增加气体的内能，另一部分用于气体对外做功，即 Q_p、W、$E_2 - E_1$ 都大于零，是正值。反之，等压压缩过程是个降温过程，即 Q_p、W、$E_2 - E_1$都小于零，是负值，就是说外界对气体做功，不但气体内能不增加，反而还要降低，通过气体向外界放热降温，才能保持压强不变。

如果等压过程温度升高，由式(5-11)可知，气体吸收的热量为

$$\mathrm{d}Q_p = \frac{m}{M}(C_{V,m} + R)\mathrm{d}T \tag{5-12}$$

现在把压强不变的过程温度每升高(或降低)1 K，单位摩尔理想气体吸收(或放出)的热量定义为该气体的**定压摩尔热容量**，用 $C_{p,m}$表示，根据定义有

$$C_{p,m} = \frac{\mathrm{d}Q_p}{\frac{m}{M}\mathrm{d}T}$$

将此式与式(5-12)比较可得

$$C_{p,m} = C_{V,m} + R \tag{5-13}$$

此式称为迈耶(Mayer)公式，说明了定压摩尔热容量与定体摩尔热容量的关系。若以 γ 表示 $C_{p,m}/C_{V,m}$，称为**比热容比**，则 $\gamma = C_{p,m}/C_{V,m}$。因为 $C_{V,m} = \frac{i}{2}R$，所以

$$C_{p,m} = \left(\frac{i}{2} + 1\right)R \tag{5-14}$$

理想气体定压摩尔热容量也是仅与分子的自由度有关，在温度变化范围不大时是常量。

对于单原子分子 $i = 3$，所以

$$C_{p,m}=\left(\frac{i}{2}+1\right)R=\frac{5}{2}\times 8.31=20.78\ \mathrm{J\cdot mol^{-1}\cdot K^{-1}}$$

$$\gamma=1.67$$

对于刚性双原子分子 $i=5$,所以

$$C_{p,m}=\left(\frac{i}{2}+1\right)R=\frac{7}{2}\times 8.31=29.099\ \mathrm{J\cdot mol^{-1}\cdot K^{-1}}$$

$$\gamma=1.40$$

表 5-1 列出了几种气体 25 ℃、1 atm 时的 $C_{V,m}$实验值。

表 5-1 几种气体的 $C_{V,m}$实验值 (单位:$\mathrm{J\cdot mol^{-1}\cdot K^{-1}}$)

单原子	双原子					三原子以上				
He	H_2	O_2	N_2	CO	空气	CO_2	H_2O	CH_4	C_2H_2	C_3H_6
12.52	20.44	20.98	20.80	20.74	20.68	28.17	27.82	26.38	33.52	51.58

3. 等温过程

系统与外界的热传递不一定引起系统本身温度的变化。一定量的理想气体保持温度不变的准静态过程称为**等温过程**。在这一过程中,气体内能保持不变。根据热力学第一定律,气体吸收的热 $Q_T=W$。

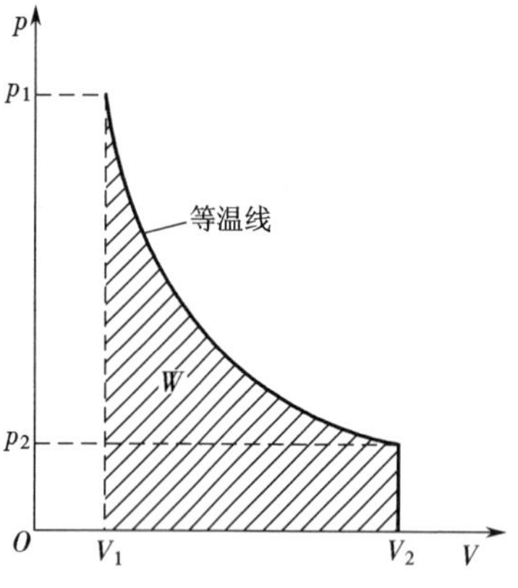

图 5-6 等温过程

等温过程是温度 T 保持不变。设有一恒温热源与图 5-2 中的汽缸接触,汽缸壁与热源接触处绝对导热,其他处绝对绝热;使外界施于活塞的作用力 F 缓慢减小,气体缓慢膨胀。其细微过程是,当外界施力减小一微小量时,气体压强稍大于外界压强而向外膨胀,于是体积有一微小增量,气温就有微小降低,外界就输送热量给气体,使温度微小升高又恢复原状;然后,再开始下一步,外界施力再减小一微小量……如此准静态地缓慢膨胀,维持温度不变。因此,变化过程可用状态参量 p 和 V 表示。由理想气体状态方程 $pV=\frac{m}{M}RT$ 可知,当温度为恒量时,p—V 图上的等温线就是一条双曲线,如图 5-6 所示。

等温膨胀过程,气体对外界做功为

$$W=\int_{V_1}^{V_2}p\mathrm{d}V=\int_{V_1}^{V_2}\frac{mRT}{MV}\mathrm{d}V=\frac{m}{M}RT\ln\frac{V_2}{V_1} \tag{5-15}$$

因为等温过程 $p_1V_1=p_2V_2$，上式还可写成

$$W=\frac{m}{M}RT\ln\frac{p_1}{p_2} \tag{5-16}$$

其数值等于等温线和 V 轴之间曲边梯形的面积值。

等温过程 $dT=0$，内能不变化，所以

$$E_2-E_1=0$$

应用热力学第一定律式(5-1)可知，等温过程气体吸收的热量为

$$Q_T=E_2-E_1+W=\frac{m}{M}RT\ln\frac{V_2}{V_1}=\frac{m}{M}RT\ln\frac{p_1}{p_2} \tag{5-17}$$

Q_T 右下脚标 T 表示等温过程。由此可见等温膨胀过程气体吸收的热量全部转化为对外界做功，而气体本身内能不变；反之，等温压缩计算出来的 Q_T 和 W 都是负值，说明外界对气体做功全部转化为对外界放热，内能仍不变。

例题 5.1　汽缸内有一定质量的氮气，视为刚性分子，已知压强 $p_1=1\ \text{atm}(1\ \text{atm}=1.013\times10^5\ \text{Pa})$ 时，体积 $V_1=10\ \text{L}$。求：(1)作等压膨胀到体积 $V_2=15\ \text{L}$ 时，气体内能的变化，对外做的功和气体吸收的热量；(2)从(p_1,V_1)等温压缩到压强 $p_2=100\ \text{atm}$ 时，气体内能的变化，外界对气体做的功和气体吸收的热量。

解：(1)等压膨胀，温度升高，即由$(p_1,V_1,T_1)\rightarrow(p_2,V_2,T_2)$，由状态方程 $p_1V_1=\frac{m}{M}RT_1$ 和 $p_2V_2=\frac{m}{M}RT_2$ 求得。刚性双原子分子自由度为5，所以 $C_{V,m}=\frac{5}{2}R$。可解出：

内能变化

$$\begin{aligned}E_2-E_1&=\frac{m}{M}C_{V,m}(T_2-T_1)\\&=\frac{m}{M}\frac{5}{2}R(T_2-T_1)\\&=\frac{5}{2}p_1(V_2-V_1)\\&=\frac{5}{2}\times1.013\times10^5\times(15-10)\times10^{-3}\\&\approx1.27\times10^3\ \text{J}\end{aligned}$$

对外对功

$$\begin{aligned}W&=\int_{V_1}^{V_2}p_1\,dV=p_1(V_2-V_1)\\&=1.013\times10^5\times(15-10)\times10^{-3}\\&\approx5.07\times10^2\ \text{J}\end{aligned}$$

吸收的热量

$$Q_p=(E_2-E_1)+W\approx1.27\times10^3+5.07\times10^2\approx1.78\times10^3\ \text{J}$$

(2)等温压缩,即由$(p_1,V_1,T_1)\to(p_2,V_2',T_1)$,始末状态只有 T_1和 V_2'未知,都可由状态方程求出。

内能变化

$$E_2-E_1=\frac{m}{M}C_{V,m}(T_2-T_1)=0$$

外界对气体做功

$$\begin{aligned}W&=\int_{V_1}^{V_2'}p\mathrm{d}V==\int_{V_1}^{V_2'}\frac{mRT_1}{MV}\mathrm{d}V\\&=\frac{m}{M}RT_1\ln\frac{V_2'}{V_1}=p_1V_1\ln\frac{V_2'}{V_1}=p_1V_1\ln\frac{p_1}{p_2}\\&=1.013\times10^5\times10\times10^{-3}\times\ln\frac{1}{100}\approx-4.67\times10^3\ \text{J}\end{aligned}$$

负号表示外界对系统做功。

气体吸收的热量

$$Q_T=E_2-E_1+W\approx-4.67\times10^3\ \text{J}$$

负号表示气体向外界放热。

5.3 理想气体的绝热过程

绝热过程是系统在与外界无热量交换的条件下进行的过程。用绝热壁把系统和外界隔开就可以实现这种过程。实际上没有理想的绝热壁,因此用这个方法只能实现近似的绝热过程。如果过程进行得很快,以至在过程中系统来不及与外界进行明显的热交换,这种过程也近似于绝热过程。蒸汽机或内燃机汽缸内的气体所经历的急速压缩和膨胀,空气中声音传播时引起的局部膨胀或压缩过程都可以近似地当成绝热过程处理。

5.3.1 准静态绝热过程

在绝热过程中,$Q=0$,根据热力学第一定律得

$$E_2-E_1+W=0\tag{5-18}$$

或

$$E_2-E_1=-W$$

此式表明在绝热过程中,外界对系统做的功等于系统内能的增量。

对于微小的绝热过程,应有

$$\mathrm{d}E+\mathrm{d}W=0$$

因为 $dE=\frac{m}{M}C_{V,m}dT$ 和 $dW=pdV$,可得

$$\frac{m}{M}C_{V,m}dT+pdV=0 \tag{5-19}$$

由理想气体状态方程 $pV=\frac{m}{M}RT$ 微分可得

$$pdV+Vdp=\frac{m}{M}RdT \tag{5-20}$$

在式(5-19)与式(5-20)中消去 dT,得

$$(C_{V,m}+R)pdV+C_{V,m}Vdp=0$$

利用迈耶公式(5-13)和 γ 的定义,可以将上式写成

$$\frac{dp}{p}+\gamma\frac{dV}{V}=0$$

这是理想气体的状态参量在准静态绝热过程中必须满足的微分方程式。在实际问题中,γ 可当作常数。这时对上式积分,可得

$$\ln p+\gamma\ln V=C$$

或

$$pV^{\gamma}=C_1 \tag{5-21}$$

式中:C、C_1 为常数。这一关系式称为泊松公式。利用理想气体状态方程还可得到

$$TV^{\gamma-1}=C_2 \tag{5-22}$$

$$p^{\gamma-1}T^{-\gamma}=C_3 \tag{5-23}$$

式中:C_2、C_3 也是常数。式(5-21)、式(5-22)、式(5-23)称为绝热过程的过程方程。

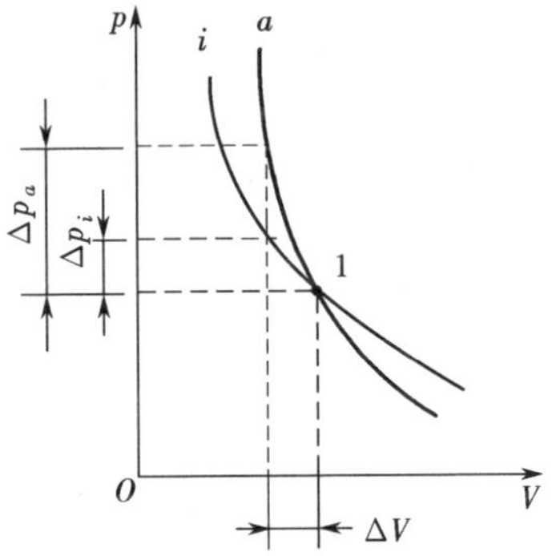

图 5-7　绝热线 a 等温线 i

在图 5-7 中的 p—V 图上画出了理想气体的绝热过程曲线 a,同时还画出了一条等温线 i 进行比较。可以看出,在两条线的交点处,绝热线比等温线的斜率绝对值大。这可以用数学方法证明(请读者自己证明)。

例题 5.2　一定质量的理想气体,从初态(p_1,V_1)开始,经过准静态绝热过程,体积膨胀到 V_2,求在这一过程中气体对外做的功。设该气体的比热容比为 γ。

解:由泊松公式(5-21)式得

$$pV^{\gamma}=p_1V_1^{\gamma}$$

由此得

$$p=p_1V_1^{\gamma}/V^{\gamma}$$

将此式代入计算功的式(5-2),可直接求得功

$$W=\int_{V_1}^{V_2}p\mathrm{d}V=p_1V_1^{\gamma}\int_{V_1}^{V_2}\frac{\mathrm{d}V}{V^{\gamma}}=p_1V_1^{\gamma}\frac{1}{\gamma-1}(V_2^{1-\gamma}-V_1^{1-\gamma})$$

$$=\frac{p_1V_1}{\gamma-1}\left[1-\left(\frac{V_1}{V_2}\right)^{\gamma-1}\right] \tag{5-24}$$

此式也可以利用绝热条件求得。由式(5-18)可得

$$W=E_1-E_2=\frac{m}{M}C_{V,m}(T_1-T_2)$$

$$=\frac{\frac{m}{M}R(T_1-T_2)}{\gamma-1}=\frac{1}{\gamma-1}(p_1V_1-p_2V_2)$$

再利用泊松公式,就可以得到与式(5-24)相同的结果。

5.3.2 绝热自由膨胀

考虑一绝热容器,其中有一隔板将容器容积分为相等的两半。开始左半部充以理想气体,右半部抽成真空,如图 5-8(a)所示。左半部气体原处于平衡态,现在抽去隔板,则气体将冲入右半部(图(b)),最后可以在整个容器内达到一个新的平衡态(图(c))。这种过程叫气体的绝热自由膨胀,简称自由膨胀。

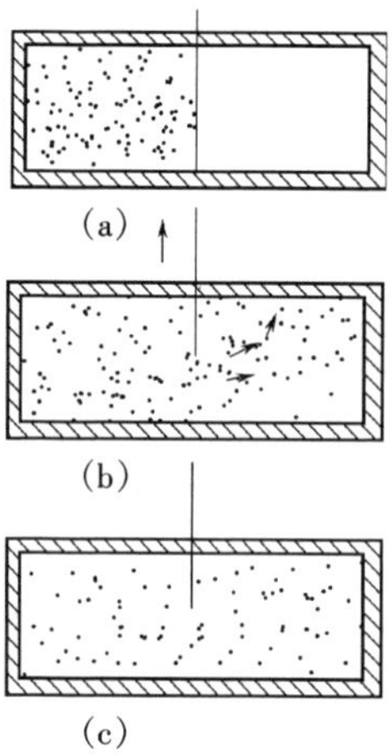

图 5-8 气体的自由膨胀

自由膨胀是非准静态过程,但它仍应服从热力学第一定律。由于过程是绝热的,即 $Q=0$,因而有

$$E_2-E_1+W=0$$

由于气体是向真空冲入,所以它对外界不做功,即 $W=0$。因而进一步可得

$$E_2-E_1=0$$

即气体经过自由膨胀,内能保持不变,并且做功为零。

5.4 循环

5.4.1 循环过程

在历史上,热力学理论最初是在研究热机的工作过程的基础上发展起来的。热机是利用热能来做功的机器,例如蒸汽机、内燃机、汽轮机等都是热机。在热机中被用来吸收热量并对外做功的物质叫**工作物质**,简称**工质**。各种热机都是重复地进行着某些过程而不断地吸热做功的。为

了研究热机的工作过程，引入循环过程的概念。一个系统，如热机经历一系列变化后又回到初始状态的系列过程组合称为**循环过程**，简称**循环**。研究循环过程的规律在实践上（如热机的改进）和理论上都有很重要的意义。

例如，蒸汽机工作的循环过程如图5-9所示。一定量的水先从锅炉A中吸收热量 Q_1 变成高温高压的蒸汽，然后进入汽缸B，在汽缸中蒸汽膨胀推动汽轮机的叶轮对外做功 W_1，做功后蒸汽的温度和压强都大为降低而成为“废气”，这废气进入冷凝器C后凝结为水时放出热量 Q_2，最后由泵D对这冷凝水做功 W_2，将它压回到锅炉中去而完成整个循环过程。如果是柴油机，完成一个循环则需要吸、压、爆、排四个过程。

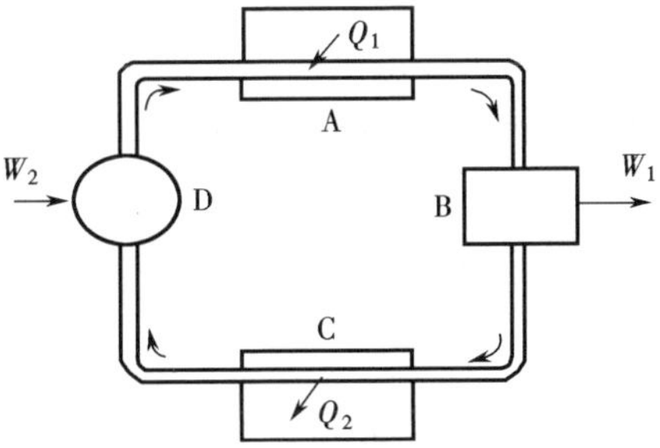

图5-9　热电厂内水的循环过程示意图

A—锅炉；B—汽缸；C—冷凝器；D—泵

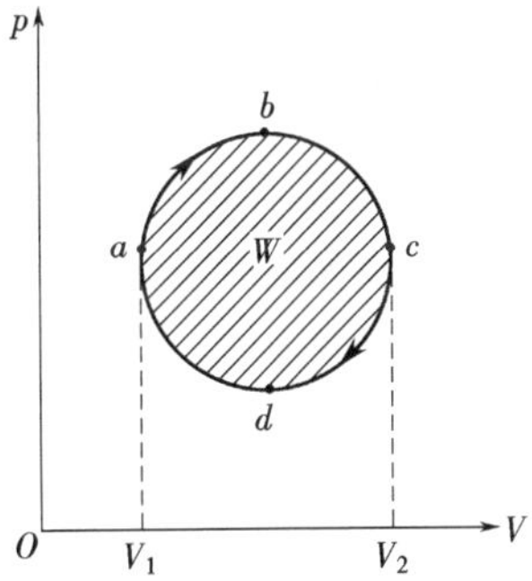

图5-10　用闭合曲线表示循环

如果一个系统所经历的循环过程的各个阶段都是准静态过程，这个循环过程就可以在 p—V 图上用一个闭合曲线表示。图5-10画了一条闭合曲线表示任意的一个循环过程，其过程进行的方向如箭头所示。从状态 a 经状态 b 达到状态 c 的过程中，系统对外做功，其数值 W_1 等于曲线段 abc 到 V 轴之间的面积；从状态 c 经状态 d 回到状态 a 的过程中，外界对系统做功，其数值 W_2 等于曲线段 cda 到 V 轴之间的面积。整个循环过程中系统对外做的净功的数值为 $W=W_1-W_2$，在图5-10中等于循环过程曲线所包围的面积。在 p—V 图中，循环过程沿顺时针方向进行时，如图5-10所示，净功大于零，系统对外做功。这种循环叫**正循环**（或热循环）。循环过程沿反时针方向进行时，外界将对系统做功，净功小于零。这种循环叫**逆循环**（或致冷循环）。

前述蒸汽轮机中的水进行的是正循环，该循环过程中的能量转化和传递的情况具有正循环的一般特征：一定量的工作物质在一次循环过程中要从高温热源（如锅炉）吸热 Q_1，对外做净功 W，又向低温热源（如冷凝器）放出热量 Q_2（只表示数值）。由于工作物质回到了初态，所以内能

不变。根据热力学第一定律,工作物质吸收的净热量($Q_1 - Q_2$)应该等于它对外做的净功 W,即

$$W = Q_1 - Q_2 \tag{5-25}$$

上式表明,工作物质以传热方式从高温热源得到的能量,有一部分仍以传热的方式放给低温热源。二者的差值等于工作物质对外做的净功。

对于热机的正循环,人们都希望热机从高温热源吸收一定的热量后,对外做的净功越多越好,也就是希望热机循环效率越高越好。循环效率是在一次循环过程中工作物质对外做的净功与它从高温热源吸收热量的比值。用 η 表示循环效率,其表达式为

$$\eta = \frac{W}{Q_1} \tag{5-26}$$

再利用式(5-25),可得

$$\eta = 1 - \frac{Q_2}{Q_1} \tag{5-27}$$

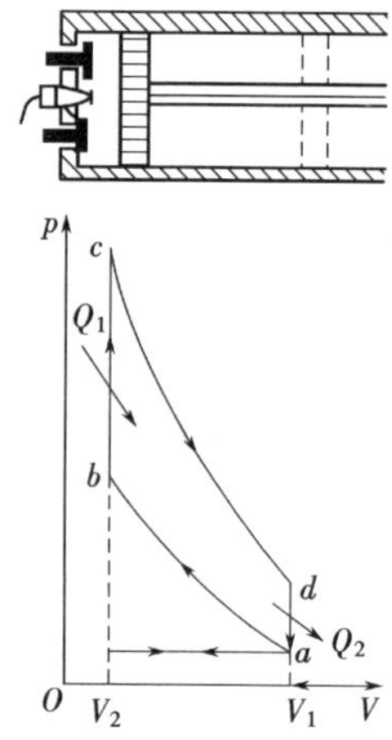

图 5-11 奥托循环

例题 5.3 典型的四冲程汽油机如图 5-11 所示,这样的循环过程称为**奥托循环**。它实际上进行的过程如下:先是将空气和汽油的混合气吸入汽缸,然后进行急速压缩,压缩至混合气的体积最小时用电火花点火引起爆燃。汽缸内气体得到燃烧放出热量,温度、压强迅速增大,从而推动活塞对外做功,做功后的废气被排出汽缸,然后再吸入新的混合气进行下一个循环。

①绝热压缩 $a \to b$,气体从 $a(V_1, T_1)$ 状态变化到 $b(V_2, T_2)$ 状态;

②等容吸热(相当于点火爆燃过程) $b \to c$,气体由 $b(V_2, T_2)$ 状态变化到 $c(V_2, T_3)$ 状态;

③绝热膨胀(相当于气体膨胀对外做功的过程) $c \to d$,气体由 $c(V_2, T_3)$ 状态变化到 $d(V_1, T_4)$ 状态;

④等容放热 $d \to a$,气体由 $d(V_1, T_4)$ 状态变回到 $a(V_1, T_1)$ 状态。

求这个理想循环的效率。

解:在 $b \to c$ 的等体过程中气体吸收的热量为

$$Q_1 = \frac{m}{M} C_{V,m} (T_3 - T_2)$$

在 $d \to a$ 的等体过程中气体放出的热量为

$$Q_2 = \frac{m}{M} C_{V,m} (T_4 - T_1)$$

代入式(5-27)式,可得此循环效率为

$$\eta = 1 - \frac{Q_2}{Q_1} = 1 - \frac{T_4 - T_1}{T_3 - T_2}$$

由于 $a \to b$ 是绝热过程,所以

$$\frac{T_2}{T_1} = \left(\frac{V_1}{V_2}\right)^{\gamma - 1}$$

又由于 $c \to d$ 也是绝热过程,所以又有

$$\frac{T_3}{T_4} = \left(\frac{V_1}{V_2}\right)^{\gamma - 1}$$

由上二式可得

$$\frac{T_2}{T_1} = \frac{T_3}{T_4} = \frac{T_3 - T_2}{T_4 - T_1}$$

将此关系代入上面的效率公式中,可得

$$\eta = 1 - \frac{1}{T_2/T_1} = 1 - \frac{1}{\left(\frac{V_1}{V_2}\right)^{\gamma - 1}}$$

定义压缩比为$\frac{V_1}{V_2} = r$,则上式又可写成

$$\eta = 1 - \frac{1}{r^{\gamma - 1}}$$

由此可见,奥托循环的效率决定于压缩比。汽油内燃机的压缩比不能大于7,否则当空气和汽油的混合气在尚未压缩到 b 状态时,温度就已升高到足以引起混合气燃烧了。若 $r = 7$,空气的 γ 值取1.4,则

$$\eta = 1 - \frac{1}{7^{0.4}} = 0.55 = 55\%$$

实际的汽油机的效率比这小得多,一般只有25%左右。

5.4.2 卡诺热机循环

在19世纪上半叶,为了提高热机效率,研究人员提出了很多方案。1824年法国青年工程师卡诺提出了一个理想循环,该循环体现了热机循环的最基本特征。该循环是一种准静态循环,在循环过程中工作物质只和两个恒温热源交换热量,这种循环叫卡诺循环,按卡诺循环工作的热机称为卡诺机。

下面讨论以理想气体为工作物质的卡诺循环。它由下列几个准静态过程组成,如图5-12所示。

$1 \to 2$ 为等温膨胀过程,使汽缸和温度为 T_1 的高温热源接触,使气体作等温膨胀,体积由 V_1 增大到 V_2。在这一过程中,它从高温热源吸收的热量为

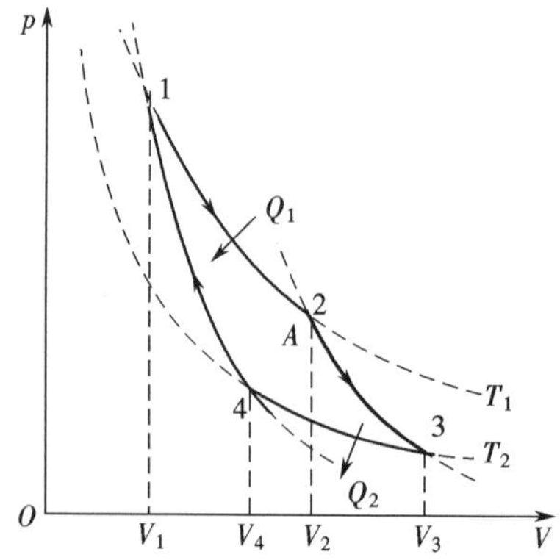

图 5-12 理想气体的卡诺循环

$$Q_1 = \frac{m}{M}RT_1 \ln \frac{V_2}{V_1}$$

2→3 为绝热膨胀过程，将汽缸从高温热源移开，使气体作绝热膨胀，体积变为 V_3，温度降到 T_2。

3→4 为等温压缩过程，使汽缸和温度为 T_2 的低温热源接触，等温地压缩气体直到它的体积缩小到 V_4，而状态 4 和状态 1 位于同一条绝热线上。在这一过程中，气体向低温热源放出的热量为

$$Q_2 = \frac{m}{M}RT_2 \ln \frac{V_3}{V_4}$$

4→1 为绝热压缩过程，将汽缸从低温热源移开，沿绝热线压缩气体，直到它回复到起始状态 1 而完成一次循环。

在一次循环中，气体对外做的净功为

$$W = Q_1 - Q_2$$

卡诺循环中的能量交换与转化的关系如图 5-13 所示，这种图形称为能流图。

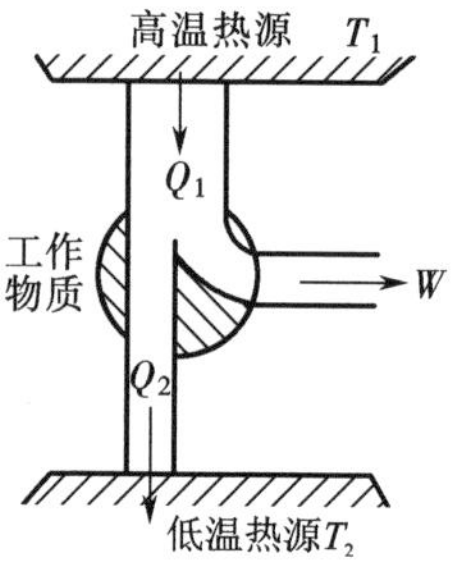

图 5-13 卡诺热机能流图

根据循环效率的定义，上述理想气体卡诺循环的效率为

$$\eta_C = 1 - \frac{Q_2}{Q_1} = 1 - \frac{T_2 \ln \dfrac{V_3}{V_4}}{T_1 \ln \dfrac{V_2}{V_1}}$$

又由理想气体绝热过程方程，对两个绝热过程应有如下关系：

$$T_1 V_2^{\gamma - 1} = T_2 V_3^{\gamma - 1}$$

$$T_1 V_1^{\gamma - 1} = T_2 V_4^{\gamma - 1}$$

两式相比，可得

$$\frac{V_3}{V_4} = \frac{V_2}{V_1}$$

据此，上面的效率表示式可简化为

$$\eta_C = 1 - \frac{T_2}{T_1} \tag{5-28}$$

这就是说，以理想气体为工作物质的卡诺循环的效率，只由热源的温度决定。可以证明在同样两个温度 T_1 和 T_2 之间工作的各种工作物质的卡诺

循环效率都由上式给定,而且是实际热机的可能效率的最大值。这是卡诺循环的一个基本特征。

现代热电厂利用的水蒸气温度可达 580 ℃,冷凝水的温度约 30 ℃,若按卡诺循环计算,其效率应为

$$\eta_C = 1 - \frac{T_2}{T_1} = 1 - \frac{303}{853} = 64.5\%$$

实际的蒸汽循环的效率最高只到36%左右,这是因为实际的循环和卡诺循环差很多。例如热源并不是恒温,因而工作物质可以随处与外界交换热量,而且它进行的过程也不是准静态的。尽管如此,式(5-28)还是有一定的实际意义。因为它提出了提高高温热源的温度是提高效率的途径之一。现代热电厂中要尽可能提高水蒸气的温度就是这个道理。降低冷凝器的温度虽然在理论上对提高效率也有作用,但要降到室温以下,实际上很困难,而且经济上不合算,所以都不这样做。

5.4.3 卡诺致冷循环

如果工作物质作逆循环,即沿着与热机循环相反的方向进行循环过程,则在一次循环中,工作物质将从低温热源吸热 Q_2,向高温热源放热 Q_1,而外界必须对工质做功 W,其能量交换与转换的关系如图5-14的能流图所示。由热力学第一定律

$$W = Q_1 - Q_2$$

或者

$$Q_1 = Q_2 + W$$

可以说明工作物质把从低温热源吸收的热和外界对它做的功一并以热量的形式传给高温热源。由于从低温物体的吸热有可能使它的温度降低,所以这种循环又叫致冷循环。按这种循环工作的机器就是致冷机。

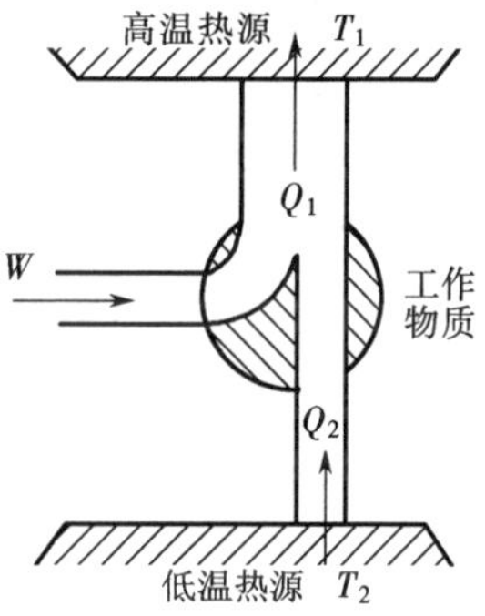

图5-14 卡诺制冷机能流图

在致冷循环中,从低温热源吸收热量 Q_2 是要求的效果,希望对工作物质做一定的功,从低温热源吸收的热量越多越好,标志这一物理特性的物理量称为致冷循环的致冷系数,用 ω 表示,则有

$$\omega = \frac{Q_2}{W} \tag{5-29}$$

由于 $W = Q_1 - Q_2$,所以又有

$$\omega = \frac{Q_2}{Q_1 - Q_2} \tag{5-30}$$

以理想气体为工质的卡诺致冷循环的过程曲线如图5-15所示。很

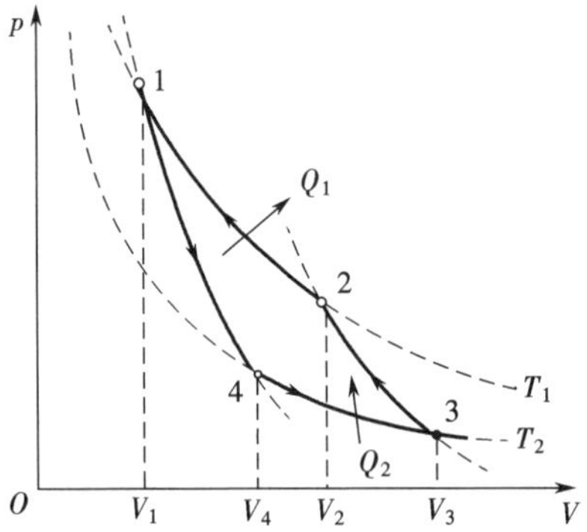

图 5-15 理想气体的卡诺致冷循环

容易证明这一循环的卡诺致冷系数为

$$\omega_C = \frac{T_2}{T_1 - T_2} \qquad (5\text{-}31)$$

可以证明,在 T_1、T_2两温度之间工作的各种致冷机中,卡诺制冷机致冷系数 ω_C 最大。

常用的致冷机——冰箱的构造与工作原理如图 5-16 所示。工作物质用较易液化的物质,如氨和氟里昂。氨气在压缩机内被急速压缩,它的压强增大,而且温度升高,进入冷凝器(高温热源)后,由于向冷却水(或周围空气)放热而凝结为液态氨。液态氨经节流阀的小口通道后,降压、降温并且部分液化,再进入蒸发器。此处由于压气机的抽吸作用因而压强很低,液态氨将从冷库(低温热源)中吸热,使冷库温度降低,而自身全部蒸发为蒸气。此氨蒸气最后被吸入压气机进行下一循环。

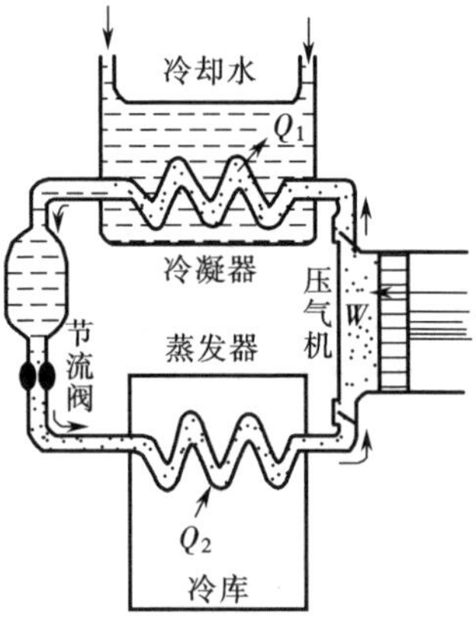

图 5-16 冰箱循环示意图

在夏天,可将房间作为低温热库,以室外的大气或河水为高温热库,用类似图 5-16 的致冷机使房间降温。在冬天则以室外大气或河水为低温热库,以房间为高温热库,可使房间升温变暖,为此目的设计的致冷机又叫热泵。空调器就是一种热泵。

家用电冰箱的箱内要保持 $T_2 = 270$ K,箱外空气温度 $T_1 = 300$ K,按卡诺致冷循环计算致冷系数为

$$\omega = \frac{T_2}{T_1 - T_2} = \frac{270}{300 - 270} = 9$$

5.5 热力学第二定律

把违反能量守恒定律或热力学第一定律的热机叫做**第一类永动机**。当然这种永动机永远不能实现,但是要想制造一个效率为 100% 的热机似乎并非妄想,因为它不违背能量转换和守恒定律,不要求无中生有地制

造能量,只要求在每一循环中将从热源吸收的热量全部转化为对外做的功,这不违反热力学第一定律。因效率达100%的热机不排出多余的热,所以无须低温热源以供排热用,仅备一个热源以供吸热即可。这种热机如果真能制造出来,虽说不像第一类永动机那样“能为无米之炊”,但从经济的观点来看,它可算是最合算的机器了。在大气、海洋、地层中所储藏的热能,几乎是取之不尽、用之不竭的。有人计算过,假如能制成只用一个热源的热机,例如从海水中吸热做功,那么使地球上的海水温度降低0.01 K,把从海水中提取的热量转化为其他能量,可供全世界所有工厂的动力使用1 000年。若上述热机能够实现,就可以节约很多的能量资源。历史上把这种从单一热源提取热量并全部用来做功的理想热机叫做**第二类永动机**。但是,所有制造这种理想热机的企图均告失败。从大量实践中得出了一个重要结论:第二类永动机是不可能造成的。英国物理学家开尔文(Lord Kelvin,1824—1907)根据大量事实总结出**热力学第二定律**,即“不可能制造出这样一种循环动作的热机,从单一热源吸取热量,使之全部变为有用的功而不引起其他变化”。这种表述称为**热力学第二定律的开尔文说法**,简称开氏说法。对此,不能简单地说成“热不能完全转变为功”。例如,理想气体等温膨胀,气体内能不变,吸收的热量完全变为对外做的功,但是气体的体积膨胀了,留下痕迹引起了其他变化。定律中这个“不引起其他变化”的条件是绝不可少的,唯有在无其他变化时,热才不能完全变为功。开尔文说法也可表达为“第二类永动机不可能造成”。

热与功的相互转化,虽然都遵守能量守恒,不违反热力学第一定律,但是功可以完全转化为热,而热不能完全转化为功,说明能量转换有个方向问题。关于能量转换方向的规律就是热力学第二定律。

又如热传导现象,热可以自动地从高温物体传到低温物体,而不会自动地从低温物体传到高温物体又不引起其他变化,热传导也有方向问题。德国物理学家克劳修斯(Rudolf Clausius,1822—1888)根据大量事实总结出热力学第二定律的另一种说法,即“不可能把热量从低温物体传到高温物体而不引起其他变化”。这个表述称为热力学第二定律的**克劳修斯说法**,简称克氏说法。对于这种说法也不能简单地理解为“热量不能从低温物体传到高温物体”。例如,制冷机就可使热量从低温物体传到高温物体,但这并非自发地进行,必须外界对系统做功,外界做功消耗能量留下痕迹,引起了其他变化。

自然界中有许多现象反映了热力学第二定律关于过程的自发进行的方向问题,例如不平衡态到平衡态的过程等。总之,热力学第一定律指出能量转换守恒的数量关系;热力学第二定律则指出自发过程的进行方向。这两个定律彼此独立,相辅相成。满足热力学第一定律的过程和循环能否实现，需要引用热力学第二定律方能判定。

过程分为两类，凡是一个系统经过一个过程所产生的效果，在逆过程中能使系统和外界完全恢复原状的过程，称为**可逆过程**；而把逆过程中使系统和外界不能完全恢复原状的过程，称为**不可逆过程**。上面说的功变热、高温物体传热给低温物体、系统由不平衡状态到平衡状态，都是不可逆过程。有摩擦的过程、非准静态过程也是不可逆过程，因为存在摩擦就要发生功变热，是不可逆过程。活塞移动很快时，膨胀过程中缸内活塞附近的压强要小于准静态时的压强，对外界做的功比准静态膨胀时要小。逆过程压缩，缸内活塞附近的压强又要大于准静态时的压强，外界对系统做的功比准静态压缩时要大。膨胀功小于压缩功，不足以用逆过程使气体压缩回到原状，所以非静态过程是不可逆过程；而无摩擦的准静态过程，其膨胀功等于压缩功，可以完全恢复原状而不引起其他变化，所以是可逆过程。但是，这种理想化的过程实际上并不存在，平时所遇到的宏观过程都是有摩擦的非准静态的不可逆过程。热力学计算中把实际过程看成准静态过程，除了便于用状态参量来计算外，还可免除复杂的次要枝节，突出主要矛盾，有利于弄清问题的本质。

由此还可看出：气体膨胀时对外界做功以可逆过程为最大；压缩时，外界对气体做功以可逆过程为最小。所以，一个循环的净功以可逆过程为最大。要想提高热机效率，应使不可逆过程尽量地接近可逆过程。

阅读材料

热泵

热泵是把热量由低温物体传到高温物体的装置。从工作原理上讲，它实际上就是致冷机。不过在致冷机中，人们感兴趣的是它从低温物体吸出热量使之更冷；在热泵中，人们感兴趣的是它把热量送给高温物体，使之温度更高。

把致冷机用作热泵，首先是开尔文在1852年提出的。他曾为此设计了一台机器，但并没有制造。75年后，哈尔丹（J. B. S. Haldane）在苏格兰用这样的原理制成了一台热泵，利用室外空气的冷却来给自己的房屋供暖。目前热泵已经商品化，它的设计、制造、安装和运行已成为一门重要的实用技术。

图5-17所示是一套向室内供暖的热泵的示意图。在由电动机带动的压缩机内，首先把工作物质蒸气（如氨或氟里昂）进行压缩，使之变成高温高压的蒸气，然后蒸气被导入室内管道（叫做凝结器）而凝结成液体，同时放出大量的热使室内气流温度升高而供暖，液化的工作物质通过节流阀变成低温低压的液体，即被导入室外的管道（叫做蒸发器）。在这

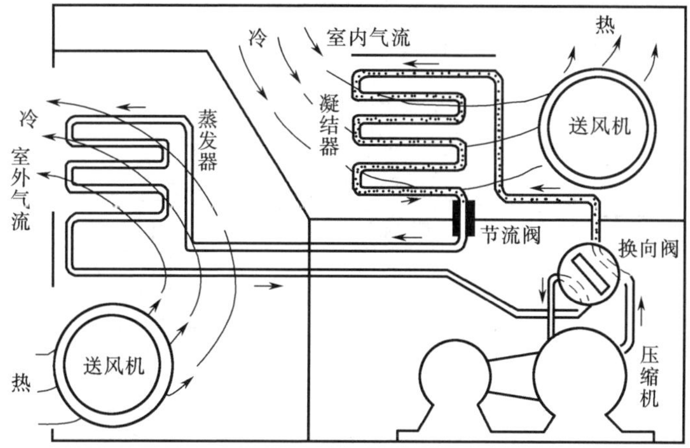

图 5-17　供暖用热泵装置

里，液体从室外气流吸热而迅速蒸发，蒸发形成的低压蒸气又回到压气机而被循环使用。

热泵的工作系数由向室内输送的热量与电动机压缩蒸气时消耗的功的比值来决定。商品热泵的工作系数为 2 ~ 7。如果是 5，电动机做 1 J 的功，通过热泵就可以向室内供给 5 J 的热。这比直接用电热（只能得到 1 J 的热）要经济得多。

图 5-17 所示的装置在冬天可以用来从室外冷空气吸热取暖。如果把换向阀转动 90°，使压气机出口与室外管道相通，则在夏天就可以利用它从室内空气吸热而进行致冷，这时热泵就成为冷泵了。

除了上述的"物理热泵"外，现在还在设计发展一种"化学热泵"。这种热泵利用某些化学物质的可逆反应。一种以甲醇为工作物质的化学热泵的原理如图 5-18 所示，被太阳能收集器加热的流体温度可达 130 ℃或更高。这些热流体被导入装有甲醇—氯化钙（$CaCl_2$、$2CH_3OH$）颗粒的发生器内。此化合物因吸热而分解成 $CaCl_2$ 和 CH_3OH 蒸气，甲醇蒸气温度可达 120 ~ 130 ℃。此蒸气进入凝结器后，被循环流动的空气冷却到 40 ~ 50 ℃而凝结成液体。被加热到 40 ~ 50 ℃的空气即可被用来供暖，液体甲醇被送入贮存器而后又被导入蒸发器。在此处甲醇蒸发，从流动的空气中吸热而使之冷却。这冷空气可用于空调。此后低温甲醇蒸气通过阀门被导入装有干氯化钙颗粒的吸收器中。干氯化钙能吸收甲醇蒸气而变回到甲醇—氯化钙。这一吸收反应是放热反应，放出的热量又可用来取暖，阀门起控制作用，打开时，甲醇蒸气能进入吸收器从而降低蒸发器中的压强，使液体甲醇继续蒸发。关闭时，系统的工作停止。当吸收器中的干氯化钙几乎全部变成甲醇—氯化钙后，就可以把它当成发生器，而这时，原来的已变成干氯化钙的发生器又可当成吸收器来工作。

可以看出,整个过程最初要利用太阳能。这是一种利用太阳能的好办法,液体甲醇贮存器实际上是一个太阳能贮存器。白天使此容器贮满

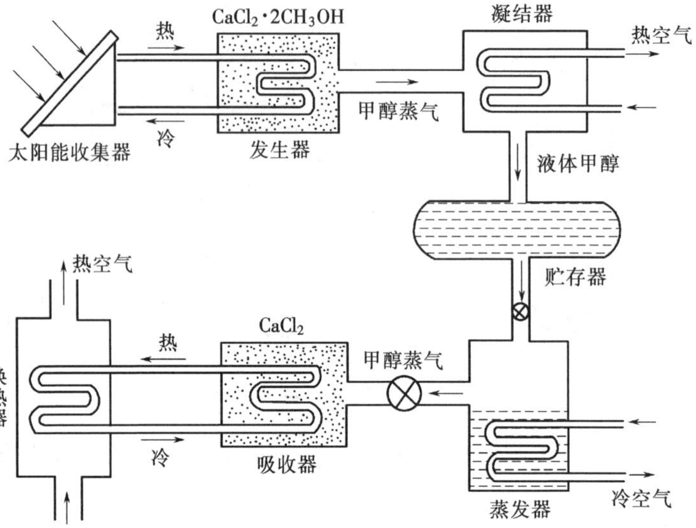

图 5-18 化学热泵

液体甲醇,夜晚打开阀门使此液体甲醇流入蒸发器,再进入吸收器被氯化钙吸收时就能放出热量以供使用。

同步练习

思考题

5.1 内能和热量的概念有何不同?下面两种说法是否正确?(1)物体的温度愈高,则热量愈多;(2)物体的温度愈高,则内能愈大。

5.2 在 p—V 图上用一条曲线表示的过程是否一定是准静态过程?理想气体经过自由膨胀由状态(p_1, V_1)改变到状态(p_2, V_2),这一过程能否用一条等温线表示?

5.3 汽缸内有单原子理想气体,若绝热压缩使体积减半,问气体分子的平均速率变为原来速率的几倍?若为双原子理想气体,又为几倍?

5.4 有可能对物体加热而不致升高物体的温度吗?有可能不作任何热交换,而系统的温度发生变化吗?

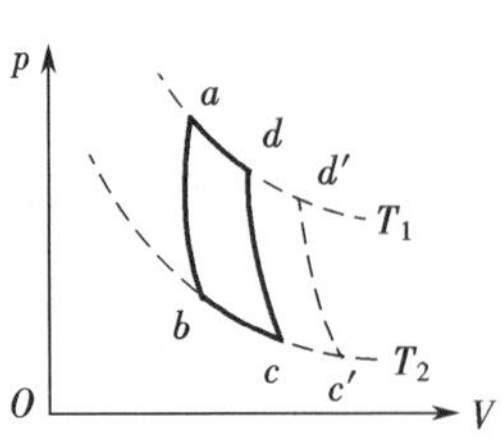

题 5.5 图

5.5 如图所示,一个卡诺机工作时,如果气体体积膨胀得大些,p—V 图中循环过程曲线所包围的面积就大了,因此热机效率也就可以提高了。这种说法对吗?

选择题

5.6　一定量的理想气体，开始时处于压强、体积、温度分别为 p_1、V_1、T_1 的平衡态，后来变到压强、体积、温度分别为 p_2、V_2、T_2 的终态，若已知 $V_2 > V_1$，且 $T_2 = T_1$，则以下各种说法中正确的是　[　　]

A. 不论经历的是什么过程，气体对外净做的功一定为正值

B. 不论经历的是什么过程，气体从外界净吸的热一定为正值

C. 若气体从始态变到终态经历的是等温过程，则气体吸收的热量最少

D. 如果不给定气体所经历的是什么过程，则气体在过程中对外净做功和从外界净吸热的正负皆无法判断

5.7　氦气、氮气、水蒸气（均视为刚性分子理想气体），它们的摩尔数相同，初始状态相同，若使它们在体积不变的情况下吸收相等的热量，则　[　　]

A. 它们的温度升高相同，压强增加相同

B. 它们的温度升高相同，压强增加不相同

C. 它们的温度升高不相同，压强增加不相同

D. 它们的温度升高不相同，压强增加相同

5.8　质量一定的理想气体，从相同状态出发，分别经历等温过程、等压过程和绝热过程，使其体积增加 1 倍，那么气体温度的改变（绝对值）在　[　　]

A. 绝热过程中最大，等压过程中最小

B. 绝热过程中最大，等温过程中最小

C. 等压过程中最大，绝热过程中最小

D. 等压过程中最大，等温过程中最小

5.9　一定量的理想气体经历 acb 过程时吸热 500 J，则经历 $acbda$ 过程时，吸热为　[　　]

A. −1 200 J　　B. −700 J

C. −400 J　　D. 700 J

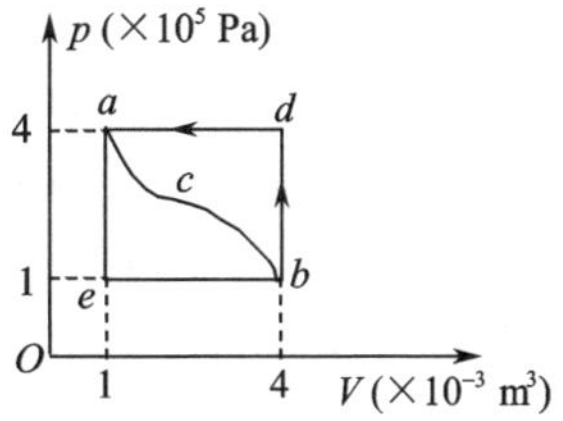

题 5.9 图

5.10　对于室温下的双原子分子理想气体，在等压膨胀的情况下，系统对外所做的功与从外界吸收的热量之比 W/Q 等于　[　　]

A. 2/3　　B. 1/2　　C. 2/5　　D. 2/7

5.11　两个卡诺热机的循环曲线如图所示，一个工作在温度为 T_1 与 T_3 的两个热源之间，另一个工作在温度为 T_2 与 T_3 的两个热源之间，已知这两个循环曲线所包围的面积相等，由此可知　[　　]

A. 两个热机的效率一定相等

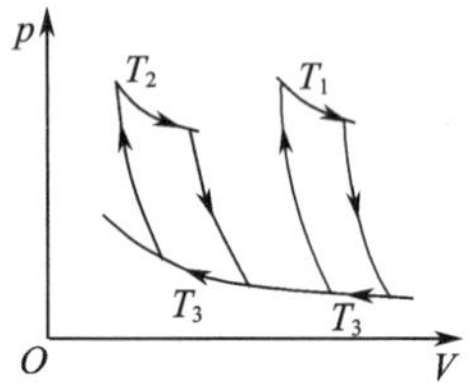

题 5.11 图

B. 两个热机从高温热源所吸收的热量一定相等

C. 两个热机向低温热源所放出的热量一定相等

D. 两个热机吸收的热量与放出的热量(绝对值)的差值一定相等

5.12 一定量理想气体经历的循环过程用 $V—T$ 曲线表示如图,在此循环过程中,气体从外界吸热的过程是 [ ]

A. $A \to B$　　B. $B \to C$

C. $C \to A$　　D. 没有吸热过程

5.13 图中所列四图分别表示理想气体的四个设想的循环过程,选出其中一个在物理上可能实现的循环过程的图的标号。

[ ]

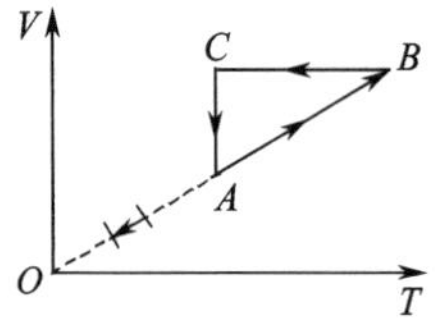

题 5.12 图

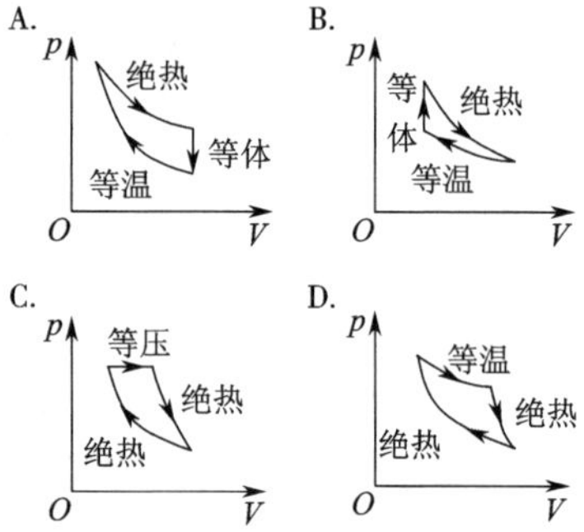

题 5.13 图

填空题

5.14 一定量的某种理想气体在等压过程中对外做功为 200 J。若此种气体为单原子分子气体,则该过程中需吸热________ J;若为双原子分子气体,则需吸热________ J。

5.15 压强、体积和温度都相同的氢气和氦气(均视为刚性分子的理想气体),它们的质量之比为 $m_1 : m_2 =$ ________,它们的内能之比为 $E_1 : E_2 =$ ________,如果它们分别在等压过程中吸收了相同的热量,则它们对外做功之比为 $W_1 : W_2 =$ ________。(各量下角标 1 表示氢气,2 表示氦气)

5.16 一定量理想气体,从 A 状态 $(2p_1, V_1)$ 经历如图所示的直线过程变到 B 状态 $(p_1, 2V_2)$,则 AB 过程中系统做功 $W =$ ________;内能改变 ΔE = ________。

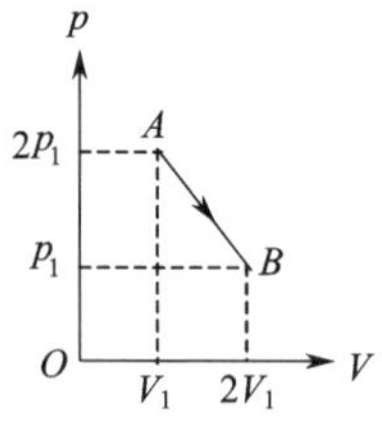

题 5.16 图

5.17 一汽缸内贮有 10 mol 的单原子分子理

想气体,在压缩过程中外界做功 209 J,气体升温 1 K,此过程中气体内能增量为________,外界传给气体的热量为________________。(普适气体常量 $R=8.31\ \mathrm{J\cdot mol^{-1}\cdot K^{-1}}$)

5.18 如图所示,理想气体从状态 A 出发经 $ABCDA$ 循环过程,回到初态 A 点,则循环过程中气体净吸的热量 $Q=$____________。

5.19 有 υ 摩尔理想气体,作如图所示的循环过程 $acba$,其中 acb 为半圆弧,ba 为等压线,$p_c=2p_a$。令气体进行 $a—b$ 的等压过程时吸热 Q_{ab},则在此循环过程中气体净吸热量 Q ________ Q_{ab}。(填入 >、< 或 =)

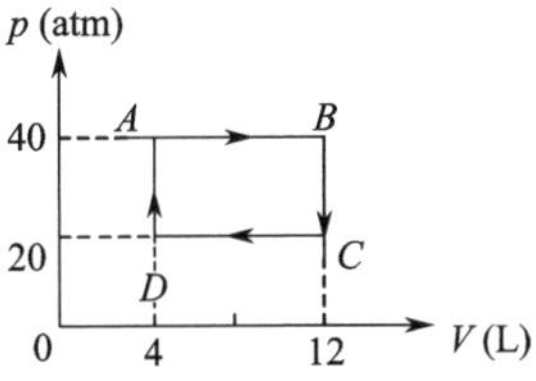

题 5.18 图

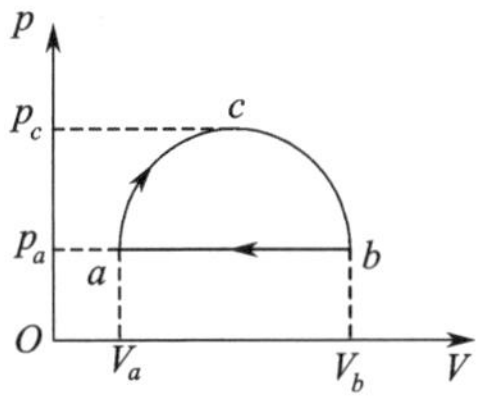

题 5.19 图

计算题

5.20 1 mol 双原子分子理想气体从状态 $A(p_1,V_1)$ 沿 $p—V$ 图所示直线变化到状态 $B(p_2,V_2)$,试求:

(1)气体的内能增量;

(2)气体对外界所做的功;

(3)气体吸收的热量;

(4)此过程的摩尔热容。

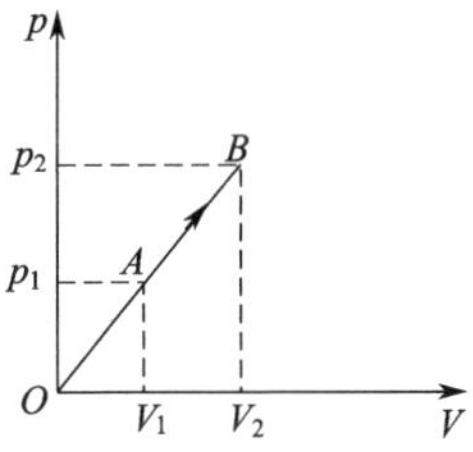

题 5.20 图

(摩尔热容 $C=\Delta Q/\Delta T$,其中 ΔQ 表示 1 mol 物质在过程中升高温度 ΔT 时所吸收的热量。)

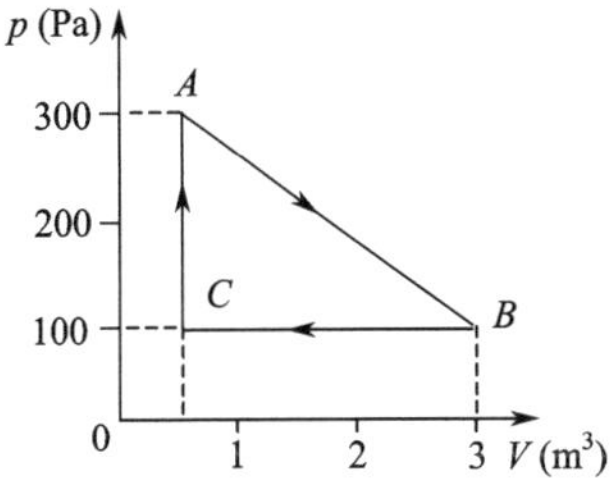

题 5.21 图

5.21 一定量的某种理想气体进行如图所示的循环过程。已知气体在状态 A 的温度为 $T_A=300$ K,求:

(1)气体在状态 B、C 的温度;

(2)各过程中气体对外所做的功;

(3)经过整个循环过程,气体从外界吸收的总热量(各过程吸热的代数和)。

5.22 1 mol 单原子分子理想气体的循环过程如 $T—V$ 图所示,其中 c 点的温度为 $T_c=600$ K。试求:

(1)ab、bc、ca 各个过程系统吸收的热量;

(2)经一循环系统所做的净功;

(3)循环的效率。

(注:循环效率 $\eta = W/Q_1$,W 为循环过程系统对外做的净功,Q_1 为循环过程系统从外界吸收的热量。ln 2 =0.693)

5.23 如图所示,$abcda$ 为 1 mol 单原子分子理想气体的循环过程,求:

(1)气体循环一次,在吸热过程中从外界共吸收的热量;

(2)气体循环一次对外做的净功;

(3)证明在 $abcd$ 四种状态,气体的温度有 $T_aT_c = T_bT_d$。

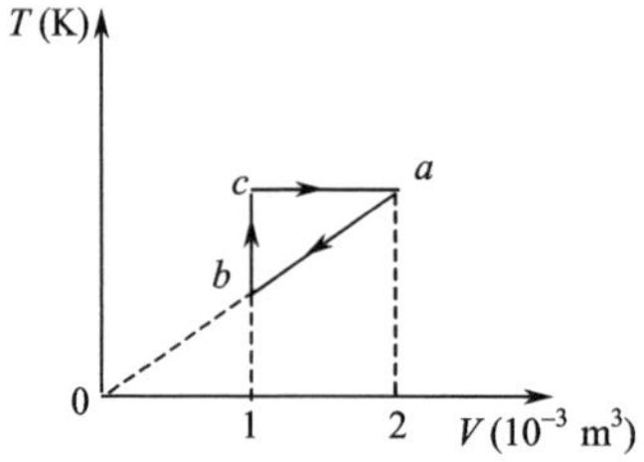

题 5.22 图

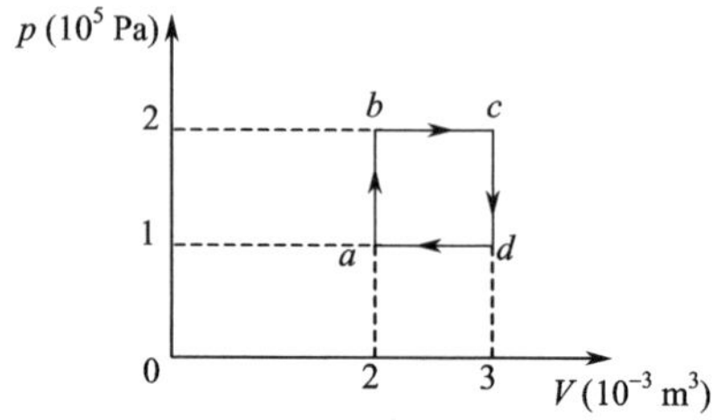

题 5.23 图

第 6 章　静电场

基本要求

1. 了解静电场的基本性质和特征。
2. 理解电场强度和电势的定义。
3. 掌握点电荷、点电荷系和简单电荷连续分布带电体的电场强度和电势的计算。
4. 了解电偶极子模型及相关概念。

学习重点

电场强度、电势及其叠加原理。

相对观察者静止的电荷所产生的电场为**静电场**。本章介绍真空中的静电场以及描述静电场的两个重要物理量——电场强度和电势，并介绍静电场的性质及静止电荷间的作用规律。

6.1　电荷

物体能产生电磁现象，现在都归因于物体带有电荷以及这些电荷的运动。人们通过电荷（包括静止电荷和运动电荷）间的相互作用，研究这些电磁现象和规律。

6.1.1　电荷的种类

电荷分为正电荷和负电荷两种，同种电荷相互排斥，异种电荷相互吸引。美国物理学家福兰克林（Benjamin Franklin，1706—1790）首先以正电荷、负电荷的名称来区分两种电荷，这种命名法一直延续到现在。例如原子中的电子带负电荷，质子带正电荷，中子不带电荷。

电量是考察一个带电体的重要参数，带电体所带电荷的多少叫做**电量**。电量常用 Q 或 q 表示，在国际单位制中，它的单位名称为库仑，符号为 C。正电荷电量取正值，负电荷电量取负值。一个带电体所带总电量为其所带正负电量的代数和。

6.1.2　电荷的量子性

实验证明，在自然界中，电荷总是以一个基本单元的整数倍出现，电荷的这个特性叫做**电荷的量子性**。电荷的基本单元就是一个电子所带电

量的绝对值,常以 e 表示。经测定

$$e=1.602\ 177\ 33\times10^{-19}\ \mathrm{C}$$

任何电荷的电量都可以表示为 $q=ne$。电荷具有基本单元的概念最初是根据电解过程中通过溶液的电量和析出物质的质量之间的关系提出的。法拉第(Michael Faraday,1791—1867)、阿累尼乌斯(Arrhenius,1859—1927)等人都为此做过重要贡献。他们的结论是:一个离子的电量只能是一个基本电荷电量的整数倍。直到 1890 年斯通尼(JohnStone Stoney,1826—1911)才引入“电子”(elctron)这一名称来表示带有负电的基元电荷粒子。其后,1913 年密立根(Robert Anoevews Millikan,1868—1953)设计了油滴试验,直接测定了此基元电荷的量值。例如氧原子失去两个电子后成为氧离子,是一典型的带电粒子,它带的电量是两个正电子电量,或写成 $q=2e$。

本章基本上是讨论电磁现象的宏观规律,所涉及的电荷通常是基元电荷的许多倍。在这种情况下,只从平均效果考虑,认为电荷连续地分布在带电体上,而忽略电荷的量子性所引起的微观起伏。尽管如此,在阐明某些宏观现象的微观本质时,还是要从电荷的量子性出发。

在以后的讨论中经常用到点电荷这一概念。当一个带电体本身的线度比所研究的问题中所涉及的距离小很多时,该带电体的形状与电荷在其上的分布状况均无关紧要,该带电体就可看作一个带电的点,称为**点电荷**。由此可见,点电荷是个相对概念。至于带电体的线度比问题所涉及的距离小多少时,它才能被当作点电荷,这要依问题所要求的精度而定。当在宏观意义上谈论电子、质子等带电粒子时,完全可以把它们视为点电荷。

6.1.3 电荷守恒定律

在本章中常把两个或若干个带电体放在一起讨论,把这些带电体构成的系统称为一个电学系统。例如摩擦起电实验中,原来两个物体都不带电,经过摩擦后都带了电,并且是一个带有正电荷,另一个带有等量的负电荷。对这两个物体组成的电学系统而言,不管它们带的是正电荷还是负电荷,这两个物体所带电荷的代数和总是零,与没有摩擦前系统(这两个物体不带电)的电荷数值相同。

因此,分析一个电学系统,电荷可以从一个物体转移到另一个物体上,或者从物体的一部分转移到物体的另一部分,电荷移动的结果,系统电量的代数和保持不变,这一结论称为**电荷守恒定律**。实际上也就是在各种变化中,系统内粒子的总电荷数守恒。

6.2　库仑定律与叠加原理

为研究两个带电体之间的相互作用力，先研究两个静止电荷之间的作用力。研究静止电荷之间的相互作用的理论称为**静电学**。它是1785年由法国科学家库仑(Charles Augustin Coulomb,1736—1806)通过实验总结出的规律，称为**库仑定律**。这一定律的表述如下：相对于惯性参照系，真空中两个静止点电荷之间的作用力(斥力或吸力，统称库仑力)与这两个点电荷所带电量的乘积成正比，与它们之间距离的平方成反比，作用力的方向沿着这两个点电荷的连线。这一规律用矢量公式表示为

$$\boldsymbol{F}=k\frac{q_1q_2}{r^2}\boldsymbol{e}_r \tag{6-1}$$

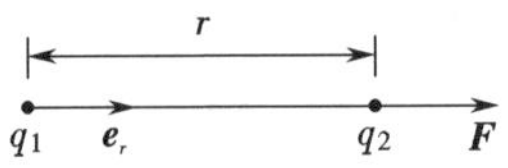

图6-1　库仑定律

式中：q_1和q_2分别表示两个点电荷的电量；r表示两个点电荷之间的距离；$\boldsymbol{e}_r$表示从点电荷q_1指向点电荷q_2的单位矢量，$\boldsymbol{e}_r=\frac{\boldsymbol{r}}{r}$(图6-1)；$\boldsymbol{F}$表示点电荷$q_2$受到点电荷$q_1$的作用力。当两个点电荷为同号时，$\boldsymbol{F}$的方向与$\boldsymbol{e}_r$相同，说明点电荷$q_2$受到点电荷$q_1$的作用力为斥力；当两个点电荷为异号时，$\boldsymbol{F}$的方向与$\boldsymbol{e}_r$相反，说明点电荷$q_2$受到点电荷$q_1$的作用力为吸引力。两个静止的点电荷之间的作用力符合牛顿第三定律，同样q_1受到q_2的作用力。矢量形式仍为式(6-1)，只是单位矢$\boldsymbol{e}_r$由施力体q_2指向受力体q_1。

在国际单位制(SI)中，电量q的单位为C(库仑)，距离r的单位为m(米)，作用力F的单位为N(牛顿)，实验测定比例常量k的数值和单位为

$$k=8.988\,0\times10^9\ \mathrm{N\cdot m^2\cdot C^{-2}}\approx9\times10^9\ \mathrm{N\cdot m^2\cdot C^{-2}}$$

如果引入另一个物理常数ε_0代替常数k，可有

$$k=\frac{1}{4\pi\varepsilon_0}$$

于是真空的库仑定律可写成

$$\boldsymbol{F}=\frac{1}{4\pi\varepsilon_0}\frac{q_1q_2}{r^2}\boldsymbol{e}_r \tag{6-2}$$

其中，常数ε_0称为真空中的电容率或真空中的介电常量。在国际单位制中，它的数值和单位为

$$\varepsilon_0=8.85\times10^{-12}\mathrm{C^2\cdot N^{-1}\cdot m^{-2}}$$

库仑定律只考虑到两个点电荷之间的作用，当有两个以上即多个点电荷存在时，实验可得，两个点电荷之间的作用力不会因为有第三个点电

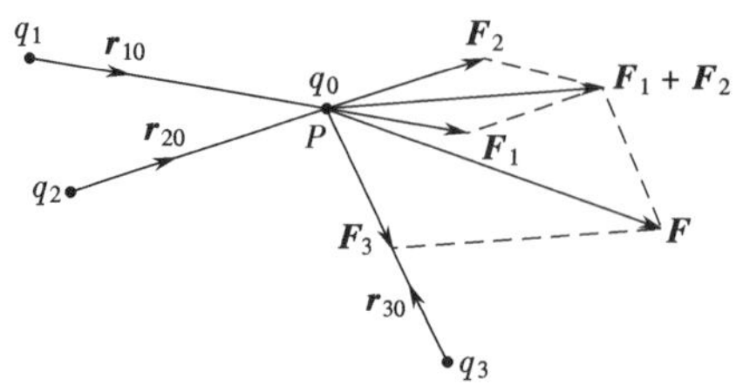

图 6-2 库仑力的叠加原理

荷的存在而改变。因此，在电荷系统中，一个点电荷所受到的作用力等于其他各点电荷单独对该点电荷作用力的矢量和，这一结论称为**库仑力的叠加原理**，也称为静电场力的叠加原理，如图 6-2 所示。设有 n 个点电荷分别为 q_1、q_2……q_n，与 q_0构成点电荷系，在 P 点的点电荷 q_0受到的作用力，根据库仑力叠加原理，写成矢量式为

$$\boldsymbol{F}=\boldsymbol{F}_1+\boldsymbol{F}_2+\cdots+\boldsymbol{F}_n=\sum_{i=1}^{n}\boldsymbol{F}_i$$

或

$$\boldsymbol{F}=\sum_{i=1}^{n}\frac{1}{4\pi\varepsilon_0}\frac{q_iq_0}{r_i^2}\boldsymbol{e}_{ir} \tag{6-3}$$

单位矢 $\boldsymbol{e}_{ir}$由施力体 q_i 指向受力体 q_0。

6.3 静电场和电场强度

静电场是相对于观察者静止的电荷激发的场，它的空间分布不随时间变化。它是电荷与电荷相互传递作用力的媒介。没有直接接触的两个点电荷之间有库仑力的作用，它们之间的作用力是通过电场实现的。就是说每个电荷都要在自己的周围激发电场，电荷是通过电场对其他电荷产生作用力。这就像一个人拉小车一样，人力是通过绳子对小车产生作用力。而电荷之间是通过电场（类似于人力拉车的绳子）这种传递力的媒介实施作用力。电荷与电荷之间的作用可表示为下面的一种关系：

电荷 q_1⇔电场⇔电荷 q_2

电荷之间的库仑力是通过电场实现的，所以库仑力又称为静电场力。任何静止电荷都会激发静电场，激发电场的电荷 q 称为场源电荷。设电荷 q 的电场中有一点电荷 q_0，q_0在电场中所受的电场力为 $\boldsymbol{F}$，则把 q_0称为场点电荷。实验表明：q_0在电场中一定点所受到的电场力与 q_0成正比，即 $\boldsymbol{F}/q_0$为一常矢量，或者说 $\boldsymbol{F}/q_0$ 只取决于场源电荷与场点的位置，与场点电荷 q_0的电量无关。q_0只是起到检验电场的作用，因此 q_0被称为试验电荷。电场中一定点的**电场强度**等于单位试验正电荷在该点受到的电场力。电场强度用 $\boldsymbol{E}$ 来表示，其定义式为

$$\boldsymbol{E}=\frac{\boldsymbol{F}}{q_0} \tag{6-4}$$

为检测出场点近似真实的电场强度,必须令 q_0 的电量足够小,小到它激发的电场不影响被检测场的分布。电场强度的单位是牛顿/库仑,符号为 $N\cdot C^{-1}$。

研究电场强度主要是为了分析电荷在电场中所受的作用力。而电场强度是用单位正电荷在场点所受的电场力来定义,同时电场强度是场源电荷的一个特有物理量,与场点电荷没有关系。

6.4 电场强度的计算

电荷按其形状和电荷分布有多种类型,通常把这些电荷分为点电荷、由两个以上点电荷组成的点电荷系统和连续带电体。其电荷的分布决定了电场的分布。

6.4.1 点电荷的电场

设有一静止的点电荷 q,距它为 r 的 P 点有一试验电荷 q_0,根据库仑定律可写出作用于 q_0 上的电场力为

$$\boldsymbol{F}=\frac{1}{4\pi\varepsilon_0}\frac{qq_0}{r^2}\mathbf{e}_r$$

根据电场强度的定义式(6-4)可求出点电荷 q 在 P 点产生的电场强度为

$$\boldsymbol{E}=\frac{1}{4\pi\varepsilon_0}\frac{q}{r^2}\boldsymbol{e}_r \tag{6-5}$$

其中 $\boldsymbol{e}_r$ 为自 q 指向 P 点的单位矢量。如果 q 是正电荷,$\boldsymbol{E}$ 与 $\boldsymbol{e}_r$ 同方向,即背离 q;如果 q 是负电荷,$\boldsymbol{E}$ 与 $\boldsymbol{e}_r$ 反方向,即指向 q,如图 6-3 所示。式(6-5)是点电荷场强的矢量式,有时把电场强度的大小求出来,再说明方向。点电荷 q 在 P 点产生的电场强度的大小为

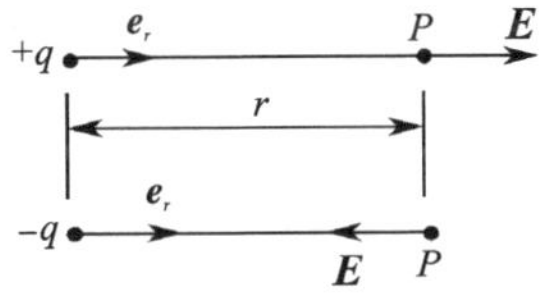

图 6-3 点电荷的电场

$$E=\frac{1}{4\pi\varepsilon_0}\frac{q}{r^2}$$

一个点电荷激发的电场是求解其他电荷电场的基础,点电荷系和连续带电体激发的电场,都是从点电荷电场出发来求。

6.4.2 场强的叠加原理和点电荷系的场强

把试验电荷 q_0 放到由 n 个点电荷所激发的电场中,根据静电力的叠加原理,由式(6-3)可知

$$\boldsymbol{F}=\sum_{i=1}^{n}\frac{1}{4\pi\varepsilon_0}\frac{q_iq_0}{r_i^2}\boldsymbol{e}_{ir}$$

上式是 n 个点电荷对 P 点的点电荷 q_0 产生的静电力的矢量和。这里点电荷 q_0 是试验电荷，根据电场强度的定义式(6-4)可求出点电荷系电场中 P 点的场强

$$\boldsymbol{E}=\sum_{i=1}^{n}\frac{1}{4\pi\varepsilon_0}\frac{q_i}{r_i^2}\boldsymbol{e}_{ir} \tag{6-6}$$

上式表明，电场中 P 点的电场强度等于各个点电荷在该点激发的电场强度的矢量和，这一结论称为**场强的叠加原理**。场强的叠加原理为计算点电荷系的场强提供了理论公式。

计算点电荷系激发的电场强度，一般的步骤是：①视点电荷系的分布情况建立合适的坐标系，例如直角坐标系；②求出每个点电荷电场在每个方向上的分量值；③求点电荷系中每个点电荷的电场相同方向分量的代数和，即该方向总的电场强度；④求电场强度的矢量和，即电场强度的大小和方向。

6.4.3 电偶极子

电偶极子是静电学里经常提到的一个点电荷系模型，它是由一对电量相等、符号相反的点电荷($+q$ 和 $-q$)组成，相距为 l，l 远小于电偶极子中心到场点的距离，这一点电荷系统称为**电偶极子**。连接两电荷的直线称为电偶极子的偶极轴。偶极轴是有方向的矢量，其方向从负电荷指向正电荷，用 $\boldsymbol{l}$ 表示。电量 q 与矢量 $\boldsymbol{l}$ 的乘积定义为电偶极矩矢量(简称电矩)，用 $\boldsymbol{p}_e$ 表示

$$\boldsymbol{p}_e=q\boldsymbol{l} \tag{6-7}$$

在研究电介质的极化、电磁波的发射和吸收以及中性分子之间的相互作用等问题时都要用到电偶极子的概念。静止的电偶极子周围存在着静电场。

例题 6.1 求电偶极子中垂线上和电偶极子延长线上的电场强度。

解：(1)求电偶极子中垂线上的电场强度。

如图 6-4(a)所示，点电荷 $+q$ 和 $-q$ 在 A 点产生的场强大小为 E_+ 和 E_-，设 A 点距 O 点的距离为 y，可得

$$E_+=E_-=\frac{1}{4\pi\varepsilon_0}\cdot\frac{q}{y^2+\left(\frac{l}{2}\right)^2}$$

$$\boldsymbol{E}=\boldsymbol{E}_++\boldsymbol{E}_-$$

分别求出

$$E_y=E_+\sin\theta-E_-\sin\theta=0$$

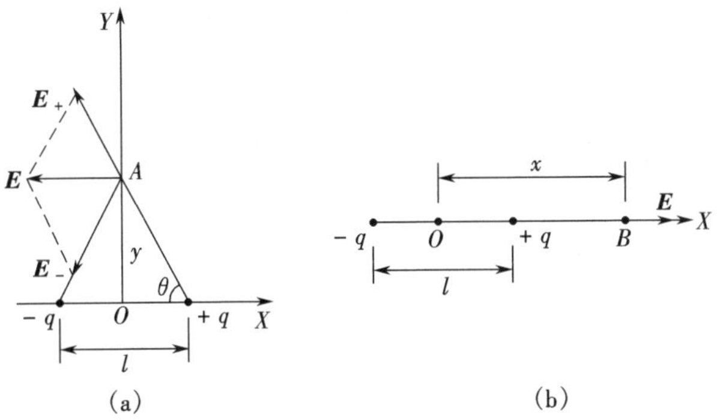

图 6-4 例题 6.1 图

$$E_x = -E_+\cos\theta - E_-\cos\theta = -2E_+\cos\theta$$

$$\cos\theta = \frac{\frac{l}{2}}{\sqrt{y^2+\left(\frac{l}{2}\right)^2}}$$

$$E_x = -\frac{1}{4\pi\varepsilon_0}\cdot\frac{q}{y^2+\left(\frac{l}{2}\right)^2}\cdot\frac{\frac{l}{2}}{\sqrt{y^2+\left(\frac{l}{2}\right)^2}}\times 2$$

$$= -\frac{1}{4\pi\varepsilon_0}\cdot\frac{ql}{\left[y^2+\left(\frac{l}{2}\right)^2\right]^{3/2}}$$

$$E = \sqrt{E_y^2+E_x^2} = E_x$$

写成矢量形式为

$$\boldsymbol{E} = -\frac{1}{4\pi\varepsilon_0}\cdot\frac{ql}{\left[y^2+\left(\frac{l}{2}\right)^2\right]^{3/2}}\boldsymbol{i}$$

用电偶极矩表示为

$$\boldsymbol{E} = -\frac{1}{4\pi\varepsilon_0}\cdot\frac{\boldsymbol{p}}{\left[y^2+\left(\frac{l}{2}\right)^2\right]^{3/2}}\boldsymbol{i}$$

因为 $l \ll y$,所以上式可近似为

$$\boldsymbol{E} = -\frac{1}{4\pi\varepsilon_0}\cdot\frac{\boldsymbol{p}}{y^3} \qquad (6\text{-}8)$$

(2)求电偶极子延长线上的电场强度。

如图 6-4(b)所示,取偶极轴中点为坐标原点 O,沿偶极轴为 X 轴方向,在 X 轴上设场点 B 距原点为 x,则 $+q$ 和 $-q$ 在 B 点产生的场强大小为

$$E_+ = \frac{1}{4\pi\varepsilon_0} \cdot \frac{q}{\left(x - \frac{l}{2}\right)^2} \quad (\text{方向为} X \text{轴正方向})$$

$$E_- = \frac{1}{4\pi\varepsilon_0} \cdot \frac{q}{\left(x + \frac{l}{2}\right)^2} \quad (\text{方向为} X \text{轴负方向})$$

电偶极子在 B 点产生的合场强为

$$\begin{aligned} E &= E_x = E_+ - E_- \\ &= \frac{q}{4\pi\varepsilon_0}\left[\frac{1}{\left(x - \frac{l}{2}\right)^2} - \frac{1}{\left(x + \frac{l}{2}\right)^2}\right] \\ &= \frac{q}{4\pi\varepsilon_0} \cdot \frac{2xl}{(x^2 - l^2/4)^2} \end{aligned}$$

因为 $x \gg l$，上式中$(x^2 - l^2/4) \approx x^2$，于是上式可写成

$$E = \frac{1}{4\pi\varepsilon_0} \cdot \frac{2ql}{x^3} \quad (\text{方向为} X \text{轴正方向})$$

写成矢量式为

$$\boldsymbol{E} = \frac{1}{4\pi\varepsilon_0} \cdot \frac{2ql}{x^3}\boldsymbol{i}$$

用电偶极矩表示为

$$\boldsymbol{E} = \frac{1}{4\pi\varepsilon_0} \cdot \frac{2\boldsymbol{p}}{x^3} \tag{6-9}$$

从以上结果可以看出：在电偶极子中垂线上任一点 A 处的电场强度大小与电偶极矩大小成正比，与电偶极子中点到 A 点的距离 y 的 3 次方成反比，电场强度的方向与电偶极矩的方向相反；在电偶极子延长线上任一点 B 处的电场强度大小与电偶极矩大小成正比，与电偶极子中点到 B 点的距离 x 的 3 次方成反比，电场强度的方向与电偶极矩的方向相同。因此，在距离相等的情况下，电偶极子的场强比点电荷的场强要小得多。

6.4.4 连续分布电荷的场强

如果电荷是连续分布的，可以先把电荷分为很多个无限小的电荷元 $\mathrm{d}q$，而每个电荷元都可以当作点电荷处理。设其中一个电荷元 $\mathrm{d}q$ 在 P 点产生的场强为 $\mathrm{d}\boldsymbol{E}$，由式(6-5)可得

$$\mathrm{d}\boldsymbol{E} = \frac{1}{4\pi\varepsilon_0} \cdot \frac{\mathrm{d}q}{r^2}\boldsymbol{e}_r \tag{6-10}$$

式中：$\boldsymbol{e}_r$ 为电荷元 $\mathrm{d}q$ 指向 P 点的单位矢量；r 为电荷元 $\mathrm{d}q$ 到 P 点的距离。

对所有电荷在 P 点产生的电场强度求矢量和，即为该点的电场强度矢量 $\boldsymbol{E}$。其表示式为

$$\boldsymbol{E}=\int \mathrm{d}\boldsymbol{E}=\int \frac{\mathrm{d}q}{4\pi\varepsilon_0 r^2}\boldsymbol{e}_r \tag{6-11}$$

在实际问题中，常把场强放到三维直角坐标系中研究，求解时先把 d$\boldsymbol{E}$ 在直角坐标系中的三个分量求出来，沿各个方向场强的分量 E_x、E_y 和 E_z 可由积分求出，即

$$E_x=\int \mathrm{d}E_x, E_y=\int \mathrm{d}E_y, E_z=\int \mathrm{d}E_z$$

然后求出 $\boldsymbol{E}$ 的大小为

$$E=\sqrt{E_x^2+E_y^2+E_z^2} \tag{6-12}$$

$\boldsymbol{E}$ 的方向可用其方向余弦

$$\cos\alpha=\frac{E_x}{E}, \cos\beta=\frac{E_y}{E}, \cos\gamma=\frac{E_z}{E}$$

求出，$\boldsymbol{E}$ 与 X、Y、Z 轴之间的夹角分别是 α、β、γ。

例题 6.2　求电量为 q 的均匀带电圆环轴线上一点的电场强度。

解：如图 6-5 所示，设圆环半径为 a，带电量为 q，场点 P 在轴线上，距圆心为 x。由于对称性，在 X 轴的垂直方向上，E_y 和 E_z 都为零，只有 E_x，于是

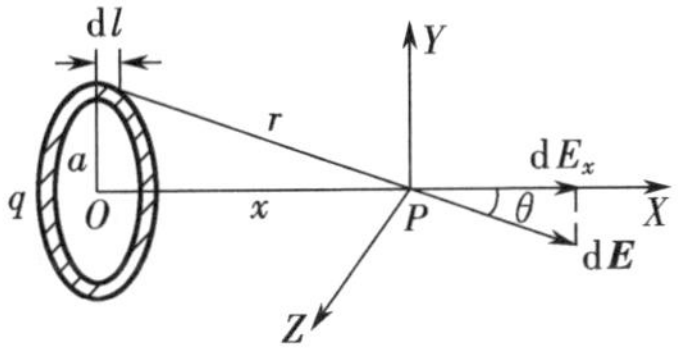

图 6-5　例题 6.2 图

$$\mathrm{d}q=\frac{q}{2\pi a}\mathrm{d}l$$

$$\mathrm{d}E=\frac{1}{4\pi\varepsilon_0}\frac{\mathrm{d}q}{r^2}$$

方向如图所示。

$$\mathrm{d}E_x=\mathrm{d}E\cos\theta$$

$$\begin{aligned}E_x&=\int_L \mathrm{d}E\cos\theta=\int_L\frac{1}{4\pi\varepsilon_0}\cdot\frac{\mathrm{d}q}{r^2}\cos\theta\\&=\int_L\frac{1}{4\pi\varepsilon_0}\frac{x}{(x^2+a^2)^{3/2}}\cdot\frac{q}{2\pi a}\mathrm{d}l\\&=\frac{1}{4\pi\varepsilon_0}\cdot\frac{x}{(x^2+a^2)^{3/2}}\cdot\frac{q}{2\pi a}\int_L\mathrm{d}l\end{aligned}$$

$$\int_L \mathrm{d}l=2\pi a$$

则

$$E_x=\frac{1}{4\pi\varepsilon_0}\cdot\frac{x}{(x^2+a^2)^{3/2}}q$$

$x\gg a$ 时

$$E_x=\frac{1}{4\pi\varepsilon_0}\cdot\frac{q}{x^2}$$

由此可得

$$E = E_x = \frac{1}{4\pi\varepsilon_0} \cdot \frac{q}{x^2}$$

这个例题使用场强的叠加原理求连续分布电荷的场强，用这个方法还可以求解直线、圆盘、球体等形状的电荷在一定点产生的场强。

6.5 电场强度通量与高斯定理

为了更形象地描绘电场，这一节将在介绍电场线的基础上，引入电场强度通量的概念，并给出在真空中静电场的高斯定理。

6.5.1 电场线

研究电场中一点电场强度的大小与方向，希望越直观越好，电场线就是在这样的想法上提出来的，电场本来是看不见的，而电场线可以把电场形象化。

根据静电场的特性，用电场线描述静电场时，电场线具有以下两条特性。

①电场线起自正电荷，终止于负电荷；对有一个电荷产生的电场，起自于正电荷延伸到无限远或来自于无限远终止于负电荷。

②两条电场线不能相交，因为电场中一点的电场强度方向只有一个。

图 6-6 是几种典型电场的电场线分布图。

用电场线描述电场强度的大小和方向，有如下规定：取电场中垂直通过单位面积电场线的条数（或密度）为该点电场强度的大小；取电场线在该点的切线方向为电场方向。如果在电场中取一小面积元矢量 d$\boldsymbol{S}$ 表示面元的大小和取向，d$\boldsymbol{S}$ 在 $\boldsymbol{E}$ 垂直方向的投影为 $\mathrm{d}S_\perp$，垂直通过 d$\boldsymbol{S}$ 的电场线条数 $\mathrm{d}\Phi_e$（也可以用 dN 表示）与该点电场强度 $\boldsymbol{E}$ 的大小之间的关系为

$$\mathrm{d}\Phi_e = E\mathrm{d}S_\perp$$

或

$$E = \frac{\mathrm{d}\Phi_e}{\mathrm{d}S_\perp} \tag{6-13}$$

以后研究电场强度大小时也可以用$\frac{\mathrm{d}\Phi_e}{\mathrm{d}S_\perp}$来描述。如图 6-6(f) 所示为中间部分的电场，电场强度大小处处相等并且方向相同，用电场线描述为电场线的密度处处相等并且都是方向相同的一系列直线，这种电场称为**匀强电场**。

6.5.2 电场强度通量

把通过电场中一定面积的电场线数称为电场强度通量简称电通量，

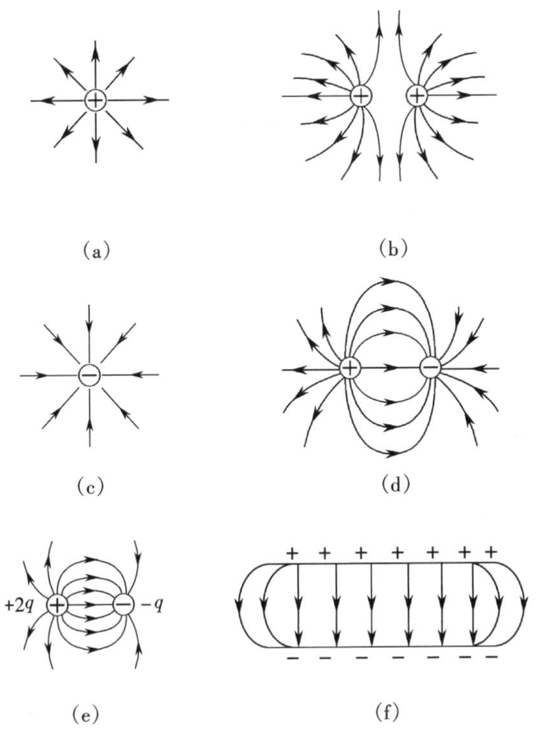

图6-6 几种典型电场的电场线分布图

用 Φ_e 表示，其单位为“$N\cdot m^2\cdot C^{-1}$”。

计算电通量通常有下列三种情况。

①匀强电场垂直通过一平面，如图6-7(a)所示，通过这一平面 S 的电通量为

$$\Phi_e = ES \tag{6-14a}$$

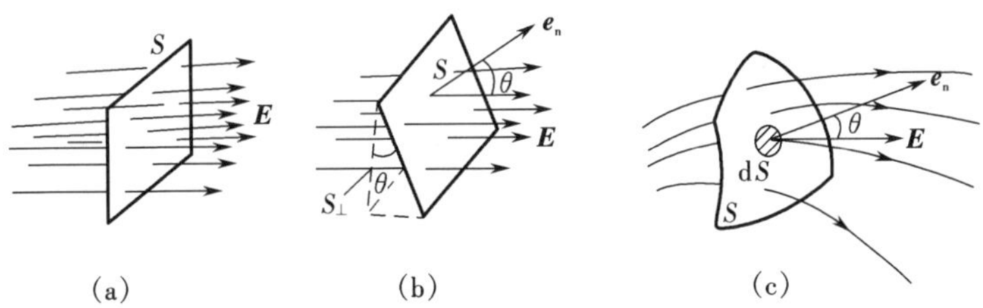

图6-7 电场强度通量

②匀强电场 $\boldsymbol{E}$ 与平面 $\boldsymbol{S}$ 的法线 $\boldsymbol{e}_n$ 成 θ 角，如图6-7(b)所示，则通过此平面的电通量为

$$\Phi_e = ES\cos\theta = E_nS$$

因为

$$\boldsymbol{S}=S\boldsymbol{e}_n$$

所以

$$\Phi_e=\boldsymbol{E}\cdot\boldsymbol{S} \tag{6-14b}$$

其中，$E_n=E\cos\theta$，为 $\boldsymbol{E}$ 通过 S 平面的垂直分量；Φ_e 是标量，其正负可由 θ 角决定。

③一般情况，如图 6-7(c)所示，计算电通量时在曲面上先取一面积元矢量 $\mathrm{d}\boldsymbol{S}$（大小等于 $\mathrm{d}S$，方向为该面积元的外法线方向 $\boldsymbol{e}_n$），求得通过 $\mathrm{d}S$ 的电通量为

$$\mathrm{d}\Phi_e=\boldsymbol{E}\cdot\mathrm{d}\boldsymbol{S}=E\cos\theta\mathrm{d}S$$

则通过曲面 S 的电通量

$$\Phi_e=\int\mathrm{d}\Phi_e=\int_S E\cos\theta\mathrm{d}S=\int_S\boldsymbol{E}\cdot\mathrm{d}\boldsymbol{S} \tag{6-14c}$$

式中“$\int_S$”表示对整个曲面进行积分。

如果曲面是一个闭合面，则通过这个闭合曲面的电通量利用式(6-14c)可写成为

$$\Phi_e=\oint_S E\cos\theta\mathrm{d}S=\oint_S\boldsymbol{E}\cdot\mathrm{d}\boldsymbol{S} \tag{6-15}$$

对通过闭合曲面的电通量 Φ_e，用闭曲面里电荷代数和或称为净电荷来说明，一般有下列三种情况。

①闭合曲面内有 $+q$（净电荷为正），因为电场线起自正电荷，终止于负电荷或无限远，所以电场线都是穿出的，这种情况 $\Phi_e>0$。

②闭合曲面内有 $-q$（净电荷为负），电场线都是穿入的，这种情况 $\Phi_e<0$。

③闭合曲面内没有电荷（净电荷为零），如果有电场线穿过闭合曲面，则电场线穿入的等于穿出的，这种情况 $\Phi_e=0$。

6.5.3 高斯定理

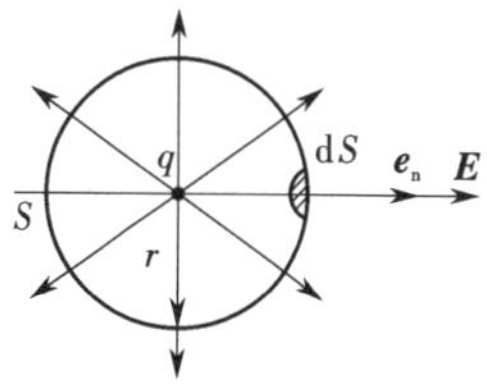

图 6-8 球心处点电荷通过球面的电通量

电场线可以形象地描绘电荷所产生的电场。对一定量的电荷，通过一给定闭合曲面的电通量或者说 $\boldsymbol{E}$ 对包围电荷的闭合曲面积分也应该是一定的，这两者之间必然有确定的关系。为引入高斯定理，设点电荷 q 放在闭合球面球心处，如图 6-8 所示，求通过球面闭合面的电通量 Φ_e。由点电荷场强式(6-5)和式(6-15)可得

$$\Phi_e=\oint_S\boldsymbol{E}\cdot\mathrm{d}\boldsymbol{S}=\oint_S E\cos\theta\mathrm{d}S=\oint_S\frac{q}{4\pi\varepsilon_0 r^2}\mathrm{d}S$$

$$=\frac{q}{4\pi\varepsilon_0 r^2}\oint_S \mathrm{d}S=\frac{q}{4\pi\varepsilon_0 r^2}4\pi r^2=\frac{q}{\varepsilon_0}$$

或写成

$$\oint_S \boldsymbol{E}\cdot\mathrm{d}\boldsymbol{S}=\frac{q}{\varepsilon_0}$$

这个结果说明，通过此球面的电通量或者说电场线条数是$\frac{q}{\varepsilon_0}$，即电通量与电荷在闭合球面里所在的位置和电荷的形状无关。不难分析（也可以证明）：如果是任意闭合曲面，通过的电通量依然是$\frac{q}{\varepsilon_0}$，如果闭合曲面里包围有若干个点电荷，则通过闭合曲面的电通量应该是$\sum\limits_{S_内}\frac{q_i}{\varepsilon_0}$。

经过推证可得出结论：在真空中，通过任意闭合曲面的电场强度通量，等于该曲面所包围的所有电荷代数和除以 ε_0。这一表述称为真空中静电场的**高斯定理**。其数学表达式为

$$\Phi_e=\oint_S \boldsymbol{E}\cdot\mathrm{d}\boldsymbol{S}=\frac{1}{\varepsilon_0}\sum_{S_内} q_i$$

或写成

$$\oint_S \boldsymbol{E}\cdot\mathrm{d}\boldsymbol{S}=\frac{1}{\varepsilon_0}\sum_{S_内} q_i \tag{6-16}$$

对于高斯定理的理解，应该考虑以下三点。

①在真空中，任何形状电荷产生的电场对任何形状的闭合曲面都普遍成立。

②$\sum\limits_{S_内} q_i$ 只是闭合面内的电荷代数和，即只有闭合面内的电荷对闭合面的总电通量有贡献。当闭合面外的电荷分布或电量改变时，闭合面上各点的场强以及各面元的电通量都会改变，但只要闭合面内的电量代数和不变，闭合面的总电通量就不会改变。这里说的闭合面通常也称为**高斯面**。

③高斯定理说明静电场是有源场。

6.5.4 应用高斯定理求场强

在高斯定理中，场强 $\boldsymbol{E}$ 是被积函数，如果高斯面上各点的 $\boldsymbol{E}$、$\cos\theta$ 都是常量，或者高斯面可以分成几个有限区域并且在各自区域面上符合 $\boldsymbol{E}$、$\cos\theta$ 都是常量或等于零时，$\boldsymbol{E}$ 可以从积分号里提出来，经过这样的数学处理，就可以求出该面上 $\boldsymbol{E}$ 的大小。下面用三个例子来说明如何用高斯定理求场强。

例题 6.3 求带电量为 q、半径为 R 的均匀带电球壳产生的电场强

度。

解:由于电荷球对称分布,所以 $\boldsymbol{E}$ 的分布也是球对称的。在电场中任意一点的电场强度 $\boldsymbol{E}$ 的方向都会沿矢径方向,同一半径球面上的电场强度 $\boldsymbol{E}$ 大小相等,并且 $\boldsymbol{E}$ 与球面上各处的 $\mathrm{d}\boldsymbol{S}$ 方向相同,即 θ 为0,如图6-9所示。

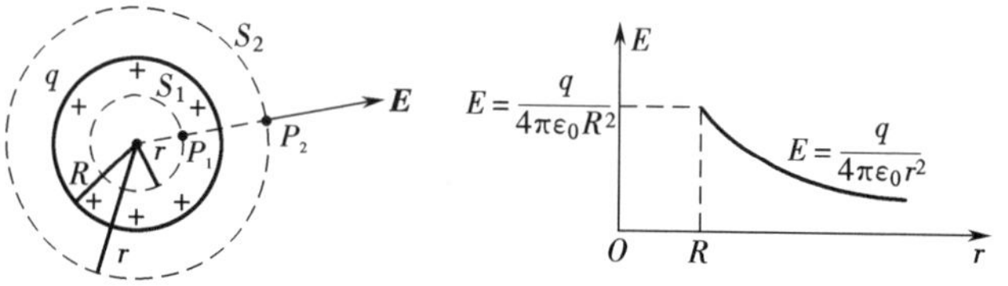

图6-9 例题6.3图

①求 $r<R$ 的 P_1 点的电场强度。

在均匀带电球面内作一个过 P_1 点的球形高斯面 S_1,这个高斯面里没有包围电荷,即 $\sum\limits_{S_1内} q_i=0$,由高斯定理可得

$$\oint_{S_1} \boldsymbol{E}\cdot \mathrm{d}\boldsymbol{S}=E4\pi r^2=0$$

所以

$$E=0 \quad (r<R) \tag{6-17a}$$

以上结果表明,均匀带电球壳内部的电场强度为零。

②求 $r>R$ 的 P_2 点的电场强度。

同理在均匀带电球面外作一个过 P_2 点的球形高斯面 S_2,这个高斯面里包围的电荷为 $\sum\limits_{S_2内} q_i=q$,由高斯定理可得

$$\oint_{S} \boldsymbol{E}\cdot \mathrm{d}\boldsymbol{S}=E4\pi r^2=\frac{q}{\varepsilon_0}$$

于是均匀带电球面外一点的电场强度为

$$E=\frac{1}{4\pi\varepsilon_0}\frac{q}{r^2} \qquad (r>R) \tag{6-17b}$$

写成矢量形式为

$$\boldsymbol{E}=\frac{1}{4\pi\varepsilon_0}\frac{q}{r^2}\boldsymbol{e}_r \quad (r>R)$$

由以上结果作出的 E—r 曲线如图6-9所示,球壳外 E 与 r^2 成反比,球壳内 $E=0$。

例题6.4 求无限长均匀带电直线外的电场强度。已知带电直线上电荷线密度为 λ,场点距带电直线距离为 r。

解:由于带电直线无限长并且电荷均匀分布,所以产生的电场强度 $\boldsymbol{E}$ 沿垂直于该直线的径矢方向,在距该直线等半径的圆周上 $\boldsymbol{E}$ 的大小相

等,也就是说无限长带电直线产生的电场是轴对称分布的。根据电场分布的这个特点,应用高斯定理求解电场强度应该作如图6-10所示的圆柱形闭合高斯面。设圆柱面以带电直线为轴线,半径 r 过场点,圆柱面高 h。于是有

$$\oint_S \boldsymbol{E}\cdot d\boldsymbol{S} = \oint_{S_1} \boldsymbol{E}\cdot d\boldsymbol{S} + \oint_{S_2} \boldsymbol{E}\cdot d\boldsymbol{S} + \oint_{S_3} \boldsymbol{E}\cdot d\boldsymbol{S}$$

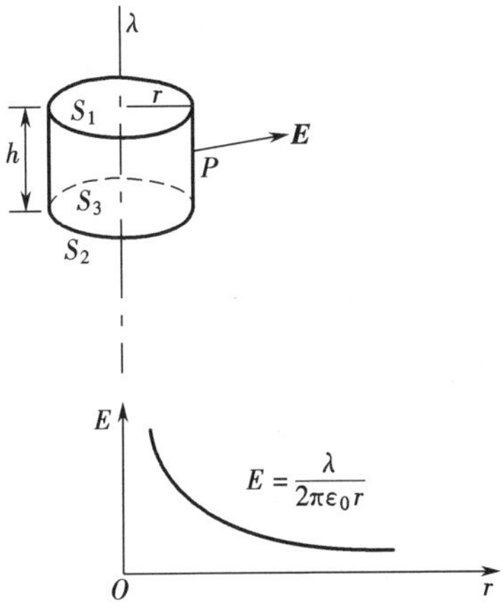

图6-10 例题6.4图

因为高斯面的上底面 S_1 和下底面 S_2 都与电场方向垂直,所以

$$\int_{S_1} \boldsymbol{E}\cdot d\boldsymbol{S} = \int_{S_2} \boldsymbol{E}\cdot d\boldsymbol{S} = 0$$

在圆柱面 S_3 面上,任一点的 $\boldsymbol{E}$ 与该点面积元的外法线方向一致,所以有

$$\oint_S \boldsymbol{E}\cdot d\boldsymbol{S} = \int_{S_3} \boldsymbol{E}\cdot d\boldsymbol{S} = \int_{S_3} \boldsymbol{E} dS\cos 0 = E\int_{S_3} dS = ES_3 = E2\pi rh$$

高斯面内包围的电荷

$$\sum_{S内} q_i = \lambda h$$

根据高斯定理式(6-16)有

$$E2\pi r = \frac{\lambda h}{\varepsilon_0}$$

可得无线长带电直线外的场强为

$$E = \frac{\lambda}{2\pi\varepsilon_0 r} \tag{6-18}$$

由以上结果作出的 $E—r$ 曲线如图6-10所示,电场强度大小 E 与 r 成反比。

例题 6.5 求无限大均匀带电平面产生的场强。已知均匀带电平面电荷面密度为 σ。

解: 由于无限大均匀带电平面产生的电场呈面对称均匀分布,并且都垂直于带电平面,如图6-11(a)所

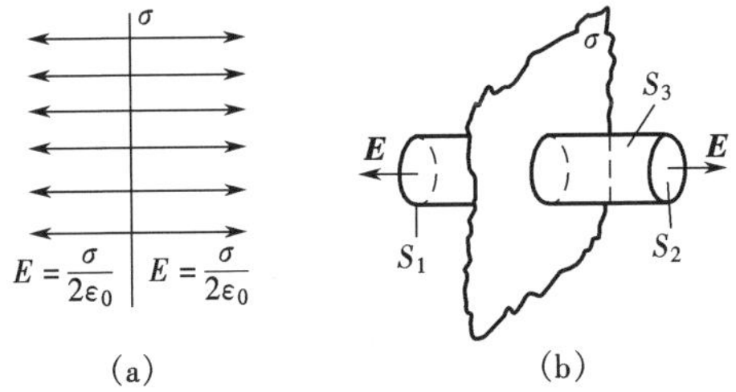

图6-11 例图6.5图

示。根据电场分布的这一特点，应用高斯定理求解电场强度应该作如图6-11(b)所示的圆柱形闭合高斯面。其闭合曲面积分为

$$\oint_S \boldsymbol{E}\cdot d\boldsymbol{S} = \int_{S_1} \boldsymbol{E}\cdot d\boldsymbol{S} + \int_{S_2} \boldsymbol{E}\cdot d\boldsymbol{S} + \int_{S_3} \boldsymbol{E}\cdot d\boldsymbol{S}$$

因为圆柱面侧面 S_3 任意点的面积元外法线方向都与 $\boldsymbol{E}$ 方向垂直，可得

$$\int_{S_3} \boldsymbol{E}\cdot d\boldsymbol{S} = 0$$

两个底面 S_1 和 S_2 的外法线方向都与 $\boldsymbol{E}$ 方向相同，同时 $S_1 = S_2$，于是可得

$$\int_{S_1} \boldsymbol{E}\cdot d\boldsymbol{S} + \int_{S_2} \boldsymbol{E}\cdot d\boldsymbol{S} = ES_1 + ES_2 = 2ES_1$$

高斯面里包围的电荷为

$$\sum_{S_{内}} q_i = \sigma S_1$$

根据高斯定理式(6-16)有

$$2ES_1 = \frac{\sum\limits_{S_{内}} q_i}{\varepsilon_0} = \frac{\sigma S_1}{\varepsilon_0}$$

由上式可得无限大均匀带电平面产生的电场强度大小为

$$E = \frac{\sigma}{2\varepsilon_0} \tag{6-19}$$

方向如图6-11(a)所示。

不难看出，在无限大均匀带电平面一侧，电场强度的大小和方向都相同，这种电场称为**匀强电场**。

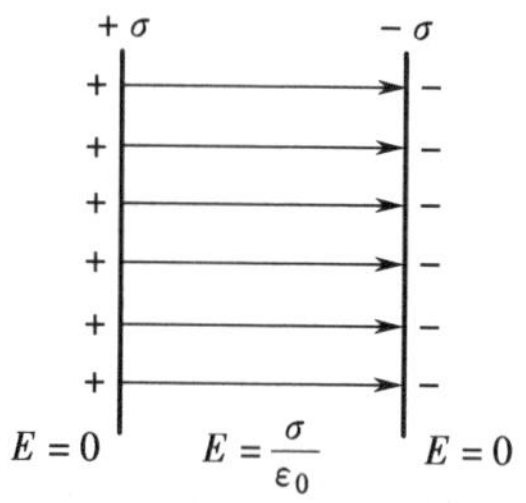

图6-12 匀强电场

同样还可以求得，两个带等量异号电荷的无限大均匀带电平面，电荷面密度分别为 $+\sigma$ 和 $-\sigma$，平行放置，如图6-12所示，两平面之间的电场强度大小为

$$E = \frac{\sigma}{\varepsilon_0} \tag{6-20}$$

方向由带正电荷的平面指向带负电荷的平面。实际应用中常用这种方法来获得匀强电场。

应用高斯定理求解电场强度一般要掌握以下几个步骤：

①分析带电体的电场分布，一般只有轴对称、球对称和面对称的场，然后考虑用高斯定理求电场强度；

②根据电场分布的对称性作出合适的高斯面，要求在高斯面上或部分高斯面上电场强度的大小要相同，这样便于把 E 作为常量从积分号里提出来；

③分别把高斯定理式(6-16)等号两边的结果求出来，经过整理求出

E 的大小，并说明电场强度的方向。

用高斯定理求解具有一定对称性的电场很方便，它也是求解电场强度的一种方法，但需要说明的是，不是所有的电场都可以用这个方法求解，一般只在求解具有轴对称、球对称和面对称的场时使用。

6.6 静电场力的功　电势

在静电场中，电荷发生位移时，电场力对它做功，这说明静电场具有能量。本节将用功能转换的方式进一步讨论静电场的性质。

6.6.1 静电场力做功的特点

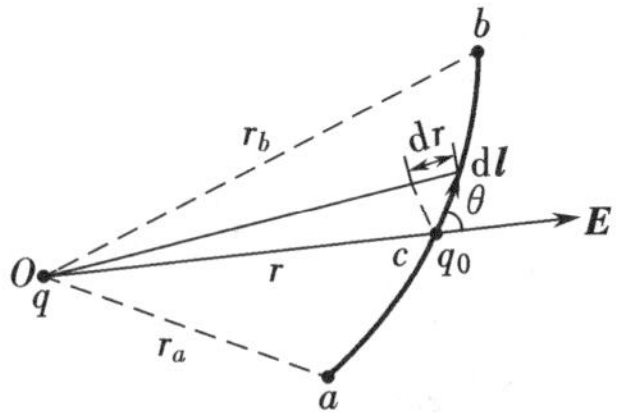

图 6-13　电场力所做的功

设有场源电荷 q 产生静电场，把试验电荷 q_0 置入电场中，将受到电场力的作用，移动 q_0 时电场力做功。如图 6-13 所示，设试验电荷 q_0 的位移元是 d$\boldsymbol{l}$，则电场力所做的元功为

$$\mathrm{d}W = \boldsymbol{F}\cdot\mathrm{d}\boldsymbol{l} = q_0 E\cdot\mathrm{d}\boldsymbol{l} = q_0 \boldsymbol{E}\mathrm{d}l\cos\theta$$

这里

$$E = \frac{q}{4\pi\varepsilon_0 r^2}$$

$$\mathrm{d}l\cos\theta = \mathrm{d}r$$

所以

$$\mathrm{d}W = q_0 E\mathrm{d}l\cos\theta = \frac{q_0 q}{4\pi\varepsilon_0 r^2}\mathrm{d}r$$

当试验电荷在电场力的作用下从 a 点沿任意路径移动到 b 点时，电场力所做的功为

$$W = \int_a^b \mathrm{d}W = \int_{r_a}^{r_b} \frac{q_0 q}{4\pi\varepsilon_0 r^2}\mathrm{d}r = \frac{q_0 q}{4\pi\varepsilon_0}\left(\frac{1}{r_a} - \frac{1}{r_b}\right) \qquad (6\text{-}21)$$

上式表明，在点电荷 q 的电场中，试验电荷 q_0 沿任意路径移动时，静电场力对它做的功只与其移动路径的起点和终点位置以及试验电荷 q_0 有关，而与它在电场中移动的路径无关。这一特性说明**静电场是保守力场**。

可以证明，静止的点电荷系和电荷连续分布带电体的电场依然是静电场，同样可以得出上述结论。

静电场的保守性还可以用另一种方式表示。如图 6-14 所示，在静电场中作一任意闭合路径 L，考虑场强 E 沿此闭合路径的线积分，在 L 上取任意两点 a 和 b，它们把 L 分成 L_1 和 L_2 两段，因此，沿 L 环路场强的线积

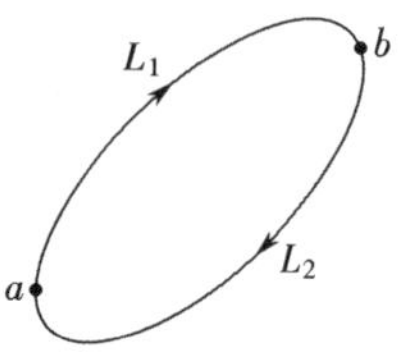

图 6-14 静电场的环路定理

分为

$$W = q_0\oint_L \boldsymbol{E}\cdot d\boldsymbol{l}$$
$$= q_0\int_{a(L_1)}^{b} \boldsymbol{E}\cdot d\boldsymbol{l} + q_0\int_{b(L_2)}^{a} \boldsymbol{E}\cdot d\boldsymbol{l} = 0$$

即

$$q_0\oint_L \boldsymbol{E}\cdot d\boldsymbol{l} = 0$$

由于 q_0 不为零，所以满足上式的条件是

$$\oint_L \boldsymbol{E}\cdot d\boldsymbol{l} = 0 \tag{6-22}$$

上式表明，在静电场中，场强沿任意闭合路径的线积分等于零。这是静电场保守性的数学表达，称为**静电场的环路定理**。它与高斯定理一样，也是表述静电场性质的一个重要定理。这一特性还说明，静电场力与重力、弹性力一样也是保守力。

6.6.2 电势能

静电场是保守力场。在重力场中物体有重力势能，类似于重力势能，在静电场中引入电荷与位置有关的能量，这种能量称为**电势能**。电荷在电场中的一定位置上就有一定的电势能，电势能属于电荷与电场系统的。如果电势能用 E_P 表示（按照物理学符号国家标准，电势能用 E_P 表示，电场强度用 E 表示），试验电荷 q_0 在 a 点和 b 点的电势能分别用 E_{Pa} 和 E_{Pb} 表示，静电场力把试验电荷 q_0 从 a 点移动到 b 点，静电场力所做的功为

$$W_{ab} = E_{Pa} - E_{Pb} = -(E_{Pb} - E_{Pa}) = -\Delta E_P$$

或写成

$$q_0\int_a^b \boldsymbol{E}\cdot d\boldsymbol{l} = E_{Pa} - E_{Pb}$$

在国际单位制中，电势能的单位是焦耳，符号为 J。

电势能和重力势能一样，也是个相对量。若选取 b 点为电势能零点，即 $E_{Pb}=0$，则有

$$W_a = E_{Pa} = q_0\int_a^b \boldsymbol{E}\cdot d\boldsymbol{l} \quad (E_{Pb}=0) \tag{6-23}$$

上式表明，试验电荷 q_0 在电场中某点的电势能，在数值上等于把它从该点移至电势能零点处静电场力所做的功。

6.6.2 电势 电势差

由式(6-23)可知，电荷 q_0 在电场中某点 a 的电势能与 q_0 的大小成正比，比值 $\dfrac{W_a}{q_0}$ 与 q_0 无关，它由电场中给定点的位置以及场源电荷的分布来

确定。这一能说明电场性质的物理量用 V_a 表示,把它定义为 a 点的电势,即

$$V_a = \frac{W_a}{q_0} \tag{6-24a}$$

上式说明,静电场中某点的电势在数值上等于电场力把单位试验正电荷从该点移至电势能零点电场力所做的功。也可以换一种说法,静电场中某点的电势在数值上等于单位正电荷在该点所具有的电势能。

对有限带电体电荷,通常选无限远处为电势零点,因此,a 点的电势

$$V_a = \int_a^{\infty} \boldsymbol{E} \cdot \mathrm{d}\boldsymbol{l} \tag{6-24b}$$

电势是标量,其值可正可负。电势的单位是焦耳·库仑$^{-1}$($\mathrm{J \cdot C^{-1}}$),用符号 V 表示,即

$$1\ \mathrm{J \cdot C^{-1}} = 1\ \mathrm{V}$$

如果用 V_a 和 V_b 分别表示电场中 a、b 两点的电势,则

$$V_a - V_b = \int_a^b \boldsymbol{E} \cdot \mathrm{d}\boldsymbol{l} \tag{6-25}$$

式中:$V_a - V_b$ 称为 a、b 两点间的**电势差**,它在量值上等于电场力把单位试验正电荷从 a 点移动到 b 点所做的功。电场中电势差有确定的值。例如,用电压表测量到的实际电路中的电压,就是电路中这两点间的电势差。

6.6.3 电势的计算

计算静电场中的电势,通常有两种方法。

6.6.3.1 已知场强的分布求电势

这种方法就是已知电场的空间分布函数,然后用电势的定义式(6-24)或式(6-25)求解。如果是求某点的电势,积分从该点积到电势零点处,对于有限带电体电荷及点电荷系激发的电场,其电势零点一般都定在无限远处。对于理论上带电体电荷延伸到无限远的情况,不能把电势零点定在无限远。例如无限长带电线、筒、柱状电荷,无限大带电平面等,都不能把电势零点定在无限远处;如果是求 a、b 两点的电势差,积分从 a 点积到 b 点。

例题 6.6 求点电荷 q 电场的电势分布函数。

解:由点电荷的电场强度表达式(6-5)及式(6-24),因为点电荷电场的电势零点在无限远处,所以有

$$V = \int_a^{\infty} \boldsymbol{E} \cdot \mathrm{d}\boldsymbol{l} = \int_a^{\infty} \frac{q}{4\pi\varepsilon_0 r^2} \mathrm{d}r$$

积分得电势函数

$$V=\frac{q}{4\pi\varepsilon_0 r} \tag{6-26}$$

上式表明：如果点电荷 q 为正电荷，场中各点的电势为正，离场源越远电势越小，无限远处电势为零。如果 q 为负电荷，场中各点的电势为负，离场源电荷越远其电势绝对值越小，所以电势就越高。场源电荷是负电荷的场，无限远处电势为零，也就是无限远处电势最高。由此可见，无论是正电荷激发的电场还是负电荷激发的电场，其电势值沿电场线方向都是电势降，即沿电场线的方向电势越来越低。

例题 6.7 求半径为 R 的均匀带电球壳电场的电势函数。

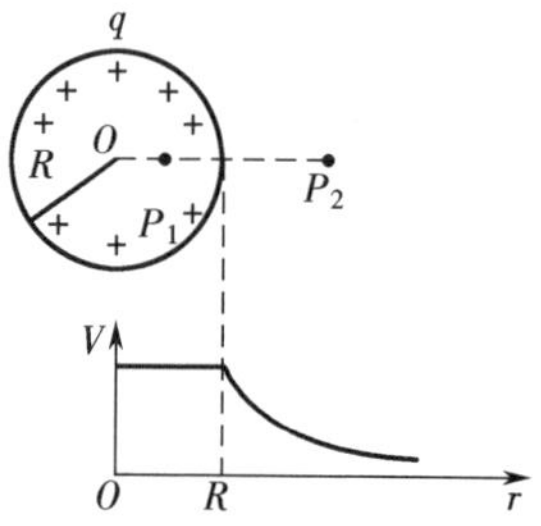

图 6-15 例题 6.7 图

解：设球壳半径为 R，如图 6-15 所示，带电荷为 q，电势零点在无限远处。由例题 6.3 中结果式(6-17a)和式(6-17b)可知，球壳内外的电场强度为

$$\boldsymbol{E}=\begin{cases}0 & (r<R)\\ \dfrac{q\boldsymbol{e}_r}{4\pi\varepsilon_0 r^2} & (r>R)\end{cases}$$

设球壳外离球心为 r 的 P_2 点的电势为 V_2，于是

$$V_2=\int_r^{\infty}\boldsymbol{E}\cdot \mathrm{d}\boldsymbol{l}=\int_r^{\infty}\frac{q}{4\pi\varepsilon_0 r^2}\cos\theta \mathrm{d}l=\frac{q}{4\pi\varepsilon_0}\int_r^{\infty}\frac{1}{r^2}\mathrm{d}r$$

积分得

$$V_2=\frac{q}{4\pi\varepsilon_0 r}\quad (r>R)$$

设球壳内离球心为 r 的 P_1 点的电势为 V_1，考虑到下式中被积函数是分区域定义的，因积分区间跨两个定义域，所以积分要分区域进行，于是

$$V_1=\int_r^{\infty}\boldsymbol{E}\cdot \mathrm{d}\boldsymbol{l}=\int_r^{R}\boldsymbol{E}\cdot \mathrm{d}\boldsymbol{l}+\int_R^{\infty}\boldsymbol{E}\cdot \mathrm{d}\boldsymbol{l}$$

把各区间的 E 代入上式后积分

$$V_1=\int_r^{R}0\mathrm{d}l+\frac{q}{4\pi\varepsilon_0}\int_R^{\infty}\frac{1}{r^2}\mathrm{d}r=\frac{q}{4\pi\varepsilon_0 R}\quad (r\leqslant R)$$

以上结果表明，均匀带电球壳外任一点的电势等于球壳上的电荷集中于球心的点电荷在该点的电势，而球壳内任一点的电势等于球壳表面的电势，即均匀带电球壳及内部是等势的。

6.6.3.2 已知电荷分布求电势

这种方法用于有限带电体电荷和点电荷系激发的电场。根据场强的叠加原理及电势定义式(6-24)或式(6-25)，求得电场中任一点的电势为

$$V_P=\int_P^{\infty}\boldsymbol{E}\cdot \mathrm{d}\boldsymbol{l}$$

$$= \int_P^{\infty} \sum_{i=1}^{n} \boldsymbol{E}_i \cdot \mathrm{d}\boldsymbol{l} = \sum_{i=1}^{n} V_{Pi}$$

所以有

$$V_P = \sum_{i=1}^{n} V_{Pi} = \sum_{i=1}^{n} \frac{q_i}{4\pi\varepsilon_0 r_i} \tag{6-27}$$

式中：r_i为点电荷 q_i到 P 点的距离。由此可见，在点电荷系的电场中某点的电势等于每个点电荷在该点产生电势的代数和。这就是静电场中的**电势叠加原理**。

如果场源电荷是连续分布的，如图 6-16 所示，可在连续分布的电荷上取一电荷元 dq，视为式(6-27)中的 q_i，并用 r 替换其中的 r_i，用积分号替换其中的求和号，于是得到电荷连续分布带电体的电势表达式为

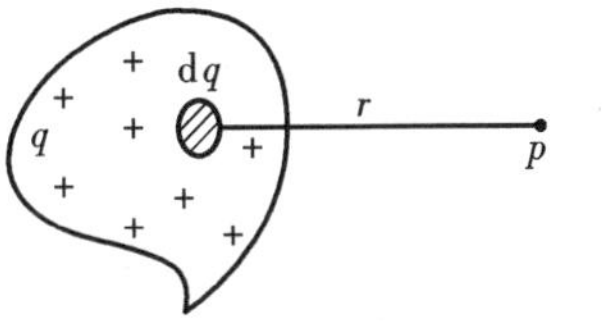

图 6-16　连续带电体电荷的电势

$$V_P = \int_q \frac{\mathrm{d}q}{4\pi\varepsilon_0 r} \tag{6-28}$$

式中积分遍及所有场源电荷 q，由于电势是标量，所以积分是标量积分，它比场强的矢量积分要简单得多。

例题 6.8　有一均匀带电圆环，半径为 a，求在轴线上任一点的电势。

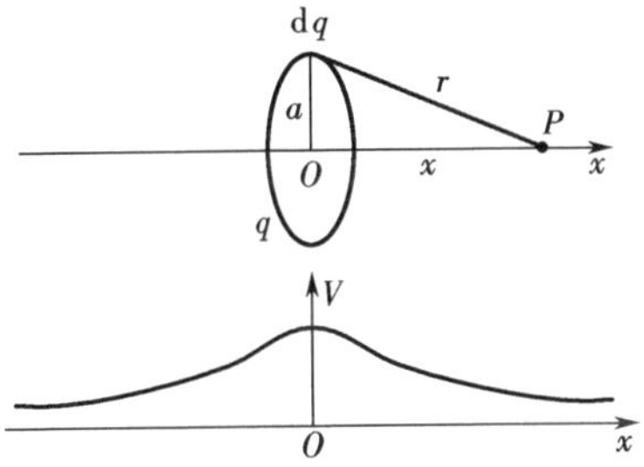

图 6-17　例题 6.8 图

解：在环上任取一电荷元 dq，如图 6-17 所示，它到观察点 P 的距离 r 对不同电荷元保持不变。电荷元 dq 在 P 点的电势为

$$\mathrm{d}V = \frac{\mathrm{d}q}{4\pi\varepsilon_0 r}$$

所以带电圆环在 P 点的电势为

$$V = \int_0^V \mathrm{d}V = \int_0^q \frac{\mathrm{d}q}{4\pi\varepsilon_0 r} = \frac{1}{4\pi\varepsilon_0 r}\int_0^q \mathrm{d}q$$

$$= \frac{q}{4\pi\varepsilon_0 r} = \frac{q}{4\pi\varepsilon_0 (x^2 + a^2)^{1/2}} \tag{6-29}$$

其中 $r = (x^2 + a^2)^{1/2}$。带电圆环沿轴线的电势分布曲线如图 6-17 所示。

6.7　等势面　场强与电势的关系

电场强度和电势是从不同侧面描述同一电场各点性质的两个物理量，它们之间必然存在着内在联系，式(6-24b)和式(6-25)中已经给出了它们之间的积分形式的联系，本节将进一步讨论它们之间的微分关系。

为使这种关系表达得更直观，除了借助于描述场强的物理模型——电场线外，还将介绍描述电势分布的物理模型——等势面。

6.7.1 等势面

在静电场中电势相等的点构成的面称为**等势面**。现在先用点电荷的场来说明这个问题。在点电荷 q 的电场中，电势的分布函数为

$$V=\frac{q}{4\pi\varepsilon_0 r}$$

上式表明，距点电荷为 r 的点电势相等，或者说在以点电荷 q 为球心的同一球面上电势相等，这个球面就是等势面。在点电荷 q 的电场中，等势面是以点电荷所在处为球心的一系列同心球面。为明显地看出不同位置电势的变化情况，对等势面的疏密画法作如下规定：电场中任意两个**相邻等势面的电势差相等**。与此同时，在等势面上任取一线元 $\mathrm{d}\boldsymbol{l}$，点电荷 q_0 沿此线元移动时电场力不做功，即

$$\mathrm{d}W=q_0\boldsymbol{E}\cdot\mathrm{d}\boldsymbol{l}=0$$

式中：q_0 不是零，$\boldsymbol{E}$ 和 $\mathrm{d}\boldsymbol{l}$ 的大小也不为零，于是上式等于零的条件是电场强度 $\boldsymbol{E}$ 必须与 $\mathrm{d}\boldsymbol{l}$ 垂直，也就是说电场线与穿过该点的等势面垂直。根据以上讨论和规定，图 6-18 画出了几种典型电场的等势面与电场线的图形。图中虚线表示等势面，带箭头的实线表示电场线。

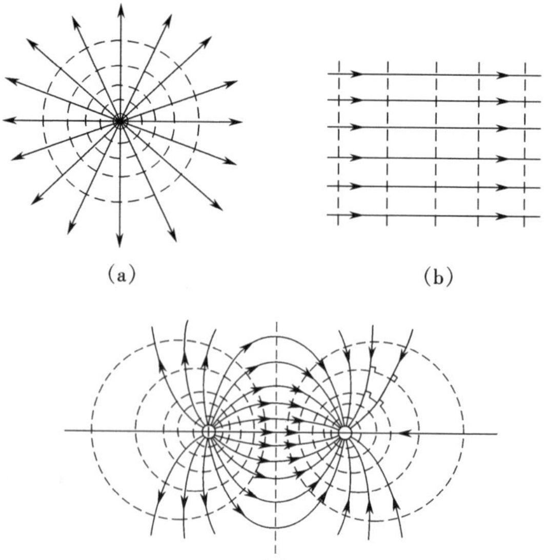

(a) (b) (c)

图 6-18 电场线与等势面

综上所述，描绘电场线和等势面可总结出以下两个特点：

①在电场中，沿等势面移动电荷时，电场力不做功；

②电场中,电场线与等势面成正交的线族,电场线的方向为电场强度方向,也是电势降的方向。

由于电势容易测量,实验室里测量电场线的分布时,一般都是先测量出等势面,然后利用电场线与等势面垂直的关系,从场源电荷出发依次连续地把电场线画出来。

6.7.2　场强与电势的关系

前面讨论了电场线与等势面之间的关系,并规定相邻两个等势面之间电势差相等,电势差与场强之间的关系可由电势差定义式(6-25)来说明,在它们的积分形式中

$$V_a - V_b = \int_a^b \boldsymbol{E} \cdot \mathrm{d}\boldsymbol{l}$$

利用电势与电场强度之间的特定关系,可以用电势函数 $V(x,y,z)$ 求电场强度 $\boldsymbol{E}(x,y,z)$,这也是继叠加法求场强、用高斯定理求场强后的第三种方法。可以证明,用电势梯度求场强的表达式为

$$\left.\begin{aligned} E_x &= -\frac{\partial V}{\partial x} \\ E_y &= -\frac{\partial V}{\partial y} \\ E_z &= -\frac{\partial V}{\partial z} \end{aligned}\right\} \tag{6-30}$$

式中:$\frac{\partial}{\partial x}$等都是偏导数符号,它表示原函数 $V(x,y,z)$ 中保持其他量不变时只对指定的变量求导数。例如$\frac{\partial V}{\partial x}$就是 $V(x,y,z)$ 对 x 求导数,在求导过程中,把 $V(x,y,z)$ 中的 y,z 当作常量对待。

式(6-30)的物理意义是:静电场中某点的场强沿某一方向的分量等于电势在这一点沿该方向变化率的负值。同时又可以看到,静电场中一点的场强分量与电势函数在数学上是导函数与原函数的关系,所以场强为零的地方电势不一定为零,而电势为零的地方场强也不一定为零。把式(6-30)写成矢量表示式为

$$\boldsymbol{E} = -\left(\frac{\partial V}{\partial x}\boldsymbol{i} + \frac{\partial V}{\partial y}\boldsymbol{j} + \frac{\partial V}{\partial z}\boldsymbol{k}\right) \tag{6-31}$$

式中:$\left(\frac{\partial V}{\partial x}\boldsymbol{i} + \frac{\partial V}{\partial y}\boldsymbol{j} + \frac{\partial V}{\partial z}\boldsymbol{k}\right)$在场论中称为标量函数 $V(x,y,z)$ 的梯度,常用 grad V 表示,并把 grad V 称为电势梯度。于是有

$$\boldsymbol{E} = -\mathrm{grad}\ V$$

或

$$E = -\boldsymbol{\nabla} V$$

其中

$$\nabla=\frac{\partial}{\partial x}\boldsymbol{i}+\frac{\partial}{\partial y}\boldsymbol{j}+\frac{\partial}{\partial z}\boldsymbol{k}$$

上式表明,在静电场中,任一点场强的大小等于该点的电势梯度大小,其方向与最大电势梯度的方向相反。

从式(6-31)中可得出电场强度的另一个单位为伏特·米$^{-1}$($V\cdot m^{-1}$),它与前面的电场强度单位牛·库仑$^{-1}$($N\cdot C^{-1}$)是等价的。

在求解电场问题时,因为电场强度是矢量而电势是标量,所以对一定场源电荷激发的电场,一般情况,求解电势分布函数要比求解电场强度容易得多,同时从数学角度讲,求导数比求积分容易。正因为这两个原因,有时求电场中某点的电场强度,就先求出其电势分布函数 $V(x,y,z)$,然后再用式(6-30)或式(6-31)求电场强度。

阅读材料

静电在医学中的应用

人类利用电能的最早尝试,恐怕就是在医学上的应用了。远在人类开始掌握电能以前很久,古希腊的渔民就已经用捕到的电鱼皮治疗风湿痛。摩擦式起电机和感应式起电机问世后,最早的实际应用就是用于医疗。进入 20 世纪以来,随着电学在理论和技术上的不断进步,电疗在临床中得到了越来越广泛的应用。

人体含有多种电解质,例如各种无机盐等。这些盐类在水溶液内离解为正、负离子,使人体成为电的导体。在血液、淋巴液、玻璃体内,盐类被离解得最多,因而导电性也最强。干燥的皮肤、毛发,则具有相对的绝缘性。

在正常情况下,人体内各种盐类之间有一定的比值,但在外界高压电场的作用下,各种离子在体内相对运动,破坏了原来的分布平衡,就会产生一系列生理反应。在电场的阳极附近,钙离子、镁离子的含量增大,机体组织细胞的半透膜变厚,渗透减少,故可起到镇定作用。相反,阴极附近钠离子、钾离子增多,细胞半透膜变薄,透过性增加,可起到兴奋作用。根据这一原理,人们设计了可分别用于头、颈、胸、脸、腰、四肢、面颊、眼睛、牙龈等部位的各种形状的电极,将一组组位置配合起来,分别接到电源的正、负极上。用这些电极或在电极上垫湿布垫,通以低压直流;或垫塑料等介质材料,加以静电高压。通上不同频率的交流电,使其产生的电场方向交替变化,这种方法可对不同患处起到兴奋和镇定作用,这对神经麻痹、神经疼痛、神经官能紊乱、关节炎、肌肉炎症等都有一定的疗效。

如果使其中一个电极离开身体，进行电晕放电，放电时会造成大量的离子被人接收，对人有医疗作用，用这种方法进行疾病治疗称为离子疗法或离子浴。典型的离子浴室是让患者的脚踩在接地的电极上，坐在和浴池中一样的莲蓬状的“离子喷头”下，用喷头内许多金属针的尖端放电代替水淋浴。这种疗法还可以把电晕电极对准身体的某个部位，进行局部治疗。

离子疗法对人体有多方面的治疗作用。静电场可使脉搏加快，血压升高，刺激血液形成，增加白血球及红血球的局部含量，还能提高肾脏功能，增加排尿。可见这种电疗能增强人体对病菌侵入的抵抗力。电晕放电刺激皮肤充血发红，能迟滞或麻痹皮肤知觉，同时还能引起皮肤与内脏间反射，提高人体各个器官的生理活动功能。另外，电晕放电产生臭氧、二氧化氮和离化空气，刺激患者呼吸道黏膜，促进呼吸，加强中枢神经及植物神经系统功能。因此，离子疗法对身体衰弱、神经衰弱、中枢神经系统功能失调、偏头疼、贫血、低血压、知觉过敏或知觉异常、慢性溃疡、皮肤瘙痒等疾病都有较好疗效。

直流电或静电场还能把溶于溶液中的药物离子送入体内，达到高效、速效、长效。人们做了这样一个试验，将两只兔子串联在同一电路中，电源的阳极（正极）与甲兔接触，阴极与乙兔接触，在兔子和电极之间分别放置浸有一种阳离子型毒液的布垫（可以导电）。通电后不久，甲兔死于药物中毒，乙兔安好。然后再重复上述实验，将阴离子型毒液布垫放在乙兔与阴极之间，通电后乙兔中毒死亡，甲兔安好。这说明，一定方向的直流电能将和电极极性相同的药物离子置入体内，这种方法叫做**药物离子透入法**。

凡能够电解的药物，都能采用离子透入法。一般金属离子（如钙、镁、锌、铜、钠、钾）和碱性药物（如吗啡、阿托品、肾上腺素、奎宁、抗菌素等）都是阳离子，应从阳极透入；而非金属离子（如氟、氯、溴、碘、硫、磷等）以及各种酸根都是阴离子，应从阴极透入。如果极性颠倒，不但不起作用，还会将不需要的相反离子大量透入，产生坏的作用。为了减少不必要的离子进入，配制透入药物时一般采用蒸馏水、葡萄糖溶液、酒精溶液等中性溶剂。

药物离子透入法有许多优点。首先，它只把纯药送入体内，而将其溶剂留在体外，更利于机体吸收。同时，它还便于对各种伤口和病灶局部用药，既能减少用药量，又能避免药物对健康组织产生其他不良影响。药物透过皮肤时，能刺激皮下感受器，产生全身性反射作用，反过来促进患处恢复正常。药物在皮下停留更易于进入血液和淋巴液循环到全身，在体内停留更长时间。比如向人体注射含锂离子型药物时，1 小时后可在尿中发现锂，24 小时内便从体内排出。而离子透入的锂 24 小时后才在尿中出现,三四昼夜才排尽。

医生们还研究了用各种带电粒子诊治疾病。他们发现,氢或其他一些轻元素的原子核能透过不甚致密的机体组织。根据这些粒子的透过率,能在图像上显示机体组织的密度,从而诊断出 X 光无法诊断的胸部血凝块和血管梗塞等病变。质子束还能用于诊断早期乳腺癌、多发性脊髓硬化等病症。带电粒子与 X 线不同的是,X 线主要为体表组织所吸收,而带正电的重粒子能为深部组织吸收,因此对人体深部的肿瘤治疗也有疗效。

说到人体本身,那更是一个奇妙的静电世界。实验证明,神经冲动的传播所需要的能量是来自神经本身,而不是来自外界的刺激。人体上的每一个细胞,都是一个微型电池,细胞膜内外有 70 ~ 80 mV 的电位差。别看这个电位差只有一节干电池的二十分之一,由于细胞膜非常薄,通过这层膜的电场程度高达每厘米 10 万伏,这种微型细胞电池具有体积小、可自行充电等优点。正是靠着细胞膜内外的电位差,人的神经系统才能快速准确地把视觉、听觉、嗅觉、味觉和触觉传送给大脑,并把大脑的命令下达到全身,使人体成为一个高度统一的整体。

人体细胞能把内部胶状物质的电位保持在低于外部组织或血液的水平,这要归功于细胞膜的一种奇异的本领。这层薄膜能有区别地对待体内的钠离子、钾离子、氯离子和其他正、负离子。比如在神经系统休息时,细胞膜内钾离子含量比膜外高很多,而钠离子的情况刚好相反,外面比里面多。接到刺激信号后,细胞膜击穿,钠离子大量冲进细胞膜内,钾离子则大量跑出来。信号通过以后,细胞膜的选择性和透过性又使内外钠、钾离子的比例回复到静止状态,为传递下一个信号做好准备。细胞膜复原—击穿的过程,也就是细胞电池充电、放电的过程。正是由于这些剧烈的电运动,才使神经系统保持着传递信号所需的能量。我国传统的针灸、按摩等医疗技术,要通过有限的几个穴位完成全身各个部位疾病的治疗,离开了细胞电池的工作是无法想象的。

前面提到的离子交换效应,在医学上也有巧妙的应用。过去在诊断胃溃疡等胃病时,要把橡皮管通过食道插入胃中抽取胃液,给病人带来痛苦的同时也费时费事。如果让病人吃进含离子交换树脂粉末的奎宁,树脂中的一部分离子就会与一部分胃酸(即盐酸)离子交换,生成游离的盐酸奎宁,随尿排出体外。医生根据尿中盐酸奎宁的含量,就能确定胃酸浓度,诊断疾病,对症下药。另外,离子交换树脂粉末还能“搜捕”人体内的有害元素,把它们“押解”出体外。比如高血压、肾炎患者,为了降低血液中钠离子的含量,长期不能吃盐,往往不思饮食,病情加重。现在,人们已能用离子交换树脂把胃中的钠离子替换下来,不让它们进入血液。这样,高血压、肾炎病人就可以放心大胆地吃盐了。

同步练习

思考题

6.1　什么是电荷量子化？电荷守恒定律的内容是什么？

6.2　为什么引入电场中的试验电荷体积必须很小，电荷量也必须很小？

6.3　在点电荷的电场强度公式里，当 $r\to 0$ 时，则电场强度将趋于无限大，这种说法对吗？试讨论应该是什么结果。

6.4　若穿过一闭合曲面的电场强度通量不为零，是否在此闭合曲面上的电场强度一定是处处不为零？

6.5　应用高斯定理计算电场强度时，高斯面将如何选取？

6.6　在点电荷的电场中，有一正电荷在电场力的作用下沿径向运动，其电势能的变化是增加、减小，还是不变？

6.7　在电场中电场强度为零的点，电势是否一定为零？电势为零的点，电场强度是否一定为零？试举例说明。

选择题

6.8　一均匀带电球面，电荷面密度为 σ，球面内电场强度处处为零，球面上面元 $\mathrm{d}S$ 带有 $\sigma\mathrm{d}S$ 的电荷，该电荷在球面内各点产生的电场强度　[　　]

A. 处处为零　　B. 不一定都为零

C. 处处不为零　　D. 无法判定

6.9　在坐标原点放一正电荷 Q，它在 P 点 $(x=+1, y=0)$ 产生的电场强度为 $\boldsymbol{E}$。现在，另外有一个负电荷 $-2Q$，试问应将它放在什么位置才能使 P 点的电场强度等于零？　[　　]

A. X 轴上 $x>1$　　B. X 轴上 $0<x<1$

C. X 轴上 $x<0$　　D. Y 轴上 $y>0$

E. Y 轴上 $y<0$

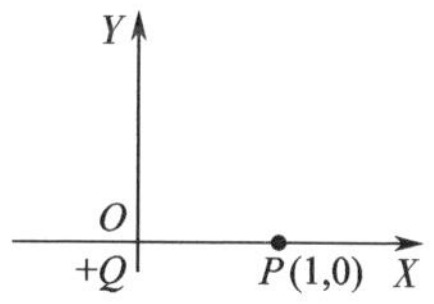

图 6.9 图

6.10　如图所示，在坐标 $(a,0)$ 处放置一点电荷 $+q$，在坐标 $(-a,0)$ 处放置另一点电荷 $-q$。P 点是 x 轴上的一点，坐标为 $(x,0)$。当 $x \gg a$ 时，该点场强的大小为　[　　]

A. $\dfrac{q}{4\pi\varepsilon_0 x}$　　B. $\dfrac{qa}{\pi\varepsilon_0 x^3}$

C. $\dfrac{qa}{2\pi\varepsilon_0 x^3}$　　D. $\dfrac{q}{4\pi\varepsilon_0 x^2}$

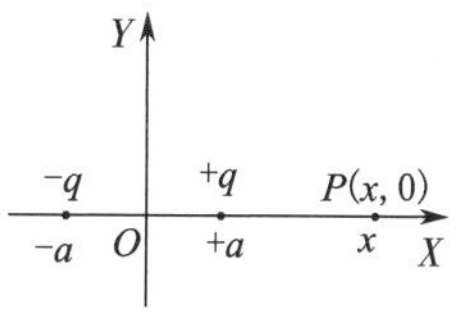

图 6.10 图

6.11　在边长为 a 的正方体中心处放置一电荷为 Q 的点电荷，则正方体顶角处的电场强度的大小为　　　　[　　]

A. $\dfrac{Q}{12\pi\varepsilon_0 a^2}$　　B. $\dfrac{Q}{6\pi\varepsilon_0 a^2}$　　C. $\dfrac{Q}{3\pi\varepsilon_0 a^2}$　　D. $\dfrac{Q}{\pi\varepsilon_0 a^2}$

6.12　电荷面密度分别为 $+\sigma$ 和 $-\sigma$ 的两块“无限大”均匀带电的平行平板，如图放置，则其周围空间各点电场强度随位置坐标 x 变化的关系曲线为(设场强方向向右为正、向左为负)　　　　[　　]

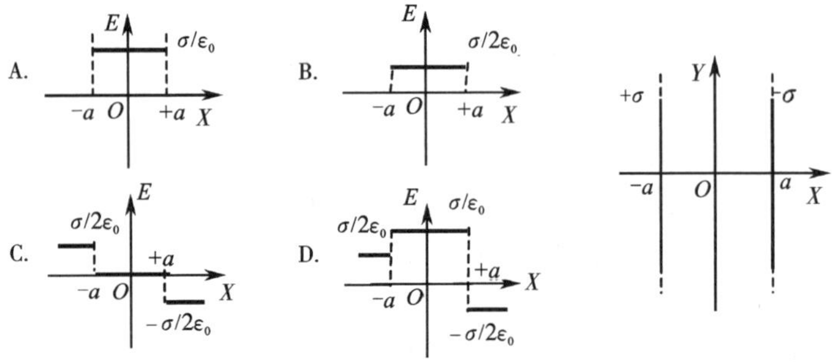

题 6.12 图

6.13　有一边长为 a 的正方形平面，在其中垂线上距中心 O 点 $a/2$ 处，有一电荷为 q 的正点电荷，如图所示，则通过该平面的电场强度通量为　　[　　]

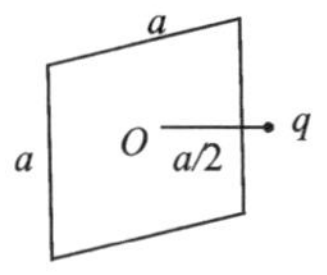

题 6.13 图

A. $\dfrac{q}{3\varepsilon_0}$　　B. $\dfrac{q}{4\pi\varepsilon_0}$

C. $\dfrac{q}{3\pi\varepsilon_0}$　　D. $\dfrac{q}{6\varepsilon_0}$

6.14　在半径为 R 的均匀带电球面的静电场中，各点的电场强度的大小 E 与距球心的距离 r 之间的关系曲线为　　　　[　　]

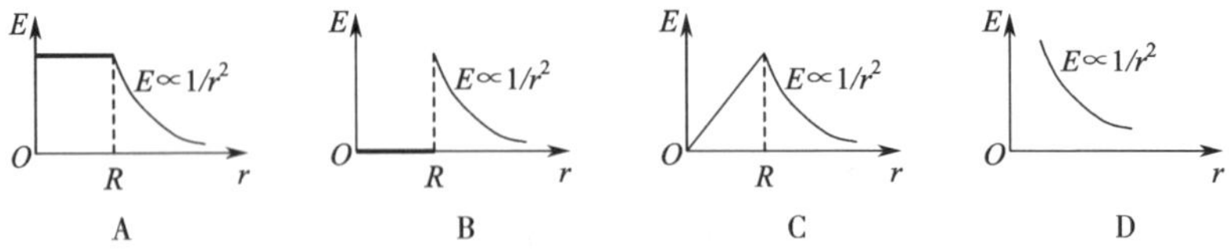

题 6.14 图

6.15　半径为 R 的均匀带电球面，总电荷为 Q。设无穷远处电势为零，则该带电体所产生的电场的电势 U，随离球心的距离 r 变化的分布曲线为　　　　[　　]

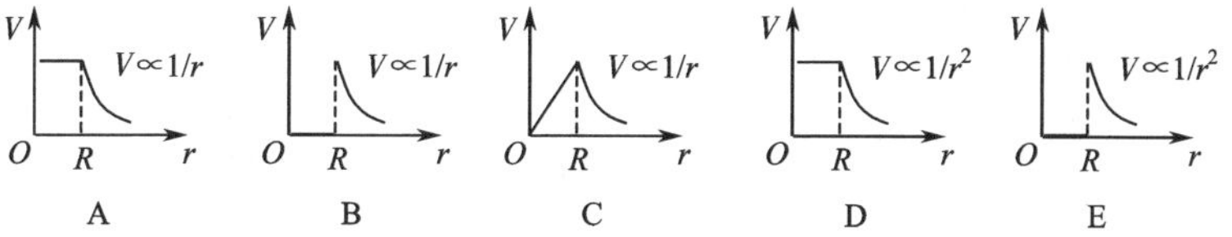

题6.15图

6.16　有 N 个电荷均为 q 的点电荷，以两种方式分布在相同半径的圆周上：一种是无规则地分布，另一种是均匀分布。比较这两种情况下在过圆心 O 并垂直于圆平面的 Z 轴上任一点 P（如图所示）的场强与电势，则有　　　　[　　]

A. 场强相等，电势相等

B. 场强不等，电势不等

C. 场强分量 E_z 相等，电势相等

D. 场强分量 E_z 相等，电势不等

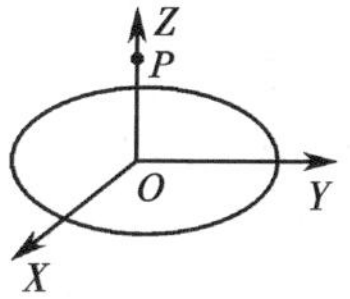

题6.16图

6.17　图中实线为某电场中的电场线，虚线表示等势（位）面，由图可看出：　　　　[　　]

A. $E_A > E_B > E_C, U_A > U_B > U_C$

B. $E_A < E_B < E_C, U_A < U_B < U_C$

C. $E_A > E_B > E_C, U_A < U_B < U_C$

D. $E_A < E_B < E_C, U_A > U_B > U_C$

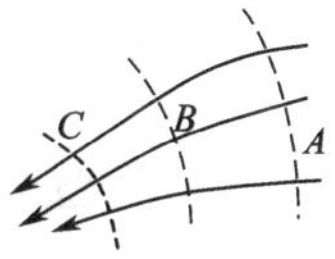

题6.17图

填空题

6.18　电荷为 -5×10^{-9} C 的试验电荷放在电场中某点时，受到 20×10^{-9} N 的向下的力，则该点的电场强度大小为______________，方向__________。

6.19　半径为 R 的半球面置于场强为 $\boldsymbol{E}$ 的均匀电场中，其对称轴与场强方向一致，如图所示，则通过该半球面的电场强度通量为__________________。

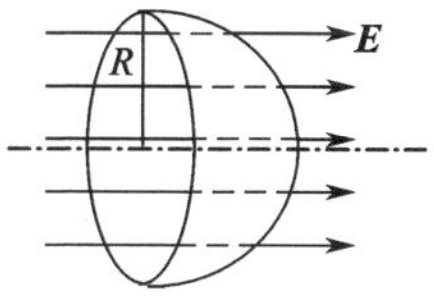

题6.19图

6.20　一点电荷 $q=10^{-9}$ C，A、B、C 三点分别距离该点电荷 10 cm、20 cm、30 cm。若选 B 点的电势为零，则 A 点的电势为______________，C 点的电势为______________。

（真空介电常量 $\varepsilon_0=8.85\times10^{-12}\ \mathrm{C^2\cdot N^{-1}\cdot m^{-2}}$）

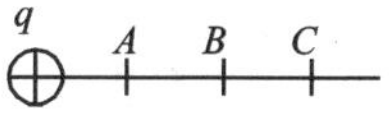

题6.20图

6.21　在点电荷 q 的电场中，把一个 -1.0×10^{-9} C 的电荷，从无限远处（设无限远处电势为零）移到离该点电荷距

离 0.1 m 处，克服电场力做功 1.8×10^{-5} J，则该点电荷 $q=$__________。（真空介电常量 $\varepsilon_0=8.85\times10^{-12}\ C^2\cdot N^{-1}\cdot m^{-2}$）

6.22 静电场的环路定理的数学表示式为____________________。该式的物理意义是____。该定理表明，静电场是____________________________场。

6.23 图示为一边长均为 a 的等边三角形，其三个顶点分别放置着电荷为 q、$2q$、$3q$ 的三个正点电荷，若将一电荷为 Q 的正点电荷从无穷远处移至三角形的中心 O 处，则外力需做功 $A=$____________________。

6.24 图中所示为静电场的等势（位）线图，已知 $U_1>U_2>U_3$，在图上画出 a、b 两点的电场强度方向，并比较它们的大小。E_a__________ E_b（填 <、=、>）。

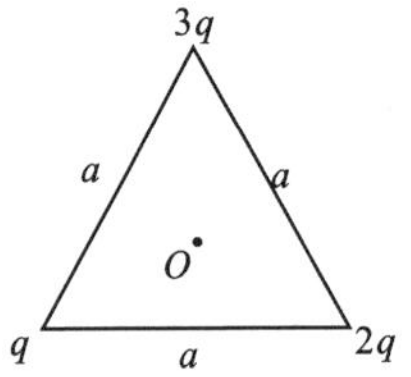

题 6.23 图

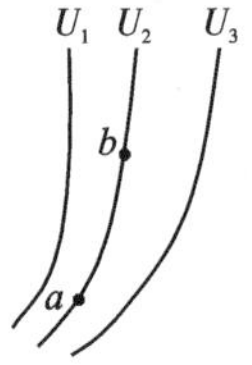

题 6.24 图

计算题

6.25 如图所示，真空中一长为 L 的均匀带电细直杆，总电荷为 q，试求在直杆延长线上距杆的一端距离为 d 的 P 点的电场强度。

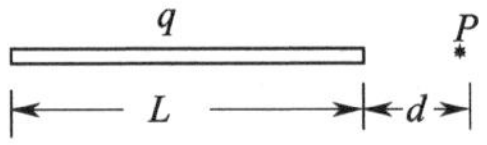

题 6.25 图

6.26 两个点电荷分别为 $q_1=+2\times10^{-7}$C 和 $q_2=-2\times10^{-7}$ C，相距 0.3 m。求距 q_1 为 0.4 m、距 q_2 为 0.5 m 处 P 点的电场强度。（$\frac{1}{4\pi\varepsilon_0}=9.00\times10^9\ N\cdot m^2\cdot C^{-2}$）

6.27 一段半径为 a 的细圆弧，对圆心的张角为 θ_0，其上均匀分布有正电荷 q，如图所示。试以 a、q、θ_0 表示出圆心 O 处的电场强度。

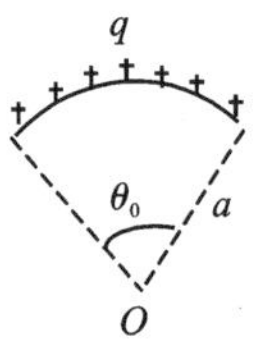

题 6.27 图

6.28 一半径为 R 的均匀带电球体，电荷体密度为 ρ，试求：(1) 带电球体的总电荷；(2) 球内、外各点的电场强度；(3) 球内、外各点的电势。

6.29 若电荷以相同的面密度 σ 均匀分布在半径分别为 $r_1=10$ cm 和 $r_2=20$ cm 的两个同心球面上，设无穷远处电势为零，已知球心电势为 300 V，试求两球面的电荷面密度 σ 的值。（$\varepsilon_0=8.85\times10^{-12}C^2\cdot N^{-1}\cdot m^{-2}$）

6.30 图中所示为一沿 X 轴放置的长度为 l 的带电细棒，(1)棒均匀带电，电荷线密度为 λ_0；(2)棒不均匀带电，电荷线密度为 $\lambda=\lambda_0(x-a)$，λ_0为一常量。取无穷远处为电势零点，求坐标原点 O 处的电势。

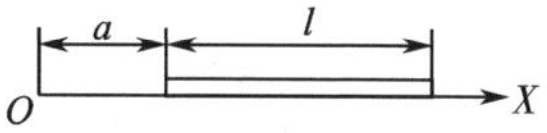

题 6.30 图

第 7 章 静电场中的导体和电介质

基本要求

1. 掌握导体静电平衡的条件,理解导体静电平衡后的基本性质。
2. 确切理解电容的概念,能计算简单真空和充满电介质电容器的电容;了解电容器在电路中的作用和使用方法。
3. 了解电介质的极化和对电场的影响。
4. 理解静电场的能量。

学习重点

1. 导体静电平衡的条件和基本性质。
2. 电容器和简单电容器电容的计算。

导体和电介质(即绝缘体)放到电场中,其中的电荷会受到电场的作用而产生静电感应和电极化,这种变化反过来又会影响原电场,最终达到静电平衡。本章将研究这种相互影响而达到静电平衡后电场的分布,以及一些与电场有关的问题,同时还将介绍电容器。

7.1 静电场中的导体

金属是最常见的导体。金属导体是由大量的带负电的自由电子和带正电(正离子)的晶体点阵所构成。当导体不带电或者不受外电场影响时,自由电子虽可以在金属导体内作无规则的热运动,但无论对整个导体或对导体中某一个小部分来说,自由电子的负电荷和晶体点阵的正电荷的代数和为零,导体呈现电中性。在这种情况下,金属导体中的自由电子只作微观的无规则热运动而没有宏观的定向运动。如果把导体放到外电场中,导体内的自由电子分布和运动状态在电场的作用下会发生变化,它们会产生哪些变化呢?下面逐一讨论。

7.1.1 静电感应 导体静电平衡条件

若把金属导体放在外电场中,导体中的自由电子在作无规热运动的同时还将在电场力作用下作宏观定向运动,从而使导体中的电荷重新分布。在外电场作用下,引起导体中电荷重新分布,这一电学过程称为**静电感应现象**。如图 7-1 所示,设在一对无限大均匀带电平行板产生的均强电场 E_0 中,放入一块金属板,在电场力的作用下,金属板内部的自由电子将逆着外电场的方向运动，使得金属板的两个侧面出现了等量异号的电荷，这些电荷是由静电感应产生的，因此称为**感应电荷**。与此同时，这些感应电荷在金属板的内部建立起一个附加电场 E'，E' 与 E_0 的方向相反。这样，金属板内部的总电场强度 E 等于 E_0 和 E' 的叠加。开始时 $E' < E_0$，金属板内部的电场强度不为零，如图 7-1(a)、(b)所示，自由电子会不断地向左移动，从而使 E' 增大。这个过程一直延续到金属板内部的电场强度等于零，如图 7-1(c)所示。这时导体内电场强度为零，没有电荷作定向运动，导体的这种状态称为**静电平衡状态**。

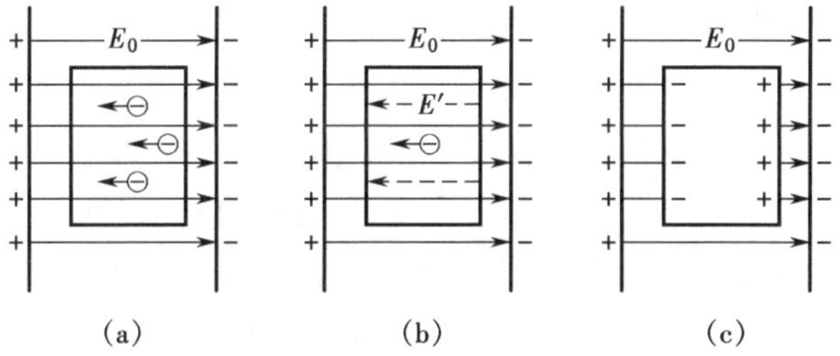

图 7-1　导体静电平衡过程

导体处于静电平衡时，不仅导体内部没有电荷作定向运动，导体表面也没有电荷作定向运动，这时导体表面附近电场强度的方向应与表面垂直。假若导体表面附近电场强度的方向与导体表面不垂直，则电场强度沿表面将有切向分量，自由电子受到与该切向分量相应电场力的作用，将沿表面运动，这样就不是静电平衡状态了。

当导体处于静电平衡状态时，必须满足以下两个条件：

①导体内部任何一点处的电场强度为零；

②导体表面附近电场强度的方向都与导体表面垂直。

这两条称为导体的静电平衡条件，也可以用电势来表述。在静电平衡时，导体内部的电场强度为零，因此，如在导体内取任意两点 a 和 b，这两点间的电势差 $V_a - V_b$，即电场强度沿 a、b 两点间任意路径的线积分应为零，即

$$V_a - V_b = \int_a^b \boldsymbol{E} \cdot \mathrm{d}\boldsymbol{l} = 0$$

这表明，在静电平衡时，导体内因为 $\boldsymbol{E} = 0$，所以任意两点间电势差为零，即导体静电平衡时是等势体。不言而喻，导体内部与导体表面的电势相等，所以导体表面也是等势面，否则就仍会发生电荷的定向运动。总之，当导体处于静电平衡时，导体上的电势处处相等，导体为一等势体。

7.1.2　静电平衡时导体上的电荷

带电导体在静电平衡时，其电荷分布和激发的电场有如下规律。

7.1.2.1 电荷都分布在外表面

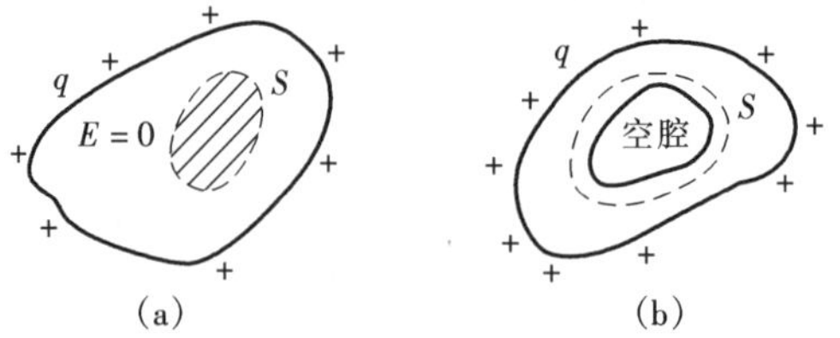

图 7-2 带电导体静电平衡后的电荷分布

设有一带电为 q 的导体，如图 7-2（a）所示，由于在静电平衡时，导体内的电场强度 E 为零，所以在导体内通过任意高斯面 S 的电场强度通量亦必为零，即

$$\oint_S \boldsymbol{E}\cdot \mathrm{d}\boldsymbol{S}=0$$

上式说明，高斯面内所包围的电荷的代数和为零。因为高斯面可在导体内任意位置，所以可得到如下结论：在静电平衡时，导体所带的电荷只能分布在导体的表面上，导体内没有**净电荷**。同时也可以证明，带电的**空腔导体**（腔内无电荷）在静电平衡时，空腔内表面不会有任何形式分布的电荷，电荷只能全部分布在空腔导体的外表面，如图 7-2(b)所示。

7.1.2.2 导体任意点表面附近的场强与该点处的电荷面密度成正比

下面讨论带电导体静电平衡后表面电荷激发的电场，即表面电荷面密度与附近处电场强度的关系。如图 7-3 所示，设在导体表面上取一圆形面积元 ΔS，当 ΔS 足够小时，ΔS 上的电荷可视为均匀分布，电荷面密度为 σ。现在以面积元 ΔS 为底面积作一如图 7-3 所示的扁圆柱形高斯面。下底面处于导体内部，上底面在导体表面外附近并与导体表面平行，由于导体内电场强度为零，所以通过下底面的电场强度通量为零；在上底面上，电场强度 E 与 ΔS 垂直，所以通过上底面的电场强度通量为 $E\Delta S$，这也就是通过扁圆柱形高斯面的电场强度通量。由于此高斯面包围的电荷为 $\sum\limits_{S_{内}} q_i=\sigma\Delta S$，根据高斯定理可有

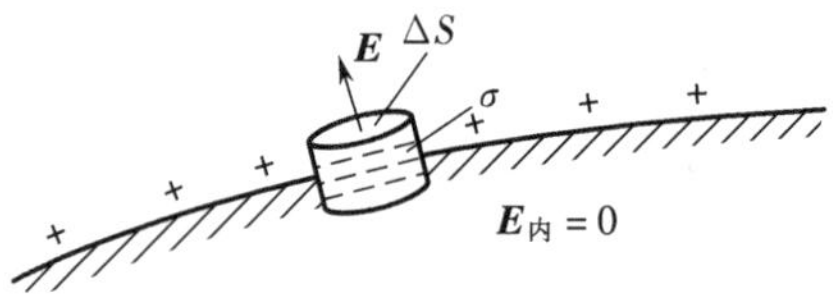

图 7-3 带电导体附近处的场强

$$\oint_S \boldsymbol{E}\cdot \mathrm{d}\boldsymbol{S}=E\Delta S=\frac{1}{\varepsilon_0}\sigma\Delta S$$

整理上式得到带电导体表面附近的场强

$$E=\frac{\sigma}{\varepsilon_0} \tag{7-1}$$

上式表明，带电导体处于静电平衡时，导体表面外附近处的电场强度 E，其数值与该处电荷面密度 σ 成正比，方向与导体表面垂直。当表面带正电时，E 的方向垂直于导体表面向外；当表面带负电荷时，E 的方向则垂直于导体表面指向导体。

7.1.2.3　导体表面上的电荷面密度与曲率半径成反比

式(7-1)只给出导体表面的电荷面密度与表面附近的电场强度之间的关系。至于带电导体达到静电平衡后导体表面的电荷是如何分布的,则是一个复杂问题,定量研究是很困难的。实验表明,如把一定量的电荷放到如图7-4所示的非球形导体上,当达到静电平衡时,导体为一等势体,导体表面为一等势面。在点 A 附近,曲率半径较小,其电场强度较大;而在点 B 附近,曲率半径较大,其电场强度较小。由式(7-1)可知,导体表面附近电场强度较大处,电荷面密度也大。所以,孤立的带电导体,其表面曲率半径越大处电荷面密度越小;曲率半径越小处电荷面密度越大。

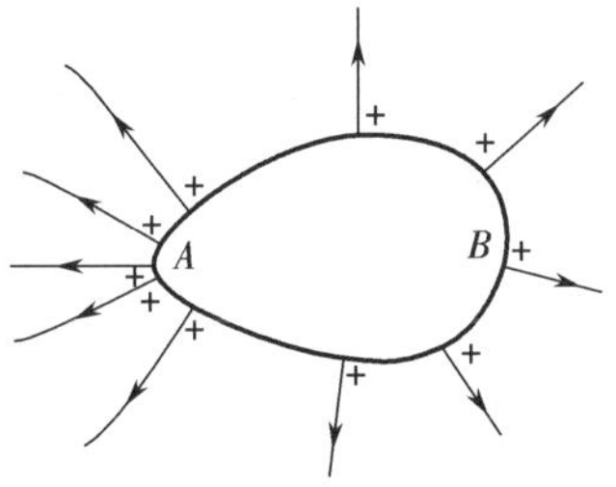

图7-4　带电导体曲率半径与电场

带电导体表面曲率半径较小处,电荷面密度较大,电场较强,电场线密集。如果带电导体表面是尖状,其尖端(曲率半径很小)附近的电场强度会很大,在空气中可使尖端附近的空气发生电离。在电场不过分强的情况下,带电尖端处经电离后的空气,离子会在电场作用下产生运动,如果电场不是足够强,运动会平稳地无声息地进行;如果电场很强,电离后的离子受到很大的电场力作用,运动非常激烈,放电会以火花放电形式出现,并在短暂的时间内释放出大量的能量。这两种形式的放电现象称为**尖端放电现象**。例如,阴雨潮湿天气时常可在高压输电线表面附近看到淡蓝色辉光的电晕,这就是一种平稳的尖端放电现象。尖端放电会使电能白白损耗,还会干扰精密测量和通信。因此在许多高压电器设备中,所有金属元件都要尽量避免带有尖棱,最好做成球形,使用的导体表面要光滑而平坦,这都是为了避免尖端放电。

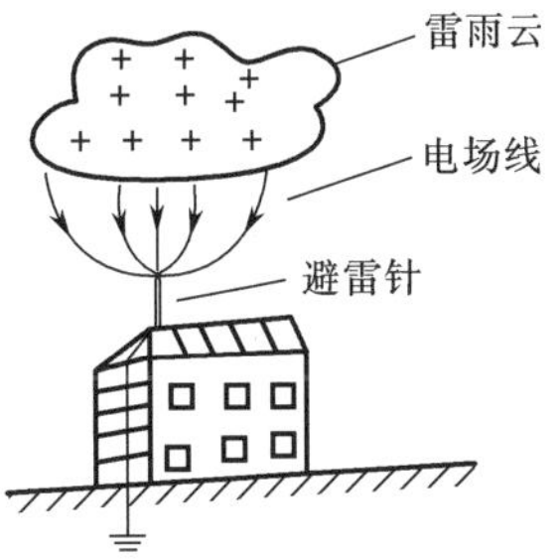

图7-5　避雷针防雷原理

尖端放电也有很广的用途。例如避雷针就是应用了尖端放电的原理。为防止雷电对建筑物的破坏,避雷针尖端要安装到高于建筑物的上空,另一端通过较粗的导线连接到埋在地下的金属板地线上。当雷雨天气产生空间放电并激发出强电场时,避雷针作为良导体会产生瞬时的静电感应,使避雷针尖部产生大量的感应电荷,导体表面处电场强度与电荷面密度成正比,所以避雷针尖部附近会产生很强的电场。与此同时,雷雨云放电时会有大量的电荷在避雷针产生的强电场作用下汇聚到避雷针上通过导线与大地里的电荷中和。避雷针对雷雨云产生的电场有汇聚作用,其电场线的结构像一把开口向上的雨伞,如图 7-5 所示,这样使建筑物处在一个几乎没有雷雨云电场的区域,从而有效地避免了建筑物遭到雷击的可能。

7.1.2.4 静电屏蔽

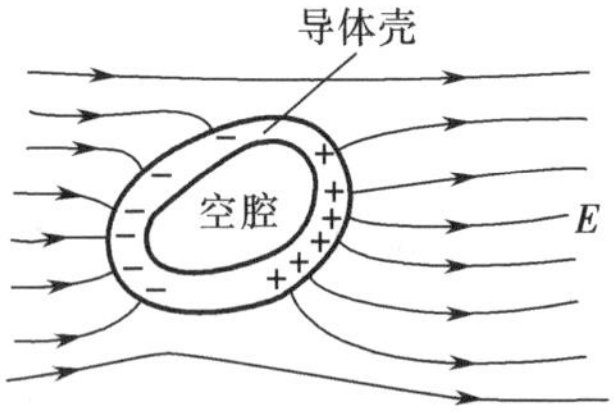

图 7-6 空腔导体屏蔽外电场

把一导体放到电场中,它将产生静电感应,并且感应电荷分布在导体的外表面上,导体内部电场强度为零。若把一空腔导体放在静电场中,也不会改变上述静电平衡的结论。这就是说,电场线将终止于导体的外表面而不能穿过导体的内表面进入内腔,如图 7-6 所示,这样,导体内和空腔中的电场强度处处为零。这表明,空腔导体可以屏蔽外电场,使空腔内的物体不受外电场的影响,这种技术称为**静电屏蔽**。

用空腔导体来屏蔽外电场,可使空腔内的物体不受外电场的影响。反过来,有时也需要防止放在导体空腔中的电荷产生的电场对导体外的物体产生影响。例如,一导体球壳的空腔内有一正电荷,则球壳的内表面上将产生感应负电荷,外表面上将产生感应正电荷,如图 7-7(a)所示,这种情况下球壳外面的物体会受到影响。如把球壳接地,则外表面上正电荷将和大地中的负电荷中和,球壳外面的电场就消失了,如图 7-7(b)所示,于是接地的导体空腔内的电荷对导体外的电场就不会产生任何影响了,也起到了对电场的屏蔽作用。

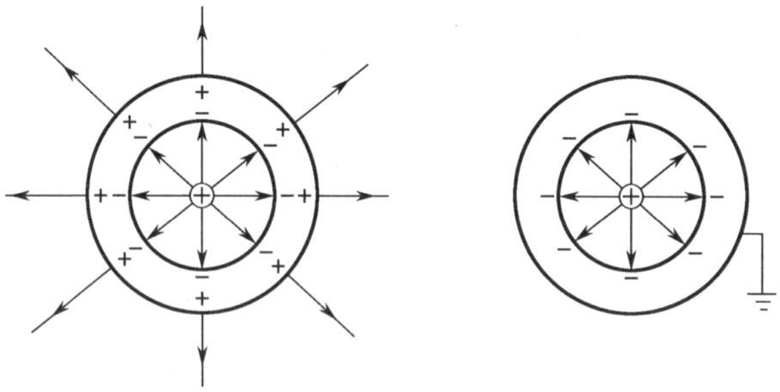

图 7-7 接地空腔导体的静电屏蔽

综上所述,空腔导体(无论接地与否)将使腔内空间不受外电场的影响,而接地空腔导体将使外部空间不会受到空腔内电场的影响。这就是空腔导体的静电屏蔽作用。

在实际工作中,常用编织得相当紧密的金属网来代替金属壳体。例如，高压设备周围的金属栅网，校测电子仪器的金属网屏蔽室等，都是起静电屏蔽作用的。

利用静电平衡条件下等势体及静电屏蔽的道理，人们可在高压输电线路上进行带电维修和检测等工作。当工作人员登上数十米高的铁塔，接近高压线（如500 kV）时，人体通过铁塔与大地相连接，人体与高压线间有非常大的电势差，因而它们之间存在很强的电场，能使人体周围空气电离而放电，从而危及人体安全。利用空腔导体屏蔽的道理，用细铜丝（或导电纤维）和纤维编织制成的导电性能良好的工作服（也叫屏蔽服或均压服），把用同样材料做成的手套、帽子、衣裤和袜子连成一体，构成一导体网壳，工作人员工作时穿上它，就相当于把人体置于空腔导体内部，始终处在无场区域，保证了工作人员的人体安全。此外，由于输电线通过的是交流电，在输电线周围存在很强的交变电磁场，这个电磁场所产生的感应电流也只在屏蔽服上流过，从而也避免了感应电流对人体的危害。即使在工作人员接触电线的瞬间，放电也只在手套与电线间发生，手套与电线之间发生火花放电以后，人体与电线便有了相同的电势，检修人员就可以在不停电的情况下，安全、自由地在几十万伏高压输电线上工作。

例题7.1 有一半径为R_1的导体球，外罩一个内、外半径分别为R_2和R_3的同心导体球壳，如图7-8所示。球和壳带电量分别为q_1和q_2，求：(1)球和壳上的电荷如何分布？(2)各区域的电势如何分布？

解：(1)因为球与球壳同心放置，整个导体系统满足球对称，所以每个球面上的电荷各自均匀分布。导体球带电量q_1均匀地分布在半径为R_1的球面上；由于导体球壳的导体内($R_2 < r < R_3$) $E=0$，用高斯定理可证，导体球壳内表面带电为$-q_1$；根据电荷守恒定律可知导体球壳外表面带电量为q_1+q_2。

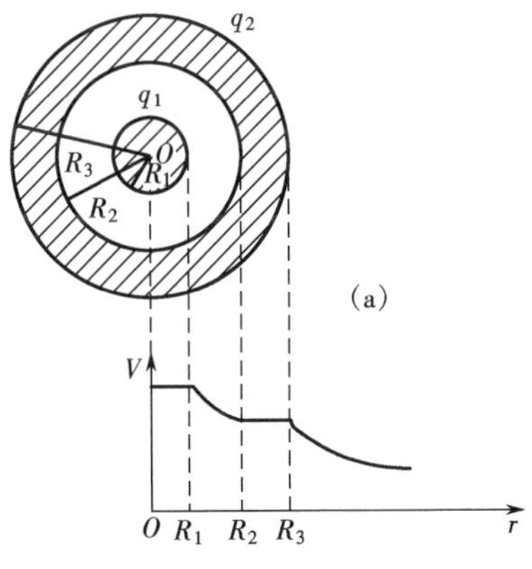

图7-8 例题7.1图

(2)由于这种带电系统产生的电场是球对称分布，用高斯定理可求出各区域的电场强度大小表达式为

$$E=\begin{cases}0 & (r<R_1)\\ \dfrac{q_1}{4\pi\varepsilon_0 r^2} & (R_1<r<R_2)\\ 0 & (R_2<r<R_3)\\ \dfrac{q_1+q_2}{4\pi\varepsilon_0 r^2} & (r>R_3)\end{cases}$$

在 $r \geqslant R_3$ 区域内的电势

$$V_4=\int_r^{\infty}\boldsymbol{E}_4\cdot \mathrm{d}\boldsymbol{l}=\int_r^{\infty}\frac{q_1+q_2}{4\pi\varepsilon_0 r^2}\mathrm{d}r=\frac{q_1+q_2}{4\pi\varepsilon_0 r}$$

在 $R_2 \leqslant r<R_3$ 区域内（导体球壳上）的电势

$$\begin{aligned}V_3&=\int_r^{\infty}\boldsymbol{E}\cdot \mathrm{d}\boldsymbol{l}=\int_r^{R_3}\boldsymbol{E}_3\cdot \mathrm{d}\boldsymbol{l}+\int_{R_3}^{\infty}\boldsymbol{E}_4\cdot \mathrm{d}\boldsymbol{l}\\&=0+\int_{R_3}^{\infty}\frac{q_1+q_2}{4\pi\varepsilon_0 r^2}\mathrm{d}r=\frac{q_1+q_2}{4\pi\varepsilon_0 R_3}\end{aligned}$$

在 $R_1 \leqslant r<R_2$ 区域内的电势

$$\begin{aligned}V_2&=\int_r^{\infty}\boldsymbol{E}\cdot \mathrm{d}\boldsymbol{l}=\int_r^{R_2}\boldsymbol{E}_2\cdot \mathrm{d}\boldsymbol{l}+\int_{R_2}^{R_3}\boldsymbol{E}_3\cdot \mathrm{d}\boldsymbol{l}+\int_{R_3}^{\infty}\boldsymbol{E}_4\cdot \mathrm{d}\boldsymbol{l}\\&=\int_r^{R_2}\frac{q_1}{4\pi\varepsilon_0 r^2}\mathrm{d}r+\int_{R_2}^{R_3}0\mathrm{d}r+\int_{R_3}^{\infty}\frac{q_1+q_2}{4\pi\varepsilon_0 r^2}\mathrm{d}r\\&=\frac{q_1}{4\pi\varepsilon_0}\left(\frac{1}{r}-\frac{1}{R_2}\right)+\frac{q_1+q_2}{4\pi\varepsilon_0 R_3}\end{aligned}$$

在 $r<R_1$ 区域内（导体球上）的电势

$$\begin{aligned}V_1&=\int_r^{\infty}\boldsymbol{E}\cdot \mathrm{d}\boldsymbol{l}\\&=\int_r^{R_1}\boldsymbol{E}_1\cdot \mathrm{d}\boldsymbol{l}+\int_{R_1}^{R_2}\boldsymbol{E}_2\cdot \mathrm{d}\boldsymbol{l}+\int_{R_2}^{R_3}\boldsymbol{E}_3\cdot \mathrm{d}\boldsymbol{l}+\int_{R_3}^{\infty}\boldsymbol{E}_4\cdot \mathrm{d}\boldsymbol{l}\\&=\int_r^{R_1}0\mathrm{d}r+\int_{R_1}^{R_2}\frac{q_1}{4\pi\varepsilon_0 r^2}\mathrm{d}r+\int_{R_2}^{R_3}0\mathrm{d}r+\int_{R_3}^{\infty}\frac{q_1+q_2}{4\pi\varepsilon_0 r^2}\mathrm{d}r\\&=\frac{q_1}{4\pi\varepsilon_0}\left(\frac{1}{R_1}-\frac{1}{R_2}\right)+\frac{q_1+q_2}{4\pi\varepsilon_0 R_3}\end{aligned}$$

其电势曲线如图 7-8(b)所示。

7.2 静电场中的电介质

理想的电介质是不能导电的物质。**电介质**又叫绝缘体，其内部所有电子都被原子核牢牢地束缚着，通常情况下它不能自由地从一个原子（或分子）移动到另外的原子（或分子）上，即电介质中不存在可以自由移动的自由电子。

7.2.1　电介质的极化

电介质由分子组成，每个分子由若干个带正电的原子核和绕核快速旋转的电子组成。若考察分子的带电性能，可将分子中原子核在空间的电效果等效成所有核电荷集中在分子中一点产生的效果，这个等效点称为**正电中心**；而分子中负电荷在空间的电效果等效成所有负电荷集中于分子中一点产生的效果，该点称为**负电中心**。有一类分子的正、负电中心恰好重合，例如 H_2（氢）、N_2（氮）、O_2（氧）、CO_2（二氧化碳）、CH_4（甲烷）及惰性气体 He、Ne、Ar 等，都属于这类分子。因为它对外不显电性，因而称为**无极分子**，如图 7-9(a) 所示。还有一类分子正、负电中心不重合，由于正负电中心有一个微小的距离 l，所以就形成了等效的电偶极子，电偶极矩 $\boldsymbol{P}_e = q\boldsymbol{l}$，这样的分子称为**有极分子**。这类分子包括 H_2O（水蒸气）、H_2S（硫化氢）、NH_4（氨）等，如图 7-9(b) 所示。

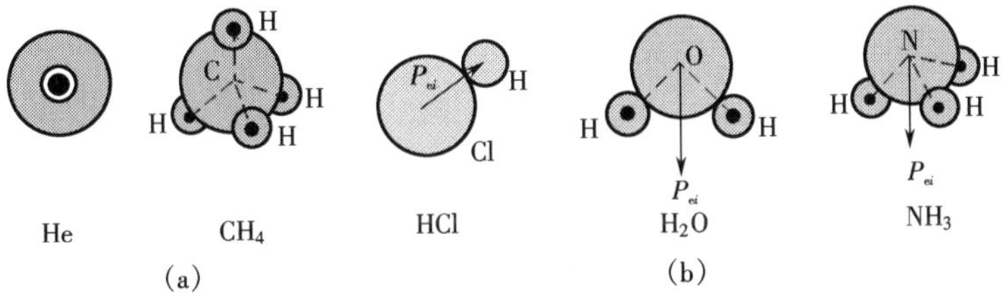

图 7-9　无极分子和有极分子

把电介质放到电场中后，在外电场的作用下，会使电介质中各分子电偶极矩矢量和 $\sum_i \boldsymbol{P}_{ei} \neq 0$，于是电介质对外就呈现出电极性，这就是**电介质的极化**。有极分子电介质中分子电偶极矩受外电场的作用后，电偶极矩方向趋向于外电场的方向，使得电介质两个表面顺外电场方向产生负、正极化面电荷，从而使电介质有了极性。因此有极分子电介质的极化称为**取向极化**。无极分子电介质分子受到外电场作用后，正负电中心电荷会沿电场方向被拉开形成电偶极子，这同样会产生与有极分子电极化相同的效果，这种极化过程是由于无极分子正负电中心电荷移动形成的，因此无极分子的极化称为**位移极化**。

7.2.2　电介质极化后的电极化强度和电场强度

电介质的极化程度可用电极化强度来表示。单位体积内分子的电偶极矩矢量和称为电极化强度，用“$\boldsymbol{P}$”表示。其数学形式为

$$\boldsymbol{P} = \frac{\sum_i \boldsymbol{P}_{ei}}{\Delta V} \tag{7-2}$$

式中 ΔV 为电介质中一体积元。电极化强度的单位是库仑/米^2，符号是 $C \cdot m^{-2}$，它的量纲与电荷面密度相同。

实验证明：当电介质中的电场强度不太大时，各向同性电介质的电极化强度 $\boldsymbol{P}$ 与 $\boldsymbol{E}$ 成正比，方向相同，其关系式为

$$\boldsymbol{P} = \varepsilon_0 \chi_e \boldsymbol{E} = \varepsilon_0 (\varepsilon_r - 1) \boldsymbol{E} \tag{7-3}$$

式中：χ_e 为电极化率；ε_r 为电介质的**相对电容率**；ε_0 为**真空电容率**；$\varepsilon = \varepsilon_0 \varepsilon_r$ 为电介质中的**电容率**。

由于电介质的束缚电荷是电介质极化的结果，所以束缚电荷与电极化强度之间必然存在某种定量关系。可以证明，电介质表面处的电极化强度 $\boldsymbol{P}$ 沿法线方向的分量 P_n 满足以下关系：

$$P_n = \boldsymbol{P} \cdot \boldsymbol{n} = \sigma' \tag{7-4}$$

式中：$\boldsymbol{n}$ 为电介质表面的法线方向；σ' 为束缚电荷面密度。

电介质被极化后产生的束缚电荷，同样也激发电场，此时电介质中的电场有：外电场 $\boldsymbol{E}_0$、束缚电荷产生的电场 $\boldsymbol{E}'$，这两个电场叠加后，电介质内电场为 $\boldsymbol{E}$。它们之间的关系为

$$\boldsymbol{E} = \boldsymbol{E}_0 + \boldsymbol{E}' \tag{7-5}$$

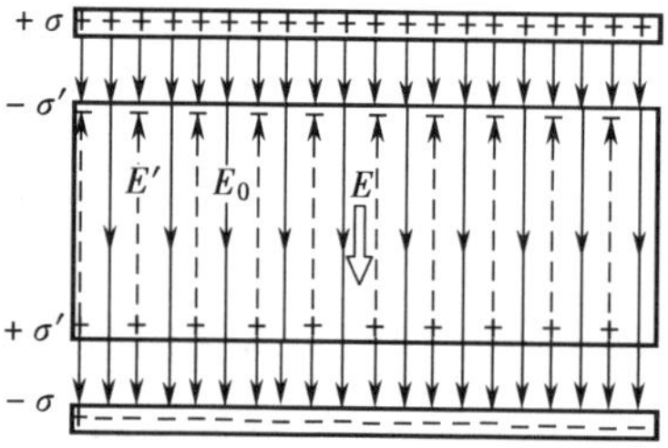

图 7-10 电介质内外的场强

下面用简单的电学模型对电介质中的场强作进一步讨论。如图 7-10 所示，两平行导体板上均匀带电，电荷面密度为 σ，它产生使介质极化的外电场或真空中的电场 $\boldsymbol{E}_0$，由高斯定理可得

$$E_0 = \frac{\sigma}{\varepsilon_0} \tag{7-6a}$$

由于极化作用，在电介质表面出现的束缚电荷 $\pm\sigma'$ 在介质中产生的附加电场

$$E' = \frac{\sigma'}{\varepsilon_0} \tag{7-6b}$$

在电介质内，$\boldsymbol{E}$ 与 $\boldsymbol{E}_0$ 方向相反，于是电介质内的电场强度大小

$$E = E_0 - E' = \frac{\sigma}{\varepsilon_0} - \frac{\sigma'}{\varepsilon_0} \tag{7-7}$$

式中 $\sigma' = P_n = P$，所以得

$$E = E_0 - \frac{P}{\varepsilon_0}$$

把式(7-3)代入上式，整理后可得电介质内、外的场强关系

$$E = \frac{E_0}{\varepsilon_r} \tag{7-8}$$

上式说明，电介质内的场强不但与外电场有关，同时还与电介质的性质有

关。ε_r 是电介质中一个重要的参数,可用它来说明电介质的介电性能。在实际使用中,外电场不太强时,电介质产生极化,不会破坏该材料的绝缘性能。如果外电场很强,电介质分子中的正负电荷有可能被拉开后分离而变成可移动的自由电荷,电介质的绝缘性能被破坏而导电,这时电介质被击穿。一种电介质所能承受不被击穿的最大电场强度,叫做电介质的击穿场强或介电强度。表 7-1 给出了部分材料的击穿场强(由于实验条件及材料的不确定性,这些数值仅作参考)。

表 7-1　部分绝缘材料的相对电容率和击穿场强

电介质	相对电容率	击穿场强(kV/mm)
空气	1.000 5	3
水	78	—
云母	3.7 ~ 7.5	80 ~ 200
玻璃	5 ~ 10	10 ~ 25
瓷	5.7 ~ 6.8	6 ~ 20
纸	3.5	14
电木	7.6	10 ~ 20
聚乙烯	2.3	50
二氧化钛	100	6
氧化钽	11.6	15
钛酸钡	$\sim 10^3 \sim 10^4$	3

7.3　电容和电容器

电容器最早是被科学家作为一种储存电荷的“容器”而发明的,后来发现它还有许多其他的电学功能。现在它已经在各种电器设备和电路中得到广泛的应用。

7.3.1　孤立导体的电容

所谓孤立导体,是指该导体周围没有任何其他导体或电介质存在。设想任意形状的导体(例如半径为 R 的导体球),让它带电 Q,此时该导体的电势为 V。当所带电量 Q 增加时该导体的电势 V 也增加,但是 Q/V 的比值为一常量,这个常量用 C 表示,称为孤立导体的电容。其数学形式为

$$C = \frac{Q}{V} \tag{7-9}$$

式中 C 与导体的形状和尺寸有关,与 Q、V 无关,它的物理意义是使导体电势每升高 1 V 所需要的电量。电容的单位是法拉,符号是 F,1 F =

1 C/V。

实际使用中这个单位太大,常用微法(记作 μF)或皮法(记作 pF)作单位,它们之间的换算关系是

$$1\ \mathrm{F} = 10^{6}\ \mu\mathrm{F} = 10^{12}\ \mathrm{pF}$$

应用式(7-9)可以计算半径为 R 的孤立导体球电容。如导体球带电 Q,则导体球的电势

$$V = \frac{Q}{4\pi\varepsilon_0 R}$$

其电容

$$C = \frac{Q}{V} = 4\pi\varepsilon_0 R$$

如果把地球视为导体球,用上式可计算出地球的电容约为 7×10^{-4}F。

在原本孤立存在的带电导体旁,如果引入其他导体或电介质,该导体电势就有可能改变,同时电容也改变。为避免周围导体和介质的影响,实际的电容器都由两个导体极板构成。

7.3.2 真空电容器的电容

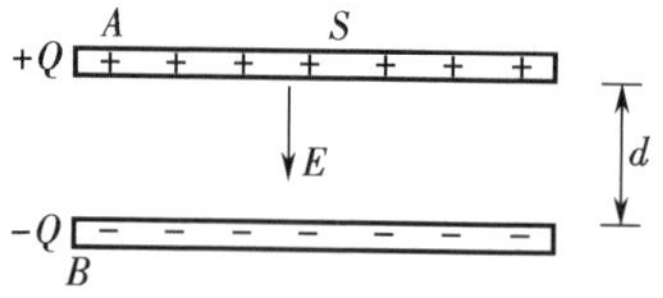

图 7-11 平行板电容器

设有两个导体(例如平行板)极板,如图 7-11 所示,两极板之间是真空,它们带电分别为 $+Q$ 和 $-Q$,这时两导体极板间的电势差为 $V_{AB}=V_A-V_B$,当极板上所带电量 Q 增加时,极板间电势差 V_{AB} 也增加,但是 Q/V_{AB} 保持不变,定义这个比值为电容器电容,即

$$C = \frac{Q}{V_{AB}} \tag{7-10}$$

电容器的电容说明其单位电势差的储电能力,电容的多少与带电多少无关,就像水容器单位深度的储水容量一样,与其中是否装有水无关。决定电容器电容的因素有:电容器的几何尺寸、极板间的相对位置及极板间电介质的介电常量。

计算电容器的电容一般要从式(7-10)出发,假定极板上已经被充上电荷 Q,计算极板间的电势差,然后计算出电容。下面计算两种常见电容器的电容。

7.3.2.1 平行板电容器

这种电容器由两个形状相同的平面导体板构成,如图 7-11 所示。设其面积为 S,两内面间距为 d,两极板间为真空,极板上带电分别为 $+Q$ 和 $-Q$,忽略边沿效应,把两极板间电场视为匀强电场,场强大小

$$E=\frac{\sigma}{\varepsilon_0}=\frac{Q}{\varepsilon_0 S}$$

两极板间电势差

$$V_{AB}=Ed=\frac{Q}{\varepsilon_0 S}d$$

应用定义式(7-10)可得真空平行板电容器的电容

$$C_0=\frac{Q}{V_{AB}}=\frac{\varepsilon_0 S}{d} \tag{7-11}$$

7.3.2.2　圆柱形电容器

这种电容器由两个同轴导体圆筒构成,如图 7-12 所示。设两圆柱的长为 l,半径分别为 R_A 和 R_B,两圆筒之间为真空,当 $l \gg (R_B-R_A)$ 时,电场的边缘效应忽略不计。当两导体圆筒带电分别为 $+Q$ 和 $-Q$ 时,圆筒沿轴向单位长度上的电荷(即电荷线密度)为 $\lambda=Q/l$,应用高斯定理可以求出两导体圆筒间电场强度

$$E=\frac{\lambda}{2\pi\varepsilon_0 r}\qquad (R_A<r<R_B)$$

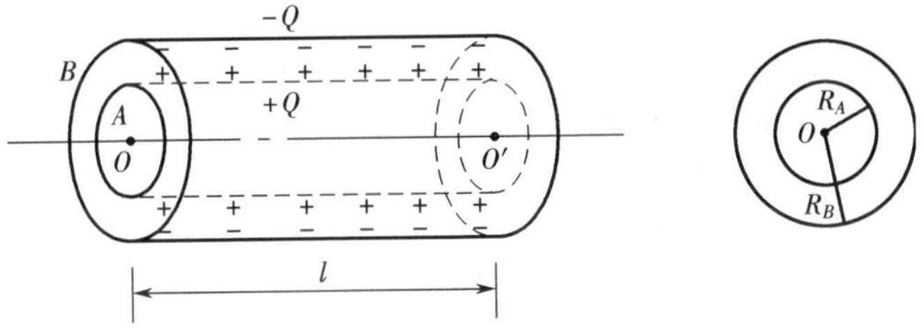

图 7-12　圆柱形电容器

两导体圆筒间的电势差

$$V_{AB}=\int_{R_A}^{R_B}E\mathrm{d}r=\int_{R_A}^{R_B}\frac{\lambda}{2\pi\varepsilon_0 r}\mathrm{d}r=\frac{\lambda}{2\pi\varepsilon_0}\ln\frac{R_B}{R_A}=\frac{Q}{2\pi\varepsilon_0 l}\ln\frac{R_B}{R_A}$$

应用定义式(7-10),可得真空圆柱形电容器的电容

$$C_0=\frac{Q}{V_{AB}}=\frac{2\pi\varepsilon_0 l}{\ln\frac{R_B}{R_A}} \tag{7-12}$$

7.3.2.3　介质电容器的电容　电介质对电容器的影响

实际中的电容器极板间很少是真空的,一般制作时都在两极板间充满击穿场强较大的电介质(绝缘材料)。在两极板间充满电介质后,击穿场强变大,使两极板间相同电势差下的极板间距变小,故而可减小电容器的体积;或者说保持电容器体积不变的情况下,在极板间充满电介质后,单位电势差所需要的电荷增加,即电容量变大了。实验指出,若真空电容器用 C_0 表示,两极板间充满相对电容率为 ε_r 的电介质电容器(简称介质

电容器)用 C 表示,它们之间的关系为

$$\varepsilon_r=\frac{C}{C_0} \tag{7-13}$$

上式说明,相同形状和体积的介质电容器是真空电容器电容的 ε_r 倍。表 7-1 给出了部分电介质的相对电容率,在制造电容器时电介质的选用是非常重要的。

对于充满电介质的平行板电容器,其电容

$$C=\varepsilon_r C_0=\frac{\varepsilon_r\varepsilon_0 S}{d} \tag{7-14}$$

对于充满电介质的圆柱形电容器,其电容

$$C=\varepsilon_r C_0=\frac{2\pi\varepsilon_r\varepsilon_0 l}{\ln\dfrac{R_B}{R_A}} \tag{7-15}$$

从上面的研究可以看出,电容器的电容决定于极板的形状、几何尺寸和填充的电介质,与电容器是否充电无关。电容定义式只是告诉人们如何从电量变化引起的电压变化来考察电容的大小,电容表示升高单位电势差所需的电量。所需电量越多,说明容电能力越大,正像水桶充水一样,上升单位高度所需水越多,则水桶容量就越大。

实际上除了储存电量外,电容器在电工和电子技术中起着重要的作用。可以把它安装在线路板中作随机存储器(RAM)维持电源;用它可以组成电磁振荡器;同时它还应用到发射机中产生振荡电流、接收机中的调谐、整流电路中的滤波、电子线路中的时间延迟等方面。

选用成品电容器时,有两个参数必须注意,一个是容量,一个是耐压值。例如,标称 100 μF/50 V,那就是容量 100 μF,允许该电容在低于 50 V 的条件下工作,如果使用时超过其耐压值,电容器两极间的电介质就有可能被击穿,使其变为导体而导电,电容器就会被损坏。

7.4 静电场的能量

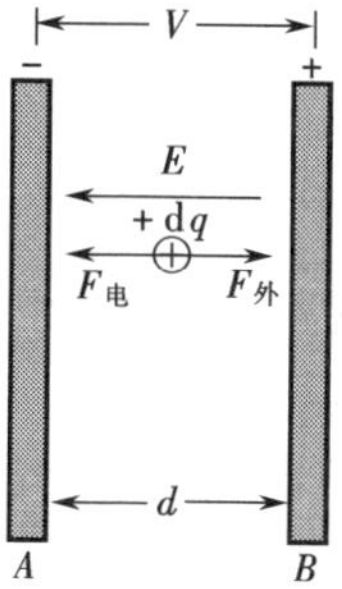

图 7-13 电容器充电

电容器能储存电荷,相应地也能储存电能,电荷产生电场,电容器储存的电能实际上是分布在电场之中。

为了确定在电容器充电到 Q 时所储存的电能,现在对电容充电过程作一简单分析。如图 7-13 所示,不带电的电容器极板要使它带电(充电),可以将一电荷元 dq 从 A 极板移到 B 极板。移动第一个 dq 时可以近似地认为不做功,因为这时 A、B 板间没有

电场，电荷元 dq 移到了 B 板后，B 板便带正电荷，A 板因失去了正电荷而带上负电荷。于是两极板板间产生了静电场 E 和电势差 V。随后再将 dq 从 A 板移到 B 板，必须有外力克服静电场力做功。按电势差的定义，其元功

$$dW = Vdq$$

由电容定义 $V = \frac{q}{C}$ 可得，把电容器充电到 Q，外力做的功

$$W = \int dW = \int_0^Q \frac{q}{C} dq = \frac{Q^2}{2C}$$

外力做功使系统能量发生了变化，也就是做功使电容器中储存的电能增加。电容器中储存的电能用 W_e 表示，在量值上等于外力所做的功，即

$$W_e = \frac{Q^2}{2C} = \frac{1}{2}CV^2 = \frac{1}{2}QV \tag{7-16}$$

下面以平行板电容器为例，将上式进行变换可以看出这电能实际上是分布在电场中，由式(7-14)可知，平行板电容器

$$C = \frac{\varepsilon_r \varepsilon_0 S}{d}, Q = \sigma S, E = \frac{\sigma}{\varepsilon_0}$$

将以上三式代入式(7-16)中可得

$$W_e = \frac{Q^2}{2C} = \frac{1}{2}\varepsilon_r \varepsilon_0 E^2 Sd \tag{7-17}$$

显而易见，电能是储存在电场中，式中 Sd 是电容器两极板间的体积，上式可写成

$$W_e = \frac{1}{2}\varepsilon_r \varepsilon_0 E^2 V$$

定义单位体积中的电场能为电场能量密度，用 ω_e 表示，则有

$$\omega_e = \frac{dW_e}{dV} = \frac{1}{2}\varepsilon_r \varepsilon_0 E^2 = \frac{1}{2}\varepsilon E^2 \tag{7-18}$$

应用上式可计算非均匀电场中所储存的电能

$$W_e = \int \omega_e dV = \int \frac{1}{2}\varepsilon E^2 dV \tag{7-19}$$

式中：dV 是体积元；E 是场强函数；积分区域是整个电场区域。电场具有能量，而能量是物质存在的属性之一，所以电场也是一种物质。

阅读材料

人体静电

在日常的生产和生活中，由各种活动产生的静电现象极为普遍，有的现象可以直接看到，有的可以通过实验测量到。一般来讲，人体静电对人

体有害。

1. 人体静电的产生

产生人体静电的方式很多，可归纳为以下三种情况，即接触起电、感应起电和吸附起电。

人在绝缘地面上走动时，鞋底和地面不断地紧密接触和分离，使地面和鞋底产生不同符号的电荷。若人穿塑料底鞋，在胶板地面上走动时，可使人体带上 2 ~ 3 kV 的负电压；人坐在有绝缘垫子的椅子上活动后起立时，人的衣服和椅子接触分离，会使人体带电。穿尼龙羊毛混纺衣服，并坐在人造革面椅子上的人起立时，人体会带近万伏的高压静电。冬天比较干燥，穿在人身上的毛衣脱下时，会产生“啪、啪”的响声，夜间脱毛衣时还能见到“火星”，这是静电的放电过程。因为穿在人身上的衣服经过长时间的接触后，在内外衣上各产生了一定量的异号电荷，而在内外衣分离时电位升高而引起放电。将尼龙纤维衣服从毛线衣外面脱下时，人体可带 1 万伏以上的高压静电。

上述各种人体活动的起电过程，属于不同固态介质之间的接触起电。使人们带电的过程是这样的，首先衣服和鞋子等物的局部带电，通过静电感应使人体带上一定的电荷形成了人体静电。然后由于衣服和鞋子上局部电荷的流散，使人体上的感应电荷扩散到全身表面，最后达到静电平衡，形成人体静电。

人体静电也可以由于受感应而产生。当人走近已带电的物体或人时，将引起静电感应，感应所得的与带电物体（或人）符号相同的电荷通过鞋移向大地，或通过正在操作接地设备的手移向大地，使人体上只带一种符号的电荷。当人离开带电物体（或人）时，人体就会带有静电。这就是人体的感应起电。例如，当原来已带电的人在原来不带电的人背后走过时，会使不带电的人背上感应出与带电者符号相反的电荷，而手作为人体的另一端会感应出相同符号的电荷。当手触及接地导体而放掉手上的电荷（这个过程会产生火花，很危险，应绝对避免）后，人体背部的电荷会分布在全身表面，产生人体静电。

人体带电的第三种方式是人在带电微粒或小液滴（水汽、油气等）的空间活动后，由于带电微粒或小液滴降落在人体上，被人体所吸附而使人体带电。例如在粉体粉碎及混合等车间工作的人，会有很多带电的粉体颗粒附着在人体上，使人体带电。

2. 人体静电的危害

人体静电在易燃易爆的场合有可能会引发事故。人体是导体，它对地电容的平均值一般为 500 pF。人穿塑料底鞋在胶板上走路，可产生 2 000 ~ 3 000 V 静电电压。若人与其他导体发生火花放电，就会放出 1 ~ 2.5 mJ 静电能量。这个能量足够点燃氢气、丙烷、甲烷、汽油等可燃性物质。人在地毯上走动，身体会带上 3 000 ~ 5 000 V 的静电。若此人发生静电放电，则会放出225～625 mJ的静电能量。这么大的静电能量足够点燃易燃易爆物质和很多粉体物质。若人体电容取200 pF，如果人体静电位达到2000 V时，人在触及接地导体而发生火花放电时放出的能量为0.4 mJ，比石油蒸汽混合物的引火极限能量0.2 mJ高出一倍。可见人体静电危害主要是成为静电燃烧事故的点火源。

在生产半导体器件的超洁净车间里，如果设计不当，采用了大量的高绝缘材料做地面或墙面，车间工人活动时将会起电。这种人体静电会把大量半导体器件内部电路击穿而成为废品。

另外，人体静电放电引起电荷在人体内流动形成瞬间电流，发生电击，以致使操作者发生误动作或产生恐怖情绪，导致工作效率下降。

在日常生活和工作中，应尽量避免或减少人体静电，以减少人体的静电能量，使生活和工作变得更加安全和舒适。综上所述，应该从两个方面来减少人体静电。

①降低人体对地电阻，减少饱和带电量。降低人体对地电阻的途径有：穿着表面电阻率较低的衣服；穿起电能力小的服装；营造湿度较高的环境。有的工作场合，不能有人体静电，就要采取特殊措施来防止人体静电，例如有触摸集成电路工作过程的人，为防止人体静电损坏集成电路，工作人员的手腕都戴上一个接地的放电腕套，用这种方式随时放掉由于活动等原因产生的人体静电。

②减少人体对地电容，减少饱和带电量。

同步练习

思考题

7.1　导体和绝缘体的微观结构有什么区别？为什么绝缘体不导电？绝缘体是绝对不导电吗？

7.2　导体静电感应的结果是什么？

7.3　把半径相等的导体实心球和导体球壳分别带上电荷Q_1和Q_2，然后用导线把这两个导体球连起来，每个球所带电荷是否有变化？现在这两个导体球带电荷分别是多少？

7.4　为什么高压电器设备上金属部件的表面要尽量光滑不带棱角？

7.5　在高压电器设备周围，常围上一接地的金属栅网，以保证栅网外的人身安全，试说明其道理。

7.6　电容器的电容与哪些因素有关？

7.7　在下面情况中，平行板电容器的电势差、电荷、电容、电场强度和所贮存的能量将如何变化？

(1)充电后断开电源，使极板间距加倍，此时极板间为真空；

(2)充电后断开电源，把两极板间充满相对电容率ε_r的电介质；

(3)保持电源与电容器连接，使极板间距加倍，此时极板间为真空；

(4)保持电源与电容器连接，把两极板间充满相对电容率 ε_r 的电介质。

7.8 电介质的极化与导体的静电感应现象有什么区别？试说明电极化强度 $\boldsymbol{P}$ 的物理意义？

选择题

7.9 当一个带电导体达到静电平衡时， [ ]

A. 表面上电荷密度较大处电势较高

B. 表面曲率较大处电势较高

C. 导体内部的电势比导体表面的电势高

D. 导体内任一点与其表面上任一点的电势差等于零

7.10 一"无限大"均匀带电平面 A，其附近放一与它平行的有一定厚度的"无限大"平面导体板 B，如图所示。已知 A 上的电荷面密度为 $+\sigma$，则在导体板 B 的两个表面1和2上的感应电荷面密度为 [ ]

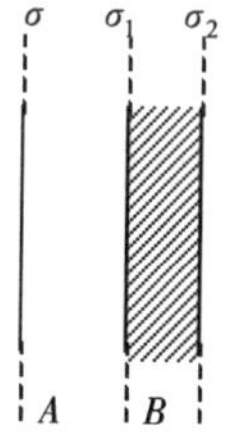

题 7.10 图

A. $\sigma_1 = -\sigma, \sigma_2 = +\sigma$

B. $\sigma_1 = -\frac{1}{2}\sigma,\ \sigma_2 = +\frac{1}{2}\sigma$

C. $\sigma_1 = -\frac{1}{2}\sigma, \sigma_2 = -\frac{1}{2}\sigma$

D. $\sigma_1 = -\sigma, \sigma_2 = 0$

7.11 一带电大导体平板，平板两个表面的电荷面密度的代数和为 σ，置于电场强度为 $\boldsymbol{E}_0$ 的均匀外电场中，且使板面垂直于 $\boldsymbol{E}_0$ 的方向。设外电场分布不因带电平板的引入而改变，则板的附近左、右两侧的合场强为 [ ]

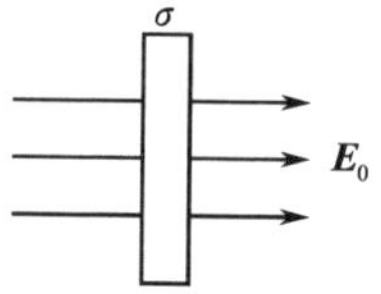

题 7.11 图

A. $E_0 - \frac{\sigma}{2\varepsilon_0}, E_0 + \frac{\sigma}{2\varepsilon_0}$　　B. $E_0 + \frac{\sigma}{2\varepsilon_0}, E_0 + \frac{\sigma}{2\varepsilon_0}$

C. $E_0 + \frac{\sigma}{2\varepsilon_0}, E_0 + \frac{\sigma}{2\varepsilon_0}$　　D. $E_0 - \frac{\sigma}{2\varepsilon_0}, E_0 - \frac{\sigma}{2\varepsilon_0}$

7.12 A、B 为两导体大平板，面积均为 S，平行放置，如图所示。A 板带电荷 $+Q_1$，B 板带电荷 $+Q_2$，如果使 B 板接地，则 AB 间电场强度的大小 E 为 [ ]

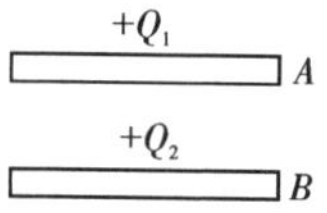

题 7.12 图

A. $\frac{Q_1}{2\varepsilon_0 S}$　　B. $\frac{Q_1 - Q_2}{2\varepsilon_0 S}$

C. $\frac{Q_1}{\varepsilon_0 S}$　　D. $\frac{Q_1 + Q_2}{2\varepsilon_0 S}$

7.13 一空心导体球壳，其内、外半径分别为 R_1 和 R_2，带电荷 q，如图所示。当球壳中心处再放一电荷为 q 的点电荷时，则导体球壳的电势（设无穷远处为电势零点）为 [ ]

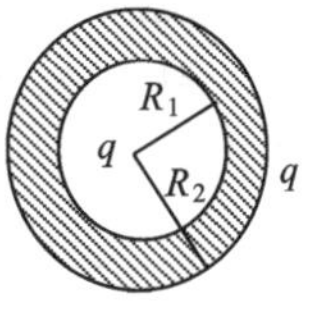

题7.13图

A. $\dfrac{q}{4\pi\varepsilon_0 R_1}$　B. $\dfrac{q}{4\pi\varepsilon_0 R_2}$

C. $\dfrac{q}{2\pi\varepsilon_0 R_1}$　D. $\dfrac{q}{2\pi\varepsilon_0 R_2}$

7.14 C_1 和 C_2 两空气电容器并联起来接上电源充电，然后将电源断开，再把一电介质板插入 C_1 中，如图所示，则 [ ]

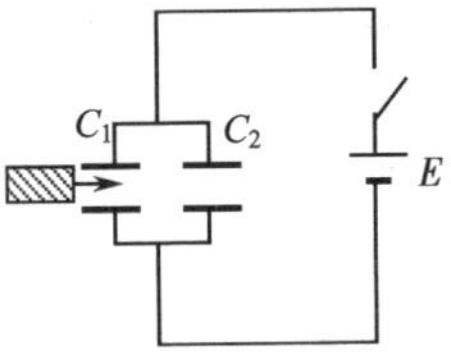

题7.14图

A. C_1 和 C_2 极板上电荷都不变

B. C_1 极板上电荷增大，C_2 极板上电荷不变

C. C_1 极板上电荷增大，C_2 极板上电荷减少

D. C_1 极板上电荷减少，C_2 极板上电荷增大

7.15 两个完全相同的电容器 C_1 和 C_2，串联后与电源连接。现将一电介质板插入 C_1 中，如图所示，则 [ ]

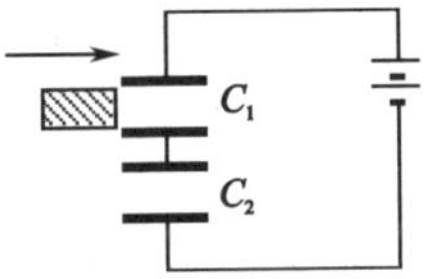

题7.15图

A. 电容器组总电容减小

B. C_1 上的电荷大于 C_2 上的电荷

C. C_1 上的电压高于 C_2 上的电压

D. 电容器组贮存的总能量增大

7.16 一个平行板电容器，充电后与电源断开，当用绝缘手柄将电容器两极板间距离拉大，则两极板间的电势差 U_{12}、电场强度的大小 E、电场能量 W 将发生如下变化中的 [ ]

A. U_{12} 减小，E 减小，W 减小　B. U_{12} 增大，E 增大，W 增大

C. U_{12} 增大，E 不变，W 增大　D. U_{12} 减小，E 不变，W 不变

填空题

7.17 如图所示，两同心导体球壳，内球壳带电荷 $+q$，外球壳带电荷 $-2q$。静电平衡时，外球壳的电荷分布为：内表面_______；外表面_________。

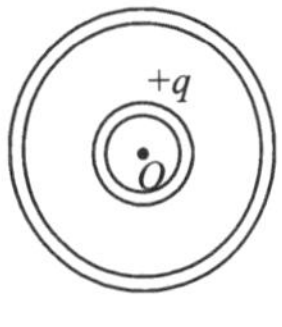

题7.17图

7.18 一空气平行板电容器，两极板间距为 d，充电后板间电压为 U，然后将电源断开，在两板间平行地插入一厚度为 $d/3$ 的金属板，则板间电压变成 U' = ______________。

7.19 一平行板电容器，充电后与电源保持连接，然后使两极板间充满相对介电常量为 ε_r 的各向同性均匀电介质，这时两极板上的电荷是原来的______倍；电场强度是原来的________倍；电场能量是原来的

________倍。

7.20 一平行板电容器，充电后切断电源，然后使两极板间充满相对介电常量为 ε_r 的各向同性均匀电介质。此时两极板间的电场强度是原来的__________倍；电场能量是原来的________ 倍。

7.21 电容为 C_0 的平板电容器，接在电路中，如图所示。若将相对介电常量为 ε_r 的各向同性均匀电介质插入电容器中（填满空间），则此时电容器的电容为原来的_____倍，电场能量是原来的________倍。

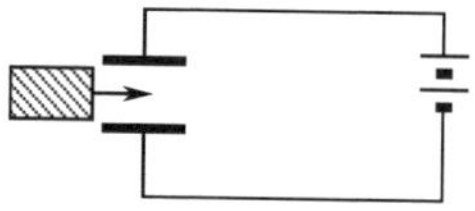
题 7.21 图

计算题

7.22 一导体球半径为 R，带电为 Q，求带电导体球的电势以及电场强度大小的分布。

7.23 如图所示，一内半径为 a、外半径为 b 的金属球壳，带有电荷 Q，在球壳空腔内距离球心 r 处有一点电荷 q。设无限远处为电势零点，试求：

(1)球壳内外表面上的电荷；

(2)球心 O 点处，由球壳内表面上电荷产生的电势；

(3)球心 O 点处的总电势。

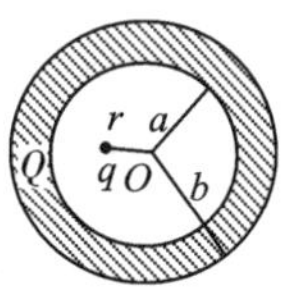

题 7-23 图

7.24 面积为 2.0 m^2 的两平行导体板，相距 5 mm 构成平行板电容器，若在两极板间加上 1000 V 电压，略去边缘效应。求：

(1)真空电容器的电容 C_0；

(2)各极板上的电量 Q_0 和电荷面密度 σ_0；

(3)电场强度大小 E_0。

7.25 若把上题中两极板间填满相对电容率 $\varepsilon_r = 4$ 的电介质后接到 1000 V 的电压上，再求其电容 C、极板上电荷 Q 和两极板间的电场强度大小。

7.26 一空气平行板电容器，极板面积为 S，两板距离为 d $(d \ll \sqrt{S})$。设两极板间电势差为 U_{12}，求：

(1)电容器的电容；

(2)电容器储存的能量。

7.27 一平行板电容器，其极板面积为 S，两板间距离为 d $(d \ll \sqrt{S})$，中间充有两种各向同性的均匀电介质，其界面与极板平行，相对介电常量分别为 ε_{r1} 和 ε_{r2}，厚度分别为 d_1 和 d_2，且 $d_1 + d_2 = d$，如图所示。设两极板上所带电荷分别为 $+Q$ 和 $-Q$，求：

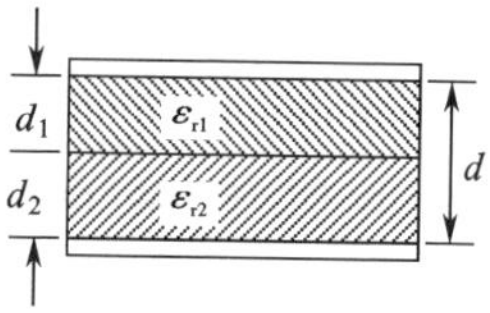

题 7-27 图

(1)电容器的电容；

(2)电容器储存的能量。

第 8 章 恒定电流的磁场

基本要求

1. 了解电源电动势及闭合回路的欧姆定律。

2. 理解毕奥-萨伐尔定律。

3. 掌握无限长载流直线的磁场，圆环、圆弧中心处的磁场，长直螺线管轴线处的磁场。

4. 理解洛伦兹力、安培力及其载流线圈在磁场中的力矩。

5. 了解磁介质及其特性。

学习重点

1. 简单形状载流导线的磁感应强度计算。

2. 安培力和载流线圈在磁场中的力矩。

导体内通过任意截面不随时间变化的电流称为**稳恒电流**。由稳恒电流产生的磁场，其空间分布不随时间变化，这样的磁场称为**稳恒磁场**。本章将介绍电流和稳恒电流的产生条件和形成，由稳恒电流产生的磁场及稳恒磁场的性质和电磁力。

8.1 恒定电流

电荷的定向移动形成电流，只有含有电源的闭合回路里才能有持续的电流。在导体中是负电荷（自由电子）移动形成电流，但是规定电流方向是正电荷的移动方向。电源用非静电场力把正电荷从电源的负极移动到正极。在电路中，电源部分称为内电路，电路的其他部分称为外电路。在电源电动势的驱动下，正电荷在外电路中从电源正极出发，并用不同的方式对外做功后回到电源的负极。这样电荷的移动便形成了电流。

8.1.1 电动势 电流

在金属导体内有大量的可以自由移动的自由电子，不加电场时导体内的自由电子热运动不会形成电流；处在电场中的导体，静电平衡后因为导体内电场强度为零，也不会有自由电子的定向移动；如果导体内电场强度不为零，导体内的自由电子就会在电场力的作用下产生定向移动而形成电流。由此可知，电流的形成必须满足两个条件：①导体内有可移动的自由电荷（载流子）；②导体内要有一个持续的电场。这两个条件缺一不

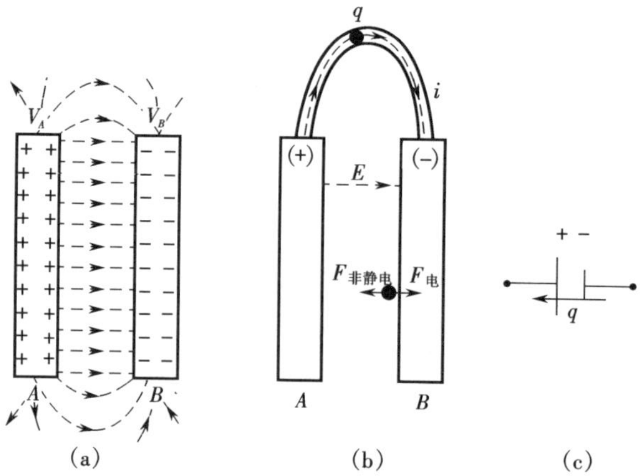

图 8-1 电源电动势

可。

如图 8-1(a)所示,设带正电的导体板 A("+"极)电势为 V_A,带负电的导体板 B("−"极) 电势为 V_B。二者间有电势差和电场,电场中贮存着电能,但二者间无载流子,形不成电流。如图 8-1(b)所示,若在二者之间连接一导线(把两极短路),场强的方向沿导线从 A 指向 B,形成电流的两个条件都已具备,自由电子将从"−"极逆电场方向流向"+"极,等效于 $+q$ 从"+"极流向"−"极,在导体中形成电流 i。随着电流的流动,正、负电荷将中和掉,贮存于电场中的电能也将耗尽,转化为热能,极板之间的电势差和电场随之消失,从而失去了形成电流的第二个条件,于是导体中的电流将终止,这是一个瞬间电流。通常,有应用价值的是不断流动且可控制的电流。如何形成持续电流呢? 要维持电流,必须维持导线中的电场,即两端的电势差。为此,就得把通过导线由正极流向负极的电荷再"搬回"正极,正极流走一个 $+q$ 就必须通过一定的方式马上再从负极取回一个 $+q$,这样才能保证正、负极上的电荷处于动态平衡,确保两极板间的电势差不变。但这不可能由电场产生的静电力来完成,必须用与电场力相反的非静电场力 $F_{非静电}$ 才能将 $+q$ 由负极再移回正极。在移动过程中,非静电场力做功,这一过程使其他能量(如化学能、机械能、热能……)转变成电能。人们把通过非静电场力做功,将其他能量转变成电能的装置称为**电源**。电路中电源画成如图 8-1(c)所示的符号,两条竖杠表示两个极板,其中较长的竖杠代表正极性,短竖杠代表负极性。电源内部正、负极之间称为**内电路**,其电阻称为内阻 r。把相对于电源之外的其他部分电路称为**外电路**。在内、外电路构成的闭合回路中,$+q$ 在外电路静电场力作用下由正极移动到负极,这一过程电场力做功消耗电能。然后非静电场力做功通过内电路(电源)把 $+q$ 从负极搬回到正极。在这个闭合回路中,电荷连续不断地流动就形成了电流,如图 8-2 所示。化学电池、发电机、太阳能电池等都是电源。对于电源来说,表征其特征的最重要的物理量是电动势$\mathscr{E}$和内阻 r 。电动势表征电源内非静电场力做功的能力。

在电源内部,把单位正电荷由电源的负极移至电源正极非静电场力所做的功称为**电动势**。电动势的单位为 $\mathrm{J \cdot C^{-1}}$(焦耳/库仑),$1\ \mathrm{J \cdot C^{-1}} = 1\ \mathrm{V}$(伏特),与电势差单位相同。

在电源电动势的作用下,如图 8-2(b)所示,电路中有持续的电流。把单位时间内通过导线上任意截面的电量称为电流强度,用 I 表示,其定义式为

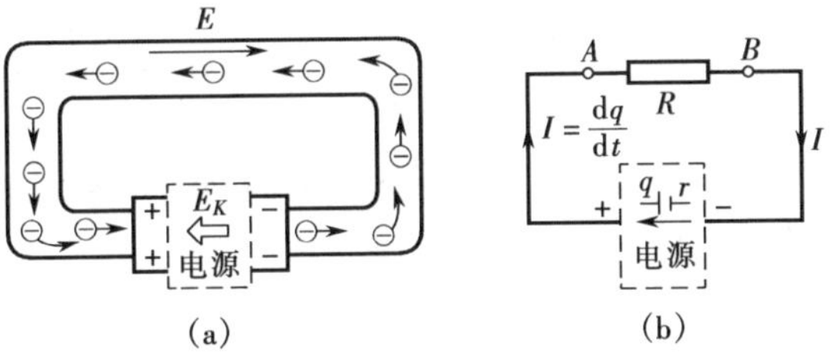

图 8-2　电源与外电路构成闭合回路

$$I = \frac{\mathrm{d}q}{\mathrm{d}t} \tag{8-1}$$

电流强度的单位是安培(或库仑/秒),符号为 A 或 $\mathrm{C \cdot s^{-1}}$,规定正电荷流动的方向为电流的方向。电流是标量,所谓电流的方向是指正电荷沿导线流动的方向。电流能产生各种电效应,如电磁力、热、光、声等。

8.1.2　闭合回路的欧姆定律

闭合回路如图 8-2(b)所示,在这个回路里,R 是外电阻(也称为外电路电阻),r 是内电阻,$\mathscr{E}$是电源电动势,当回路中有电流 I 时,在回路中电源所做的功为$\mathscr{E} q$。根据能量转换和守恒定律,电能在回路中全部转换成焦耳热,因此有

$$\mathscr{E} q = \mathscr{E} It = I^2 Rt + I^2 rt$$

或写成

$$I = \frac{\mathscr{E}}{R + r} \tag{8-2}$$

上式表明,回路电流等于电源电动势与回路总电阻之比。这一结果称为闭合回路的欧姆定律。

用 $U_A - U_B$ 表示 A、B 两点间的电势差,也称为电源的端电压。显然,电源电动势$\mathscr{E}$与电源的端电压 $U_A - U_B$ 之差,等于电源内电阻上的电势降

Ir,于是有

$$U_A - U_B = \mathscr{E} - Ir = IR$$

上式表明:如果电源内电阻 r 远小于外电阻 R,则电源内电阻上的电势降远小于外电阻上的电势降,这时电源的端电压非常接近于电源电动势。如果外电路断路,可认为 $R=\infty$,$I=0$,此时

$$U_A - U_B = \mathscr{E}$$

电源电动势就等于外电路开路时的端电压。

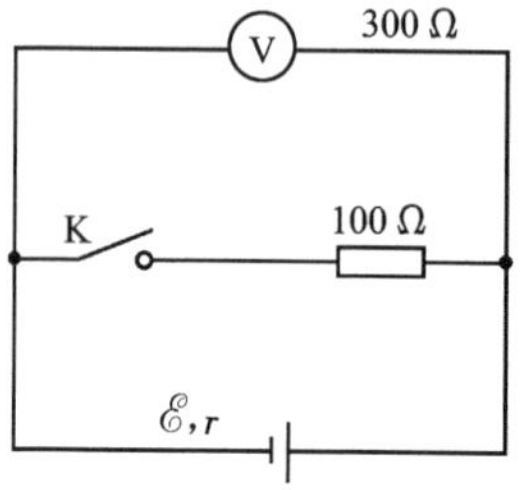

图 8-3 例题 8.1 图

例题 8.1 如图 8-3 所示,试用伏特计测量电源端电压电路,已知伏特计电阻 $R_1 = 300\ \Omega$,开关支路上串有电阻 $R_2 = 100\ \Omega$,在没有合上开关前伏特计读数是 1.49 V,合上开关后伏特计读数是 1.46 V,求电源的电动势$\mathscr{E}$和内阻 r。

解:合上 K 时,设回路电流为 I_1,端电压为 V_1,于是有

$$I_1 = \frac{\mathscr{E}}{\dfrac{R_1R_2}{R_1+R_2}+r}$$

$$V_1 = \frac{R_1R_2}{R_1+R_2}I_1$$

即

$$V_1 = \frac{R_1R_2\,\mathscr{E}}{(R_1+R_2)r+R_1R_2} \tag{1}$$

断开 K 时,设回路电流为 I_2,端电压为 V_2,于是有

$$I_2 = \frac{\mathscr{E}}{R_1+r}$$

$$V_2 = R_1I_2$$

即

$$V_2 = \frac{\mathscr{E}R_1}{R_1+r} \tag{2}$$

由式(1)和式(2)可解得

$$\mathscr{E} = \frac{R_1V_1V_2}{(R+R_2)V_1 - R_2V_2}$$

$$= \frac{300\times1.46\times1.49}{(300+100)\times1.46+100\times1.49} = 1.50\ \text{V}$$

$$r = \frac{R_1(\varepsilon - V_2)}{V_2} = \frac{300\times(1.50-1.49)}{1.49} = 2.01\ \Omega$$

8.2　磁场　磁感应强度

早在公元前 3 世纪，我国就有磁石吸铁的记载。东汉"司南勺"被公认为最早的磁性指南器用具，后发展成指南针，于 12 世纪用于航海。

19 世纪以前，没有人知道电和磁的联系，好像两种自然现象彼此无关。1731 年有一英国商人诉说，一场雷雨之后他的一箱刀叉带上了磁性。1751 年富兰克林发现莱顿瓶放电后，家里的缝纫机针有了磁性。电究竟能不能产生磁？针对这个问题德国一家研究所于 1774 年悬奖征解，题目是：电力和磁力是否存在实际的和物理的相似性？对此许多人竞相研究和实验。这个问题直到 1819 年才由奥斯特和安培通过实验将电和磁的联系揭示出来。

奥斯特（Hans Christian Oersted，1777—1851）是丹麦哥本哈根大学的教授，自 1812 年他的脑海中就盘旋着一个问题："电是否以其隐蔽的方式对磁体有类似的作用？"1819 年，他和助手给大家演示实验说明它的发现，他们把导线和磁针平行放置，并把磁针移到了导线下方，当助手接通电池瞬间，磁针有轻微晃动。随后他又进行了反复深入的实验研究。1820 年报告了他 60 次实验的结果，电流可使小磁针偏转，这一历史性的实验在当时曾轰动了欧洲。奥斯特的发现传到法国巴黎，安培（André-Marie Ampère，1775—1836）重复了奥斯特的实验后，并把实验扩展到电流与电流的相互作用，发现两通电直导线在电流同向时相互吸引；电流反向时相互排斥。他为了定量研究电流的相互作用，设计了 4 个灵巧的实验。1822 年左右，安培 3 次向法国科学院宣读论文，为确定电流方向与磁针偏转方向的关系，提出了安培定则；强调通电线圈与磁铁等效，以及圆电流产生磁的可能性。图 8-4（a）所示为奥斯特实验的概况，图 8-5 表明了安培实验及其思想。奥斯特和安培的实验引导物理学家们得出**磁起源于电流和运动电荷**的结论。

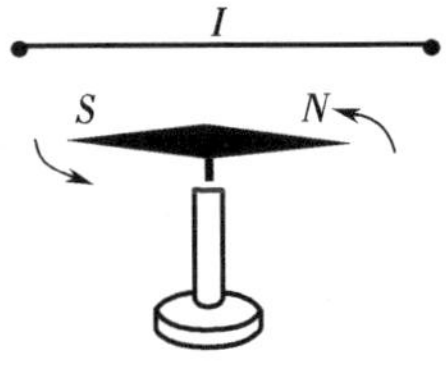

(a)

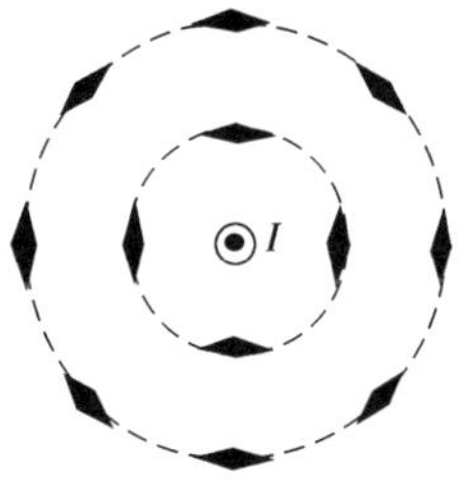

(b)

图 8-4　奥斯特实验

同时他们还发现,在垂直于载流直导线的平面内放置许多小磁针,实验结果是小磁针会像如图 8-4(b)所示的形状和顺序排列起来。实验结果显示,电流与电流之间(如图 8-5 所示)、电流与磁铁之间、磁铁与磁铁之间都会有作用力。而它们之间没有直接接触就可以相互作用,说明它们之间有一种类似于电场的物质,这就是**磁场**。描述电场的强弱和方向用电场强度,类似于电场强度,描述磁场的强弱和方向就用一个新的物理量——磁感应强度,它是一个矢量,用 $\boldsymbol{B}$ 表示。

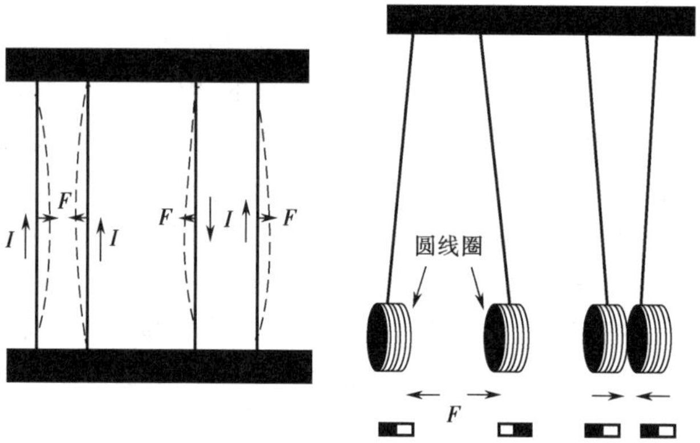

(a) (b)

图 8-5 电流之间的作用力

根据实验结果,描绘磁场的磁感应强度 $\boldsymbol{B}$ 的大小和方向可定义如下。

①磁场中任一点 $\boldsymbol{B}$ 的方向与运动电荷通过该点时电荷不受力的速度 $\boldsymbol{v}$ 方向平行。实验上,该点置一小磁针,N 极所指方向为磁感应强度 $\boldsymbol{B}$ 的方向。

②磁场中任一点,比值 $F_{\perp}/qv$ 是定值,非匀强磁场中不同点的比值不一样,比值能够反映磁感应强度的大小分布,所以定义磁感应强度的大小为

$$B = \frac{F_{\perp}}{qv} \tag{8-3}$$

在 SI 制中,磁感应强度的单位是特(斯拉),符号为 T,$1\ \text{T} = 1\ \text{N}\cdot\text{A}^{-1}\cdot\text{m}^{-1}$。

地球表面附近磁场的 B 值约为 0.5×10^{-4} T,一般永久磁铁附近的 B 值约为 10^{-2} T,强电磁铁附近的 B 值可高达 2 T。

8.3 电流的磁场

电流和运动的电荷都能产生磁场。电流与磁场之间具有什么样的关

系呢？1820年毕奥和萨伐尔两人研究和分析了很多的实验资料后，最后总结出有关电流产生磁场的基本定律，称为毕奥-萨伐尔定律。

8.3.1　毕奥-萨伐尔定律

研究电流产生的磁场，可以在载流导线上任取一电流元矢量 $I\mathrm{d}\boldsymbol{l}$，其电流元在给定点 P 所产生的磁感应强度 $\mathrm{d}\boldsymbol{B}$ 的大小与电流元的大小成正比，与电流元矢量和电流元到 P 点的矢径 $\boldsymbol{r}$ 之间的夹角 θ 的正弦成正比，与 $\boldsymbol{r}$ 大小的平方成反比。$\mathrm{d}\boldsymbol{B}$ 的方向垂直于 $I\mathrm{d}\boldsymbol{l}$ 与 $\boldsymbol{r}$ 构成的平面，指向为由 $I\mathrm{d}\boldsymbol{l}$ 始在小于180°角内转向 $\boldsymbol{r}$ 的右旋方向，如图8-6所示。把毕奥-萨伐尔定律写成数学表达式，$\mathrm{d}\boldsymbol{B}$ 的大小为

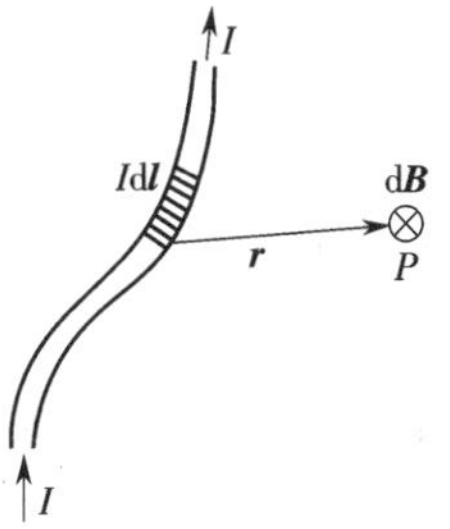

图8-6　电流元产生的磁场

$$\mathrm{d}B = K\frac{I\mathrm{d}l\sin(I\mathrm{d}\boldsymbol{l},\boldsymbol{r})}{r^2}$$

式中：K 为比例系数，它的大小和单位取决于磁场中磁介质和所选用的单位制。在真空中的磁场，采用SI制，则比例系数 $K=\frac{\mu_0}{4\pi}$，μ_0 为真空中的磁导率，其值为 $\mu_0=4\pi\times10^{-7}\ \mathrm{N\cdot A^{-2}}$，于是上式可写成

$$\mathrm{d}B = \frac{\mu_0}{4\pi}\cdot\frac{I\mathrm{d}l\sin(I\mathrm{d}\boldsymbol{l},\boldsymbol{r})}{r^2} \tag{8-4a}$$

若用矢量形式表示，可写成

$$\mathrm{d}\boldsymbol{B} = \frac{\mu_0 I\mathrm{d}\boldsymbol{l}}{4\pi r^2}\times\frac{\boldsymbol{r}}{r} = \frac{\mu_0}{4\pi}\cdot\frac{I\mathrm{d}\boldsymbol{l}\times\boldsymbol{r}}{r^3} \tag{8-4b}$$

式中：$\frac{\boldsymbol{r}}{r}$ 为沿 $\boldsymbol{r}$ 方向的单位矢量。

8.3.2　毕奥-萨伐尔定律应用举例

要确定任意载有恒定电流的导线在一点 P 产生的磁感应强度，根据磁场的叠加原理，用式(8-4)可得载流导体上所有电流在 P 点产生的磁感应强度

$$B = \int_L \mathrm{d}B = \int\frac{\mu_0}{4\pi}\cdot\frac{I\mathrm{d}l\sin(I\mathrm{d}\boldsymbol{l},\boldsymbol{r})}{r^2} \tag{8-5a}$$

$$\boldsymbol{B} = \int_L \mathrm{d}\boldsymbol{B} = \int\frac{\mu_0}{4\pi}\cdot\frac{I\mathrm{d}\boldsymbol{l}\times\boldsymbol{r}}{r^3} \tag{8-5b}$$

对各种形状的载流导体，应用式(8-5a)和式(8-5b)都可以求解电流产生的磁场。下面应用上式求解两种简单形状载流导线的磁场。

8.3.2.1 有限长载流直导线的磁场

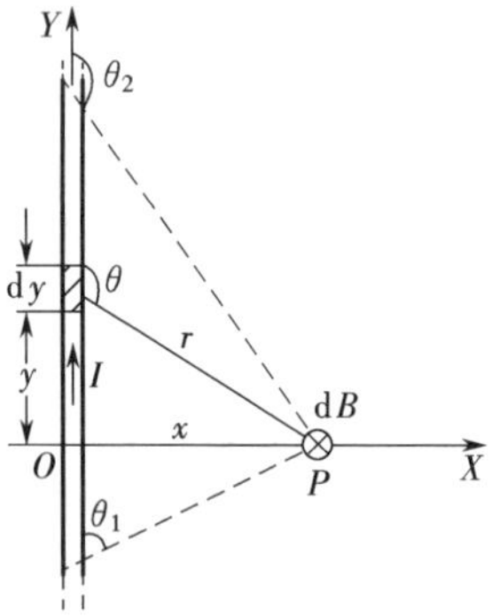

图 8-7 有限长载流直导线的磁场

设有长为 L 的直导线，通电流为 I。计算与直导线垂直距离为 x 的场点 P 的磁感应强度 B。可在载流导线上任取一电流元 $I\mathrm{d}\boldsymbol{l}$，并建立 XOY 平面直角坐标系，如图 8-7 所示，电流元 $I\mathrm{d}\boldsymbol{l}$ 到 P 点的位置矢量为 $\boldsymbol{r}$。在这个坐标中 $I\mathrm{d}l = I\mathrm{d}y$，$I\mathrm{d}\boldsymbol{l}$ 与 $\boldsymbol{r}$ 之间的夹角为 θ、距原点为 y。应用式(8-4a)可得

$$\mathrm{d}B = \frac{\mu_0}{4\pi} \cdot \frac{I\mathrm{d}y\sin\theta}{r^2}$$

分析载流导体上任意位置的电流元在 P 点产生的磁感应强度 $\mathrm{d}\boldsymbol{B}$，方向都相同，因此 P 点的磁感应强度就等于载流导体上各个电流元在该点产生的磁感应强度之和，即

$$B = \int \mathrm{d}B = \frac{\mu_0}{4\pi}\int \frac{I\mathrm{d}y\sin\theta}{r^2} \tag{a}$$

式中：r、θ、y 是三个变量。x 视为常量，现在把 r 和 y 都写成以 θ 作变量来进行积分运算，由图中的几何关系可得

$$r = \frac{x}{\sin(\pi - \theta)} = \frac{x}{\sin\theta} \tag{b}$$

$$y = x\cot(\pi - \theta) = -x\cot\theta$$

对上式微分可得

$$\mathrm{d}y = \frac{x\mathrm{d}\theta}{\sin^2\theta} \tag{c}$$

把式(b)、式(c)代入式(a)中可得有限长载流直导线产生的磁感应强度大小为

$$B = \frac{\mu_0 I}{4\pi x}\int_{\theta_1}^{\theta_2} \sin\theta\mathrm{d}\theta = \frac{\mu_0 I}{4\pi x}(\cos\theta_1 - \cos\theta_2) \tag{8-6}$$

式中：θ_1 和 θ_2 是沿电流方向看，电流始点处和终点处 $I\mathrm{d}\boldsymbol{l}$ 与 $\boldsymbol{r}$ 之间的夹角，P 点位置不同，x 和 θ_1、θ_2 也不同，所以 B 是空间位置的函数。

如果载流直导线是半无限长，则 $\theta_1 = 0$、$\theta_2 = \frac{\pi}{2}$（或 $\theta_1 = \frac{\pi}{2}$、$\theta_2 = \pi$），应用式(8-6)可得半无限长载流直导线产生的磁感应强度大小为

$$B = \frac{\mu_0 I}{4\pi x} \tag{8-7}$$

如果载流直导线是无限长，距直导线为 x 的场点，可知 $\theta_1 = 0$、$\theta_2 = \pi$，应用式(8-6)可得无限长载流直导线产生的磁感应强度大小为

$$B=\frac{\mu_0 I}{2\pi x} \tag{8-8}$$

上式说明，无限长载流直导线产生的磁场具有轴对称性，在以无限长载流直导线为轴线的等半径圆周上磁感应强度大小相等，其大小与场点到轴线的距离成反比。

8.3.2.2　圆形载流导体轴线上的磁场

设有圆形载流导体（或称圆形电流）如图 8-8 所示，圆形电流的半径为 R，通电流 I，其在三维直角坐标系中，X 轴为圆形电流的轴线，圆形电流在 Y-Z 平面内。求轴线上的磁感应强度分布函数。

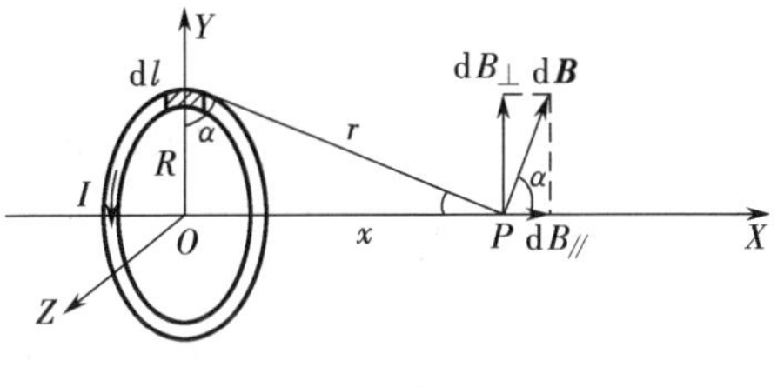

图 8-8　圆形电流的磁场

如图 8-8 所示，在圆形电流上任取一电流元 Idl，因为圆环上任意点的电流元 $I\mathrm{d}\boldsymbol{l}$ 与 $\boldsymbol{r}$ 之间的夹角都是直角，其 $\sin(I\mathrm{d}\boldsymbol{l},\boldsymbol{r})=1$，应用式(8-4a)，电流元在轴线上距圆心 O 为 x 的一点 P 产生的磁感应强度的大小为

$$\mathrm{d}B=\frac{\mu_0}{4\pi x}\frac{I\mathrm{d}l}{r^2}$$

$\mathrm{d}B$ 的方向垂直于 $I\mathrm{d}\boldsymbol{l}$ 和 $\boldsymbol{r}$ 构成的平面，并且随 $I\mathrm{d}\boldsymbol{l}$ 的位置变化，如果把 $\mathrm{d}\boldsymbol{B}$ 分解成沿 X 轴的平行分量 $\mathrm{d}B_{/\!/}$ 和垂直分量 $\mathrm{d}B_{\perp}$，由于磁场的对称性可得与 X 轴垂直分量的磁场叠加后为

$$B_{\perp}=\int \mathrm{d}B_{\perp}=0$$

为了便于计算，把 $\mathrm{d}B_{/\!/}$ 写成 $\mathrm{d}B_x$。显然，与 X 轴平行分量的磁场叠加后就是圆环电流在轴线上的磁感应强度 B，即

$$B=\int \mathrm{d}B_x=\int \mathrm{d}B\cos\alpha=\frac{\mu_0}{4\pi}\int\frac{I\mathrm{d}l}{r^2}\cdot\frac{R}{r}$$

式中：α 为 $\mathrm{d}B$ 与 X 轴之间的夹角，其几何关系为

$$\cos\alpha=\frac{R}{r},r=(x^2+R^2)^{1/2}$$

上式积分后可得

$$B=\frac{\mu_0 IR^2}{2(R^2+x^2)^{3/2}} \tag{8-9}$$

B 的方向沿 X 轴正方向，当 $x=0$ 时，可得圆形电流中心处的磁感应强度大小为

$$B_0=\frac{\mu_0 I}{2R} \tag{8-10}$$

因为圆形电流上的任一电流元在圆心处产生的磁感应强度都是沿 X 轴正方向,也就是说,O 点处的磁场是同方向磁感应强度叠加的结果,所以,如果计算 1/2 个圆形电流在 O 点的磁感应强度大小,可得

$$B_{0,\frac{1}{2}}=\frac{1}{2}B_0=\frac{\mu_0 I}{4R}$$

如果计算 1/4 个圆形电流在 O 点的磁感应强度,可得

$$B_{0,\frac{1}{4}}=\frac{1}{4}B_0=\frac{\mu_0 I}{8R}$$

以此类推,如果计算 $1/n$ 个圆形电流在 O 点的磁感应强度大小,可得

$$B_{0,\frac{1}{n}}=\frac{1}{n}B_0=\frac{\mu_0 I}{2nR}$$

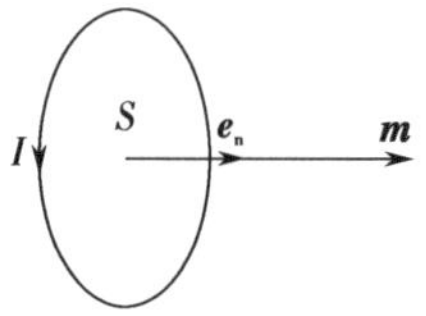

图 8-9 圆形电流的磁矩

针对圆形电流的磁场,引入一个新的物理量——**磁矩矢量**,符号为 $\boldsymbol{m}$。圆电流的磁场与具有 N、S 极的小磁铁的磁场相似,故称它为磁偶极子。磁偶极子的特征可用磁矩 $\boldsymbol{m}$ 表示。如图 8-9 所示,设有一平面圆线圈,通电流 I,面积 S,圆形电流平面的单位正法线矢量 $\boldsymbol{e}_n$,它与电流的流向遵守右手螺旋定则,即右手四指顺着电流流动方向回转时,大拇指的指向为圆形电流单位正法线矢量 $\boldsymbol{e}_n$ 的方向。定义圆形电流的磁矩为

$$\boldsymbol{m}=IS\boldsymbol{e}_n \tag{8-11a}$$

若圆形线圈为 N 匝,总电流是单匝的 N 倍,这时的磁矩为

$$\boldsymbol{m}=NIS\boldsymbol{e}_n \tag{8-11b}$$

应该指出,以上二式不但可应用于圆形电流线圈,对其他形状的载流线圈同样适用。

例题 8.2 把通有电流 I 的无限长导线折成如图 8-10 所示的形状,圆弧半径为 R,求 O 点处的磁感应强度 B。

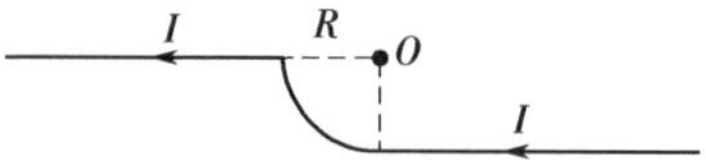

图 8-10 例题 8.2 图

解: 由图可以看出,此电流形状由三部分组成:左右是两条半无限长电流,中间是 1/4 圆弧电流。左边的半无限长电流延长线过 O 点,因此在 O 点产生的磁感应强度为

$$B_{左}=0$$

右边的半无限长电流在 O 点产生的磁感应强度为

$$B_{右}=\frac{\mu_0 I}{4\pi R} \quad (方向垂直纸面向里)$$

1/4 圆弧电流在 O 点产生的磁感应强度为

$$B_R=\frac{1}{4}\cdot\frac{\mu_0 I}{2R}=\frac{\mu_0 I}{8R}\qquad（方向垂直纸面向里）$$

$$B=B_{左}+B_{右}+B_R=\frac{\mu_0 I}{8R}\left(1+\frac{2}{\pi}\right)\qquad（方向垂直纸面向里）$$

8.4　磁通量　磁场中的高斯定理

本节要讨论磁场的性质,为此需要建立一个描绘磁场的物理模型,然后讨论磁场的性质。

8.4.1　磁感应线　磁通量

为了形象地描绘磁场强度的大小和分布情况,设想在磁场里用一系列曲线来描绘磁场,这些曲线称为磁感应线(或磁场线)。图 8-11 所示是几种特殊形状电流的磁感应线。因为磁场中给定点磁感应强度 $\boldsymbol{B}$ 的大小和方向都是确定的,因此规定磁感应线上每一点的切线方向就是该点的磁感应强度 $\boldsymbol{B}$ 的方向;同时用曲线的疏密程度表示该点的磁感应强度大小 $|\boldsymbol{B}|$,或者说磁感应强度的大小等于垂直通过场点单位面积磁感应线条数,即

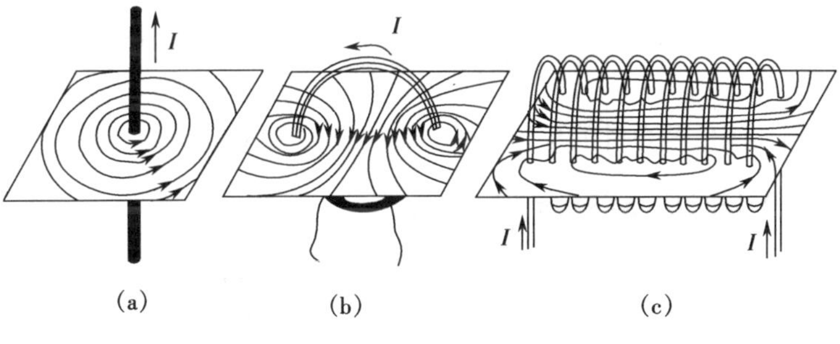

图 8-11　几种特殊形状电流的磁场

$$|\boldsymbol{B}|=B=\frac{\mathrm{d}N}{\mathrm{d}S_{\perp}}\tag{8-12}$$

式中:$\mathrm{d}N$ 表示通过面积元 $\mathrm{d}S$ 的磁感应线条数;$\mathrm{d}S_{\perp}$ 为面积元 $\mathrm{d}S$ 在垂直于该点磁感应强度方向的投影,如图 8-12(a)所示。如果面积元矢量用 $\mathrm{d}\boldsymbol{S}$ 表示,则 $\mathrm{d}\boldsymbol{S}=\mathrm{d}S\boldsymbol{e}_n$, $\boldsymbol{e}_n$ 为该点面积元矢量的外法线方向,于是有 $\mathrm{d}S_{\perp}=\mathrm{d}S\cos\theta$,$\theta$ 为面积元矢量的法线方向与该点 $\boldsymbol{B}$ 方向间的夹角,如图 8-12(b)所示。

磁感应线具有如下特性:

①磁场中每一点的方向是唯一确定的,因此磁场中任意两条磁感应线都不会相交;

②磁感应线都是围绕电流的一系列闭合线，它没有起点和终点。

如果讨论磁感应线通过一定面积的条数，有必要引出另一个关于磁场的物理量——磁通量。其定义为：通过磁场中某一曲面的磁感应线数称为通过该曲面的**磁通量**，简称磁通，用符号 Φ_m 表示。实际式(8-12)中的 $\mathrm{d}N$ 就是磁通量元 $\mathrm{d}\Phi_m$，于是式(8-12)还可写成

$$B=\frac{\mathrm{d}\Phi_m}{\mathrm{d}S_{\perp}}$$

于是有

$$\mathrm{d}\Phi_m=B\mathrm{d}S_{\perp}=B\mathrm{d}S\cos\theta=\boldsymbol{B}\cdot\mathrm{d}\boldsymbol{S}$$

如图8-12(c)所示，如果计算一定面积 S 的磁通量 Φ_m，对上式积分可得

$$\Phi_m=\int\mathrm{d}\Phi_m=\int_S\boldsymbol{B}\cdot\mathrm{d}\boldsymbol{S} \tag{8-13}$$

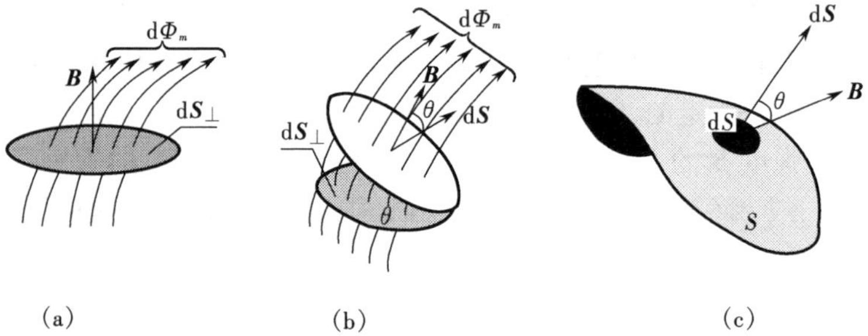

图 8-12　磁通量

在 SI 制中，磁通量的单位是韦[伯]，符号为 Wb。

8.4.2　磁场中的高斯定理

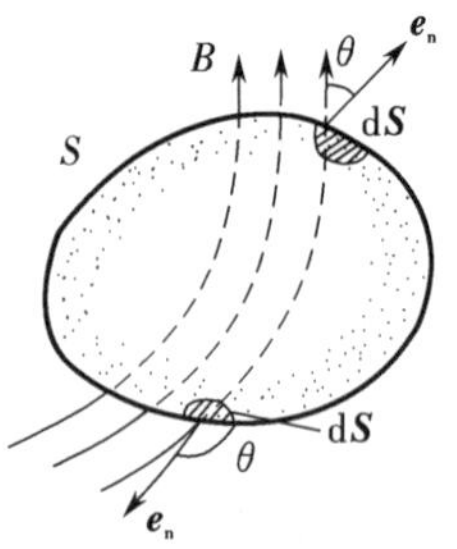

图 8-13　磁感应线通过闭合曲面

对于闭合曲面，一般规定面积元的单位法线矢量 $\boldsymbol{e}_n$ 指向曲面外，如图 8-13 所示。当磁感应线从闭合面内穿出时，$0\leqslant\theta<\frac{\pi}{2}$，$\cos\theta>0$，磁通量为正；当磁感应线从闭合面外穿入时，$\frac{\pi}{2}<0\leqslant\pi$，$\cos\theta<0$，磁通量为负。磁感应线都是一系列的闭合线，所以有多少根磁感应线从闭合面外穿入，就有多少根磁感应线从闭合曲面内穿出，因此磁感应线通过一闭合曲面的磁通量必定为零，这就是磁场中的**高斯定理**。写成数学表示式为

$$\oint_S\boldsymbol{B}\cdot\mathrm{d}\boldsymbol{S}=0 \tag{8-14}$$

磁场中的高斯定理表明了磁场的一个重要特性和事实，磁感应线是一系列的闭合线。所以，自然界中磁单极子不存在。

8.5　安培环路定理

在静电场中，电场线不是闭合曲线，因此静电场的环流量为零，即 $\oint_L \boldsymbol{E}\cdot \mathrm{d}\boldsymbol{l}=0$。但是在磁场中，磁感应线都是环绕电流的闭合线，因此磁感应强度的环流量 $\oint_L \boldsymbol{B}\cdot \mathrm{d}\boldsymbol{l}$ 不一定为零。如果积分路径沿某一条磁感应线，则会有 $\oint_L \boldsymbol{B}\cdot \mathrm{d}\boldsymbol{l}>0$。这种环流量不等于零的场叫做涡旋场，磁场是一种涡旋场。在真空中，各点磁感应强度 $\boldsymbol{B}$ 的大小和方向与产生磁场的电流分布有关，所以 $\oint_L \boldsymbol{B}\cdot \mathrm{d}\boldsymbol{l}$ 也会与产生场的电流分布有关，这一关系就是安培环路定理。可以证明，磁感应强度与电流之间有下列关系式

$$\oint_L \boldsymbol{B}\cdot \mathrm{d}l=\mu_0 \sum_i^n I_i \tag{8-15}$$

上式称为真空中安培环路定理，也称为**安培环路定理**。它可表述为：在真空的磁场中，磁感应强度 $\boldsymbol{B}$ 沿任一闭合路径的积分（即 $\boldsymbol{B}$ 的环流量）的值，等于 μ_0 乘以该闭合路径所包围的各电流的代数和，电流流向与回路绕行有右手螺旋关系的电流为正，反之为负。同时它还表明磁场是非保守场。

安培环路定理反映了磁场的基本性质。如果磁场具有某种对称性或分区均匀，还可以用它来计算磁感应强度 $\boldsymbol{B}$。下面以求长直螺线管内的磁感应强度来说明如何用安培环路定理计算 $\boldsymbol{B}$。

长直螺线管就是螺线管长度远大于其半径的螺线管，密绕的导线通电流 I，导线沿轴向单位长度上的匝数称为匝密度 n，长直螺线的形状如图 8-14(a) 所示。这样载流螺线管内一点或外边一点的磁场应是螺线管的所有载流圆线圈产生的磁场在该点的叠加，叠加后长直螺线管内的磁场近似为均匀的，其磁感应线应是一系列平行而均匀的线。螺线管外的磁场近似为零。根据磁场的这一分布特征，应用安培环路定理求解长直螺线管内的磁感应强度 $\boldsymbol{B}$ 的大小，可作如图 8-14(b) 所示的积分回路，磁感应强度 $\boldsymbol{B}$ 沿此闭合回路的积分可分成四段进行，即

$$\oint_L \boldsymbol{B}\cdot \mathrm{d}\boldsymbol{l}=\int_{ab} \boldsymbol{B}\cdot \mathrm{d}\boldsymbol{l}+\int_{bc} \boldsymbol{B}\cdot \mathrm{d}\boldsymbol{l}+\int_{cd} \boldsymbol{B}\cdot \mathrm{d}\boldsymbol{l}+\int_{da} \boldsymbol{B}\cdot \mathrm{d}\boldsymbol{l}$$

在路径 cd 段上，因为在管的外侧，磁感应强度为零，所以 $\int_{cd} \boldsymbol{B}\cdot \mathrm{d}\boldsymbol{l}=0$。在路径 bc 和 da 段上，一部分在管内，一部分在管外，虽然管内 $B\neq 0$，但 $\boldsymbol{B}\perp \mathrm{d}\boldsymbol{l}$，所以 $\int_{bc} \boldsymbol{B}\cdot \mathrm{d}\boldsymbol{l}=\int_{da} \boldsymbol{B}\cdot \mathrm{d}\boldsymbol{l}=0$。在路径 ab 段上，$\boldsymbol{B}$ 的方向与 $\mathrm{d}\boldsymbol{l}$ 方

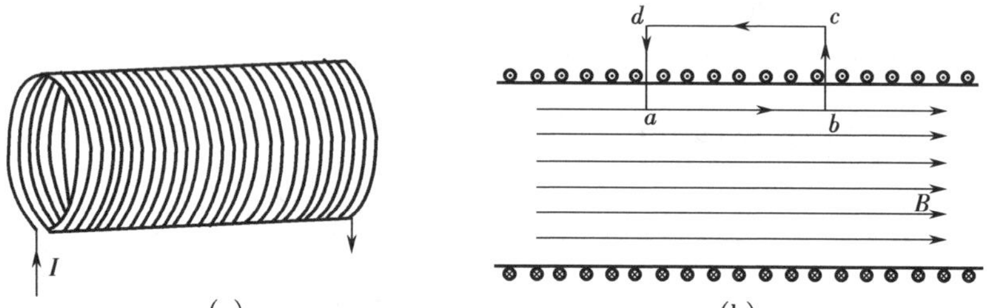

(a) (b)

图 8-14 载流长直螺线管内的磁场

向相同,所以上式可写为

$$\int_{ab} \boldsymbol{B}\cdot \mathrm{d}\boldsymbol{l} = B\,\overline{ab}$$

由于螺线管上线圈匝密度是 n,通过每匝的电流为 I,其流向与 abcda 构成右旋关系,故取正值,这样闭合回路 $abcda$ 所包围的总电流为$\overline{ab}nI$。根据安培环路定理,可得

$$\oint_L \boldsymbol{B}\cdot \mathrm{d}\boldsymbol{l} = B\,\overline{ab} = \mu_0 \overline{ab} nI$$

于是得

$$B = \mu_0 nI \tag{8-16}$$

上式表明,载流长直螺线管内中部,任意点磁感应强度的大小与通过螺线管的电流和线圈匝密度成正比。

8.6 磁场对运动电荷的作用——洛伦兹力

运动电荷在磁场中所受磁力叫做**洛伦兹力**。实验证明,一个运动电荷 q 在磁场中所受磁力 $\boldsymbol{F}$ 与电荷的电量 q、运动速度 $\boldsymbol{v}$ 以及磁感应强度 $\boldsymbol{B}$ 有如下关系:

$$\boldsymbol{F} = q\boldsymbol{v}\times\boldsymbol{B} \tag{8-17a}$$

上式表示磁场对运动电荷的作用力。上式也称为洛伦兹公式的矢量形式。$\boldsymbol{F}$ 的大小为

$$F = qvB\sin\theta \tag{8-17b}$$

式中:θ 是 $\boldsymbol{v}$ 与 $\boldsymbol{B}$ 间的夹角。显然,当 θ 为 0 或 π 时,洛伦兹力为零。

洛伦兹力 $\boldsymbol{F}$ 的方向垂直于 $\boldsymbol{v}$ 与 $\boldsymbol{B}$ 决定的平面,指向与 q 的正负有关,当 q 为正电荷时,$\boldsymbol{F}$ 的指向为矢积 $\boldsymbol{v}\times\boldsymbol{B}$ 的方向,当 q 为负电荷时,$\boldsymbol{F}$ 的指向与矢积 $\boldsymbol{v}\times\boldsymbol{B}$ 的方向相反,如图 8-15 所示。若运动电荷的速率和磁感应强度的大小一定,如果运动电荷速度方向与磁场方向垂直,运动电荷受到的洛伦兹力最大;如果运动电荷速度方向与磁场方向平行,则运动电荷受到的洛伦兹力为零。由式(8-17)可知,运动带电粒子射入匀强磁

场中，如果带电粒子运动方向与磁场方向垂直，粒子受力大小不变，方向与运动速度方向垂直，此时粒子作匀速圆周运动；如果带电粒子运动方向与磁场方向平行，粒子受力为零，此时粒子作匀速直线运动。

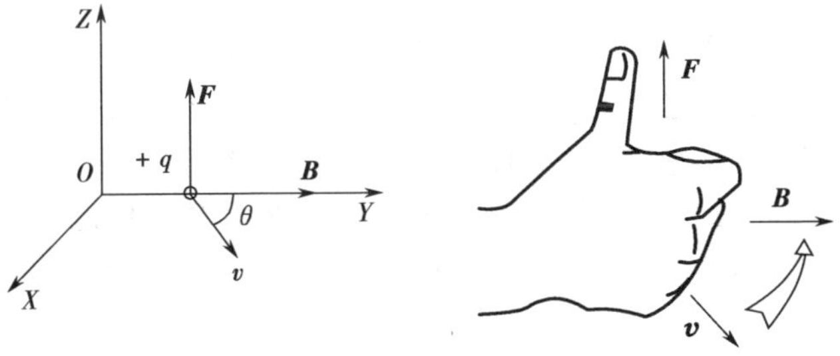

图 8-15　洛伦兹力的方向

如果带电粒子运动方向与磁场方向不是以上两种情况，设粒子运动方向与磁场方向成 θ 角，可把粒子速度大小分解为与磁场方向垂直的分量 $v_{\perp}=v\sin\theta$ 和与磁场方向平行的分量 $v_{/\!/}=v\cos\theta$，$v_{\perp}$ 可使粒子作匀速圆周运动，$v_{/\!/}$ 分量使粒子作匀速直线运动。这两种运动合成后，粒子运动轨迹为螺旋线。螺旋线半径 $R=\dfrac{mv_{\perp}}{qB}$，螺距 $h=\dfrac{2\pi m}{qB}v_{/\!/}$。

8.7　磁场对电流的作用

带电粒子在磁场中运动会受到洛伦兹力的作用，导体中的电流是大量自由电子定向移动形成的。载流导体在磁场中，运动电子同样也受到洛伦兹力的作用，自由电子在运动过程中与导体中晶格上的正离子碰撞，把力传给了导体，于是载流导线在磁场中也要受到磁力的作用。

8.7.1　磁场对载流导线的作用——安培力

为计算载流导线在磁场中受到的安培力，设在导线上取一段线元 $\mathrm{d}l$，在线元 $\mathrm{d}l$ 中运动的带电粒子数 $\mathrm{d}N=n\mathrm{d}V=nS\mathrm{d}l$。其中 n 为导体单位体积内的粒子数；S 为电流元的截面积。如果每个粒子带电 q，每个带电粒子受到的力为 $q\boldsymbol{v}\times\boldsymbol{B}$，则电流元受到的磁力为

$$\mathrm{d}\boldsymbol{F}=\mathrm{d}Nq\boldsymbol{v}\times\boldsymbol{B}=nS\mathrm{d}lq\boldsymbol{v}\times\boldsymbol{B}$$

式中：nSv 是单位时间内通过导线 S 截面的粒子数，显然，$qnSv$ 是单位时间内通过导线 S 截面的电量，在导线内这是电流的大小，$I=qnSv$，通常把正电荷移动的方向定为电流的方向，因此电流元的方向就是 $\boldsymbol{v}$ 的方向，因为电流元为

$$I\mathrm{d}\boldsymbol{l}=qnS\mathrm{d}l\boldsymbol{v}$$

电流元在磁场中受到的磁力为

$$\mathrm{d}\boldsymbol{F} = I\mathrm{d}\boldsymbol{l} \times \boldsymbol{B} \tag{8-18a}$$

d$\boldsymbol{F}$ 的大小为

$$\mathrm{d}F = I\mathrm{d}lB\sin\theta \tag{8-18b}$$

式中:θ 为 $I\mathrm{d}\boldsymbol{l}$ 与 $\boldsymbol{B}$ 之间的夹角。上式表明,磁场对电流元 $I\mathrm{d}\boldsymbol{l}$ 的作用力 d$\boldsymbol{F}$,在数值上等于电流元的大小 $I\mathrm{d}l$、磁感应强度的大小 B、电流元矢量 $I\mathrm{d}\boldsymbol{l}$ 与磁感应强度矢量 $\boldsymbol{B}$ 之间的夹角正弦 $\sin\theta$ 这三者的乘积。这个规律叫做**安培定律**。磁力 d$\boldsymbol{F}$ 是作用在导线上的,通常称为**安培力**。

有限长载流导线所受的安培力,等于各电流元所受安培力的矢量叠加,即

$$\boldsymbol{F} = \int_L \mathrm{d}\boldsymbol{F} = \int_L I\mathrm{d}\boldsymbol{l} \times \boldsymbol{B} \tag{8-18c}$$

上式说明,安培力是作用在整个载流导线上,而不是作用在导线的某一个点。

例题 8.3 有一长为 L 的载流直导线,放到磁感应强度为 B 的磁场中,电流与磁场方向垂直,求这段载流导线在磁场中受到的安培力 F。

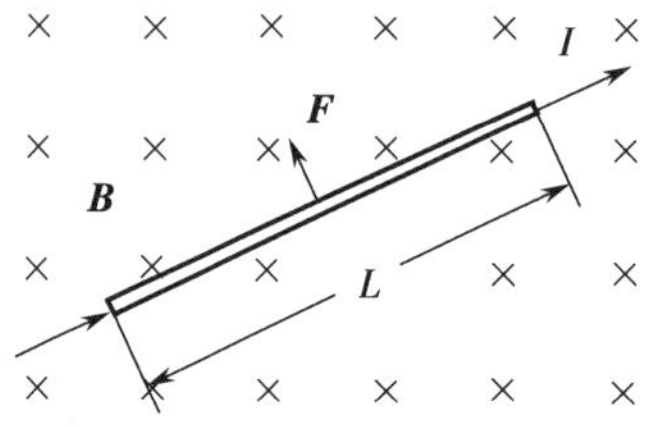

图 8-16 例题 8.3 图

解:如图 8-16 所示,如果在载流导线上取一段电流元 $I\mathrm{d}\boldsymbol{l}$,电流元的方向与磁场方向垂直,并且安培力的方向是一致的,根据式(8-18b)可得

$$F = \int_0^L BI\mathrm{d}l\sin\frac{\pi}{2} = BIL$$

力的方向如图 8-16 所示(垂直于由 $I\mathrm{d}\boldsymbol{l}$ 与 $\boldsymbol{B}$ 构成的平面)。

8.7.2 磁场对载流线圈的作用——磁力矩

在磁电式仪表和直流电动机中,都是把线圈放到磁场中,当线圈有电流通过时,线圈将在磁场的作用下产生磁力矩,使线圈转动。

设有一矩形线圈,边长分别为$\overline{ab} = \overline{cd} = l_1$,$\overline{bc} = \overline{da} = l_2$,处于均匀外磁场 $\boldsymbol{B}$ 中,线圈中流过的电流为 I,线圈电流的法线方向为 $\boldsymbol{e}_\mathrm{n}$,它与 $\boldsymbol{B}$ 的夹角为 ϕ,$\boldsymbol{B}$ 与线圈平面的夹角为 θ,如图 8-17 所示。

线圈中$\overline{ab}$边和$\overline{cd}$边受到的力大小为

$$F_{ab} = F_{cd} = Il_1B\sin\theta$$

方向平行于 OO'轴,且两者方向相反,对线圈不产生力矩。

线圈中$\overline{bc}$和$\overline{da}$边,$\boldsymbol{B}$ 与 $I\mathrm{d}\boldsymbol{l}$ 垂直,它们受到的安培力大小为

$$F_{bc} = F_{da} = Il_2B$$

力的方向垂直于 $I\mathrm{d}\boldsymbol{l}$ 与 $\boldsymbol{B}$ 构成的平面,且两者方向相反,这一对力偶对

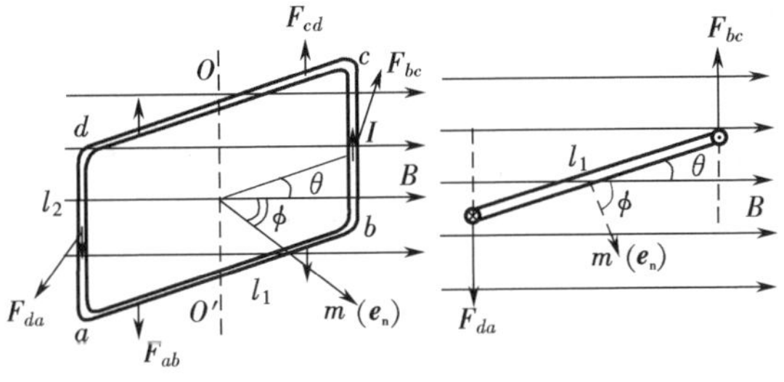

图 8-17 载流线圈的磁力矩

OO'轴产生力矩,这一力矩就是载流线圈在磁场中受到的力矩,其大小为

$$M_1 = 2Il_2B\frac{l_1}{2}\cos\theta = ISB\sin\phi \tag{8-19a}$$

其中 $S = l_1 l_2$ 为线圈平面的面积。如果线圈为 N 匝,其力矩应是单匝时的 N 倍,有

$$M = NISB\sin\phi \tag{8-19b}$$

根据式(8-11b),载流线圈磁矩的大小 $m = NIS$,于是磁力矩的大小可写成

$$M = mB\sin\phi \tag{8-20a}$$

磁矩矢量 $\boldsymbol{m} = NIS\boldsymbol{e}_n$,力矩是矢量,磁感应强度也是矢量。力矩垂直于 $\boldsymbol{m}$ 与 $\boldsymbol{B}$ 构成的平面,于是磁力矩的矢量形式为

$$\boldsymbol{M} = \boldsymbol{m} \times \boldsymbol{B} \tag{8-20b}$$

上式表明,载流线圈在磁场中受到的力矩的大小与磁矩大小和磁感应强度的大小有关;与 $\boldsymbol{m}$ 和 $\boldsymbol{B}$ 两个矢量的夹角正弦成正比。显然,$\phi = 0$ 或 $\phi = \pi$ 时,$M = 0$;$\phi = \frac{\pi}{2}$或 $\phi = \frac{3\pi}{2}$时,磁力矩最大。

8.8 磁场中的磁介质

前面研究了真空中的磁场的特性,没有涉及磁场中有介质存在时的情况。如果把磁介质放入磁场中,磁场在磁介质中将会产生什么样的变化呢?

前面讲过,电场中的电介质由于电极化而影响原电场,电介质中的电场强度 $\boldsymbol{E}$ 等于真空中的电场强度 $\boldsymbol{E}_0$ 和电介质由于电极化而产生的附加电场强度 $\boldsymbol{E}'$的矢量和,即 $\boldsymbol{E} = \boldsymbol{E}_0 + \boldsymbol{E}'$。与此相类似,磁介质在磁场中也要被磁化而影响原磁场,所以磁介质中的磁感应强度 $\boldsymbol{B}$ 应等于真空中的磁感应强度 $\boldsymbol{B}_0$ 和磁介质由于磁化而产生的附加磁感应强度 $\boldsymbol{B}'$的矢量和,即

$$\boldsymbol{B}=\boldsymbol{B}_0+\boldsymbol{B}' \tag{8-21}$$

实验证明，在磁感应强度为 $\boldsymbol{B}_0$ 的均匀磁场中，如果有磁介质存在，则磁介质磁化后可产生附加磁感应强度 $\boldsymbol{B}'$，$\boldsymbol{B}'$的方向根据磁介质的不同，有的与 $\boldsymbol{B}_0$ 方向相同，有的与 $\boldsymbol{B}_0$ 相反。$\boldsymbol{B}'$的方向与 $\boldsymbol{B}_0$ 的方向相同的物质，称为**顺磁质**，顺磁质物体所表现的磁性，叫做顺磁性；$\boldsymbol{B}'$的方向与 $\boldsymbol{B}_0$ 的方向相反的物质，称为**抗磁质**，抗磁质物体所表现的磁性，叫做抗磁性。锰、铬、铂、氮和氧等都是顺磁质，而水银、铜、铋、岩盐、硫、氯、氢、银、金、锌和铅等都是抗磁质。一切抗磁质以及大多数顺磁质，$\boldsymbol{B}'$的大小比起 $\boldsymbol{B}_0$ 要小得多，也可以说在顺磁质中 $\boldsymbol{B}>\boldsymbol{B}_0$，在抗磁质中 $\boldsymbol{B}<\boldsymbol{B}_0$。只有铁、钴、镍、镱、镉等元素以及其合金的 $\boldsymbol{B}'$，比起 $\boldsymbol{B}_0$ 来要大得多。这些物质称为**铁磁质**，在铁磁质中 $\boldsymbol{B}\gg\boldsymbol{B}_0$，铁磁质所表现的磁性，叫做铁磁性。就磁性而论，物质可以分为三类，即抗磁质、顺磁质和铁磁质。

8.8.1 顺磁质和抗磁质

分子中任何一个电子都同时参加两种运动，即环绕原子核的轨道运动和电子本身的自旋，这两种运动都产生磁效应。如果把分子看作一个整体，则分子中各个电子对外界所产生的磁效应的总和可用一个等效的圆电流来表示，称为**分子电流**。该分子电流具有一定的磁矩，用符号 $\boldsymbol{m}$ 来表示，称为分子磁矩。对大量的分子来说，如果没有外磁场的作用，顺磁质中的每个分子虽有一定的磁矩，但其排列的方向是无规则的，对磁介质内任何一个体积元来说，各分子磁矩的矢量和 $\sum \boldsymbol{m}=0$，因而对外界不显示磁效应。把磁介质放到外磁场后，由于电子受洛伦兹力产生一个附加磁矩 $\Delta\boldsymbol{m}$，其方向总是和外磁场 $\boldsymbol{B}_0$ 的方向相反。在顺磁质中，每个分子的分子磁矩有一定的量值 $\boldsymbol{m}$，而且要比附加磁矩 $\Delta\boldsymbol{m}$ 大得多，以至 $\Delta\boldsymbol{m}$ 可以略去不计。所以磁矩 $\boldsymbol{m}$ 是这类物质产生顺磁效应的主要原因。在抗磁质中，每个分子的分子磁矩 $\boldsymbol{m}$ 为零，在外磁场的作用下，只有附加磁矩 $\Delta\boldsymbol{m}$，所以附加磁矩是这类物质产生抗磁效应的唯一原因，不能忽略。

为说明磁介质在磁场中被磁化的程度，引入物理量磁化强度 $\boldsymbol{M}$。

对顺磁质，定义单位体积内分子磁矩矢量和为磁化强度矢量，即

$$\boldsymbol{M}=\frac{\sum \boldsymbol{m}}{\Delta V} \tag{8-22a}$$

因为 $\boldsymbol{M}$ 的方向与外磁场 $\boldsymbol{B}_0$ 的方向一致，所以由顺磁质磁化而产生的附加磁场 $\boldsymbol{B}'$也与 $\boldsymbol{B}_0$ 的方向相同，这就是顺磁性的表现。

对于抗磁质，定义单位体积内附加分子磁矩矢量和为磁化强度矢量，即

$$\boldsymbol{M}=\frac{\sum \Delta\boldsymbol{m}}{\Delta V} \tag{8-22b}$$

因为 $\boldsymbol{M}$ 的方向与外磁场 $\boldsymbol{B}_0$ 的方向相反,因而附加磁场也与 $\boldsymbol{B}_0$ 反向,这就是抗磁性的表现。$\boldsymbol{M}$ 的单位是安培·米$^{-1}$,符号为 $\mathrm{A\cdot m^{-1}}$。

8.8.2　磁介质中的安培环路定律

磁介质放到磁场中,附加磁感应强度 $\boldsymbol{B}'$ 与传导电流 $\boldsymbol{I}$ 往往不是确定的关系,磁介质中总的磁感应强度 $\boldsymbol{B}$ 不能直接用传导电流来计算,这时有必要引出一个新的物理量——**磁场强度** $\boldsymbol{H}$,可以推证 $\boldsymbol{H}$ 与传导电流的关系为

$$\oint_L \boldsymbol{H}\cdot \mathrm{d}\boldsymbol{l} = \sum I \tag{8-23}$$

上式是一般情况下的安培环路定律,即在任何磁场中,沿任何闭合回路 L 对 $\boldsymbol{H}$ 的矢量线积分,等于此回路内传导电流的代数和。$\boldsymbol{H}$ 也是描述磁场的一个重要物理量,无论在真空中或在磁介质中,$\boldsymbol{H}$ 的环流只与传导电流有关,与磁介质无关。磁场强度 $\boldsymbol{H}$ 的单位是安培·米$^{-1}$,符号为 $\mathrm{A\cdot m^{-1}}$。

由实验可得,$\boldsymbol{H}$ 与磁化强度 $\boldsymbol{M}$ 成正比,即

$$\boldsymbol{M} = \chi_m \boldsymbol{H} \tag{8-24}$$

式中:χ_m 为介质的磁化率,$\chi_m > 0$ 为顺磁质,$\chi_m < 0$ 为抗磁质。

可以推证 $\boldsymbol{H}$ 和 $\boldsymbol{B}$ 之间的关系为

$$\boldsymbol{B} = \mu_0(1+\chi_m)\boldsymbol{H} \tag{8-25a}$$

令 $\mu_r = 1+\chi_m$,并称其为磁介质的相对磁导率,则上式可写成

$$\boldsymbol{B} = \mu_0\mu_r\boldsymbol{H} \tag{8-25b}$$

令 $\mu = \mu_0\mu_r$,并称 μ 为磁导率,则上式为

$$\boldsymbol{B} = \mu\boldsymbol{H} \tag{8-25c}$$

相对磁导率 μ_r 是磁介质的一个重要参数。真空中 $\mu_r = 1$,空气中 $\mu_r \approx 1$,$\mu = \mu_0$;顺磁质 $\mu_r > 1$(略大于 1);抗磁质 $\mu_r < 1$(略小于 1);铁磁质 $\mu_r \gg 1$。

8.8.3　铁磁质的磁化

铁磁质是一种强磁性物质。从铁磁质的原子结构来说明,铁磁质内的原子间相互作用是非常强烈的,在这种作用下,铁磁质内部形成了一些微小区域,叫做磁畴。每一个磁畴中各个原子的磁矩排列得很整齐,因此它具有很强的磁性,这叫做自发磁化。但各个磁畴的排列方向又彼此不同,所以在没有外磁场时,各个磁畴的磁矩彼此抵消,对外不显出磁性,如图 8-18(a)。当加上外磁场后,各个磁畴在外磁场作用下,都趋向于沿外磁场方向规则地排列,如图 8-18(b)所示。所以在不强的外磁场的作用下,铁磁质可以表现出很强的磁性。

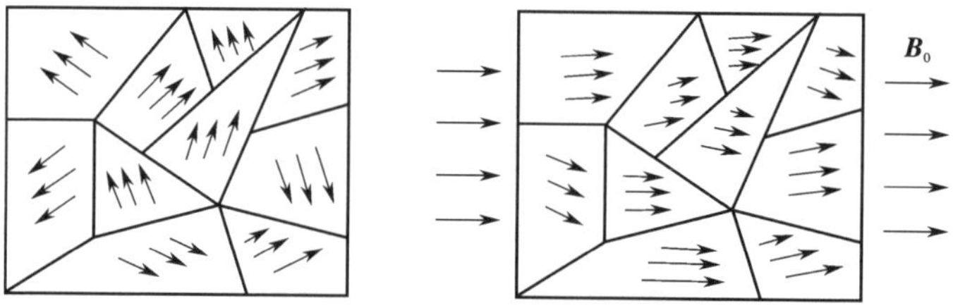

(a) (b)

图 8-18 铁磁质的磁化

铁磁质具有以下突出特性：

①相对真空环境中，铁磁质内可产生超强的磁感应强度，即 $\boldsymbol{B} \gg \boldsymbol{B}_0$，$B/B_0$的值可达几百甚至几千；

②磁化强度 $\boldsymbol{M}$ 和磁感应强度 $\boldsymbol{B}$ 的方向不一定总是平行的，大小也不是简单的正比关系，也就是说，铁磁质的磁导率 μ（或磁化率 χ_m）不是常量，而是与磁场强度 $\boldsymbol{H}$ 有复杂的函数关系；

③磁化强度随外磁场而变，它滞后于外磁场的变化，外磁场停止作用后，铁磁质仍保留一部分磁性，人造磁铁就是利用这个特性造出来的；

④铁磁材料存在一个特定的温度，称为居里点，在这个温度时磁性发生突变，温度在居里点以上时，磁导率（或磁化率）和磁场强度无关，这时铁磁质转化为顺磁质（如铁的居里点是 1 040 K，镍的居里点是 631 K，钴的居里点是 1 388 K）。

在各类磁介质中，应用最多的是铁磁质，它被广泛用于电气设备、通信设备和家用电器中。

阅读材料

磁悬浮技术

磁悬浮技术的研究源于德国，早在 1922 年 Hermann Kemper 就提出了电磁悬浮原理，并于 1934 年申请了磁悬浮列车的专利。20 世纪 70 年代以后，随着世界工业化国家经济实力的不断加强，为提高交通运输能力以适应其经济发展的需要，德国、日本、美国、加拿大、法国、英国等发达国家相继开始筹划进行磁悬浮运输系统的开发。根据当时轮轨极限速度的理论，科研工作者们认为，轮轨方式运输所能达到的极限速度为 350 km/h 左右，要想超越这一速度运行，必须采取不依赖于轮轨的新式运输系统。这种认识引起许多国家科研部门的兴趣，但后来大都中途放弃了。目前只有德国和日本仍在继续进行磁悬浮系统的研究，并均取得了令世人瞩目的进展。

德国开发的磁悬浮列车 Transrapid 于 1989 年在埃姆斯兰试验线上

达到 436 km/h 的速度。日本开发的磁悬浮列车 MAGLEV（Magnetically Levitated Trains）于 1997 年 12 月在山梨县的试验线上创造出 550 km/h 的世界最高纪录。目前，世界上第一条商业运营的磁悬浮列车线路已在我国的上海建成。

一、什么是磁悬浮

磁悬浮列车实际上是依靠电磁吸力或电动斥力将列车悬浮于空中，如图 8-19 所示，把上面的磁铁装在列车上，把下面的磁铁装在路轨上，如果磁力足够大，列车就浮起来了，然后再进行导向和驱动，就可以使列车运行了。磁悬浮列车仍然属于陆上有轨交通运输系统，保留了轨道、道岔和车辆转向架及悬挂系统等许多传统机车车辆的特点。但由于列车在牵引运行时与轨道之间无机械接触，因此从根本上克服了传统列车轮轨黏着限制、机械噪声和磨损等问题，将来可能会成为人们梦寐以求的理想陆上交通工具。

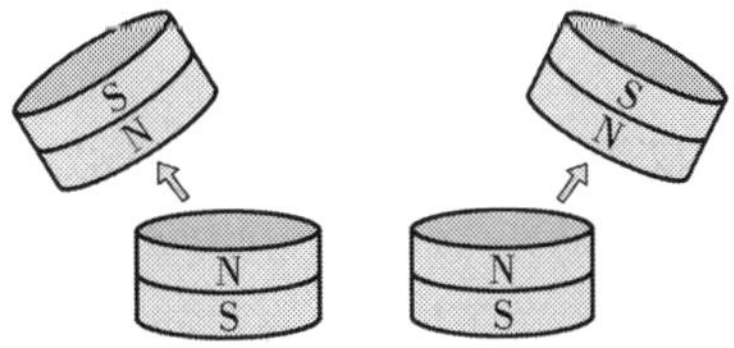

图 8-19　磁悬浮原理图

二、磁悬浮列车的种类

磁悬浮列车分为常导型和超导型两大类。常导型也称常导磁吸型，以德国高速常导磁浮列车 Transrapid 为代表，它是利用普通直流电磁铁电磁吸力的原理将列车悬起，悬浮的气隙较小，一般为 10 mm 左右。常导型高速磁悬浮列车的速度可达 400 ~ 500 km/h，适合于城市间的长距离快速运输。超导型磁悬浮列车也称超导磁斥型，以日本 MAGLEV 为代表。它是利用超导磁体产生的强磁场，列车运行时与布置在地面上的线圈相互作用，产生电动斥力将列车悬起，悬浮气隙较大，一般为 100 mm 左右，速度可达 500 km/h 以上。这两种磁悬浮列车各有优缺点和不同的经济技术指标，德国青睐前者，集中精力研制常导高速磁悬浮技术；而日本则看好后者，全力投入到高速超导磁悬浮技术之中。

三、德国的磁悬浮列车

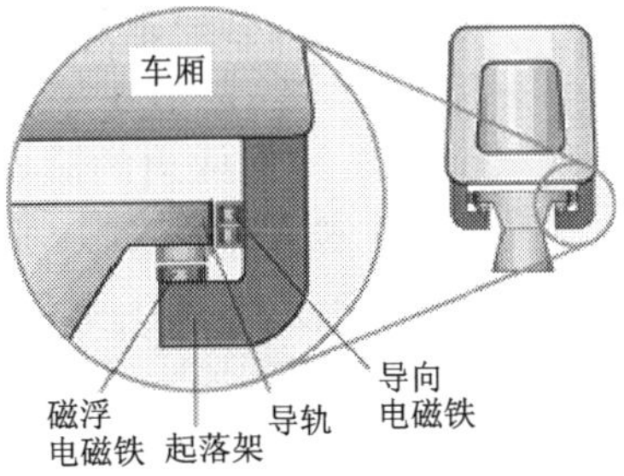

图 8-20　常导磁悬浮列车工作原理

常导磁悬浮列车的工作原理如图 8-20 所示。它在工作时首先调整车辆下部的悬浮和导向电磁铁的电磁吸力，与地面轨道两侧的绕组发生磁铁反作用将列车浮起。在车辆下部的导向电磁铁与轨道磁铁的反作用下，使车轮与轨道保持一定的侧向距离，实现轮轨在水平方向和垂直方向的无接触支撑和无接触导向。车辆与行车轨道之间的悬浮间隙为10 mm,是通过一套高精度电子调整系统得以保证的。此外由于悬浮和导向实际上与列车运行速度无关,所以即使在停车状态下列车仍然可以进入悬浮状态。常导磁悬浮列车的驱动运用同步直线电动机的原理。车辆下部支撑电磁铁线圈的作用就像是同步直线电动机的励磁线圈,地面轨道内侧的三相移动磁场驱动绕组起到电枢的作用,它就像同步直线电动机的长定子绕组。从电动机的工作原理可以知道,当作为定子的电枢线圈有电时,由于电磁感应而推动电机的转子转动。同样,当沿线布置的变电所向轨道内侧的驱动绕组提供三相调频调幅电力时,由于电磁感应作用,承载系统连同列车一起就像电机的"转子"一样被推动作直线运动。从而在悬浮状态下,列车可以完全实现非接触的牵引和制动。

四、日本的超导磁悬浮列车

超导磁悬浮列车的主要电气装置是用超导材料制造的,超导材料最主要的特征就是在相当低的温度下具有完全导电性和完全抗磁性。超导磁铁就是由超导材料制成的超导线圈构成,它的线圈电阻为零,因而可以传导普通导线根本无法比拟的强大电流。这种特性使其能够制成体积小、功率强大的电磁铁。

德国研制的常导磁悬浮列车启动后车体就浮了起来,就是列车不运行车体依然浮在空中。日本研制的这种超导磁悬浮列车的运行像飞机一样,开始车体有车轮支撑运行,当速度达到很快时车体才能浮起来,此时列车收起车轮实现磁悬浮运行。所以德国研制的磁悬浮列车的悬浮方法被人们称为"电磁悬浮法"简称EMS。日本研制的这种超导磁悬浮列车的悬浮方法被人们称为"电动力悬浮法"简称EDS。

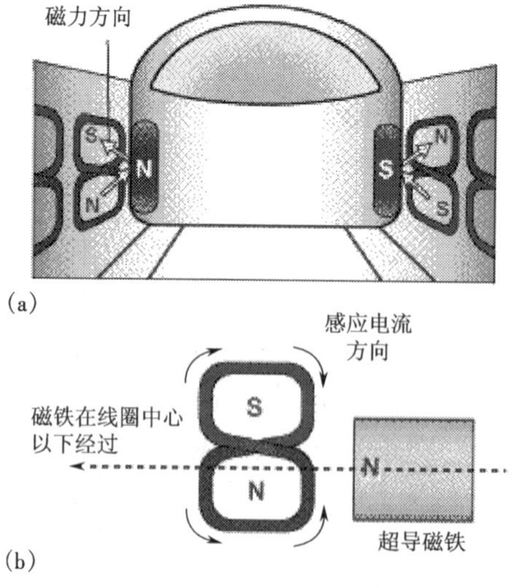

图8-21 超导磁悬浮列车工作原理

超导磁悬浮列车的工作原理如图8-21所示。列车两侧装有超导磁铁,火车在横截面为"U"字形的导槽(也称为轨道)内运行,导槽的两边安装有一系列"8"字形线圈。当火车在导槽内行走时,列车两边的超导磁铁会使槽两边的"8"字形线圈内的磁通量发生变化,于是"8"字形线圈上会产生感应电流。巧妙的是超导磁铁在"8"字形线圈中心以下经过,因此"8"字形线圈下半部分的磁通量改变比上半部大，感应出如图 8-21(b)所示的电流，产生磁力。“8”字形线圈下半部分的磁极性与车体上超导磁铁的极性相同，上半部分则与之相反，结果是这两部分的线圈与车体上超导磁铁产生的磁力，都有一个向上的分力，这个力就把列车悬浮起来了。由于“8”字形线圈只有在超导磁铁运动时才能感应出电流并产生磁性，因此当列车静止的时候，便不能浮起。所以，列车启动开始一段时间内要靠车轮运行，直到产生的磁力足以承托列车的重量，才能将轮子收起来，就好像飞机起飞一样。车体悬浮起来了，又靠什么来推动它向前跑呢？

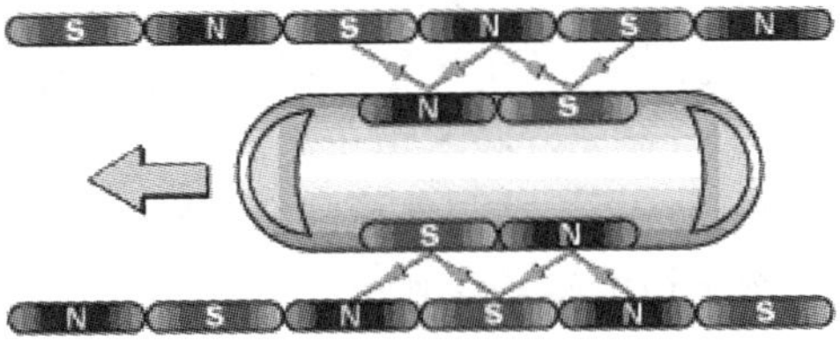

图 8-22　驱动列车运行原理图

以日本研制的超导磁悬浮列车为例。列车移动时会使导槽两边的线圈产生感应电流，根据这些信息，车载感应动力集成系统会自动地把交流电输入到导槽两边的驱动线圈里，控制驱动线圈与车体上的超导电磁铁产生如图 8-22 所示磁极性，对车体上的超导电磁铁产生拉力和推力，使列车加速。超导磁悬浮列车的车辆上装有车载超导磁体并构成感应动力集成系统，列车的驱动线圈和悬浮导向线圈均安装在地面导轨两侧。车辆上的感应动力集成系统由动力集成线圈、感应动力集成超导磁铁和悬浮导向超导磁铁三部分组成。当向轨道两侧的驱动线圈提供与车辆速度频率相一致的三相交流电时，就会产生一个移动的电磁场，因而在列车导轨上产生电磁波，这时列车上的车载超导磁体就会受到一个与移动磁场同步的推力，正是这种推力推动列车前进。其原理就像冲浪运动一样，冲浪者是站在波浪的顶峰并由波浪推动他快速前进的。与冲浪者所面对的难题相同，超导磁悬浮列车要处理的也是如何才能准确地驾驭在移动电磁波的顶峰运动的问题。为此，在地面导轨上安装有探测车辆位置的高精度仪器，根据探测仪传来的信息调整三相交流电的供流方式，精确地控制电磁波形，以使列车能平稳地运行。车辆启动时，由地面电源使车上超导线圈励磁，然后切断电源，超导线圈便处于永久电流状态下工作。

超导磁悬浮列车的电能也是由分布在沿线各变电所向地面导轨两侧的驱动绕组提供三相交流电的，并与列车下面的动力集成线圈产生电磁感应而驱动，实现非接触性牵引和制动。但地面导轨两侧的悬浮导向线圈与外部动力电源无关，当列车接近该绕组时，列车超导磁铁的强电磁感应作用将自动地在地面绕组中感生电流，因此在其感应电流和超导磁铁之间产生了电磁力，从而将列车悬起，并经精密传感器检测轨道与列车之间的间隙，使其始终保持 100 mm 的悬浮间隙。同时，与悬浮线圈呈电气连接的导向线圈也将产生电磁导向力，保证了列车在任何速度下都能稳定地处于轨道中心行驶。

五、还需要重点研究的几个问题

尽管磁悬浮列车技术有上述的许多优点，但从运行的可靠性来讲还有几个问题需要重点研究。

①浮系统是以电磁力完成悬浮、导向和驱动功能的，断电后磁悬浮的安全保障措施，尤其是列车停电后的制动问题仍然是要解决的问题。其高速稳定性和可靠性还需进一步研究。

②常导磁悬浮技术的悬浮高度较低，因此对线路的平整度、路基下沉量及道岔结构方面的要求较超导技术更高。

③超导磁悬浮技术由于涡流效应，悬浮能耗较常导技术更大，冷却系统重，强磁场对人体与环境都有影响。

六、上海的磁悬浮列车

图 8-23　列车外形

上海已经建成了世界上第一条商业运营的磁悬浮列车线，并于 2003 年 1 月 1 日投入使用。它采用德国技术制造，列车的外形如图 8-23 所示。上海磁悬浮线全长 31 km，总投资约 89 亿元人民币，设计最高时速 430 km/h。作为新世纪上海交通建设的重点项目，它既是连接机场和市区的大运量高速交通线，也是一条旅游观光线。磁悬浮列车一次可乘坐 959 人，每小时发车 12 列。上海磁悬浮列车线的建成和使用，为今后我国和世界的磁悬浮列车线建设提供了可靠的技术数据和经验，令世人瞩目。

展望未来，随着现代高科技的发展，高速平稳、安全、无污染的磁悬浮列车，必将成为人类理想的交通工具。

同步练习

思考题

8.1　电源中存在的电场与静电场有何不同？

8.2　电源的电动势与端电压有什么不同？两者在什么情况下才能相等？

8.3　电荷在电路里移动形成电流，请叙述一下在闭合回路里，电荷在外电路和内电路里是如何移动的。

8.4　从毕奥-萨伐尔定律能导出无限长直电流的磁场公式 $B=\dfrac{\mu_0 I}{2\pi a}$，当考察点无限接近导线时（$a\to 0$），则 $B\to\infty$。这是没有物理意义的，请解释。

8.5　两个共面同心的圆电流 I_1、I_2，其半径分别为 R_1、R_2，它们之间满足什么关系时，圆心处的磁场为零？

8.6　如图所示，环绕一根有限长的载流直导线有一回路 c，问对于回路 c 能否使用安培环路定理？试说明理由。

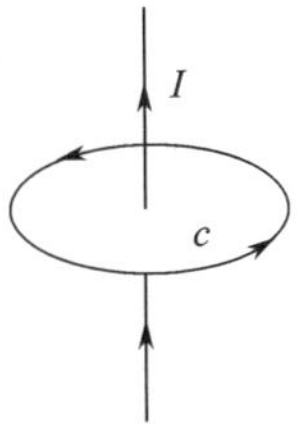

题 8.6 图

8.7　将一长直细螺线管弯成环形螺线管，问管内磁场有何变化？

8.8　判断下列说法是否正确，并说明理由：

(1) 若所取围绕长直载流导线的积分路径是闭合的，但不是圆，安培环路定理也成立；

(2) 若围绕长直载流导线的积分路径是闭合的，但不在一个平面内，则安培环路定理不成立。

8.9　设图中两导线中的电流 I_1、I_2 均为 8 A，对在它们的磁场中的三条闭合曲线 a、b、c，分别写出安培环路定律等式右边电流的代数和，并说明：

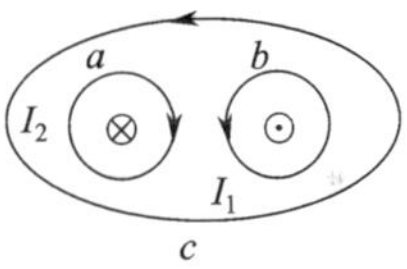

题 8.9 图

(1) 各条闭合曲线上，各点的磁感应强度 B 的量值是否相等？

(2) 在闭合曲线 c 上各点的 B 值是否为零？

8.10　空间某区域有均匀的、相互垂直的电场 $\boldsymbol{E}$ 和磁场 $\boldsymbol{B}$，有一粒子沿与 $\boldsymbol{E}$、$\boldsymbol{B}$ 垂直的方向笔直地通过该区域，如图所示。根据上述情况，能否断定该粒子是否带电、带何种电荷？如能断定请给出结论；如不能断定，请说明理由。

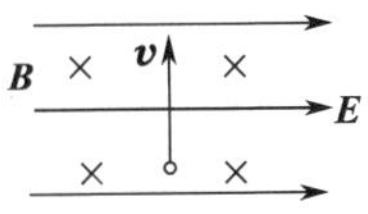

题 8.10 图

选择题

8.11　有一个圆形回路 1 及一个正方形回路 2，圆直径和正方形的边长相等，二者中通有大小相等的电流，它们在各自中心产生的磁感应强度的大小之比 B_1/B_2 为　[　　]

A. 0.90　　B. 1.00　　C. 1.11　　D. 1.22

8.12　无限长载流空心圆柱导体的内外半径分别为 a、b，电流在导体截面上均匀分布，则空间各处的 $\boldsymbol{B}$ 的大小与场点到圆柱中心轴线的距离 r 的关系定性地如图所示。正确的图是　[　　]

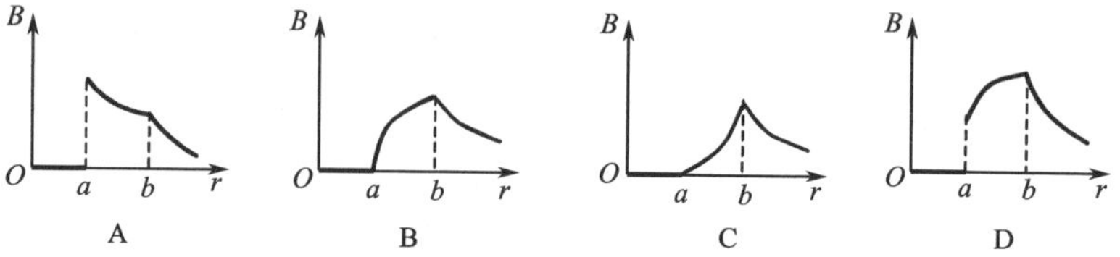

题 8.12 图

8.13 无限长直导线在 P 处弯成半径为 R 的圆，当通以电流 I 时，则在圆心 O 点的磁感应强度大小等于 [ ]

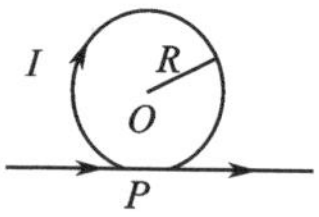

题 8.13 图

A. $\dfrac{\mu_0 I}{2\pi R}$ B. $\dfrac{\mu_0 I}{4R}$

C. 0 D. $\dfrac{\mu_0 I}{2R}\left(1-\dfrac{1}{\pi}\right)$

E. $\dfrac{\mu_0 I}{4R}\left(1+\dfrac{1}{\pi}\right)$

8.14 4 条皆垂直于纸面的载流细长直导线，每条中的电流皆为 I。这 4 条导线被纸面截得的断面，如图所示，它们组成了边长为 $2a$ 的正方形的四个角顶，每条导线中的电流流向亦如图所示，则在图中正方形中心点 O 的磁感应强度的大小为 [ ]

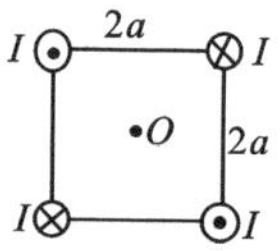

题 8.14 图

A. $B=\dfrac{2\mu_0}{\pi a}I$ B. $B=\dfrac{\sqrt{2}\mu_0}{2\pi a}I$

C. $B = 0$ D. $B=\dfrac{\mu_0}{\pi a}I$

8.15 如图所示，6 根无限长导线互相绝缘，通过电流均为 I，区域Ⅰ、Ⅱ、Ⅲ、Ⅳ均为相等的正方形，哪一个区域指向纸内的磁通量最大？ [ ]

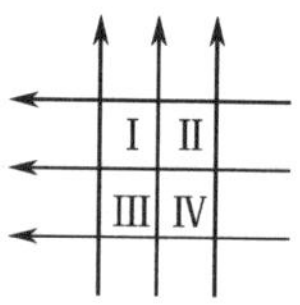

题 8.15 图

A. Ⅰ区域 B. Ⅱ区域

C. Ⅲ区域 D. Ⅳ区域

E. 最大不止一个

8.16 如图所示，无限长直载流导线与正三角形载流线圈在同一平面内，若长直导线固定不动，则载流三角形线圈将 [ ]

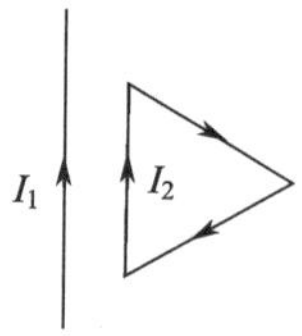

题 8.16 图

A. 向着长直导线平移

B. 离开长直导线平移

C. 转动

D. 不动

8.17　如图所示，匀强磁场中有一矩形通电线圈，它的平面与磁场平行，在磁场作用下，线圈发生转动，其方向是　　[　　]

A. ab 边转入纸内，cd 边转出纸外

B. ab 边转出纸外，cd 边转入纸内

C. ad 边转入纸内，bc 边转出纸外

D. ad 边转出纸外，bc 边转入纸内

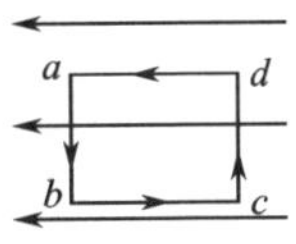

题 8.17 图

填空题

8.18　如图所示，用均匀细金属丝构成一半径为 R 的圆环 C，电流 I 由导线 1 流入圆环 A 点，并由圆环 B 点流入导线 2。设导线 1 和导线 2 与圆环共面，则环心 O 处的磁感应强度大小为________________________，方向________________。

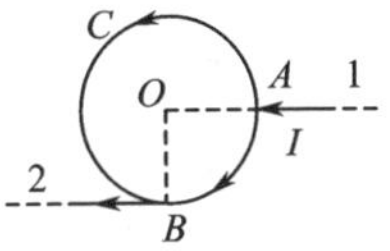

题 8.18 图

8.19　图中所示的一无限长直圆筒，沿圆周方向上的面电流密度(单位垂直长度上流过的电流)为 i，则圆筒内部的磁感应强度的大小为 $B=$________，方向____________。

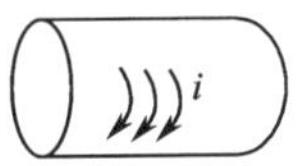

题 8.19 图

8.20　把相对磁导率为 μ_r 的各向同性磁介质放到磁场中，设真空中磁感应强度为 $\boldsymbol{B}_0$，磁介质中的磁感强度为 $\boldsymbol{B}$。顺磁质中 $\boldsymbol{B}_0$ 与 $\boldsymbol{B}$ 关系为__________；抗磁质中 $\boldsymbol{B}_0$ 与 $\boldsymbol{B}$ 关系为__________；铁磁质中 $\boldsymbol{B}_0$ 与 $\boldsymbol{B}$ 关系为__________；磁介质中的安培环路定理是 $\oint_L \boldsymbol{H}\cdot \mathrm{d}\boldsymbol{l}=\sum I_i$，其中 $\sum I_i$ 为____________；$\boldsymbol{H}$ 称为____________；$\boldsymbol{H}$ 与磁感应强度 $\boldsymbol{B}$ 的关系是____________。

8.21　在电场强度 $\boldsymbol{E}$ 和磁感应强度 $\boldsymbol{B}$ 方向一致的匀强电场和匀强磁场中，有一运动着的电子，某一时刻其速度 $\boldsymbol{v}$ 的方向如图(a)和图(b)所示，则该时刻运动电子的法向和切向加速度的大小分别为(设电子的质量为 m，电荷为 e)

$a_n=$____________(图(a))，

$a_t=$____________(图(a))，

$a_n=$____________(图(b))，

$a_t=$____________(图(b))。

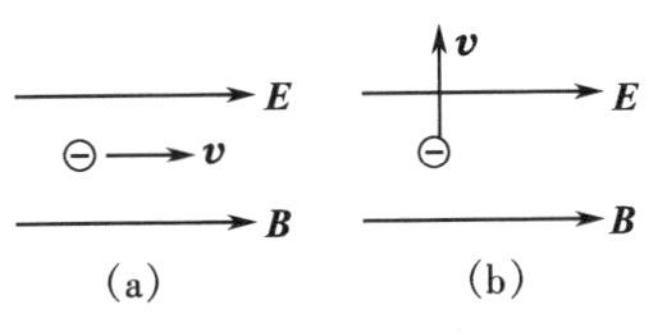

题 8.21 图

8.22　电子以速率 $v=10^5$ m/s 与磁力线成交角 $\alpha=30°$ 飞入匀强磁场中，磁场的磁感应强度 $B=0.2$ T，那么作用在电子上的洛伦兹力 $F=$________________。

（基本电荷 $e = 1.6 \times 10^{-19}$ C）

8.23 如图所示，在纸面上的直角坐标系中，有一根载流导线 AC 置于垂直于纸面的均匀磁场 $\boldsymbol{B}$ 中，若 $I = 1$ A，$B = 0.1$ T，则 AC 导线所受的磁力大小为____________________。

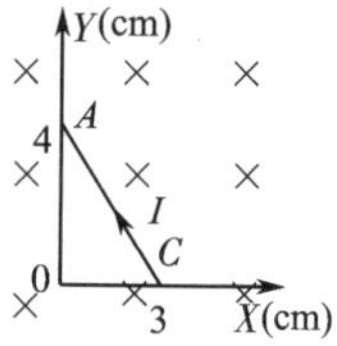

题 8.23 图

计算题

8.24 一电源的电动势为$\mathscr{E}$，内电阻为 r，连接外电路后外电阻为 R，则电源供电电流 I 将随 R 的变化而改变。

（1）求电源端电压与外电阻 R 的关系。

（2）断路时（$R = \infty$）端电压是多少？电流是多少？

（3）短路时（$R = 0$）端电压是多少？电流是多少？

（4）设消耗于外电阻 R 上的功率为 P，求 P 与 R 的关系式。

（5）欲使电源有最大的输出功率，R 应该多大？

8.25 将通有电流 $I = 5.0$ A 的无限长导线折成如图形状，已知半圆环的半径 $R = 0.10$ m。求圆心 O 点的磁感应强度。

（$\mu_0 = 4\pi \times 10^{-7}$ H·m^{-1}）

8.26 设氢原子基态的电子轨道半径为 a_0，求由于电子的轨道运动（如图）在原子核处（圆心处）产生的磁感应强度的大小和方向。

8.27 已知均匀磁场，其磁感应强度 $B = 2.0$ Wb·m^{-2}，方向沿 X 轴正向，如图所示。试求：

（1）通过图中 $abOc$ 面的磁通量；

（2）通过图中 $bedO$ 面的磁通量；

（3）通过图中 $acde$ 面的磁通量。

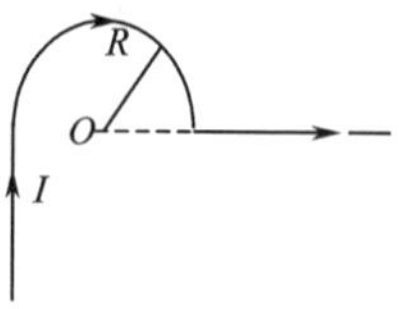

题 8.25 图

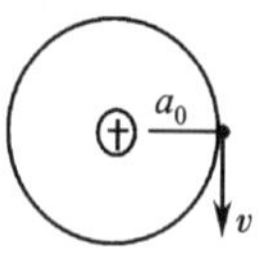

题 8.26 图

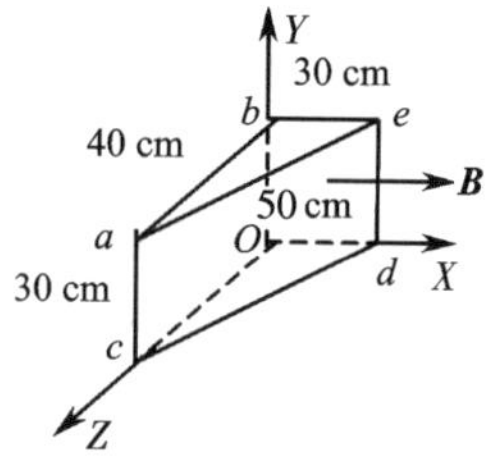

题 8.27 图

8.28 有一无限长载流直导线电流为 I_1，在旁边有一矩形线圈与其共面，如图所示。已知线圈的宽和长分别是 L 和 H，线圈左边距直导线为 C。

（1）求通过矩形线圈的磁通量；

（2）若线圈是一匝的刚性线圈并通有顺时针方向的电流 I_2，求线圈受到的安培力。

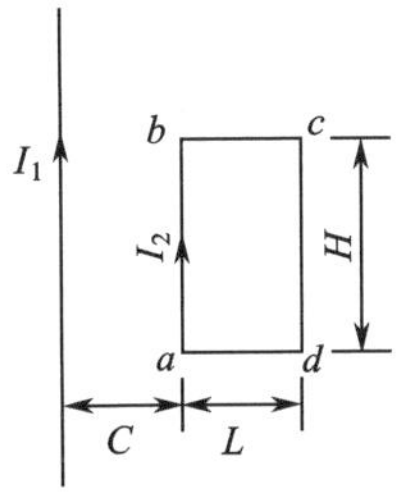

题 8.28 图

8.29　通有电流 I 的长直导线在一平面内被弯成如图所示形状，放于垂直进入纸面的均匀磁场 $\boldsymbol{B}$ 中，求整个导线所受的安培力（R 为已知）。

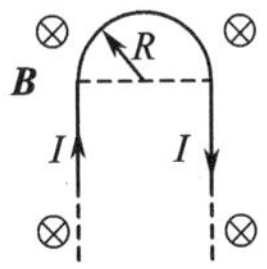

题 8.29 图

8.30　若把氢原子的核外电子轨道看作是圆轨道，已知基态氢原子的电子轨道半径 $r=0.53\times10^{-10}$ m，速度大小 $v=2.18\times10^{8}$ m/s. 求对应的轨道磁矩大小。

（基本电荷 $e=1.60\times10^{-19}$ C）

8.31　一平面线圈由半径为 0.2 m 的 1/4 圆弧和相互垂直的二直线组成，通以电流 2 A，把它放在磁感强度为 0.5 T 的均匀磁场中，求：

（1）线圈平面与磁场垂直时（如图），圆弧 $\overset{\frown}{AC}$ 段所受的磁力；

（2）线圈平面与磁场成 60° 角时，线圈所受的磁力矩。

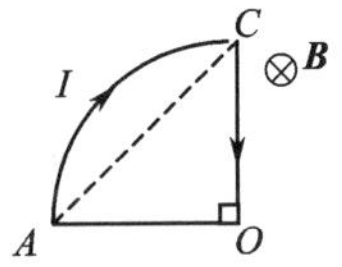

题 8.31 图

第 9 章　电磁感应

基本要求

1. 掌握法拉第电磁感应定律和楞次定律。

2. 掌握动生电动势及感生电动势的概念和计算方法。

3. 了解自感和互感现象。

4. 理解磁场能量和磁能密度的概念,能计算简单的磁场能量。

学习重点

法拉第电磁感应定律,动生电动势。

9.1　法拉第电磁感应定律

1820 年奥斯特通过实验发现了电流的磁效应。后来人们自然想到,能否利用磁效应来产生电流呢?从 1822 年起,法拉第就开始对这一问题进行有目的的实验研究。经过多次的失败后,终于在 1831 年取得了突破性的进展,发现了电磁感应现象。他曾做了许多这方面的实验。他的实验大体上可归结为两类:一类实验是磁铁与线圈有相对运动时,线圈中产生了电流;另一类实验是当一个线圈中的电流发生变化时,在它附近的其他线圈中也产生了电流。法拉第将这些现象与静电感应类比,把它们称作"电磁感应"现象。

所有电磁感应实验的分析表明,当穿过一个闭合导体回路所限定面积的磁通量(磁感应强度通量)发生变化时,回路中就出现电流。该电流称为**感应电流**。

在闭合导体回路中出现了电流,一定是由于回路中产生了电动势。当穿过导体回路的磁通量发生变化时,回路中产生了电流,就说明此时在回路中产生了电动势。由这一原因产生的电动势称为感应电动势。

实验表明,感应电动势的大小和通过导体回路的磁通量的变化率成正比,感应电动势的方向有赖于磁场的方向和它的变化情况。以 $\boldsymbol{\Phi}$ 表示通过闭合导体回路的磁通量,以$\mathscr{E}$表示磁通量发生变化时在导体回路中产生的感应电动势,由实验总结出的规律是

$$\mathscr{E} = -\frac{\mathrm{d}\boldsymbol{\Phi}}{\mathrm{d}t} \tag{9-1}$$

这一关系式称为**法拉第电磁感应定律**的一般表达式。式(9-1)中的负号反映感应电动势的方向与磁通量变化的关系。在判定感应电动势的方向

时，应先规定导体回路 L 的绕行正方向。如图 9-1 所示，当回路中磁感应线的方向和所规定的回路的绕行正方向有右手螺旋关系时，磁通量 Φ 是正值。如果穿过回路的磁通量增大，即 $d\Phi>0$，则$\mathscr{E}<0$，这表明此时感应电动势的方向和 L 的绕行正方向相反，如图 9-1(a)所示。如果穿过回路的磁通量减小，即 $d\Phi<0$，则$\mathscr{E}>0$，这表示此时感应电动势的方向和 L 的绕行正方向相同，如图 9-1(b)所示。

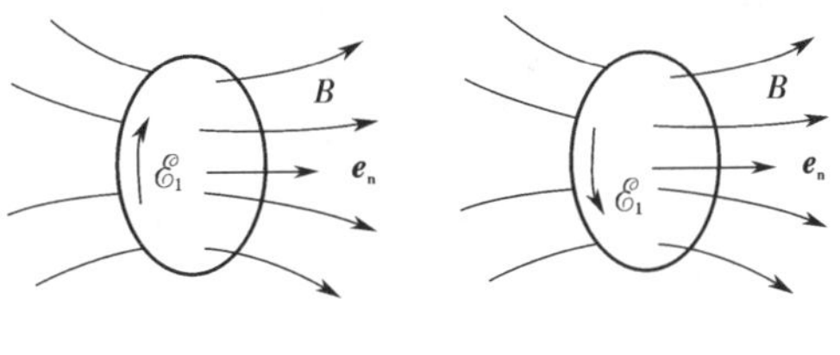

图 9-1 $\mathscr{E}$的方向和 Φ 的变化的关系

为了说明感应电动势的方向，以图 9-2 所示一个产生感应电动势的情况为例。当中是一个线圈，通有图示方向的电流时，它产生的磁感应线分布如图所示，另一导电圆环 L 的绕行正方向规定如图。当它在线圈上面向下运动时，$\frac{d\Phi}{dt}>0$，从而$\mathscr{E}<0$，$\mathscr{E}$沿 L 的反方向。当它在线圈下面向下运动时，$\frac{d\Phi}{dt}<0$，从而$\mathscr{E}>0$，$\mathscr{E}$沿 L 的正方向。

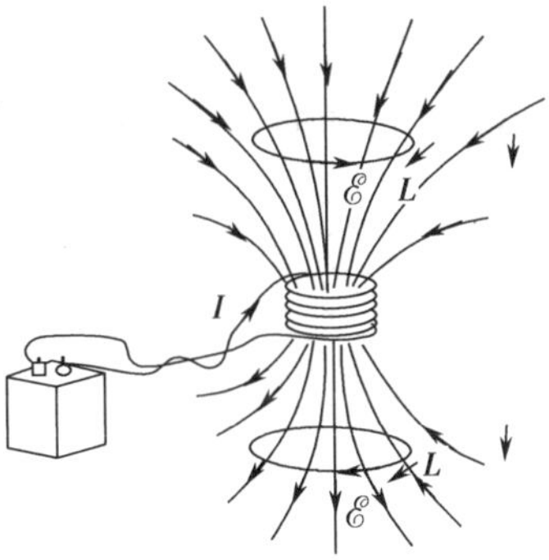

图 9-2 感应电动势的方向实例

在感应电动势的作用下导电圆环 L 中产生感应电流。感应电流将在导体回路中产生自己的磁场。在图 9-2 中，感应电流产生的磁场与引起感应电动势的原磁场变化之间的关系可以表述如下：感应电流在回路中产生的磁场总是阻碍引起感应电动势的磁通量的变化，这个规律称为**楞次定律**。图 9-2 中所示感应电动势的方向符合这一规律。

实际中用到的线圈有很多匝，在这种情况下，整个线圈中产生的感应电动势应是每匝线圈中产生的感应电动势之和。当穿过各匝线圈的磁通量分别为 $\Phi_1,\Phi_2,\cdots,\Phi_n$ 时，总电动势则应为

$$\begin{aligned}\mathscr{E}&=-\left(\frac{d\Phi_1}{dt}+\frac{d\Phi_2}{dt}+\cdots+\frac{d\Phi_n}{dt}\right)\\&=-\frac{d}{dt}\left(\sum_{i=1}^{n}\Phi\right)=-\frac{d\Psi}{dt}\end{aligned} \tag{9-2}$$

其中 $\Psi=\sum\limits_{i=1}^{n}\Phi$ 是穿过各匝线圈的磁通量的总和，叫做穿过线圈的全磁通。当穿过各匝线圈的磁通量相等时，N 匝线圈的全磁通 $\Psi=N\Phi$，称为

线圈的磁通匝链数,这时

$$\mathscr{E} = -\frac{d\Psi}{dt} = -N\frac{d\Phi}{dt} \tag{9-3}$$

$\mathscr{E}$的单位是 V(伏特),于是由式(9-2)可知

$$1\ V = 1\ Wb\cdot s^{-1}$$

9.2 动生电动势

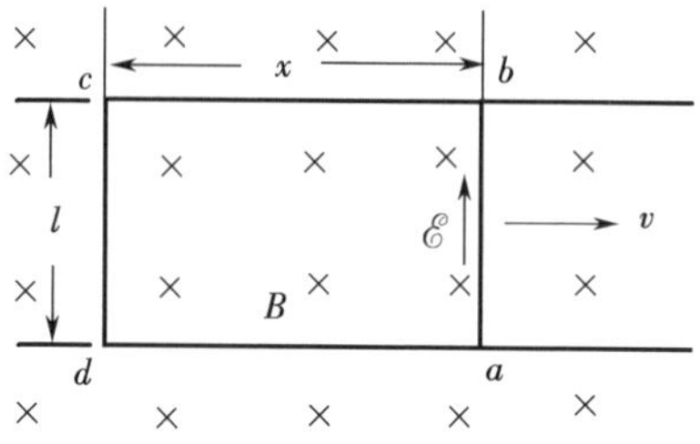

图 9-3 动生电动势

当穿过一个闭合导体回路的磁通量发生变化时,回路中就产生感应电动势。但引起磁通量变化的原因可以不同。如图 9-3 所示,一矩形导体回路,可动边是一根长为 l 的导体棒 ab,$t=0$ 时与 cd 重合,它以恒定速度 v 在垂直于磁场 B 的平面内,沿垂直于它自身的方向向右平移,其余边不动。某时刻穿过回路所围面积的磁通量为

$$\Phi = BS = Blx$$

随着棒 ab 的运动,回路所围绕的面积扩大,因而回路中的磁通量发生变化。计算回路中的感应电动势大小,可得

$$\mathscr{E} = \left| -\frac{d\Phi}{dt} \right| = \frac{d}{dt}(Blx) = Bl\frac{dx}{dt} = Blv \tag{9-4}$$

至于这一电动势的方向,可用楞次定律判定为逆时针方向。由于其他边都未动,所以动生电动势应归之于 ab 棒的运动。这种由于导体在恒定磁场中运动产生的感应电动势叫做**动生电动势**。

回路中感生电动势的逆时针方向说明,在 ab 棒中的动生电动势方向应沿由 a 到 b 的方向。如图 9-3 中所示的情况,感应电动势集中于回路的一段内。这一段可视为整个回路中的电源部分。由于在电源内电动势的方向是由低电势处指向高电势处,所以在棒 ab 上,b 点电势高于 a 点电势。

电动势是非静电力作用的表现。引起动生电动势的非静电力是洛伦兹力。当棒 ab 向右以速度 v 运动时,棒内的自由电子被带着以同一速度 v 向右运动,因而每个电子都受到洛伦兹力 $\boldsymbol{f}$ 的作用,如图 9-4 所示。洛伦兹力

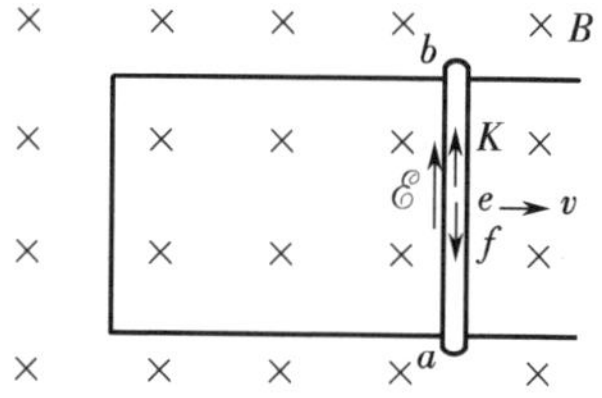

图 9-4 动生电动势与洛伦兹力

$$\boldsymbol{f}=e\boldsymbol{v}\times\boldsymbol{B} \tag{9-5}$$

把这个作用力看成是“外来场”的作用，则这一外来场的强度应为

$$E_{\mathrm{k}}=\frac{\boldsymbol{f}}{e}=\boldsymbol{v}\times\boldsymbol{B} \tag{9-6}$$

根据电动势的定义，棒 ab 中由这个外来场所产生的电动势应为

$$\mathscr{E}_{ab}=\int_a^b \boldsymbol{E}_{\mathrm{k}}\cdot\mathrm{d}\boldsymbol{l}=\int_a^b(\boldsymbol{v}\times\boldsymbol{B})\cdot\mathrm{d}\boldsymbol{l} \tag{9-7}$$

如图 9-4 所示，由于 $\boldsymbol{v}$、$\boldsymbol{B}$ 和 $\mathrm{d}\boldsymbol{l}$ 相互垂直，所以上一积分的结果应为

$$\mathscr{E}_{ab}=Blv$$

这一结果和式(9-4)相同。

这里只把式(9-7)应用于直导体棒在均匀磁场中运动的情况。对于非均匀磁场且导体各段运动速度不同的情况，则可以先考虑一段以速度 v 运动的导体元 $\mathrm{d}l$，在其中产生的动生电动势为 $\boldsymbol{E}_{\mathrm{k}}\cdot\mathrm{d}\boldsymbol{l}=(\boldsymbol{v}\times\boldsymbol{B})\cdot\mathrm{d}\boldsymbol{l}$。整个导体中产生的动生电动势应该是在各段导体中产生的动生电动势之和。其表示式就是式(9-7)。因此，式(9-7)是计算在磁场中运动的导体内产生的动生电动势的一般公式。特别是，如果整个导体回路上都在磁场中运动，则在回路中产生的总的动生电动势应为

$$\mathscr{E}=\oint_L(\boldsymbol{v}\times\boldsymbol{B})\cdot\mathrm{d}\boldsymbol{l} \tag{9-8}$$

在图 9-3 所示的闭合导体回路中，只有导体棒 ab 运动，所以回路电动势为

$$\mathscr{E}=\oint_L(\boldsymbol{v}\times\boldsymbol{B})\cdot\mathrm{d}\boldsymbol{l}=\oint_{ab}(\boldsymbol{v}\times\boldsymbol{B})\cdot\mathrm{d}\boldsymbol{l}$$

在这个回路里，感应电动势驱动电荷做功。同时，外力拉动导体棒 ab 做功。实质上这表示了能量的转换与守恒过程。洛伦兹力在这里起了一个能量转换者的作用，一方面接受外力的功，另一方面驱动电荷运动做功。

例题 9.1　铜棒长 $L=0.10$ m，在磁感应强度 $B=0.02$ T 的均匀磁场中，以角速度 ω 在垂直于磁场的平面内绕棒的一端 O 匀速转动(图 9-5(a))。已知转速 $n=820$ r/s，求棒两端的电势差，并指出哪端的电势高。

解：设铜棒的转动角速度为 ω，则有 $\omega=2\pi n$。由于铜棒上各处的线速度大小 v 不相同，所以在距铜棒一端 O 点的距离为 l 处选取长为 $\mathrm{d}l$ 的一小段，如图 9-5(b)所示。显然 $\mathrm{d}l$ 段运动的速度大小是 $v=\omega l$。由于 $\boldsymbol{v}$、$\boldsymbol{B}$ 和 $\mathrm{d}\boldsymbol{l}$ 三者两两相互垂直，所以，$\mathrm{d}l$ 线元上产生的电动势元为

$$\mathrm{d}\mathscr{E}=(\boldsymbol{v}\times\boldsymbol{B})\cdot\mathrm{d}\boldsymbol{l}=vB\mathrm{d}l=B\omega l\mathrm{d}l$$

对棒的全长积分得

$$\mathscr{E}=\int_0^L(\boldsymbol{v}\times\boldsymbol{B})\cdot\mathrm{d}\boldsymbol{l}=\int_0^L B\omega l\mathrm{d}l=\frac{1}{2}\omega BL^2$$

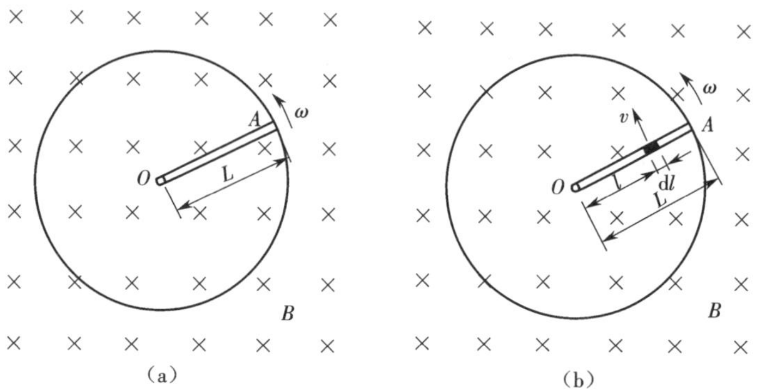

图 9-5 在匀强磁场中绕 O 轴转动金属棒的动生电动势

由 $\boldsymbol{v}\times\boldsymbol{B}$ 确定铜棒上电动势的方向为 A 点指向 O 点；或者说 O 点电势高，A 点电势低。

9.3 感生电动势和感应电场

本节讨论引起回路中磁通量变化的另一种情况。一个静止的导体回路，当它包围的磁场发生变化时，穿过它的磁通量也会发生变化，这时回路中也会产生感应电动势。这样产生的感应电动势称为**感生电动势**。它和磁通量变化率的关系也由式(9-1)表示。

产生感应电动势的非静电力是什么力？由于导体回路未动，所以它不可能像在动生电动势中那样是洛伦兹力。由于这时的感应电流是原来宏观静止的电荷受非静电力作用形成的，而静止电荷受到的力只能是电场力。所以这时的非静电力也只能是一种电场力。由于这种电场是磁场的变化引起的，所以称为感生电场，用 $\boldsymbol{E}_{\mathrm{k}}$ 表示。根据电动势的定义，在一个导体回路 L 中产生的感生电动势应为

$$\mathscr{E}=\oint_L \boldsymbol{E}_{\mathrm{k}}\cdot \mathrm{d}\boldsymbol{l} \tag{9-9}$$

根据法拉第电磁感应定律应有

$$\mathscr{E}=\oint_L \boldsymbol{E}_{\mathrm{k}}\cdot \mathrm{d}\boldsymbol{l}=-\frac{\mathrm{d}\Phi}{\mathrm{d}t} \tag{9-10}$$

法拉第当时只着眼于导体回路中感生电动势的产生，麦克斯韦则更着重于电场和磁场关系的研究。他提出了在磁场变化时，不但在导体回路中有感生电场，同时在空间任一点也会产生感生电场，而且感生电场沿任何闭合路的环流量都满足式(9-10)表示的关系。

用 $\boldsymbol{B}$ 来表示磁感应强度，则式(9-10)可以用下面的形式更明显地表示出电场和磁场的关系

$$\oint_L \boldsymbol{E}_k \cdot d\boldsymbol{l} = -\frac{d}{dt}\int_S \boldsymbol{B}\cdot d\boldsymbol{S} = -\int_S \frac{\partial \boldsymbol{B}}{dt}\cdot d\boldsymbol{S} \tag{9-11}$$

式中 S 为静止回路 L 所围面积。由于感生电场的环流量不等于零,所以 $\boldsymbol{E}_k$ 称为**涡旋电场**。

一般情况下,空间的电场可能有静电场 $\boldsymbol{E}_{静}$,也可能有感生电场 $\boldsymbol{E}_k$。根据叠加原理,总电场 $\boldsymbol{E}$ 沿其一封闭路径 L 的环流量应是静电场的环流量和感生电场的环流量之和,于是得

$$\oint_L \boldsymbol{E}\cdot d\boldsymbol{l} = -\int_S \frac{\partial \boldsymbol{B}}{\partial t}\cdot d\boldsymbol{S} \tag{9-12}$$

上式是磁场与电场关系的一个普遍的基本规律。

例题 9.2　电子感应加速器。电子感应加速器是利用感生电场来加速电子的一种设备。它的柱形电磁铁在两极间产生磁场,如图 9-6 所示。在磁场中安置一个环形真空管道作为电子运行的轨道。当磁场发生变化时,就会沿管道方向产生感生电场。射入其中的电子受到该感生电场的持续作用而被不断加速。设环形真空管的轴线半径为 r,求磁场变化时沿环形真空管轴线的感生电场。

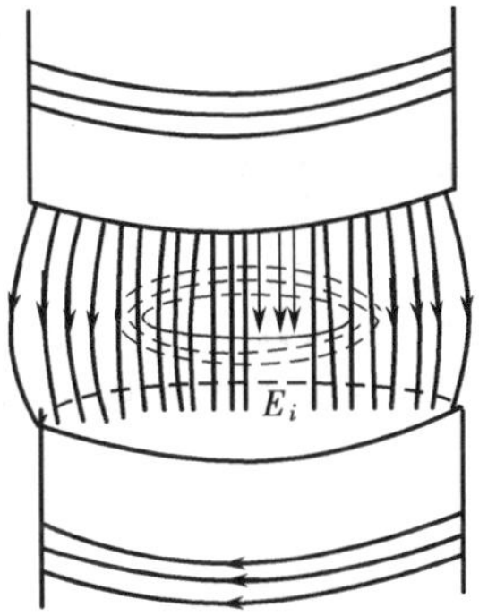

图 9-6　电子感应加速器示意图

解:由磁场分布的轴对称性可知,感生电场的分布也具有轴对称性。沿环管轴线上各处的电场强度大小应相等,而方向都沿轴线的切线方向。因而沿此轴线的感生电场的环流为

$$\oint_L \boldsymbol{E}_k \cdot d\boldsymbol{l} = E_k \cdot 2\pi r$$

以 $\bar{B}$ 表示环管轴线所围面积上的平均磁感应强度,则通过此面积的磁通量为

$$\Phi = \bar{B}S = \bar{B}\pi r^2$$

由式(9-12)可得

$$E_k \cdot 2\pi r = -\frac{d\Phi}{dt} = -\pi r^2 \frac{d\bar{B}}{dt}$$

由此得

$$E_k = -\frac{r}{2}\frac{d\bar{B}}{dt}$$

9.4　互感

一闭合导体回路,当其中的电流随时间变化时,它周围的磁场也随时

间变化，在它附近的导体回路中就会产生感生电动势。这种电动势称为**互感电动势**。

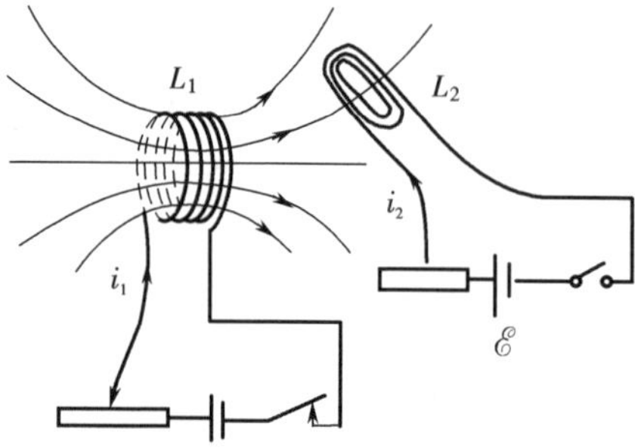

图9-7 互感现象

如图 9-7 所示，有两个固定的闭合回路 L_1 和 L_2。闭合回路 L_2 中的互感电动势是由于回路 L_1 中的电流 i_1 随时间变化引起的，用$\mathscr{E}_{21}$表示此电动势。下面说明$\mathscr{E}_{21}$与 i_1 的关系。

由毕奥-萨伐尔定律可知，电流 i_1 产生的磁场正比于 i_1，因而通过 L_2所围面积由 i_1 所产生的全磁通（也称磁通匝链数）Ψ_{21}，也应该和 i_1 成正比，即

$$\Psi_{21} = M_{21} i_1 \tag{9-13}$$

其中比例系数 M_{21}叫做回路 L_1对回路 L_2的互感系数（简称互感），它取决于两个回路的几何形状、相对位置、它们各自的匝数以及它们周围磁介质的分布。对两个固定的回路线圈 L_1和 L_2来说，互感系数是一个常数。电磁感应定律给出

$$\mathscr{E}_{21} = -\frac{\mathrm{d}\Psi_{21}}{\mathrm{d}t} = -M_{21}\frac{\mathrm{d}i_1}{\mathrm{d}t} \tag{9-14}$$

同理，回路 L_2中的电路 i_2 随时间变化，则在回路 L_1中也会产生感应电动势$\mathscr{E}_{12}$。因为通过 L_1所围面积的由 i_2 所产生的全磁通 Ψ_{12}应该与 i_2 成正比，即

$$\Psi_{12} = M_{12} i_2 \tag{9-15}$$

而且

$$\mathscr{E}_{12} = -\frac{\mathrm{d}\Psi_{12}}{\mathrm{d}t} = -M_{12}\frac{\mathrm{d}i_2}{\mathrm{d}t} \tag{9-16}$$

上两式中的 M_{12}叫做 L_2对 L_1的互感系数。

可以证明，对给定的一对线圈有

$$M_{12} = M_{21} = M \tag{9-17}$$

M 就叫做这两个导体回路的**互感系数**，简称**互感**。

在国际单位制中，互感系数的单位为亨[利]，用 H 表示，由式(9-4)知

$$1\ \mathrm{H} = 1\ \mathrm{V \cdot s \cdot A^{-1}} = 1\ \Omega \cdot \mathrm{s}$$

例题 9.3 一长直螺线管，单位长度上的匝数为 n。另一半径为 r 的圆环放在螺线管内，圆环平面与管轴垂直，如图 9-8 所示。求螺线管与圆环的互感系数。

解:设螺线管内通有电流 i_1,螺线管内磁场为 B_1,则 $B_1=\mu_0 n i_1$,通过圆环的全磁通为

$$\Psi_{21}=B_1\pi r^2=\pi r^2\mu_0 n i_1$$

由定义式(9-13)得互感系数为

$$M_{21}=\frac{\Psi_{21}}{i_1}=\pi r^2\mu_0 n$$

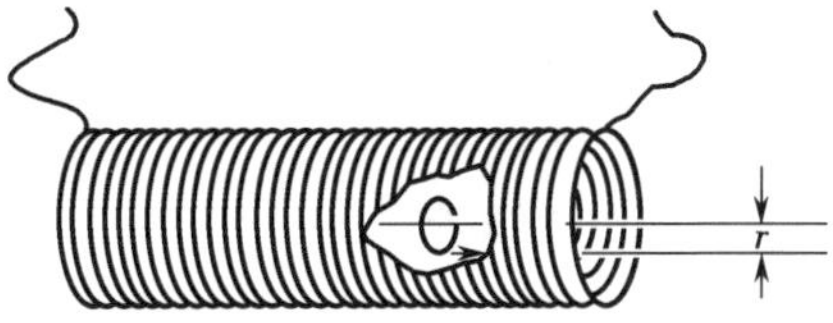

图9-8　计算螺线管与圆环的互感

由于 $M_{12}=M_{21}=M$,所以螺线管与圆环的互感系数 $M=\pi r^2\mu_0 n$。

9.5　自感

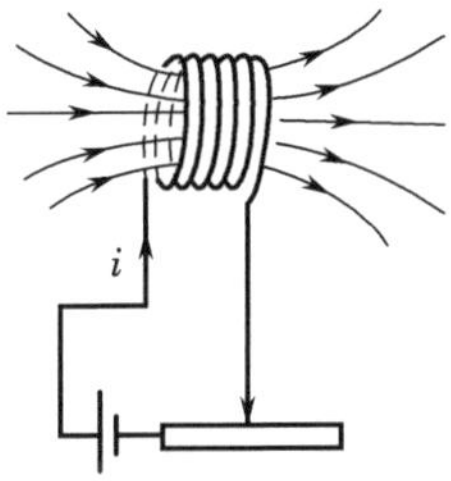

图9-9　自感现象

当一个线圈回路的电流 i 随时间变化时,通过回路自身的全磁通也发生变化,因而回路自身也产生感生电动势,如图9-9所示。这就是**自感现象**。这时产生的感生电动势叫做**自感电动势**。在这里,全磁通与回路中的电流成正比,即

$$\Psi=Li \tag{9-18}$$

式中:i 是通过线圈的电流;比例系数 L 称为回路的**自感系数**(简称自感),它取决于回路的大小、形状、线圈的匝数以及它周围的磁介质的分布。自感系数与互感系数的量纲相同,在国际单位制中,自感系数的单位也是亨[利],用H表示。

由电磁感应定律,自感电动势为

$$\mathscr{E}_L=-\frac{\mathrm{d}\Psi}{\mathrm{d}t}=-L\frac{\mathrm{d}i}{\mathrm{d}t} \tag{9-19}$$

如图9-9所示,回路 L 的正方向一般取电流 i 的方向。当电流增大,即 $\frac{\mathrm{d}i}{\mathrm{d}t}>0$ 时,式(9-19)给出 $\mathscr{E}_L<0$,说明 $\mathscr{E}_L$ 的方向与电流的方向相反;当 $\frac{\mathrm{d}i}{\mathrm{d}t}<0$ 时,式(9-19)给出 $\mathscr{E}_L>0$,说明 $\mathscr{E}_L$ 的方向与电流的方向相同。由此可知自感电动势的方向总是要使它阻碍回路本身电流的变化。

例题9.4　如图8-14的长直螺线管,设螺线管的截面积为 S,单位长度上的匝数为 n,管长为 l。求:(1)管内为真空时的自感系数 L_0;(2)管内充满相对磁导率为 μ_r 的磁介质时的自感系数 L。

解:(1)设长直螺线管线圈通有电流 I,由于螺线管内磁场 $B=\mu_0 nI$,所以管内全磁通为

$$\Psi=N\Phi=nl\cdot BS=\mu_0 n^2 SlI$$

由自感系数定义式(9-18)可知,自感系数为

$$L_0=\frac{\Psi}{I}=\mu_0 n^2 Sl$$

由于 $Sl=V$ 是螺线管内的体积,所以螺线管内为真空时的自感系数又可写成

$$L_0=\mu_0 n^2 V$$

(2)当管内充满相对磁导率为 μ_r 的磁介质时,

$$B=\mu_0\mu_r nI$$

$$\Psi=N\Phi=nl\cdot BS=\mu_0\mu_r n^2 SlI$$

所以管内充满相对磁导率为 μ_r 的磁介质时的自感系数 L 又可写成

$$L=\frac{\Psi}{I}=\mu_0\mu_r n^2 Sl=\mu_0\mu_r n^2 V \tag{9-20}$$

此结果表明管内充满磁介质时,其自感系数是在真空时的 μ_r 倍。

9.6 磁场的能量

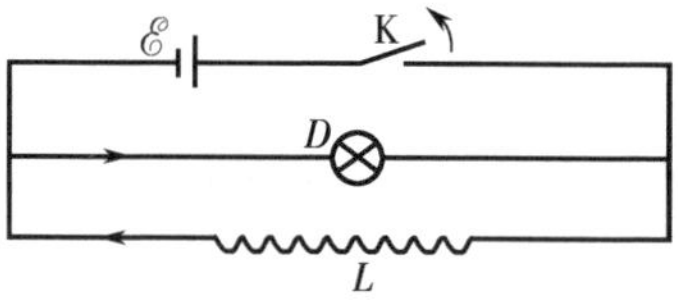

图 9-10 自感现象演示

为了说明磁场储存能量,先研究如图 9-10 所示的实验。正常供电后,把电键 K 打开,此后电源已不再向灯泡供给能量,实验结果是灯泡还要突然强烈地闪亮一下后才熄灭。闪亮时消耗的能量是从哪里来的?由于 K 断开后灯泡是和线圈构成闭合回路,显然灯泡闪亮是线圈中自感电动势提供的能量,而这能量随着线圈中的磁场的消失而逐渐消失,所以可以认为使灯泡闪亮的能量是储存在原先通有电流的线圈中,或者说是储存在线圈内的磁场中。这种能量称为**磁能**。自感为 L 的线圈中,通有电流 I 时所储存的磁能应该等于该电流消失时自感电动势所做的功。以 $i\mathrm{d}t$ 表示在短路后某一时间 $\mathrm{d}t$ 内通过灯泡的电量,则在这段时间内自感电动势做的功为

$$\mathrm{d}W=\mathscr{E}_L\cdot i\mathrm{d}t=-L\frac{\mathrm{d}i}{\mathrm{d}t}i\mathrm{d}t=-Li\mathrm{d}i$$

电流由起始值 I 减小到零时,自感电动势所做的总功就是

$$W=\int\mathrm{d}W=-\int_I^0-Li\mathrm{d}i=\frac{1}{2}LI^2$$

因此,自感系数为 L 的线圈通有电流 I 时所具有的磁能是

$$W_m=\frac{1}{2}LI^2 \tag{9-21}$$

这就是自感磁能公式。

对于磁场的能量也可以引入能量密度的概念。下面用特例导出磁场能量密度公式。考虑一个长直螺线管,在上节(例题9.4)中,已求出长直螺线管内充满磁介质时的自感系数

$$L=\mu_0\mu_r n^2 V=\mu n^2 V$$

利用式(9-21)可得通有电流 I 的长直螺线管磁场能量为

$$W_m=\frac{1}{2}LI^2=\frac{1}{2}\mu n^2 VI^2$$

由于长直螺线管内的磁感应强度 $B=\mu nI$,所以上式可写作

$$W_m=\frac{B^2}{2\mu}V$$

由于长直螺线管的磁场集中于管内,磁场占据的体积就是 V,并且管内磁场基本上是均匀的,所以管内的磁场能量密度为

$$\omega_m=\frac{B^2}{2\mu} \tag{9-22}$$

利用磁场强度 $H=B/\mu$,此式还可以写成

$$\omega_m=\frac{1}{2}BH=\frac{1}{2}\mu H^2 \tag{9-23}$$

此式虽然是从一个特例中推出的,但是可以证明它对磁场普遍有效。利用它可以求得某不均匀磁场所储存的总能量为

$$W_m=\int\omega_m \mathrm{d}V=\int\frac{1}{2}BH\mathrm{d}V \tag{9-24}$$

此式的积分应遍及整个磁场分布的空间。

阅读材料

科学家介绍——法拉第

法拉第(Michael Faraday,1791—1867)于1791年出生在英国伦敦附近的一个小村子里,父亲是铁匠。自幼家境贫寒,无钱上学读书。13岁时到一家书店里当报童,次年转为装订学徒工。

在当学徒工期间,法拉第除工作外,利用书店的条件,在业余时间贪婪地阅读了许多科学著作,例如《化学对话》、《大英百科全书》的“电学”条目等。这些开拓了他的视野,激发了他对科学的浓厚兴趣。

1812年,学徒期满,法拉第就想专门从事科学研究。次年,经著名化学家戴维推荐,法拉第到皇家研究院实验室当助理研究员。年底,作为助手和仆从,他随戴维到欧洲大陆考察漫游,结识了不少知名科学家,如安培、伏特等,这进一步扩大了他的眼界。1815年春回到英国后,在戴维的支持和指导下做了很多化学方面的研究工作。1821年开始担任实验室主任,一直到1865年。1824年,被推选为皇家学会会员。次年法拉第正

式成为皇家学院教授。1851年,曾被一致推选为英国皇家学会会长,但被他坚决推辞掉了。

1821年,法拉第读到了奥斯特的描述他发现电流磁效应的论文《关于磁针上电碰撞的实验》。该文给了他很大的启发,使他开始研究电磁现象。经过10年的实验研究(中间曾因研究合金和光学玻璃等而中断过),在1831年,他终于发现了电磁感应现象。

法拉第发现电磁感应现象完全是一种自觉的追求。在《电的实验研究》第一集中,他写道:"不管采用安培的漂亮理论或其他什么理论,也不管思想上作些什么保留,都会感到下述论点十分特别,即虽然每一电流总伴有一个与它的方向成直角的磁力,然而即使是电的良导体,当放在该作用范围内时,都应该没有任何感生电流通过它,也不产生在该力方面与此电流相当的某些可觉察的效应。对这些问题及其后果的考虑,再加上想从普通的磁中获得电的希望,时时激励着我从实验上去探求电流的感应效应。"

与法拉第同时,安培也做过电流感应的实验。他曾期望一个线圈中的电流会在另一个线圈中"感应"出电流来。由于他只是观察了稳恒电流的情况,所以未发现这种感应效应。法拉第也经过同样的失败过程。只是在1831年他仔细地注意到了变化的情况时,才发现了电磁感应现象。第一次的发现是这样:他在一个铁环上绕了两组线圈,一组通过电键与电池组相连,另一组的导线下面平行地摆了一个小磁针。当前一线圈和电池组接通或切断的瞬间,发现小磁针都发生摆动,但又都旋即回复原位。之后,他又把线圈绕在木棒上做同样的实验,又做了磁铁插入连有电流计的线圈或从其中拔出的实验,把两根导线(一根与电池连接,另一根和电流计连接)移近或移开的实验等,一共有几十个实验。他还当众表演了他的发电机:一个一边插入电磁铁两极间的铜盘转动时,在连接轴和盘边缘的导线中产生了电流。最后,他总结出了电磁感应的暂态性,即只有在变化对,才能产生感应电流。他把自己已做过的实验概括为五类,即变化的电流、变化的磁场、运动的稳恒电流、运动的磁铁、在磁场中运动的导体。就这样,法拉第完成了一个划时代的创举,从此人类跨入了广泛使用电能的新时代。

应该指出的是，在法拉第的同时，美国物理学家亨利(J. Hellry，1799—1878)也独立地发现了电磁感应现象。他先是在 1829 年发现了通电线圈断开时发生强烈的火花，他称之为“电自感”，接着在 1830 年发现了在电磁铁线圈的电流通或断时，在它的两极间的另一线圈中能产生瞬时的电流。

法拉第在电学的其他方面还有很多重要的贡献。1833 年，他发现了**电解定律**；1837 年发现了电介质对电容的影响，引入了电容率(即相对介电系数)概念；1845 年发现了**磁光效应**，即磁场能使通过重玻璃的光的偏振面发生旋转；以后又发现物质可区分为**顺磁质**和**抗磁质**等。

法拉第不但作为实验家做出了很多成绩，而且在物理思想上也有很重要的贡献。首先是关于自然界统一的思想。他深信电和磁的统一，即它们的相互联系和转化。他还用实验证实了当时已发现的五种电(伏打电、摩擦电、磁生电、热电、生物电)的统一。他是在证实物质都具有磁性时发现顺磁和抗磁质。在发现磁光效应后，他是这样写的：“这件事更有力地证明一切自然力都是可以互相转化的，有着共同的起源。”这种思想至今还支配着物理学的发展。

法拉第的较少抽象较多实际的头脑使他提出了另一个重要的思想——场的概念。在他之前，引力、电力、磁力都被视为超距作用。但在法拉第看来，不经过任何媒介而发生相互作用是不可能的，他认为电荷、磁体或电流的周围弥漫着一种物质，它传递电或磁的作用。他称这种物质为电场和磁场。他还凭着惊人的想象力把这种场用力线来加以形象化的描绘，并且用铁粉演示了磁力线的“实在性”。他认为电磁感应是导体切割磁力线的结果，并得出“形成电流的力正比于切割磁力线的条数”(1845 年，诺埃曼(F. E. Neumann，1798—1895)第一次用数学公式表示了电磁感应定律)。他甚至提出了“磁作用的传播需要时间”，“磁力从磁极出发的传播类似于激起波纹的水面的振动”等这样深刻的观点。大家知道，场的概念今天已成为物理学的基石了。

除进行科学研究外，他还热心科学普及工作。他协助皇家学院举办“星期五讲座”(持续了三十几年)、“少年讲座”、“圣诞节讲座”，他自己参加讲课，内容十分广泛，从探照灯到镜子镀银工艺，从电磁感应到布朗运动等。他很讲究讲课艺术，注意表达方式，讲课效果良好。有的讲稿被译成多种文字出版，甚至被编入基础英语教材。

1867 年 8 月 25 日，他坐在书房的椅子上安详地离开了人世。遵照他的遗言，在他的墓碑上只刻了名字和生卒年月。法拉第终生勤奋刻苦，坚韧不拔地进行科学探索。除了二十多集《电的实验研究》外，还留下了《法拉第日记》七卷，共三千多页，几千幅插图。这些书都记录着他的成功和失败，精确的实验和深刻的见解。这都是他留给后人的宝贵遗产。

同步练习

思考题

9.1 灵敏电流计的线圈处于永磁体的磁场中，通入电流，线圈就发生偏转。切断电流后线圈在回复到原来位置前总要来回摆动好多次。这时如果用导线把线圈的两个接头短路，则摆动会马上停止。这是什么缘故？

9.2 熔化金属的一种方法是用“高频炉”。它的主要部件是一个铜制线圈。线圈中有一坩埚，锅中放待熔的金属块，当线圈中通以高频交流电时，锅中金属就可以被镕化。这是什么缘故？

9.3 变压器的铁芯为什么总做成片状的，而且涂上绝缘漆相互隔开？铁片放置的方向应和线圈中磁场的方向有什么关系？

9.4 将尺寸完全相同的铜环和铝环适当放置，使通过两环内的磁通量的变化率相等。问这两个环中的感应电流及感生电场是否相等？

9.5 电子感应加速器中，电子加速所得到的能量是哪里来的？试定性解释。

9.6 三个线圈中心在一条直线上，相隔的距离很近，如何放置可使它们两两之间的互感系数为零？

9.7 有两个金属环，一个的半径略小于另一个。为了得到最大互感，是把两环面对面放置还是一环套在另一环中？

9.8 如果电路中通有强电流，当你突然打开刀闸断电时，就有一大火花跳过刀闸。试解释这一现象。

选择题

9.9 如图所示，一矩形金属线框，以速度 $\boldsymbol{v}$ 从无场空间进入一均匀磁场中，然后又从磁场中出来，到无场空间中。不计线圈的自感，下面哪一条图线正确地表示了线圈中的感应电流对时间的函数关系？（从线圈刚进入磁场时刻开始计时，I 以顺时针方向为正） [ ]

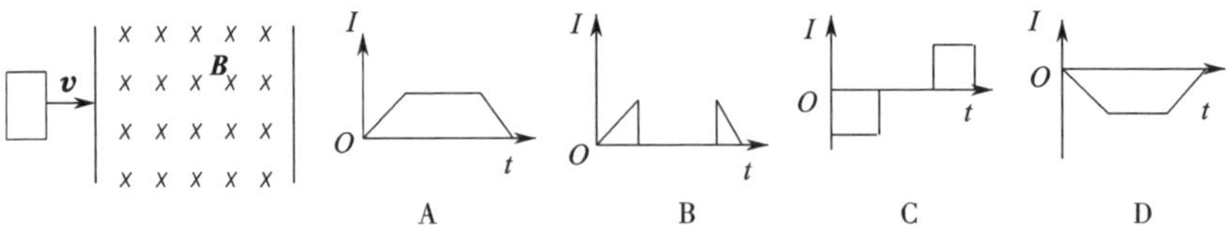

题 9.9 图

9.10 两根无限长平行直导线载有大小相等、方向相反的电流 I，并各以 dI/dt 的变化率增长，一矩形线圈位于导线平面内（如图），则 [ ]

A. 线圈中无感应电流

B. 线圈中感应电流为顺时针方向

C. 线圈中感应电流为逆时针方向

D. 线圈中感应电流方向不确定

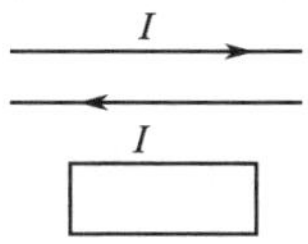

题 9.10 图

9.11 将形状完全相同的铜环和木环静止放置，并使通过两环面的磁通量随时间的变化率相等，则不计自感时 [ ]

A. 铜环中有感应电动势，木环中无感应电动势

B. 铜环中感应电动势大，木环中感应电动势小

C. 铜环中感应电动势小，木环中感应电动势大

D. 两环中感应电动势相等

9.12 如图所示，一载流螺线管的旁边有一圆形线圈，欲使线圈产生图示方向的感应电流 i，下列哪一种情况可以做到 [ ]

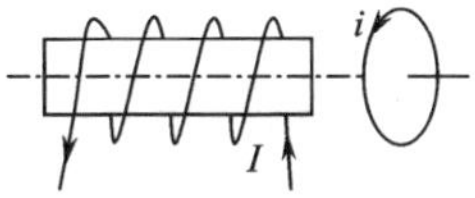

题 9.12 图

A. 载流螺线管向线圈靠近

B. 载流螺线管离开线圈

C. 载流螺线管中电流增大

D. 载流螺线管中插入铁芯

9.13 一矩形线框长为 a，宽为 b，置于均匀磁场中，线框绕 OO' 轴以匀角速度 ω 旋转（如图所示）。设 $t=0$ 时，线框平面处于纸面内，则任一时刻感应电动势的大小为 [ ]

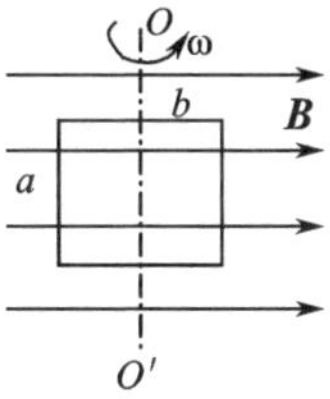

题 9.13 图

A. $2abB|\cos\omega t|$

B. ωabB

C. $\frac{1}{2}\omega abB|\sin\omega t|$

D. $\omega abB|\cos\omega t|$

E. $\omega abB\ |\sin\omega t|$

9.14 如图所示，长度为 l 的直导线 ab 在均匀磁场 $\boldsymbol{B}$ 中以速度 $\boldsymbol{v}$ 移动，直导线 ab 中的电动势为 [ ]

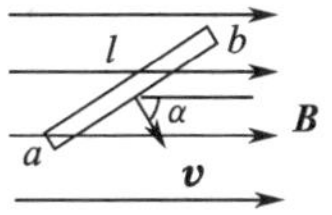

题 9.14 图

A. Blv　　B. $Blv\sin\alpha$

C. $Blv\cos\alpha$　　D. 0

9.15 如图所示，M、N 为水平面内两根平行金属导轨，ab 与 cd 为垂直于导轨并可在其上自由滑动的两根直裸导线，外磁场垂直水平面向上。当外力使 ab 向右平移时，cd [ ]

A. 不动　　B. 转动

C. 向左移动　　D. 向右移动

9.16 如图所示，直角三角形金属框架 abc 放在均匀磁场中，磁场 $\boldsymbol{B}$

平行于 ab 边，bc 的长度为 l。当金属框架绕 ab 边以匀角速度 ω 转动时，abc 回路中的感应电动势$\mathscr{E}$和 a、c 两点间的电势差 $U_a - U_c$为 [ ]

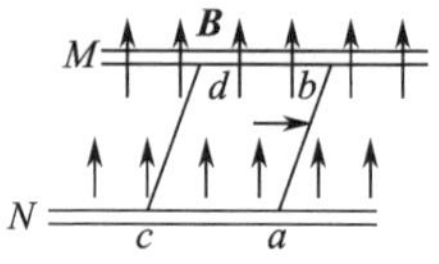

题 9.15 图

A. $\mathscr{E}=0, U_a - U_c = B\omega l^2$

B. $\mathscr{E}=0, U_a - U_c = -\dfrac{1}{2}B\omega l^2$

C. $\mathscr{E}=B\omega l^2, U_a - U_c = B\omega l^2$

D. $\mathscr{E}=B\omega l^2, U_a - U_c = B\omega l^2$

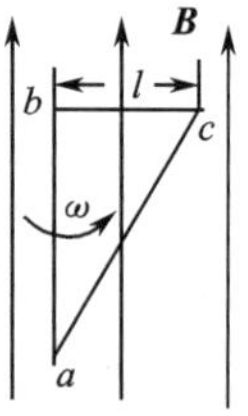

题 9.16 图

9.17 两个相距不太远的平面圆线圈，怎样可使其互感系数近似为零？设其中一线圈的轴线恰通过另一线圈的圆心。 [ ]

A. 两线圈的轴线互相平行放置　B. 两线圈并联

C. 两线圈的轴线互相垂直放置　D. 两线圈串联

9.18 如图所示，一导体棒 ab 在均匀磁场中沿金属导轨向右作匀加速运动，磁场方向垂直于导轨所在平面。若导轨电阻忽略不计，并设铁芯磁导率为常数，则达到稳定后在电容器的 M 极板上 [ ]

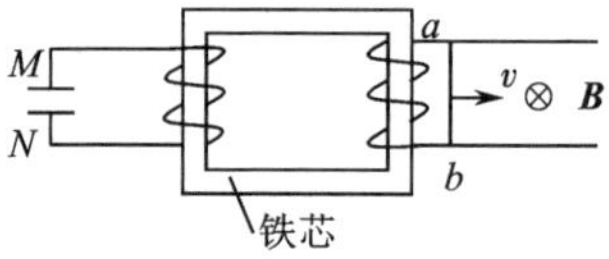

题 9.18 图

A. 带有一定量的正电荷

B. 带有一定量的负电荷

C. 带有越来越多的正电荷

D. 带有越来越多的负电荷

9.19 有两个长直密绕螺线管，长度及线圈匝数均相同，半径分别为 r_1 和 r_2，管内充满均匀介质，其磁导率分别为 μ_1 和 μ_2。设 $r_1:r_2=1:2$，$\mu_1:\mu_2=2:1$，当将两只螺线管串联在电路中通电稳定后，其自感系数之比 $L_1:L_2$ 与磁能之比 $W_{m1}:W_{m2}$ 分别为 [ ]

A. $L_1:L_2=1:1, W_{m1}:W_{m2}=1:1$

B. $L_1:L_2=1:2, W_{m1}:W_{m2}=1:1$

C. $L_1:L_2=1:2, W_{m1}:W_{m2}=1:2$

D. $L_1:L_2=2:1, W_{m1}:W_{m2}=2:1$

9.20 在圆柱形空间内有一磁感强度为 $\boldsymbol{B}$ 的均匀磁场，如图所示。$\boldsymbol{B}$ 的大小以速率 $\mathrm{d}B/\mathrm{d}t$ 变化。在磁场中有 A、B 两点，其间可放直导线 AB 和弯曲的导线 AB，则 [ ]

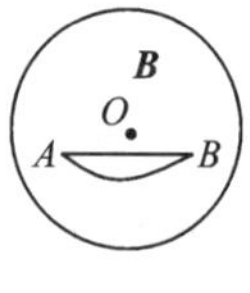

题 9.20 图

A. 电动势只在 $\overline{AB}$ 导线中产生

B. 电动势只在 $\overset{\frown}{AB}$ 导线中产生

C. 电动势在 $\overline{AB}$ 和 $\overset{\frown}{AB}$ 中都产生，且两者大小相等

D. $\overline{AB}$ 导线中的电动势小于 $\overset{\frown}{AB}$ 导线中的电动势

9.21　在感生电场中，电磁感应定律可写成 $\oint_L \boldsymbol{E}_\mathrm{k}\cdot\mathrm{d}\boldsymbol{l} = -\dfrac{\mathrm{d}\Phi}{\mathrm{d}t}$，式中 $\boldsymbol{E}_\mathrm{k}$ 为感生电场的电场强度。此式表明：　　[　　]

A. 闭合曲线 L 上 $\boldsymbol{E}_\mathrm{k}$ 处处相等

B. 感生电场是保守力场

C. 感生电场的电场强度线不是闭合曲线

D. 在感生电场中不能像对静电场那样引入电势的概念

填空题

9.22　半径为 a 的无限长密绕螺线管，单位长度上的匝数为 n，通以交变电流 $i = I_\mathrm{m}\sin\omega t$，则围在管外的同轴圆形回路（半径为 r）上的感生电动势为____________________。

9.23　一导线被弯成如图所示形状，acb 为半径为 R 的四分之三圆弧，直线段 Oa 长为 R。若此导线放在匀强磁场 $\boldsymbol{B}$ 中，$\boldsymbol{B}$ 的方向垂直于图面向内，导线以角速度 ω 在图面内绕 O 点匀速转动，则此导线中的动生电动势 $\mathscr{E}_i$ = __________，电势最高的点是____________________。

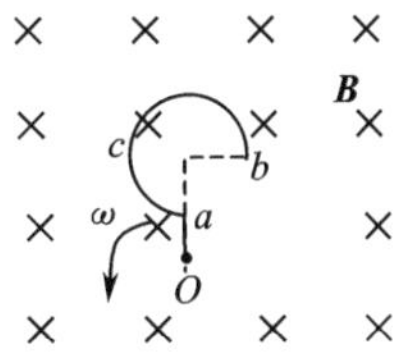

题 9.23 图

9.24　长为 L 的金属直导线在垂直于均匀磁场的平面内以角速度 ω 转动。如果转轴在导线上的位置是在____________，整个导线上的电动势最大，其值为____________；如果转轴位置是在____________，整个导线上的电动势最小，其值为____________。

9.25　金属圆板在均匀磁场中以角速度 ω 绕中心轴旋转，均匀磁场的方向平行于转轴，如图所示。这时板中由中心至同一边缘点的不同曲线上总感应电动势的大小__________，方向________________。

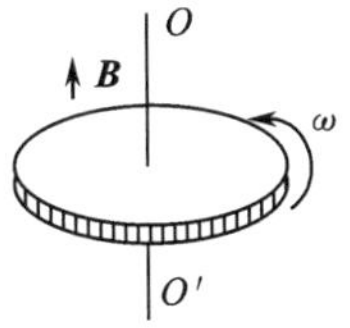

题 9.25 图

9.26　一线圈中通过的电流 I 随时间 t 变化的曲线如图所示。试定性画出自感电动势 $\mathscr{E}_L$ 随时间变化的曲线。（以 I 的正向作为 $\mathscr{E}_L$ 的正向）

9.27　自感系数 $L = 0.3$ H 的螺线管中通以 $I = 8$ A 的电流时，螺线管存储的磁场能量 W = ______________。

9.28　真空中两只长直螺线管 1 和 2，长度相等，单层密绕匝数相同，直径之比 $d_1/d_2 = 1/4$。当它们通以相同电流时，两螺线管贮存的磁能之比为 W_1/W_2 = __________。

计算题

9.29　如图所示，一根长为 L 的金属细杆 ab 绕竖直轴 O_1O_2 以角速度 ω 在水平面内旋转，O_1O_2 在离细杆 a 端 $L/5$ 处。若已知地磁场在竖直

方向的分量为 $\boldsymbol{B}$。求 ab 两端间的电势差 U_a-U_b。

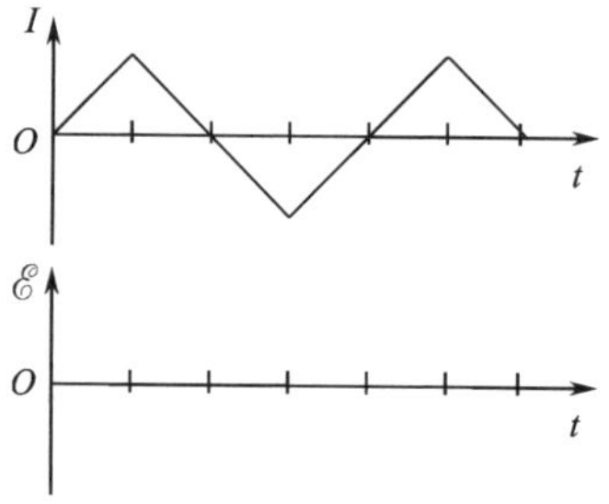

题 9.26 图

9.30 在匀强磁场 $\boldsymbol{B}$ 中，导线 $\overline{OM}=\overline{MN}=a$，$\angle OMN=120°$，$OMN$ 整体可绕 O 点在垂直于磁场的平面内逆时针转动，如图所示，设转动角速度为 $\boldsymbol{\omega}$。

（1）求 OM 间电势差 U_{OM}；

（2）求 ON 间电势差 U_{ON}；

（3）指出 O、M、N 三点中哪点电势最高。

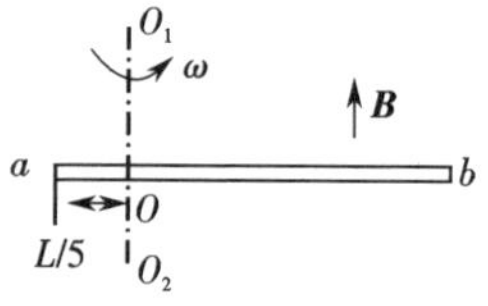

题 9.29 图

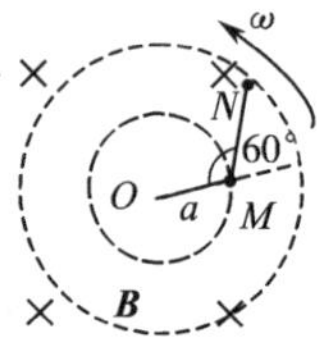

题 9.30 图

9.31 无限长直导线旁有一与其共面的矩形线圈，直导线中通有恒定电流 I，将此直导线及线圈共同置于随时间变化而空间分布均匀的磁场 $\boldsymbol{B}$ 中。设 $\dfrac{\partial B}{\partial t}>0$，当线圈以速度 $\boldsymbol{v}$ 垂直于长直导线向右运动时，求线圈在如图所示位置时的感应电动势。

9.32 如图所示，通过回路的磁感应线与线圈平面垂直并指向纸内，磁通量与时间的关系式为 $\Phi_m=(6t^2+7t+1)\times10^{-3}$ Wb，式中 t 以 s 计，求 $t=2$ s 时回路中感应电动势的大小和方向。

9.33 在无限长直导线旁放置一长方形平面线圈，线圈的一边与导线平行，求其互感系数。

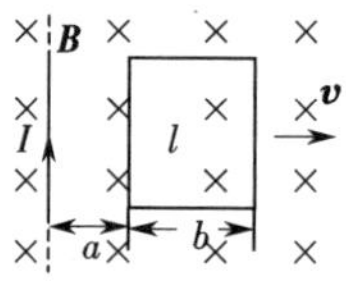

图 9.31 图

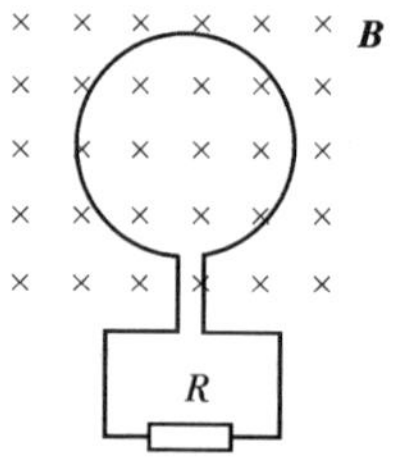

题 9.32 图

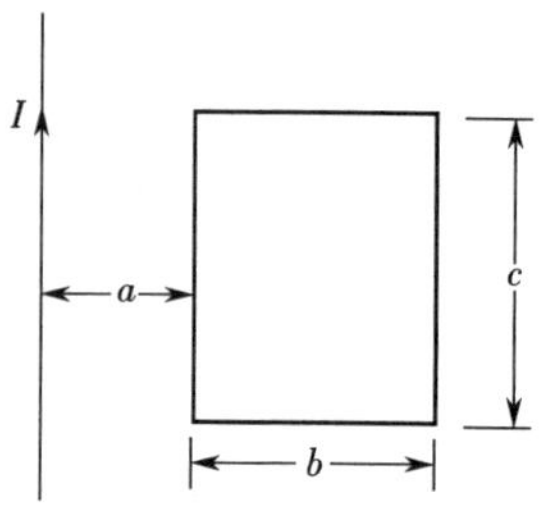

题 9.33 图

第 10 章　机械振动

基本要求

1. 理解描述简谐振动的各个物理量(特别是相位)的物理意义及各量之间的相互关系。

2. 掌握简谐振动系统的基本特征,能根据初始条件求出一维简谐振动系统的运动方程(振动方程)。

3. 理解旋转矢量法并会用其分析相关问题。

4. 了解两个同方向、同频率简谐振动的合成规律,了解不同频率简谐振动的合成。

学习重点

1. 简谐振动方程的建立。

2. 相位的确定。

物体或物体的一部分,在平衡位置附近来回地作周期性运动,叫做**机械振动**,简称振动。

振动现象是多种多样的,广义地说,任何一个物理量在某一数值附近作周期性变化都称为振动,它在自然界中是广泛存在的。例如摆的运动、心脏的跳动、汽缸中活塞的运动等都是机械振动。其中最简单、最基本的振动是简谐振动,任何复杂的运动都可以看成是若干简谐振动的合成。本章的主要内容是讨论简谐振动的规律以及振动的合成问题。

10.1　简谐振动

10.1.1　弹簧振子的谐振动分析

如图 10-1 所示,把一轻弹簧一端固定,另一端系一物体,放在光滑的水平桌面上。将物体稍微移动后,物体就在弹性力的作用下来回自由振动。这整个系统叫做弹簧振子,或谐振子。设物体在位置零处时,既没有被拉长也没有被压缩,这时物体在水平方向上不受力的作用,这个位置叫做**平衡位置**。

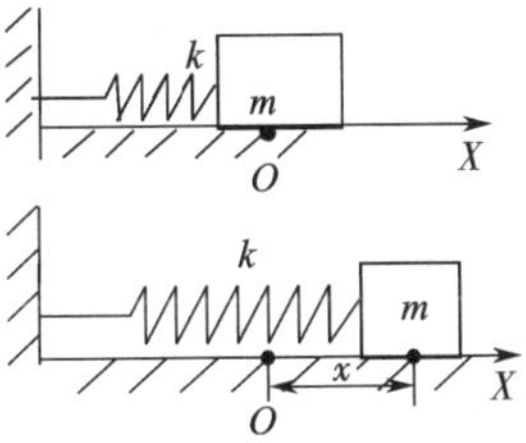

图 10-1　弹簧振子

现在以平衡位置为坐标原点,水平直线为 X 轴,并设向右为正。当物体相对于平衡位置有一位移 x 时，无论是在平衡位置的左方还是右方，物体都将受到一个弹性力的作用，此时弹簧被伸长或压缩。根据胡克定律，物体所受到的弹性力与位移成正比，力的方向永远指向平衡位置，因此有

$$f = -kx \tag{10-1}$$

式中：k 为弹簧的倔强系数；负号表示力与位移的方向相反，即弹性力的方向永远指向原点。

由于物体所受到的弹性力永远指向平衡位置，所以它的运动总是一种不断重复着的周期性运动。物体在左右两个端点位移最大，因此所受力的数值最大，加速度亦最大，但由于物体静止，其速度为零；在原点处，位移为零，受力为零，所以加速度为零，但此时速度最大。

10.1.2 谐振动的运动方程与基本特征

以弹簧振子为例，根据牛顿第二定律

$$f = -kx = ma = m\frac{d^2x}{dt^2}$$

或

$$\frac{d^2x}{dt^2} + \frac{k}{m}x = 0$$

令

$$\omega^2 = \frac{k}{m} \tag{10-2}$$

则有

$$\frac{d^2x}{dt^2} + \omega^2 x = 0 \tag{10-3}$$

式(10-3)为弹簧振子作谐振动的微分方程。对于其他形式的简谐振动，例如单摆，其方程形式与此相同，只不过是变量位移 x 为其他物理量而已。解式(10-3)可得

$$x = A\cos(\omega t + \varphi) \tag{10-4}$$

式中：A 和 φ 是两个积分常数。如果设 $\varphi = 0$，则上式可写成

$$x = A\cos\omega t$$

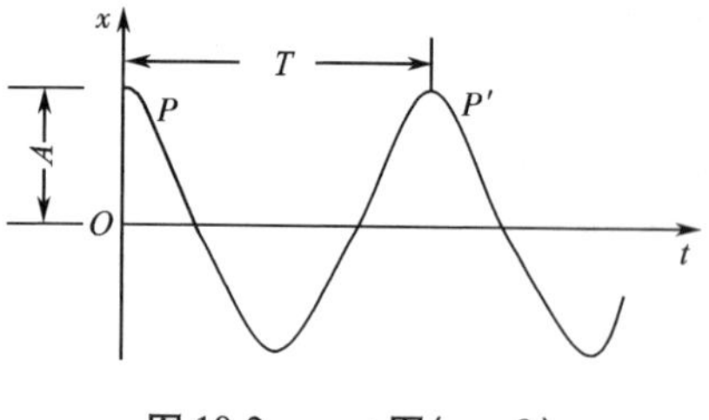

图 10-2 x—t 图($\varphi = 0$)

其 $x(t)$ 曲线如图 10-2 所示。曲线表明，随着时间的推移，m 的位移 x 在数值 A 到 $-A$ 之间作往复周期性的变化，即振动。A 是振动物体离开平衡位置的最大位移，叫做谐振动的**振幅**。

另外还可看出，当 $t=0$ 时，

$$x=A\cos \omega t=A(P\text{点})$$

当 $t=2\pi/\omega$ 时，

$$x=A\cos \omega \frac{2\pi}{\omega}=A\cos 2\pi=A(P'\text{点})$$

这时作谐振动的物体往复运动了一次。物体往复运动一次所需的时间叫做**周期**，用 T 表示，即

$$T=\frac{2\pi}{\omega} \tag{10-5}$$

而**频率**

$$\nu=\frac{1}{T}=\frac{\omega}{2\pi} \tag{10-6}$$

式中：$\omega=2\pi\nu$，ω 与 ν 只差一个因子 2π，所以 ω 和 ν 都有频率的意义，故 ω 叫做振动的**圆频率**。

由式(10-4)可得到振动的速度为

$$v=\frac{dx}{dt}=-\omega A\sin(\omega t+\varphi) \tag{10-7a}$$

其中 $v_{max}=\omega A$ 称为速度最大值，于是有

$$v=-v_{max}\sin(\omega t+\varphi) \tag{10-7b}$$

加速度为

$$a=\frac{d^2x}{dt^2}=-\omega^2A\cos(\omega t+\varphi) \tag{10-8a}$$

其中 $a_{max}=\omega^2A$ 称为加速度最大值，于是有

$$a=-a_{max}\cos(\omega t+\varphi) \tag{10-8b}$$

可以看到，物体作简谐振动时，不但它的位移随时间作周期性变化，它的速度和加速度也随时间作周期性变化。其 $x(t)$、$v(t)$、$a(t)$ 曲线如图 10-3 所示。

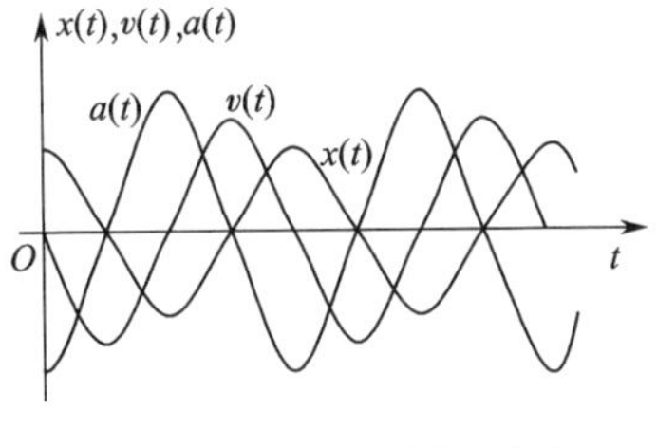

图 10-3　$x(t)$，$v(t)$，$a(t)$ 振动曲线对比

10.1.3　旋转矢量(参考圆)谐振动的相位

设有一长度等于 A 的矢量 $\boldsymbol{A}=\overrightarrow{OA}$，在图示平面内绕原点以角速度 ω 逆时针旋转，即角速度 ω 与圆频率等值。矢径端点 M 在空间的轨迹是一圆，此圆叫**参考圆**。M 在 OX 轴上的投影 P 点在 OX 轴上作往复运动，如图 10-4 所示。

若 $t=0$ 时刻 M 点在 M_0 位置，矢径 $\boldsymbol{A}$ 与 OX 轴的夹角是 φ，那么在以

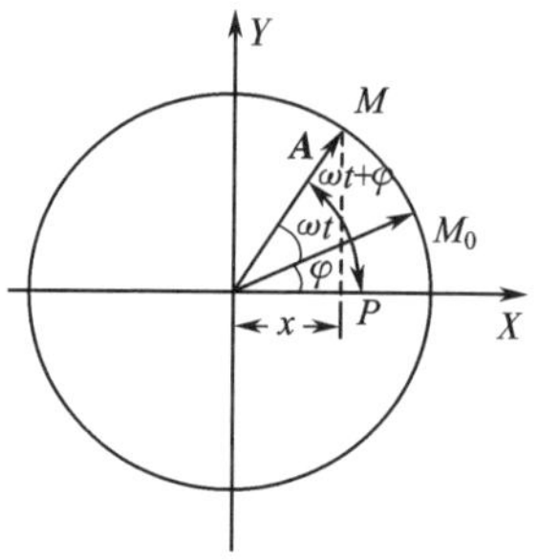

图 10-4 旋转矢量示意图

后任一时刻 t，M 点的位置矢径与 OX 轴的夹角为$(\omega t+\varphi)$。考察一下 M 点在 OX 轴上的投影点 P 的运动，很容易看出在任一时刻 t，A 在 OX 轴上的投影是

$$x=A\cos(\omega t+\varphi)$$

这是谐振动的运动方程，这个结果也正说明了 P 点在 OX 轴上作谐振动。反过来说，任何一个谐振动都可以想象为某一相应参考圆上 M 点的投影，M 点就叫做参考点。显然谐振动的振幅在数值上等于它所对应的参考圆的半径，因此 $\boldsymbol{A}$ 又叫做振幅矢量。M 点绕圆周运动一周所需的时间恰是它所对应的谐振动的周期，即 P 点往复运动一次所需的时间。而圆频率 ω 即代表 M 点绕 O 点转动的角速度。当然振动中并不存在角速度问题，但联系参考圆来理解 ω 是很方便的。

上述谐振动的运动方程中包含有$(\omega t+\varphi)$这一项，括号中的整体是一个物理量，具有角度的量纲，单位是弧度(rad)，称为相位或周相。在参考圆中，相位就是振幅矢量 $\boldsymbol{A}$ 与 OX 轴的夹角。在振动过程中，相位$(\omega t+\varphi)$随时间变化，当相位变化 2π 时，作振动的质点就完成一次全振动。当振幅 A 为已知时，任一时刻的相位可以完全决定这一时刻的位置和速度。

恒量 φ 是 $t=0$ 时的相位，叫做初相。它决定开始计时时的位置和速度。

10.1.4 弹簧振子的周期、振幅及初相位的确定

先看周期，在式(10-2)中，曾令 $\omega^2=\dfrac{k}{m}$，则弹簧振子的周期

$$T=\frac{2\pi}{\omega}=2\pi\sqrt{\frac{m}{k}} \tag{10-9}$$

频率

$$\nu=\frac{1}{T}=\frac{\omega}{2\pi}=\frac{1}{2\pi}\sqrt{\frac{k}{m}} \tag{10-10}$$

上式说明，弹簧振子的周期(及频率)是由振动系统本身的力学性质来决定的，而与振幅及初相位无关。因此有时把上述 T 与 ν 称为固有周期和固有频率。以后会看到，对于其他振动系统例如单摆，振动周期与频率也是由振动系统本身的力学性质决定的，与振幅及初相无关。

当初始条件给定后，A 和 φ 便可确定了。例如：当 $t=0$ 时，$x=x_0$，$v=v_0$(初始条件)，由式(10-4)及式(10-7)有

$$x_0 = A\cos\varphi, v_0 = -A\omega\sin\varphi$$

解得

$$A = \sqrt{x_0^2 + \frac{v_0^2}{\omega^2}} \tag{10-11}$$

$$\varphi = \arctan\left(-\frac{v_0}{\omega x_0}\right) \tag{10-12}$$

上述结果表明,如果已知初位移 x_0 和初速度 v_0,就能由上式求出谐振动的振幅和初相位。

例题 10.1　左端固定一个弹簧,当受到 $f_1 = 0.4$ N 的力作用时,它伸长 $x_1 = 0.20$ m,将一质量 $m = 0.50$ kg 的物体系于弹簧的右端,并放置在无摩擦的光滑桌面上,如图 10-5 所示。今将物体沿桌面从平衡位置向右拉长 $x_0 = 0.25$ m,释放后物体作谐振动。试求:(1)弹簧的倔强系数;(2)振动的周期、振幅和初相;(3)物体的最大速率;(4)物体从最初位置向平衡位置运动到 $A/2$ 处时的速度。

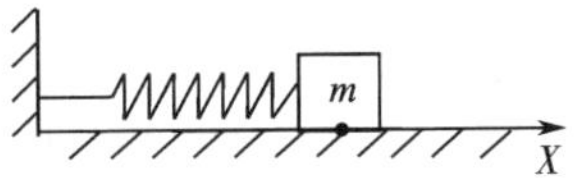

图 10-5　例题 10.1 图

解:(1)倔强系数

$$k = \frac{f_1}{x_1} = \frac{0.40}{0.20} = 2.0\ \text{N}\cdot\text{m}^{-1}$$

(2)周期

$$T = 2\pi\sqrt{\frac{m}{k}} = 2\pi\sqrt{\frac{0.50}{2.0}} = 1.0\pi = 3.1\ \text{s}$$

$t = 0$ 时,$v_0 = 0$,根据式(10-11),可得振幅

$$A = 0.25\ \text{m}$$

初相

$$\varphi = 0$$

(3)最大速率

$$v_{\max} = A\omega = A\frac{2\pi}{T} = 0.25 \times \frac{2\pi}{1.0\pi} = 0.50\ m\cdot s^{-1}$$

(4)$x = \frac{A}{2}$处的速度

$$v = -A\omega\sin(\omega t + \varphi) = -A\omega\sin\omega t$$

因为

$$x = A\cos(\omega t + \varphi) = A\cos\omega t$$

所以得

$$\omega t = \arccos\frac{x}{A} = \arccos\frac{A/2}{A} = \arccos\frac{1}{2} = \frac{\pi}{3}$$

将 ωt 的量值代入速度公式,可得

$$v = -A\omega\sin\omega t = -0.25\times\frac{2\pi}{1.0\pi}\sin\frac{\pi}{3} = -0.43\ \mathrm{m\cdot s^{-1}}$$

负号表示速度的方向沿 X 轴负方向。

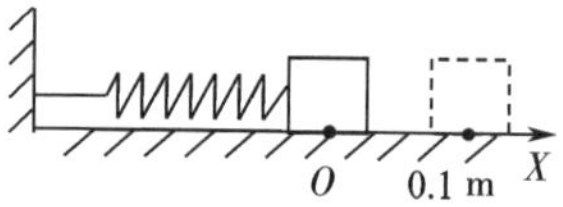

图 10-6 例题 10.2 图

例题 10.2 如图 10-6 所示,把物体从平衡位置向右拉长 0.10 m 释放。(1)求谐振动方程;(2)若在 0.10 m 处给物体一向右的初速 $v_0=0.20\ \mathrm{m\cdot s^{-1}}$,求其振动方程。已知:$m=0.40$ kg,$k=1.60\ \mathrm{N\cdot m^{-1}}$。

解:(1)$\omega=\sqrt{\frac{k}{m}}=\sqrt{\frac{1.60}{0.40}}=2.0\ \mathrm{s^{-1}}$

$$A=\sqrt{x_0^2+\frac{v_0^2}{\omega^2}}=0.10\ \mathrm{m}(v_0\ 为\ 0)$$

$$\varphi=\arctan\frac{-v_0}{\omega x_0}=0$$

所以

$$x=A\cos(\omega t+\varphi)=0.10\cos 2.0t(\mathrm{SI})$$

(2)因为

$$A=\sqrt{x^2+\frac{v_0^2}{\omega^2}}=\sqrt{0.10^2+\frac{0.20^2}{2.0^2}}=0.14\ \mathrm{m}$$

$$\varphi=\arctan\frac{-v_0}{\omega x_0}=\arctan\frac{-0.20}{2.0\times0.10}=\arctan(-1)=-\frac{\pi}{4}$$

所以

$$x=A\cos(\omega t+\varphi)=0.14\cos\left(2.0t-\frac{\pi}{4}\right)$$

10.1.5 简谐振动的能量

仍以弹簧振子为例进行讨论。如图 10-7 所示,当物体处于位移为 x 的某点时,其速度为 v,具有的动能和弹性势能分别为

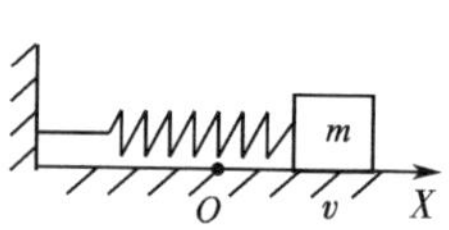

图 10-7 谐振动的能量用图

$$E_k=\frac{1}{2}mv^2=\frac{1}{2}mA^2\omega^2\sin^2(\omega t+\varphi)$$

$$E_p=\frac{1}{2}kx^2=\frac{1}{2}kA^2\omega^2\cos^2(\omega t+\varphi)$$

$$E=E_k+E_p=\frac{1}{2}kA^2 \tag{10-13}$$

由此可见,尽管作谐振动的物体的动能和势能分别随时间作周期性变化,但谐振动的总能量保持恒定,不随时间变化。在运动过程中,动能和势能

相互转化，而总和保持不变，即**符合机械能守恒与转化定律**。由式(10-13)还可以看到，对于作谐振动的一定的振动系统，振动的总能量与振幅的平方成正比，这个规律具有普遍意义。对其他形式的振动及波动也适用。

能量的变化与时间的关系如图 10-8 所示，在忽略阻力时，$E_k + E_p$ 为常量，则有 $\frac{d}{dt}(E_k + E_p) = 0$，利用此关系式可求得谐振动的运动方程，即

$$\frac{d}{dt}\left(\frac{1}{2}mv^2 + \frac{1}{2}kx^2\right) = 0$$

$$mv\frac{dv}{dt} + kx\frac{dx}{dt} = 0$$

$$\frac{d^2x}{dt^2} + \frac{k}{m}x = 0$$

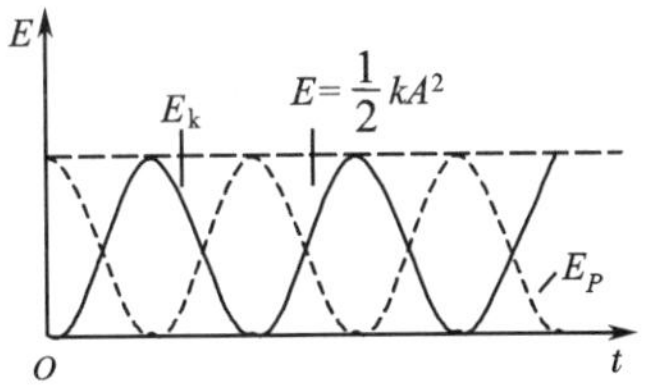

图 10-8　能量—时间曲线

这正是谐振动的微分方程式。这说明两者是一致的，实际上这是针对同一客观现象从能量关系转化成运动的关系。

10.1.6　单摆

质量为 m 的小球，拴在长度为 l 的细线的下端，细线的质量比 m 小得多，可以忽略不计；细线上端固定，这个系统就叫做**单摆**，如图 10-9 所示。

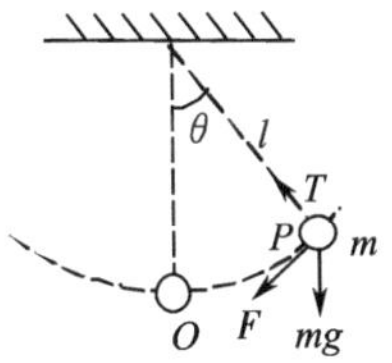

图 10-9　单摆

当单摆自然静止下垂时，摆球 m 处于平衡位置 O 点。在移动摆球离开平衡位置放手以后，摆球将在竖直平面内往复摆动。空气阻力很小，可以略去不计。下面研究摆角(即单摆的角位移)很小时它的运动规律。

设摆球某瞬时通过 P 点，其角位移为 θ，一般规定球在 O 点左方时 θ 为正。摆球 m 在 P 点受到使它趋向于回到平衡位置的恢复力 F 的作用，此力类似于弹簧振子的弹性力，叫做**准弹性力**。力 F 沿摆动弧线的切线方向，即摆球重力的分量(F 与 T 垂直)，$F = mg\sin\theta$，而弧长 $s = l\theta$，于是摆球在 P 点的切线方向的速度

$$v = \frac{ds}{dt} = l\frac{d\theta}{dt}$$

切向加速度

$$a_t = \frac{d^2s}{dt^2} = l\frac{d^2\theta}{dt^2}$$

根据牛顿第二定律,有

$$f = ma_t = mg\sin\theta = -ml\frac{d^2\theta}{dt^2}$$

式中负号表示恢复力的方向总是使角位移 θ 趋向于减小的方向。从上式可以看到,物体的角加速度和角位移并没有正比而反向的关系,所以一般来讲,单摆的振动并不是简谐振动。但是,如果 θ 角很小(一般 $\theta \leqslant 5°$),角位移 θ 的弧度值几乎和它的正弦函数值相等,即 $\sin\theta \approx \theta$,则有

$$\frac{d^2\theta}{dt^2} + \frac{g}{l}\theta = 0 \tag{10-14}$$

上式与简谐振动的微分方程形式相同,即角加速度与角位移恒正比而反向,由此可知单摆在作摆角很小的自由振动时可认为是简谐振动。

把式(10-14)与式(10-3)相比较,可知 $\omega^2 = \frac{g}{l}$,即单摆作小角度摆动时的圆频率为

$$\omega = \sqrt{\frac{g}{l}}$$

周期

$$T = \frac{2\pi}{\omega} = 2\pi\sqrt{\frac{l}{g}} \tag{10-15}$$

频率

$$\nu = \frac{1}{T} = \frac{1}{2\pi}\sqrt{\frac{g}{l}} \tag{10-16}$$

可见它的周期和频率也完全取决于振动系统本身的性质,与振幅和初相无关。

上述微分方程的解,即单摆的运动方程应为

$$\theta = \theta_m\cos(\omega t + \varphi) \tag{10-17}$$

其中 θ_m 为振幅。

10.2 简谐振动的合成

10.2.1 相位差

考虑两个简谐振动,其频率相同,但相位不同。其振动方程为

$$x_1 = A_1\cos(\omega t + \varphi_1)$$

$$x_2 = A_2\cos(\omega t + \varphi_2)$$

显然在同一时刻 t,它们的相位不同,因此它们在同一时刻的运动状态亦不同,这种差异就可以用它们之间的相位差来描述

$$(\omega t+\varphi_2)-(\omega t+\varphi_1)=\varphi_2-\varphi_1 \tag{10-18}$$

即在同频率的条件下，它们的相位差等于它们的初相差。

利用参考圆法可以进一步理解相位差。假定两振动的振幅相同，用 $\overrightarrow{OM}$ 和 $\overrightarrow{ON}$ 分别代表这两个振动的旋转矢量，它们的长度相等，初角位置分别是 φ_1 和 φ_2，并设 $\varphi_2>\varphi_1$。

由于频率相同即旋转角速度相同，所以 $\overrightarrow{ON}$ 的运动始终比 $\overrightarrow{OM}$ 的运动超前一个角度 $\varphi_2-\varphi_1$，相应地端点 N 在 X 轴上的投影点 Q 及端点 M 在 X 轴上的投影点 P，在同一直线上作简谐振动，它们的振幅和频率相同，但在步调上有先后之分，如图 10-10 所示。

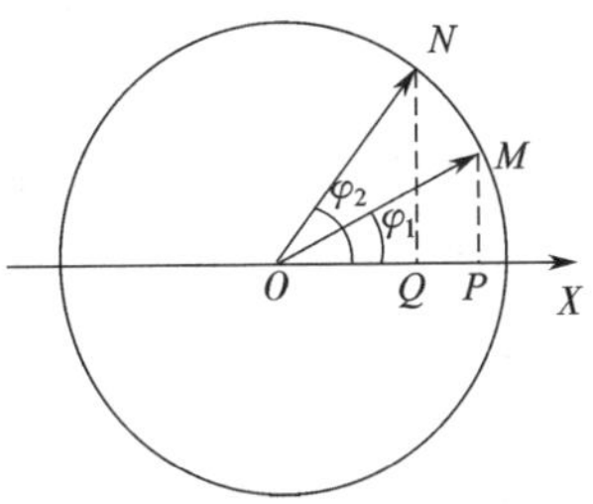

图 10-10 两谐振动的相位差

用两相位比较可知，Q 点的振动比 P 点的振动超前一个恒定的相位差 $\varphi_2-\varphi_1$，在振动的步调上 Q 点要比 P 点超前一段时间

$$\Delta t=\frac{\varphi_2-\varphi_1}{\omega} \tag{10-19}$$

此两振动的位移与时间关系曲线如图 10-11 所示。

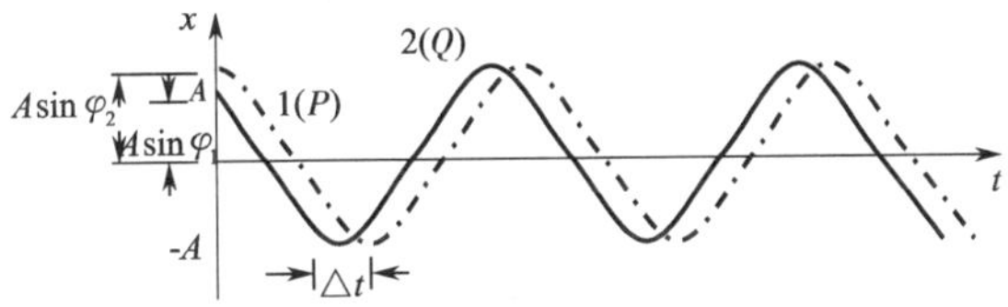

图 10-11 两振动的位移与时间关系曲线

图中虚线代表振动 1，实线代表振动 2。如果把虚线向左方沿 t 轴移动 Δt，两曲线重叠。这表明振动 2（Q 点）取某一 x 值的时刻比振动 1（P 点）取同一 x 值的时刻提前 Δt，也就是 Q 点的振动在时间上比 P 点超前 Δt，在相位上超前 $\Delta t\cdot\omega=\varphi_2-\varphi_1$（当然也可以说振动 1 比振动 2 相位落后）。

一般来说，相位差 $\varphi_2-\varphi_1$ 可正可负，相应地振动 2 比振动 1 超前或落后。特别地，当 $\varphi_2=\varphi_1$ 时，称这两个振动同相；当 $\varphi_2-\varphi_1=\pi$ 时，两振动为反相。

10.2.2 同方向同频率简谐振动的合成

在实际问题中，常遇到一个质点同时参与两个或几个振动的情况，例如两列声波传到某处，该处的空气质点就同时参与这两个振动，这就需要讨论振动的合成问题。

设有物体同时参与两个频率相等，沿着同一方向例如 X 轴的谐振动，它们的振动方程分别是

$$x_1 = A_1\cos(\omega t + \varphi_1)$$

$$x_2 = A_2\cos(\omega t + \varphi_2)$$

下面求合振动的方程。利用旋转矢量法，如图 10-12 所示。振幅矢量 $\boldsymbol{A}_1$ 和 $\boldsymbol{A}_2$ 以同样的角速度 ω 绕原点 O 转动，它们在 X 轴上的投影 x_1 和 x_2 分别是 P_1 和 P_2 点沿 X 轴作谐振动的位移。由于角速度相同，$\boldsymbol{A}_1$ 和 $\boldsymbol{A}_2$ 在转动过程中始终保持一定的夹角 $\varphi_2-\varphi_1$，并且它们的矢量和 $\boldsymbol{A}$ 始终保持一定的大小，又以同样的角速度 ω 绕原点转动。这表明合成矢量 $\boldsymbol{A}$ 的端点在 X 轴上的投影点 P 也在沿 X 轴作谐振动，$\boldsymbol{A}$ 的投影 x 就是 P 点作谐振动的位移，从图中可以看出

$$x = x_1 + x_2$$

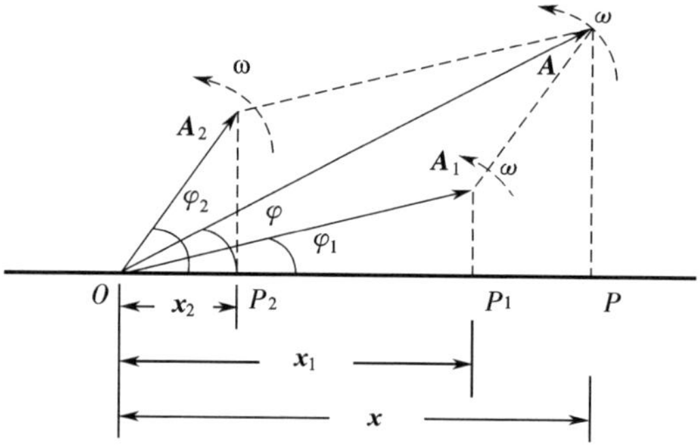

图 10-12 用旋转矢量法求振动的合成

由此可知，两同方向、同频率谐振动的合成运动也是一个谐振动，其振动方程为

$$x = A\cos(\omega t + \varphi)$$

式中的初相 φ 及合成振幅 A 可从图上直接得出

$$A = \sqrt{A_1^2 + A_2^2 + 2A_1A_2\cos(\varphi_2 - \varphi_1)} \qquad (10\text{-}20)$$

$$\varphi = \arctan\frac{A_1\sin\varphi_1 + A_2\sin\varphi_2}{A_1\cos\varphi_1 + A_2\cos\varphi_2} \qquad (10\text{-}21)$$

上面是利用旋转矢量法即参考圆法直接得出的，如果用三角函数的方法进行运算，同样可以得到上述结果。

从上式中可以看出，合振幅 A 除了与分振幅 A_1、A_2 有关外，还决定于两个振动的相位差。下面讨论两种特殊情况。

若 $\varphi_2 - \varphi_1 = 2k\pi(k = 0, \pm1, \pm2, \cdots)$，$\cos(\varphi_2 - \varphi_1) = 1$，则

$$A = A_1 + A_2 \qquad (10\text{-}22)$$

即当两分振动的相位相同或相位差为 2π 的整数倍时，合振幅等于两分振动的振幅之和，合成结果为相互加强。

若 $\Delta\varphi = \pm(2k+1)\pi(k=0,1,2,\cdots)$，$\cos(\varphi_2-\varphi_1) = -1$，则

$$A = |A_1 - A_2| \tag{10-23}$$

即当两分振动的相位相反或相位差为 π 的奇数倍时，合振幅等于两分振动的振幅之差的绝对值，合成结果为相互减弱。若 $A_1 = A_2$，则 $A = 0$，即物体处于静止状态。一般情况下，若 $\Delta\varphi = \varphi_2 - \varphi_1$ 为上述两种特殊情况外的任意值时，合成振幅在 $|A_1 - A_2|$ 与 $A_1 + A_2$ 之间。

10.2.3　同方向不同频率的两个谐振动的合成

设有两个同方向但频率不同的简谐振动，圆频率分别为 ω_1 和 ω_2，并设 $\omega_2 > \omega_1$，其运动方程分别为

$$x_1 = A_1\cos(\omega_1 t + \varphi_1)$$

$$x_2 = A_2\cos(\omega_2 t + \varphi_2)$$

为简单起见，设在某一瞬时二者方向一致地重合于 X 轴，从此瞬间开始计时（$t=0$）。于是两个分振动初相均为零，其运动方程就是

$$x_1 = A_1\cos\omega_1 t$$

$$x_2 = A_2\cos\omega_2 t$$

在这以后，振幅矢量 $\boldsymbol{A}_1$ 以角速度 ω_1 绕原点 O 旋转；$\boldsymbol{A}_2$ 以 ω_2 旋转。由于 $\omega_2 > \omega_1$，在这两个矢量旋转过程中，$\boldsymbol{A}_2$ 不断地赶上并超过 $\boldsymbol{A}_1$。随着时间的推移，$\boldsymbol{A}_1$、$\boldsymbol{A}_2$ 两个矢量有时方向一致地相重合，有时方向相反地重合。设经过 t 秒后，两个分振动的振幅矢量 $\boldsymbol{A}_1$ 和 $\boldsymbol{A}_2$ 的位置恰好如图 10-13 所示。两个分振动的振幅矢量夹角即为两个分振动的相位差

$$\Delta\varphi = (\omega_2 - \omega_1)t$$

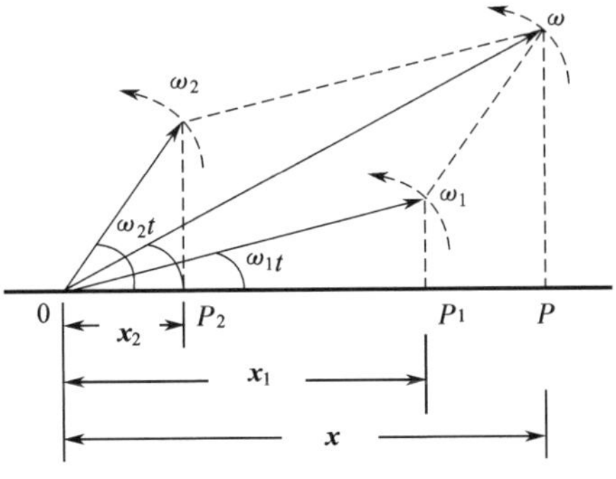

图 10-13　同方向不同频率的两个谐振动的合成

于是合振动的振幅为

$$A = \sqrt{A_1^2 + A_2^2 + 2A_1A_2\cos\Delta\varphi}$$

若令 $A_1=A_2$，则有

$$A=A_1\sqrt{2(1+\cos\Delta\varphi)}$$

或

$$A=2A_1\sqrt{\frac{1+\cos\Delta\varphi}{2}}=2A_1\cos\frac{\Delta\varphi}{2}$$

合振幅为

$$A=\left|2A_1\cos\frac{\omega_2-\omega_1}{2}t\right| \tag{10-24}$$

由于振幅是正值，所以取绝对值。可以看出，合振幅在随时间作周期性变化，这种合成振幅显然不是简谐振动。同时可以看出，合振动的振幅 A 的数值在 $0\leqslant A\leqslant 2A_1$ 范围变化。

图 10-14 所示的 $x(t)$ 曲线中的虚线给出了合成运动的振幅随时间变化的情况。

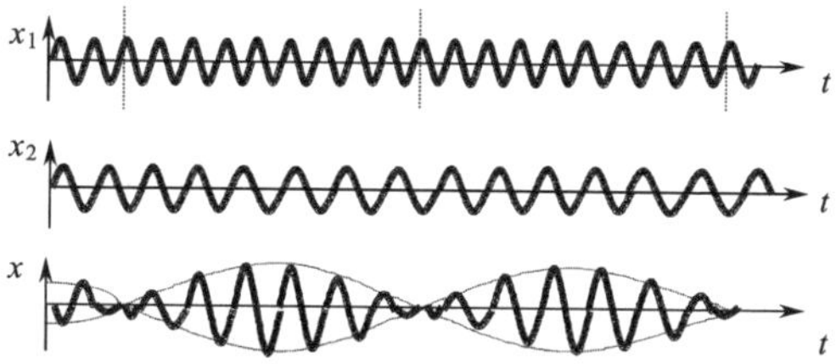

图 10-14 拍

两个同方向不同频率的简谐振动的合成运动，其合振幅随时间作周期性变化的现象叫做**拍**，两个相邻振幅极大（或极小）之间的时间间隔叫**拍周期**，单位时间内振幅极大（或极小）出现的次数叫**拍频**。

从合振幅公式（10-24）可以看出，当 $t=0$ 时，$A=2A_1$，为极大值；当经历时间 τ 后，即 $t=\tau$，又出现合振幅的极大值。显然对应于此时刻，有

$$\left|\cos\frac{\omega_2-\omega_1}{2}\tau\right|=|\cos\pi|=1$$

即

$$\frac{\omega_2-\omega_1}{2}\tau=\pi$$

于是得到拍周期为

$$\tau=\frac{2\pi}{\omega_2-\omega_1}$$

拍频

$$\nu_{拍}=\frac{1}{\tau}=|\nu_2-\nu_1| \tag{10-25}$$

ν_2 和 ν_1 为两振动的频率。上式说明，频率为 ν_2 和 ν_1 的两谐振动合成后，

其合振幅作周期性变化的拍频等于两分振动的频率之差，因频率也只能为正值，故用绝对值。

需要注意的是，拍频是合振幅变化的频率，而不是合振动位移 x 变化的频率，二者是有区别的。那么合振动位移变化的频率 ν 是多少呢？由

$$x = x_1 + x_2 = A_1(\cos\omega_1 t + \cos\omega_2 t)$$

按三角函数和差化积的公式可得到

$$x = 2A_1\cos\frac{\omega_2-\omega_1}{2}t\cos\frac{\omega_2+\omega_1}{2}t$$

$$= A\cos\frac{\omega_2+\omega_1}{2}t = A\cos\omega t$$

式中合振幅

$$A = \left|2A_1\cos\frac{\omega_2-\omega_1}{2}t\right|$$

与式(10-24)相同。合振动位移的圆频率为

$$\omega = \frac{\omega_2+\omega_1}{2}$$

频率

$$\nu = \frac{\nu_2+\nu_1}{2} \tag{10-26}$$

拍频现象可用于频率的测定上。使待测系统振动时发出的声音与已知频率的标准音叉发出的声音会合，测听其强弱相同的拍音而得出拍频，即可得到二者之差，从而确定待测系统的振动频率。在无线电技术中，也可利用拍频现象来测量无线电波的频率。

10.2.4　相互垂直的同频率的两个谐振动的合成

设某物体同时参与两个相互垂直方向的谐振动，一个沿 x 方向，一个沿 y 方向，并且频率都是 ω。下面讨论它的合成运动的情况。设两分振动的方程分别为

$$x = A_1\cos(\omega t + \varphi_1)$$

$$y = A_2\cos(\omega t + \varphi_2)$$

消去 t 得物体运动的轨迹方程为

$$\frac{x^2}{A_1^2} + \frac{y^2}{A_2^2} - \frac{2xy}{A_1A_2}\cos(\varphi_2-\varphi_1) = \sin^2(\varphi_2-\varphi_1) \tag{10-27}$$

上式一般来说是一个椭圆轨道方程，至于椭圆的具体形式主要由相位差 $\Delta\varphi$ 的数值来决定。

讨论：当 $\Delta\varphi = 0$ 或 π 时，式(10-27)化为

$$\frac{x}{A_1} \mp \frac{y}{A_2} = 0$$

质点的轨迹是一直线，截距是零，即直线通过原点，斜率为 A_1/A_2。当 $\Delta\varphi=\frac{\pi}{2}$ 或 $\frac{3}{2}\pi$ 时，式(10-27)化为

$$\frac{x^2}{A_1^2}+\frac{y^2}{A_2^2}=1$$

质点的轨迹为以坐标轴为主轴的椭圆，若 $A_1=A_2$，则为圆。这说明：任何一个直线简谐振动、椭圆运动或匀速圆周运动，都可以分解成两个互相垂直的简谐振动。一般情况下，两个互相垂直的振幅不同周期相同的谐振动的合成轨迹如图 10-15 所示。

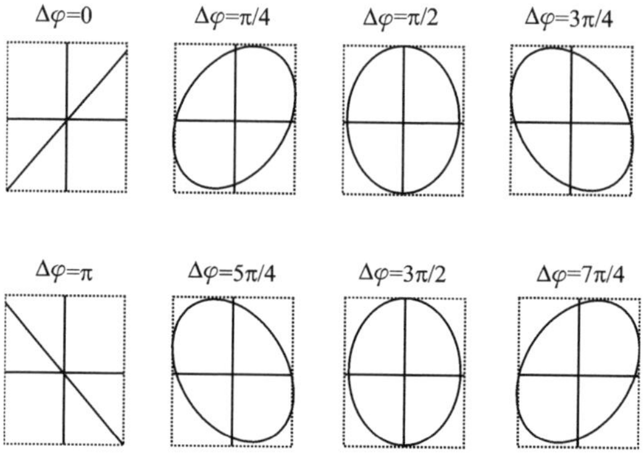

图 10-15　两互相垂直同频率的简谐振动的合成

10.2.5　相互垂直的不同频率的两个谐振动的合成

若两个振动频率相差很小，合振动的轨迹将不断按图 10-16 的规律重复变化，只是此时的相位差不是定值。

若频率相差很大，但有一个简单的整数比值关系时，也可以得到稳定的封闭的合成运动轨道，这种曲线称为李萨如图形，如图 10-16 所示。根据这种图形可以用一个已知频率 ω_1 的简谐振动来测得未知简谐振动的频率 ω_2。例如 $\omega_1:\omega_2=2:1$ 时，李萨如图形是一个“8”字形，说明 x 方向的振动是 y 方向振动频率的 2 倍。若已知 $\omega_2=\omega_y=50$ Hz，则可通过这个图形判定 $\omega_1=\omega_x=100$ Hz。

这里讨论的仅是一些特殊情况。可以证明，一个复杂的振动，总可以分解成许多不同方向、不同频率的简谐振动的合成。因此，简谐振动规律是研究复杂振动规律的基础。

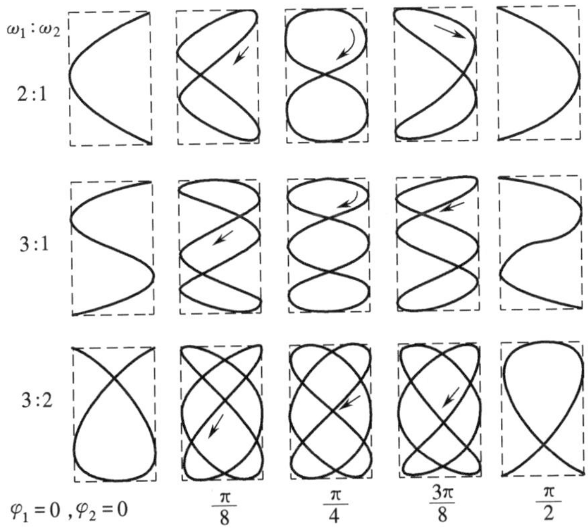

图 10-16　李萨如图形

阅读材料

振动的危害及预防

振幅和频率是评价振动对人体健康影响的常用基本参数。

振动对人体的影响分为全身振动和局部振动。全身振动是由振动源(振动机械、车辆、活动的工作平台)通过身体的支持部分(足部和臀部),将振动沿下肢或躯干传布全身引起振动,振动通过振动工具、振动机械或振动工件传向操作者的手和臂。

全身振动的频率范围主要在 1 ~ 20 Hz。局部振动作用的频率范围在 20 ~ 1 000 Hz。上述划分是相对的,在一定频率范围(如 100 Hz 以下),既有局部振动作用又有全身振动作用。

常见的振动作业有局部振动作业和全身振动作业。局部振动作业主要影响使用振动工具的人员,如从事锻造、钻孔、捣固、研磨及使用电锯、电刨等人员。全身振动作业主要影响使用振动机械的人员,如操作车载钻机、钻井发电机房内的人员及拖拉机手等野外活动设备上的振动作业人员等。

振动对人体可以产生很多不良影响及危害。从物理学和生物学的观点看,人体是一个极复杂的系统,振动不仅可以引起机械效应,更重要的是可以引起生理和心理的效应。

人体接受振动后,振动波在组织内传播,由于各组织的结构不同,传导的程度也不同,其大小顺序依次为骨、结缔组织、软骨、肌肉、腺组织和脑组织。40 Hz 以上的振动波易为组织吸收，不易向远处传播；而低频振动波在人体内传播得较远。

全身振动和局部振动对人体的危害及其临床表现是明显不同的。振动所产生的能量，通过支承面作用于坐位或立位操作的人身上，引起一系列病变。

人体是一个弹性体，各器官都有它的固有频率，当外来振动的频率与人体某器官的固有频率一致时，会引起共振，因而对那个器官的影响也最大。全身受振的共振频率为 3 ~ 14 Hz，在该种条件下全身受振作用最强。

接触强烈的全身振动可能导致内脏器官的损伤或位移、周围神经和血管功能的改变，可造成各种类型的、组织的、生物化学的改变，导致组织营养不良，如足部疼痛、下肢疲劳、足背脉搏减弱、皮肤温度降低；一般人可能发生机能下降、代谢增加。振动加速度还可使人出现前庭功能障碍，导致内耳调节平衡功能失调，出现脸色苍白、恶心、呕吐、出冷汗、头疼头晕、呼吸浅表、心率和血压降低等症状。晕车晕船即属全身振动性疾病。全身振动还可造成腰椎损伤等运动系统影响。

局部接触强烈振动主要是以手接触振动工具的方式为主。由于工作状态的不同，振动可传给一侧或双侧手臂，有时可传到肩部。长期持续使用振动工具能引起末梢循环、末神经和骨关节肌肉运动系统的障碍；皮肤感觉、痛觉、触觉、温度功能下降；血压及心率不稳；脑电图有改变；握力下降，肌肉萎缩、疼痛等；骨和关节改变，出现骨质增生、骨质疏松等；低频率段听力下降，如与噪声结合，则可加重对听觉器官的损害。

我国已将振动病列为法定职业病。振动病一般是对局部病而言，也称职业性雷诺现象、振动性血管神经病、气锤病和振动性白指病等。

为减少振动病的发生，应加强劳动保护措施。如改革工艺设备和方法，以达到减振的目的，从生产工艺上控制或消除振动源是振动控制的最根本措施；采取自动化、半自动化控制装置，减少接触振动；改进振动设备与工具，降低振动强度，或减少手持振动工具的重量，以减轻肌肉负荷和静力紧张等；在地板及设备地基采取隔振措施（橡胶减振层、软木减振垫层、玻璃纤维毡减振垫层、复合式隔振装置）；合理发放个人防护用品，如防振保暖手套等；建立合理劳动制度，坚持工间休息及定期轮换工作制度，以利各器官系统功能的恢复；定期对工作人员进行体检，尽早发现受振动损伤的作业人员，采取适当预防措施及时治疗振动病患者。

同步练习

思考题

10.1　符合什么规律的运动是简谐振动？试举几个简谐振动的例子。

10.2　谐振动的周期或频率是由什么决定的？用同一材料做成的大小、形状不同的两个弹簧，分别挂有质量相同的物体，这两个弹簧振子的振动频率是否相同？

10.3　弹簧的倔强系数 k 是材料常数吗？若把一个弹簧均分为三段，则每段弹簧的倔强系数还是 k 吗？

10.4　一弹簧的倔强系数为 k，一质量为 m 的物体挂在它下面，若把弹簧分割成两半，物体挂在分割后的一根弹簧上。在弹簧分割前后的振动频率是否一样？它们的关系怎样？

10.5　同一弹簧振子，当它在光滑水平面上作一维谐振动和它在竖直悬挂情况下作谐振动时，振动频率是否相同？如把它放在光滑斜面上，它是否还作谐振动？振动频率是否改变？当斜面倾角不同时又如何？

10.6　摆长和摆锤都相同，摆角不同的两个单摆（摆角都小于 $5°$），它们的振动周期是否相同？

10.7　说明谐振动的相位和初相的意义。若已知谐振动在时刻 t 的位移，能否确定它的相位？

10.8　作谐振动的弹簧振子，当通过平衡位置和达到最大位移时，速度、加速度、动能及弹簧势能中哪几个达到最大值？哪几个为零？

10.9　两个相同的弹簧挂着质量不同的物体，当它们以相同的振幅作谐振动时，振动的能量是否相同？

10.10　怎样利用拍音来测定一音叉的频率？

选择题

10.11　一弹簧振子，当把它水平放置时，它作简谐振动。若把它竖直放置或放在光滑斜面上，试判断下列情况正确的是　[　　]

A. 竖直放置作简谐振动，在光滑斜面上不作简谐振动

B. 竖直放置不作简谐振动，在光滑斜面上作简谐振动

C. 两种情况都作简谐振动

D. 两种情况都不作简谐振动

10.12　一个质点作简谐振动，周期为 T，当质点由平衡位置向 X 轴正方向运动时，由平衡位置到二分之一最大位移这段路程所需要的最短时间为　[　　]

A. $T/4$　　B. $T/12$　　C. $T/6$　　D. $T/8$

10.13　一个弹簧振子和一个单摆(只考虑小幅度摆动),在地面上的固有振动周期分别为 T_1 和 T_2,将它们拿到月球上去,相应的周期分别为 T_1' 和 T_2',则有 [　　]

A. $T_1' > T_1$ 且 $T_2' > T_2$　　B. $T_1' < T_1$ 且 $T_2' < T_2$

C. $T_1' = T_1$ 且 $T_2' = T_2$　　D. $T_1' = T_1$ 且 $T_2' > T_2$

10.14　一质量为 m 的物体挂在倔强系数为 k 的轻弹簧下面,振动圆频率为 ω,若把此弹簧分割成二等份,将物体 m 挂在分割后的一根弹簧上,则振动圆频率是 [　　]

A. 2ω　　B. $\sqrt{2}\omega$　　C. $\dfrac{\omega}{2}$　　D. $\dfrac{\omega}{\sqrt{2}}$

10.15　一简谐振动曲线如图所示,则振动周期是 [　　]

A. 2.62 s　　B. 2.40 s

C. 2.20 s　　D. 2.00 s

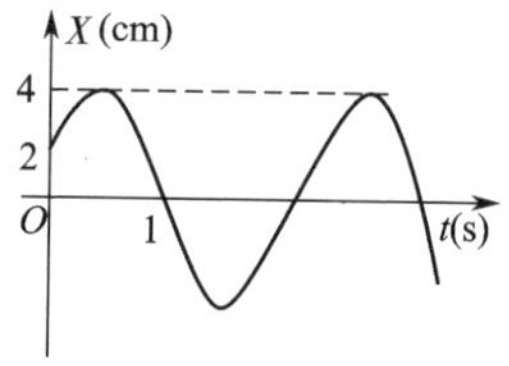

题 10.15 图

10.16　一弹簧振子作简谐振动,总能量为 E_1,如果简谐振动振幅增加为原来的 2 倍,重物的质量增为原来的 4 倍,则它的总能量 E_2 变为 [　　]

A. $E_1/4$　　B. $E_1/2$　　C. $2E_1$　　D. $4E_1$

10.17　一质点在 X 轴上作简谐振动,振幅 $A=4$ cm,周期 $T=2$ s,其平衡位置取作坐标原点。若 $t=0$ 时刻质点第一次通过 $x=-2$ cm 处,且向 X 轴负方向运动,则质点第二次通过 $x=-2$ cm 处的时刻为 [　　]

A. 1 s　　B. 2/3 s　　C. 4/3 s　　D. 2 s

填空题

10.18　一弹簧振子作简谐振动,振幅为 A,周期为 T,其运动方程用余弦函数表示。若 $t=0$ 时,

(1)振子在负的最大位移处,则初相为＿＿＿＿＿＿＿＿;

(2)振子在平衡位置向正方向运动,则初相为＿＿＿＿＿＿＿＿;

(3)振子在位移为 $A/2$ 处,且向负方向运动,则初相为＿＿＿＿＿＿。

10.19　一简谐振动用余弦函数表示,其振动曲线如图所示,则此简谐振动的三个特征量为 $A=$＿＿＿＿＿＿;$\omega=$＿＿＿＿＿＿;$\varphi=$＿＿＿＿＿＿。

10.20　已知两个简谐振动曲线如图所示,x_1 的相位比 x_2($t=0$ 时,$x_2=-0.866A$)的相位超前＿＿＿＿。

10.21　一简谐振动曲线如图所示,则由图可确定在 $t=2$ s 时刻,质点的位移为＿＿＿＿＿＿,速度为＿＿＿＿＿＿。

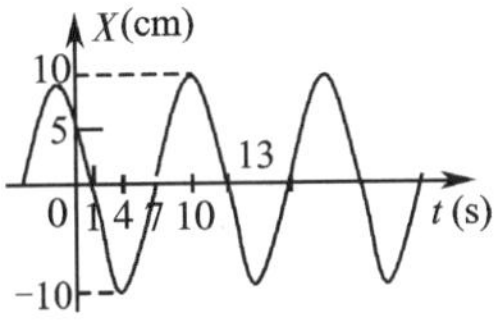

题 10.19 图

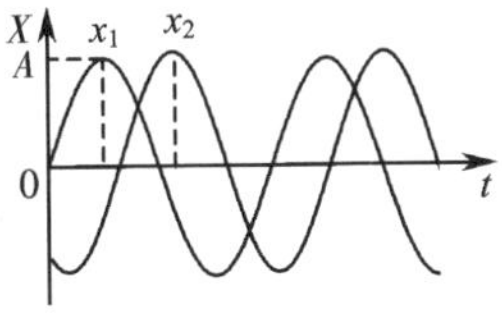

题 10.20 图

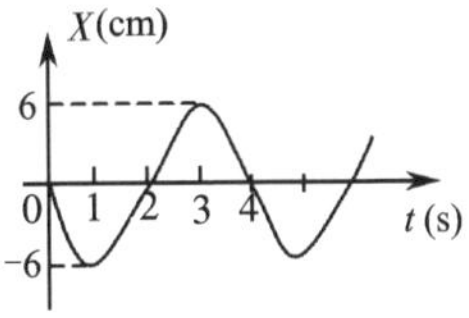

题 10.21 图

10.22 一简谐振动的旋转矢量图如图所示，振幅矢量长 2 cm，则该简谐振动的初相为__________，振动方程为____________________。

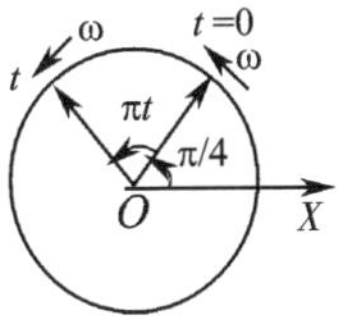

题 10.22 图

10.23 一作简谐振动的振动系统，振子质量为 2 kg，系统振动频率为 1 000 Hz，振幅为 0.5 cm，则其振动能量为__________。

10.24 两个同方向的简谐振动曲线如图所示。合振动的振幅为________________，合振动的振动方程为________________。

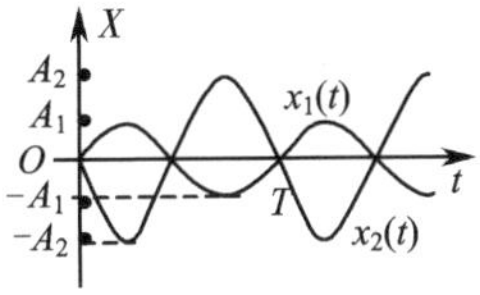

题 10.24 图

计算题

10.25 一物体在光滑水平面上作简谐振动，振幅是 12 cm，在距平衡位置 6 cm 处速度是 $24\ \text{cm}\cdot\text{s}^{-1}$，求：

(1) 周期 T；

(2) 当速度是 $12\ \text{cm}\cdot\text{s}^{-1}$ 时的位移。

10.26 一质点沿 X 轴作简谐振动，其角频率 $\omega=10\ \text{rad}\cdot\text{s}^{-1}$。试分别写出以下两种初始状态下的振动方程：

(1) 初始位移 $x_0=7.5$ cm，初始速度 $v_0=75.0\ \text{cm}\cdot\text{s}^{-1}$；

(2) 初始位移 $x_0=7.5$ cm，初始速度 $v_0=-75.0\ \text{cm}\cdot\text{s}^{-1}$。

10.27 一质点作简谐振动，其振动方程为

$$x=6.0\times10^{-2}\cos\left(\frac{1}{3}\pi t-\frac{1}{4}\pi\right)\quad(\text{SI})$$

(1) 当 x 为多大时，系统的势能为总能量的一半？

(2) 质点从平衡位置移动到上述位置所需最短时间为多少？

10.28 一弹簧振子沿 X 轴作简谐振动（弹簧为原长时振动物体的位置取作 X 轴原点）。已知振动物体最大位移为 $x_m=0.4$ m，最大恢复力为 $F_m=0.8$ N，最大速度为 $v_m=0.8\pi\ \text{m}\cdot\text{s}^{-1}$，又知 $t=0$ 的初位移为 0.2 m，且初速度与所选 X 轴方向相反。求：

(1) 振动能量；

(2) 此振动的表达式。

10.29 一简谐振动的振动曲线如图所示，求振动方程。

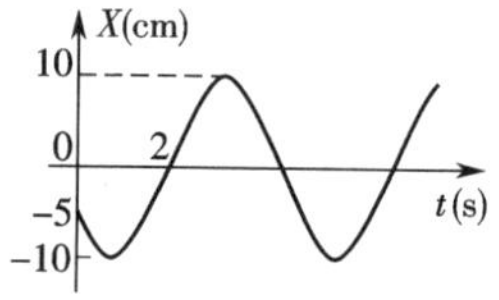

题 10.29 图

10.30 两个同方向的简谐振动的振动方程分别为

$$x_1 = 4 \times 10^{-2} \cos 2\pi \left(t + \frac{1}{8} \right) \quad (\mathrm{SI})$$

$$x_2 = 3 \times 10^{-2} \cos 2\pi \left(t + \frac{1}{4} \right) \quad (\mathrm{SI})$$

求合振动方程。

第11章 机械波

基本要求

1. 掌握由已知点的振动方程导出平面简谐波的波动方程的方法;理解机械波产生的条件。

2. 掌握描述简谐波的各个物理量(波长、波速、周期、频率)和它们之间的关系。

3. 了解波的能量传播特征及能流、能流密度等概念。

4. 理解惠更斯原理和波的叠加原理及波的相干条件,会用相位差或波程差分析、确定相干波叠加后振幅加强及减弱的条件。

5. 了解驻波及其形成条件;了解驻波与行波的区别。

学习重点

1. 平面简谐波的波动方程的建立。

2. 波形曲线与介质中某点振动曲线之间的区别和联系。

3. 波的相干条件。

一般来说,振动系统都不是孤立存在的,它们的周围常有其他物质,因此当一个系统振动时,它会带动其周围同它有一定联系的物质随它一起振动。于是这个系统的振动就被周围的物质传播开来,形成波动过程。因此**波动就是振动的传播过程。**

波动过程一般分为两类:机械波和电磁波。它们虽然本质不同,但其运动规律极其相似。本章分别对其进行讨论。

11.1 机械波的一般概念

11.1.1 机械波产生的条件 纵波与横波

在弹性体内部,任一质点离开平衡位置时将产生使它回到平衡位置的力,这与弹簧振子类似。因而质点就会在平衡位置附近振动起来,与此同时该质点将给相邻部分以作用力,使相邻部分的质点也离开平衡位置振动起来。这样依靠弹性力的作用,振动从一处逐渐传播出去。这种机械振动的传播过程就形成了机械波,这样的弹性体称为弹性媒质。例如电话听筒内膜片在空气中振动时,将使周围空气振动,从而使附近的一层空气产生压缩和稀疏。由于空气受到压缩和稀疏时有弹性力产生,因而就会引起邻近部分的振动，这样压缩和稀疏彼此相随，从膜片处以声速向各方向传播。因此可以看出机械波的产生，首先要有作机械振动的物体作为波源，其次要有能够传播这种机械振动的弹性媒质。在上面的例子中，电话听筒内膜片就是波源，而空气就是传播声波的弹性媒质。声波、超声波、水面波以及地震波等都是机械波。

需要指出的是，波动只是振动状态的传播。振动传播时，每个质点都在一定的平衡位置附近振动，并没有沿着传播方向流动，而且质点的振动方向和波的传播方向也不一定相同。振动方向和传播方向相同的波称为**纵波**，在空气中或液体中传播的声或超声就是纵波；如果振动方向和传播方向垂直，这种波就是**横波**。用手抖动绳子一端时，绳子上产生的波就是横波，如图 11-1 所示。

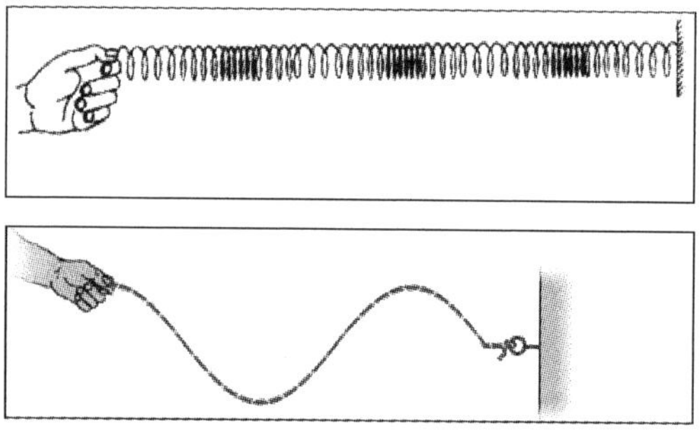

图 11-1　纵波与横波

横波只发生于固体中。这是因为当一层介质相对于另一层介质平移而发生切变时，固体中会产生恢复这一切变的弹性力而使质元在平衡位置附近振动起来。液体和气体不能产生这种切变弹性力，因此就不能传播横波，只能传播纵波。

从上面的讨论中可以看出波动过程的一些特征，各质点仅在平衡位置附近振动，而振动状态却以一定的速度向前传播着。还可以看到，在任一时刻各个质点在空间所占的位置形成波峰、波谷相间或疏密相间的波形。随着时间的推移，整个波形在空间向前推进。

11.1.2　波长、频率、波速

振动在一个周期中传播的距离称为**波长**，用符号 λ 表示。

因为相隔一周期后振动状态复原，所以沿波传播方向相隔一波长的两点的振动状态是相同的，即振动相位相同。因此波长也就是两个相邻近的振动相位相同的点之间的距离。例如在纵波的情形下，波长就是两相邻密集或相邻稀疏中心间的距离；在横波的情形下，就是两相邻波峰或波谷间的距离。由此可见，沿波的传播方向每隔一个波长的距离就出现振动相位相同的点，因此可以说，波长描述了波在空间上的周期性。

单位时间内振动所传播的距离称为**波速**。波速实际上就是一定的振动状态即振动相位的传播速度（相速度）。由于波长是波在一周期内相位传播的距离，所以波速 $u=\frac{\lambda}{T}$。在一周期内振动的次数称为频率，频率 $\nu=\frac{1}{T}$，代入则有

$$u=\nu\lambda \tag{11-1}$$

这就是波长 λ、频率 ν 和波速 u 之间最基本的关系式。知道其中任意两个量就可以求出另外一个量。波长 λ 表示了波在空间上的周期性，而频率 ν 表示了波在时间上的周期性。波在空间上及时间上的周期性就以上面的关系联系了起来。

可以证明，固体内横波和纵波的传播速度分别为

$$u_{纵}=\sqrt{\frac{G}{\rho}}\quad（纵波）$$

$$u_{横}=\sqrt{\frac{Y}{\rho}}\quad（横波）$$

式中：G 和 Y 分别为固体的切变模量及杨氏模量；ρ 为固体密度。

在液体和气体内，纵波的传播速度为

$$u=\sqrt{\frac{B}{\rho}}（纵波）$$

式中：B 为容变模量；ρ 为液体或气体的密度。

从上面的几个公式可以看到，机械波的波速决定于介质的性质，而与波源无关。

11.1.3 波的几何描述

当波源在弹性媒质中振动时，振动将沿各个方向传播。为了形象地描述某一时刻振动所传播到的各点的位置，把在介质中该时刻振动所传播到的各点连接起来组成一个曲面，这种曲面称为**波前**（或称为**波面**）。波前上各点振动相位是相同的，所以波面是同相面。在任何时刻波前的位置都是确定的，因而在任何时刻波前只有一个。而在任何时刻振动相位相同的各点的轨迹是任意多的，因而波面的数目是任意多的。由于波前上各点的振动相位都等于波源在开始时振动的相位，因而波前是波面的特例，波前是最前面的那个波面。

在各向同性的媒质中，如果波源的大小和形状可以忽略不计，即波源是点波源时，振动从点波源处向各个方向传播的情形是相同的，这时波前和波面都是以点波源为中心的球面。设点波源开始振动后经过的时间为

t,则波前的半径 r 就是某一振动的相位在时间 t 内传播的距离,即 $r=ut$,其中 u 是波速。

按波前的形状可以将波分为平面波、柱面波和球面波,如图 11-2 所示。为了形象地描述波的传播方向,作出切线方向永远与该处波传播方向一致的线,这些线称为**波线**。在各向同性的媒质中,波线与波面垂直;在球面波的情形下,波线是沿半径方向的直线;在平面波的情形下,波线是与波前垂直的许多平行直线。

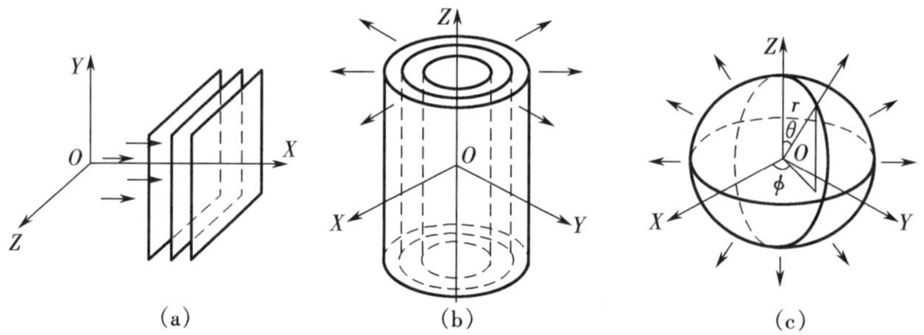

图 11-2 平面波、柱面波与球面波

11.2 平面简谐波方程

简谐波是简谐振动的传播所构成的波。它是最简单、最基本的波。由于一切复杂的振动都可以看成是由简谐振动合成起来的,因此一切复杂的波也可看成是由简谐波合成起来的。下面用数学形式来描述简谐波,写出以速度 u 沿 x 方向传播的简谐波的表达式。

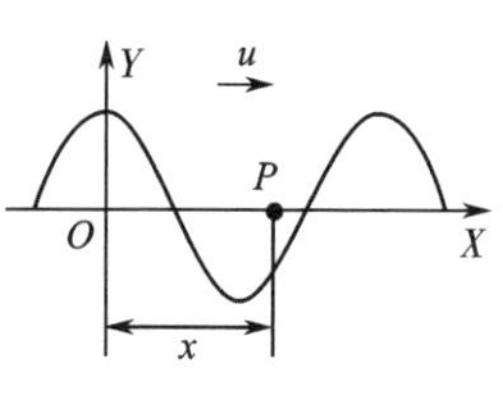

图 11-3 简谐波示意图

如图 11-3 所示的横波,设波沿 x 方向传播,纵坐标 y 表示直线 OX 轴上各点的位移。如果知道每一时刻直线上每一点的位移 y,就掌握了波传播的全部过程,也就达到了描述波的目的。如果求任一时刻 t 距离 O 点为 x 的任一点 P 的位移,设在 $x=0$ 处的振动方程为

$$y=A\cos \omega t$$

并设在传播过程中各点振动的振幅不变,则当振动传到 P 点时,P 点将重复 O 点的振动,振幅相同、频率相同。

因一定的相位由 O 点传到 P 点所需的时间为 x/u,所以在同一时刻 t,P 点的相位比 O 点落后。在时刻 t,O 点的相位为 ωt,而 P 点的相位应等于 O 点在时刻 $t-x/u$ 的相位。因此任一点 P 在任一时刻 t 的位移

$$y = A\cos\omega\left(t - \frac{x}{u}\right) \tag{11-2}$$

这就是所要求的简谐波的表达式。它充分地描述了简谐振动沿 x 方向的传播过程，说明了各质点振动时彼此间的相互联系。

如果固定在某一点看，即当 x 一定时，则由上式可知该点在作圆频率为 ω 的简谐振动，振动的初相位为 $-\omega\frac{x}{u} = -2\pi\frac{x}{\lambda}$，因此离 O 点不同距离的各点具有不同的振动相位。与 O 点相距分别为 x_1 和 x_2 的两点相位差为

$$\Delta\varphi = \omega\left(t - \frac{x_1}{u}\right) - \omega\left(t - \frac{x_2}{u}\right) = \frac{\omega}{u}(x_2 - x_1) = \frac{2\pi}{\lambda}(x_2 - x_1)$$

即

$$\Delta\varphi = \frac{2\pi}{\lambda}(x_2 - x_1) \tag{11-3}$$

如果

$$x_2 - x_1 = k\lambda \quad (k = \pm 1, \pm 2, \cdots)$$

则

$$\Delta\varphi = 2k\pi \tag{11-4a}$$

这时，在任一时刻 t，两点的位移 y 和速度 u 都是相同的，因此这两点的振动相位相同。上述结果说明相距为波长整数倍的两点振动具有相同的相位。

如果

$$x_2 - x_1 = (2k+1)\frac{\lambda}{2} \quad (k = 0, \pm 1, \pm 2, \cdots)$$

则

$$\Delta\varphi = (2k+1)\pi \tag{11-4b}$$

这时在任一时刻 t，两点的位移 y 和波速 u 都具有相同的数值，但符号却相反，因此这两点的振动相位相反。由此可见，相距为半波长奇数倍的两点振动时具有相反的相位。

由式(11-2)可知，对于给定的时间 t 来说，位移 y 是 x 的函数，即各点对平衡位置的位移是不相同的。位移 y 随 x 而变的关系可用图 11-4 中实线表示。在下一时刻 $t + \Delta t$，各点位移发生变化，y 和 x 的关系如图中虚线所示。因此可以看到波形向前传播，传播的速度等于波的相速

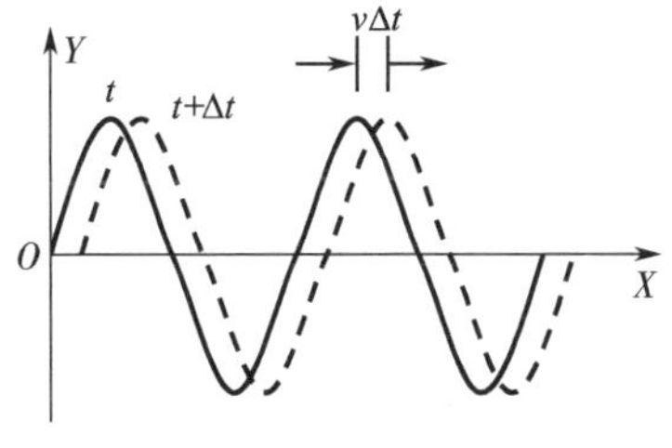

图 11-4　波的传播示意图

度。

由于 $\omega=2\pi\nu=\frac{2\pi}{T}$，$u=\lambda\nu=\frac{\lambda}{T}$，式(11-2)还可以写成

$$y=A\cos 2\pi\left(\nu t-\frac{x}{\lambda}\right) \tag{11-5a}$$

$$y=A\cos 2\pi\left(\frac{t}{T}-\frac{x}{\lambda}\right) \tag{11-5b}$$

$$y=A\cos\left(\omega t-2\pi\frac{x}{\lambda}\right) \tag{11-5c}$$

在导出简谐波的表达式时，是假定波沿 X 轴的正向传播。如果波是沿 X 轴的负向传播，则图中 P 点的振动比 O 点早开始一段时间，即当 O 点振动 t 秒时，P 点已振动 $\left(t+\frac{x}{u}\right)$ 秒。所以 P 点的振动方程为

$$y=A\cos\omega\left(t+\frac{x}{u}\right) \tag{11-6}$$

在导出简谐波的表达式时，还假定振幅 A 在传播过程中不变，以后会看到，这只有在平面波的情形下才是正确的。

需要注意的是，在导出波动方程时是设波源的初相位 $\varphi=0$，若初相位不为零，则波动方程应为

$$y=A\cos\left[\omega\left(t-\frac{x}{u}\right)+\varphi\right] \tag{11-7}$$

例题 11.1 一平面简谐波的表达式为 $y=0.4\cos\pi(5t-0.01x)$（SI）求波长、周期和波速。

解：可用与标准方程相比较的方法求解。将题中方程变换为

$$y=0.4\cos 2\pi\left(\frac{5}{2}t-\frac{0.01}{2}x\right)$$

与方程(11-5b)相比较，得到

$$T=\frac{2}{5}=0.4\ \text{s}$$

$$\lambda=\frac{2}{0.01}=200\ \text{m}$$

$$u=\frac{\lambda}{T}=\frac{200}{0.4}=500\ \text{m}\cdot\text{s}^{-1}$$

例题 11.2 一简谐波沿 OX 轴正方向传播，波长 $\lambda=4$ m，周期 $T=4$ s，已知 $x=0$ 处质点振动曲线如图 11-5 所示。

(1)写出 $x=0$ 处质点振动方程；

(2)写出波动方程表达式。

解：(1)由图可知：$x=0$ 处，$t=0$ 处，$y=0.05$ m 且 $v_0<0$。

因为 $A=0.1$ m，$\omega=\frac{2\pi}{T}=\frac{\pi}{2}$，所以

$$0.05 = 0.1\cos\varphi$$

得

$$\varphi = \pm\frac{\pi}{3}$$

因

$$v_0 = -A\omega\sin\varphi < 0$$

解得

$$\varphi = \frac{\pi}{3}$$

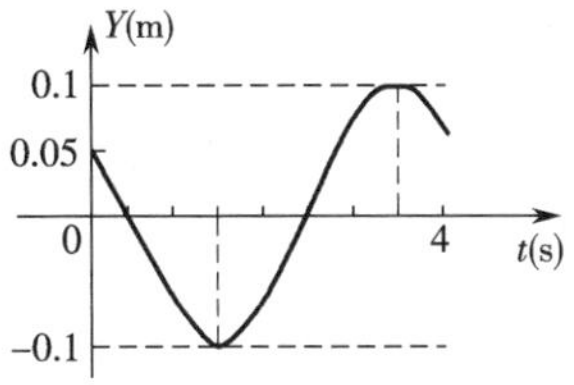

图 11-5　例题 11.2 图

$x=0$ 处的振动方程

$$y = 0.1\cos\left(\frac{\pi}{2}t + \frac{\pi}{3}\right)\text{m}$$

(2)因为波速 $u = \frac{\lambda}{T} = \frac{4}{4} = 1\ \text{m}\cdot\text{s}^{-1}$,所以波动方程

$$y = 0.1\cos\left[\frac{\pi}{2}(t-x) + \frac{\pi}{3}\right]\text{m}$$

11.3　波的能量　能流密度

波是能量的传播过程,在研究波对物质的作用时,经常要考虑波传播过程中能量的传播。

弹性媒质中的各质元在平衡位置附近振动,具有一定的动能,并且由于弹性媒质发生形变,同时还具有一定的弹性势能。在波动过程中,对一部分媒质来说,能量是不守恒的,这是由于它与周围相邻部分有相互作用,进行着能量交换。

下面讨论振动传播时媒质中任一小质元的能量。设有一列纵波

$$y = A\cos\left(\omega t - \frac{x}{u}\right)$$

沿 x 方向在密度为 ρ 的媒质中传播。质元体积为 ΔV,质量 $m=\rho\Delta V$,在 t 时刻,该质元的动能为

$$W_k = \frac{1}{2}m\left(\frac{\partial y}{\partial t}\right)^2 = \frac{1}{2}\rho\Delta VA^2\omega^2\sin^2\omega\left(t - \frac{x}{u}\right)$$

同时,质元因形变而具有弹性势能,可以证明,此弹性势能为

$$W_p = \frac{1}{2}\rho\Delta VA^2\omega^2\sin^2\omega\left(t - \frac{x}{u}\right)$$

由此可见,在任一时刻,动能和势能都相等,同时达到最大值或最小值。这与孤立质点振动时能量守恒的情况大为不同。孤立质点振动时动能最大时势能最小,反之亦然。

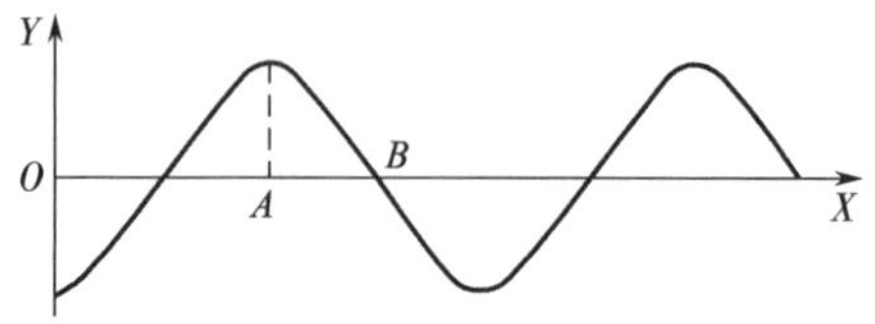

图 11-6　x 和 y 的关系曲线

为了清楚地了解动能最大时势能也最大的道理，需要研究某一时刻各点的位移。以横坐标 x 表示质点离波源 O 的距离，以纵坐标 y 表示质点离开平衡位置的位移，则在某一时刻各点的位移 x 和 y 的关系为一余弦曲线，如图 11-6 所示。可以看出，当质元 A 离开平衡位置的位移最大时，速度为零，动能为零。与孤立质点的情形不同，这时势能不是决定于它离开平衡位置的位移，而是决定于它的相对形变 $\mathrm{d}y/\mathrm{d}x$。虽然此时质点离开平衡位置的位移最大，但邻近各点也沿同一方向发生了位移，结果相对形变却为零，即 A 处质元没有发生形变。其实 $\mathrm{d}y/\mathrm{d}x$ 就代表了曲线上任一点的斜率，A 点的斜率为零则势能为零，所以动能为零时势能也为零。从图中还可以看出，在同一时刻质点 B 通过平衡位置，速度最大因而动能最大。虽然 B 点位移为零，但在左方的点发生了正方向的位移，右方的点发生了负方向的位移，结果相对形变却为最大（此点斜率最大，因此 $\mathrm{d}y/\mathrm{d}x$ 最大），可见动能最大时势能也最大。

质元的总能量为

$$W = W_{\mathrm{k}} + W_{\mathrm{p}} = \rho \Delta V A^2 \omega^2 \sin^2 \omega\left(t - \frac{x}{u}\right) \tag{11-8}$$

为了描述媒质中各处能量的分布情况，引入能量密度这样一个物理量，即单位体积中的能量

$$w = \rho A^2 \omega^2 \sin^2 \omega\left(t - \frac{x}{u}\right) \tag{11-9}$$

将 y 和 w 随时间 t 改变的情形用图 11-7 表示，可见 w 变化的周期为 y 变化周期的一半。

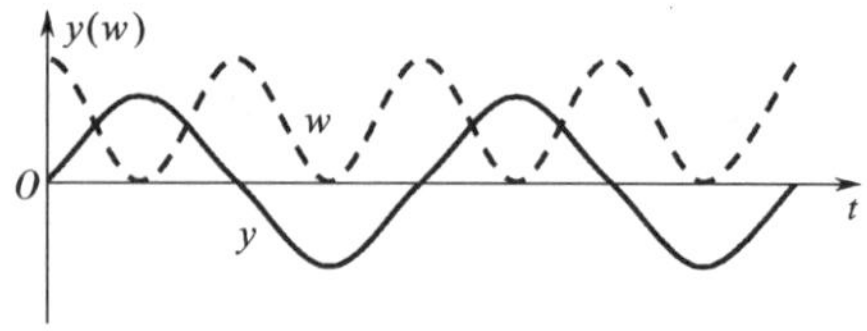

图 11-7　能量密度曲线

能量密度在一周期内的平均值为

$$\bar{w} = \frac{1}{T'}\int_0^T \rho \omega^2 A^2 \sin^2 \omega\left(t - \frac{x}{u}\right)\mathrm{d}t$$

式中：T' 是能量变化的周期，

$$T' = \frac{T}{2} = \frac{\pi}{\omega}$$

积分可知,正弦平方的平均值为1/2,因此有

$$\bar{w} = \frac{1}{2}\rho A^2 \omega^2 \tag{11-10}$$

可以看到,波的能量密度与振幅的平方、频率以及媒质的密度成正比。超声波由于频率很高,因而能量可以很大。

为了定量地研究波动过程中能量的传播,通常引入**能流密度矢量**的概念。能流密度的方向就是能量传播的方向;能流密度的大小就是单位时间内通过垂直于波速方向单位截面上的平均能量。如图11-8所示,在媒质中取面积 S 垂直于波速 $\boldsymbol{u}$,则在一周期 T 内通过 S 的能量就等于体积 uTS 内的能量,即 $\bar{w}uTS$,因此除以 T 和 S 即得到能流密度

$$I = \frac{\bar{w}uTS}{TS} = \bar{w}u$$

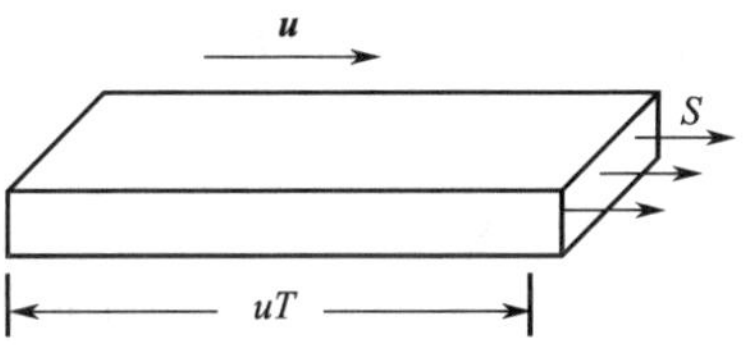

图11-8　能流密度

能流密度是矢量,它的方向与波速 $\boldsymbol{u}$ 的方向一致,因此上式应写为

$$\boldsymbol{I} = \bar{w}\boldsymbol{u} \tag{11-11}$$

能流密度决定了波的强弱,能流密度越大,则单位时间内通过单位截面积的能量越多,波就越强。

如果各处的振动情况不随时间而变,并且振动能量不为媒质所吸收,则单位时间内通过不同波面的能量相同。设波面 S_1 处的能流密度为 I_1,波面 S_2 处的能流密度为 I_2,则有

$$I_1 S_1 = I_2 S_2$$

$$\bar{w}_1 u S_1 = \bar{w}_2 u S_2$$

$$\frac{1}{2}\rho u \omega^2 A_1^2 S_1 = \frac{1}{2}\rho u \omega^2 A_2^2 S_2$$

得到

$$A_1^2 S_1 = A_2^2 S_2$$

式中:A_1 是波面 S_1 处的振幅;A_2 是波面 S_2 处的振幅。在平面波的情形下,波面的面积相等,即 $S_1 = S_2$,因此有 $A_1 = A_2$。可见在平面波的情形下,如果媒质的吸收可以忽略,各处的振幅都相同。在球面波的情形下,波面面积不相等。

$$S_1 = 4\pi r_1^2$$

$$S_2 = 4\pi r_2^2$$

可见在球面波的情形下，各处的振幅与离点波源的距离 r 成反比，考虑到这一点，可将球面波表示如下：

$$y = \frac{A}{r}\cos\,\omega\left(t - \frac{r}{u}\right)$$

式中：r 是离波源的距离。A 在数值上等于离波源 1 单位距离处的振幅。在 r 很小时上式不能用，因为这时需要考虑波源的大小和形状，而不能把波源看成是点波源。

11.4 惠更斯原理 波的衍射

一般来讲，当波从一种介质传到另一种介质时，要发生反射和折射，而遇到障碍物时要发生绕过障碍物而传播的现象。例如高墙两边的人，都可以听到对方的说话声，这是因为声波可以绕过障碍物而传播。这种现象称为**衍射**。

为了解释衍射现象，早在 1690 年惠更斯就提出了一个原理，即根据某一时刻波前的位置，可以确定下一时刻波前的位置，从而确定波的传播方向。惠更斯认为：**波所能到达的每一点，都可以看作新的波源，从这些点发出子波来，而新的波前就是这些子波的包迹**。

下面举例来说明这个定理的用法。

如图 11-9 所示球面波，设波从波源 O 以速度 u 向四周传播，已知时刻 t 的波前是半径为 R_1 的球面波 S_1，用惠更斯原理来求下一时刻 $t+\Delta t$ 波前的位置。S_1 面上各点都可看作新的波源，Δt 时间内发出半径为 $u\Delta t$ 的半球形子波，而新的波前就是这些子波的包迹 S_2，半径为 $R_2 = R_1 + u\Delta t$。

在平面波的情形下也可以用同样的方法求出新的波前（图 11-10）。当波在均匀的各向同性介质中传播时，用惠更斯原理求出波前的几何形状保持不变。当波在不均匀的或各向异性的介质中传播时，同样可用惠更斯原理，这时波前的几何形状和传播方向都可能发生变化。

利用惠更斯原理可以解释波的衍射现象。如图 11-11 所示，平面波前 AB 接近于一宽度 d 大于波长 λ 的缝时，缝上各点成为新的波源，各点都发出半球面形子波。根据惠更斯原理，求出的在缝外的波前已不再是平面，缝两边的波前弯曲，与波前相垂直的波线改变了原来的方向。缝越窄波线弯曲得越厉害，绕过障碍物传播的现象也越显著。

如果 $d < \lambda$，则缝成了单独的振动中心，从它发出的波前成为半球形。由此可见，对于同样大的障碍物，波长越长，衍射现象越显著。声波的波

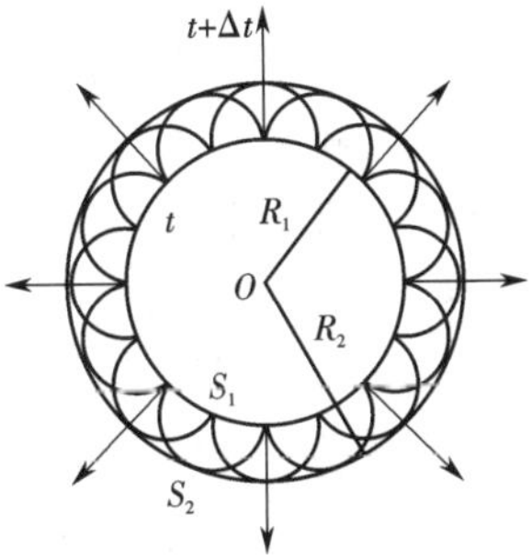

图 11-9　球面波

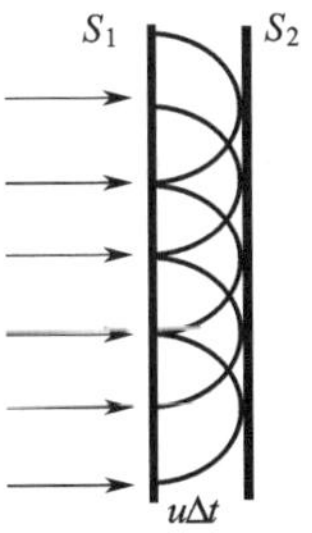

图 11-10　平面波

长比较长，有几米左右，因此衍射现象比较显著。在高墙两侧的人都能听到对方说话，这说明声波能绕过高墙传播。无线电波的波长更长，有几百米，因此虽然在电台与接收机之间隔着大山等障碍物，还是能接收到无线电波。超声的波长很短，只有几毫米，衍射现象就不明显，但定向性很强，可以成束地发射，从而可以用超声波探测潜艇或鱼群等。

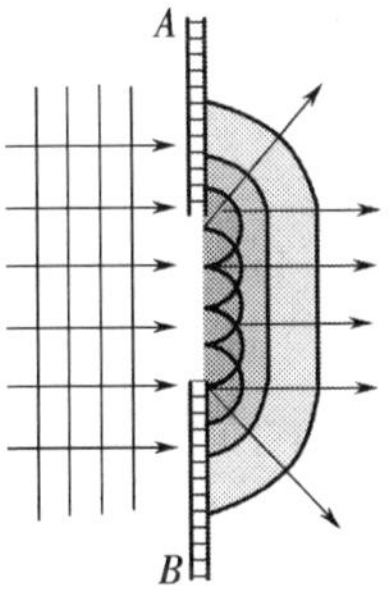

图 11-11　波的衍射

惠更斯原理虽然能定性地说明衍射现象，但它不能说明各点振动的振幅，因而不能对衍射现象作出定量的分析。此外，惠更斯原理也不能说明为什么次波只能向前传播，而不能向后传播。后来菲涅尔补充和发展了惠更斯原理，它能确切地定量分析说明衍射现象。这个问题在光学中再讨论。

11.5　波的叠加与干涉　驻波

11.5.1　波的干涉

大量事实说明，从几个波源产生的波在同一介质中传播时，无论相遇与否都保持自己原有的特性，如频率、波长、振动方向等，按照自己原来的传播方向继续前进，不受其他波的影响。因此在相遇处各点的位移是各波单独存在时在该点所引起的位移的矢量和。这就是**波的叠加原理**。

波的叠加原理可以从许多现象中观察到。例如水中以两石块落下处为中心而发出的圆形波，彼此穿过而又离开后，它们将仍是正圆形的，并仍以石块落下处为圆心；听乐队演奏乐曲时，各种乐器的声音保持各自原有的特色，因而能够从中分辨出来。

从上面的讨论可以看到，几列波在介质中同时传播时，各波在重叠处

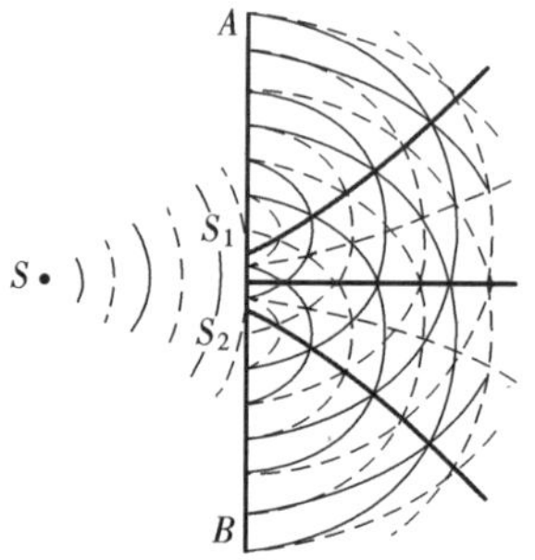

图 11-12 波的叠加

都按原来的方式引起相应的振动，而质点的振动就是这些振动的合振动。如果各波的振动频率不同，振动方向不同，则在重叠处引起的振动是很复杂的。如果两波源是频率相同、振动方向相同、相位相同或有固定相位差（称为相干波的条件）的特殊情形，这时在重叠处两列简谐波所引起的简谐振动具有相同的振动方向、相同的频率，而且彼此之间有固定的相位差，因此合成后仍为一简谐振动，振幅则视相位差而定。相位相同的地方振幅最大，相位相反的地方振幅最小，如图 11-12 所示。这种在两波重叠处有些地方振动加强，而在另一些地方振动减弱或完全抵消的现象，称为**干涉现象**。能产生干涉现象的两列波称为**相干波**，波源则称为**相干波源**。

下面具体分析干涉现象。设有两个相干波源 S_1 和 S_2，如图 11-13 所示，其振动方程分别为

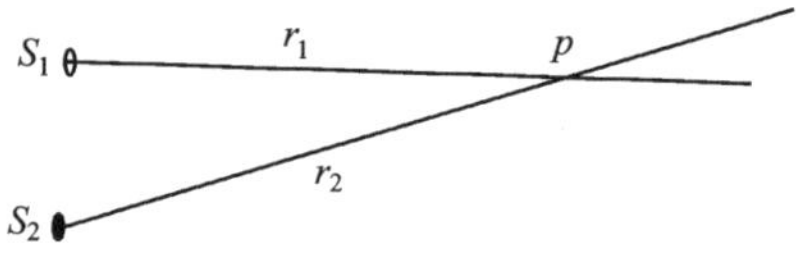

图 11-13 波的干涉

$$y_1 = A_1\cos(\omega t + \varphi_1)$$
$$y_2 = A_2\cos(\omega t + \varphi_2)$$

根据相干波源的条件，可知两列波的相位差 $\varphi_2 - \varphi_1$ 恒定。从这两个波源发出的波在空间相遇时，P 处质点的振动可按叠加原理来计算。设 P 点离开 S_1 和 S_2 的距离分别为 r_1 和 r_2，两列波波长为 λ，那么 P 点的两个分振动为

$$y_1 = A_1\cos\left(\omega t + \varphi_1 - \frac{2\pi r_1}{\lambda}\right)$$
$$y_2 = A_2\cos\left(\omega t + \varphi_2 - \frac{2\pi r_2}{\lambda}\right)$$

而合振动为

$$y = y_1 + y_2 = A\cos(\omega t + \varphi)$$

其中

$$A = \sqrt{A_1^2 + A_2^2 + 2A_1A_2\cos\left(\varphi_2 - \varphi_1 - 2\pi\frac{r_2 - r_1}{\lambda}\right)} \qquad (11\text{-}12)$$

$$\tan\varphi = \frac{A_1\sin\left(\varphi_1 - \dfrac{2\pi r_1}{\lambda}\right) + A_2\sin\left(\varphi_2 - \dfrac{2\pi r_2}{\lambda}\right)}{A_1\cos\left(\varphi_1 - \dfrac{2\pi r_1}{\lambda}\right) + A_2\cos\left(\varphi_2 - \dfrac{2\pi r_2}{\lambda}\right)} \qquad (11\text{-}13)$$

两列相干波在空间任一点所引起的两个振动的相位差

$$\Delta\varphi=\varphi_2-\varphi_1-2\pi\frac{r_2-r_1}{\lambda} \tag{11-14}$$

这是一个恒量,可知任一点的振幅 A 也是一个恒量。若

$$\Delta\varphi=\varphi_2-\varphi_1-2\pi\frac{r_2-r_1}{\lambda}=\pm 2k\pi\quad(k=0,1,2,3,\cdots) \tag{11-15a}$$

则 $A=A_1+A_2$,这时空间各点合振幅为最大;若

$$\Delta\varphi=\varphi_2-\varphi_1-2\pi\frac{r_2-r_1}{\lambda}=\pm(2k+1)\pi\quad(k=0,1,2,3,\cdots) \tag{11-15b}$$

则 $A=|A_1-A_2|$,这时空间各点合振幅为最小。

对于同相位相干波源,应有 $\varphi_1=\varphi_2$,则上述条件简化为

$$\Delta\varphi=2\pi\frac{r_1-r_2}{\lambda}=\pm 2k\pi\quad(k=0,1,2,3,\cdots\text{加强}) \tag{11-16a}$$

$$\Delta\varphi=2\pi\frac{r_1-r_2}{\lambda}=\pm(2k+1)\pi\quad(k=0,1,2,3,\cdots\text{减弱}) \tag{11-16b}$$

或

$$\delta=r_1-r_2=\pm k\lambda\quad(k=0,1,2,3,\cdots\text{加强}) \tag{11-17a}$$

$$\delta=r_1-r_2=\pm(2k+1)\frac{\lambda}{2}\quad(k=0,1,2,3,\cdots\text{减弱}) \tag{11-17b}$$

δ 是从波源发出的两列相干波到达 P 点时所经过的路程之差。所以上两式说明,两相干波源为同相位时,在两列波的叠加区域内,在波程差等于零或波长的整数倍的各点振幅最大;在波程差等于半波长的奇数倍的各点振幅最小。

例题 11.3　如图 11-14 所示,A、B 两点为同一介质两相干波源,其频率皆为 100 Hz,但当点 A 为波峰时,点 B 适为波谷。设波速为 10 m · s^{-1},试写出 A、B 发出的两列波传到点 P 时干涉的结果。

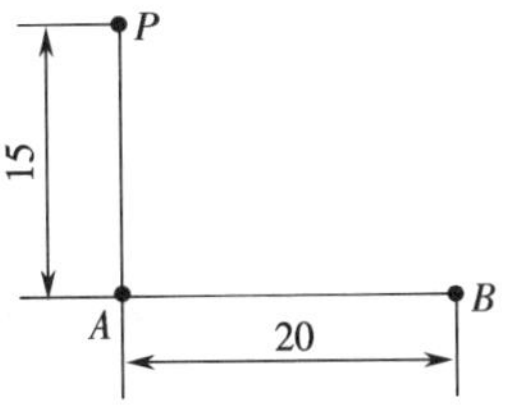

图 11-14　例题 11.3 图

解:由图可知,$\overline{AP}=15$ m,$\overline{AB}=20$ m,故

$$\overline{BP}=\sqrt{\overline{AP}^2+\overline{AB}^2}=\sqrt{20^2+15^2}=25\ \text{m}$$

已知 $\nu=100$ Hz,$u=10$ m · s^{-1},因此

$$\lambda=\frac{u}{\nu}=\frac{10}{100}=0.10\ \text{m}$$

设 A 的相位较 B 超前,则

$$\varphi_A-\varphi_B=\pi$$

根据相位差和波程差的关系，有

$$\Delta\varphi = \varphi_B - \varphi_A - 2\pi \frac{\overline{BP} - \overline{AP}}{\lambda} = -\pi - 2\pi \frac{25-15}{0.10} = -201\pi$$

由式(11-16b)可知，这样的 $\Delta\varphi$ 值符合合振幅最小的条件，如若介质不吸收波的能量，则两波振幅相同，因而合振幅 $A = |A_1 - A_2| = 0$。故在点 P 处，因两波干涉减弱而不发生振动。

11.5.2 驻波

所谓驻波，是由振幅相同、频率相同、振动方向相同而相向传播的两列波相叠加而成的。

驻波是干涉的特例。如图 11-15 所示，将频率与绳长调整适当，绳上分段振动，某些点振幅很大，某些点几乎不动，这样的合成波称为**驻波**。

图 11-15 弦线上的驻波

设沿 X 轴正方向和负方向传播的两列相干波的表达式为

$$y_1 = A\cos 2\pi\left(\nu t - \frac{x}{\lambda}\right)$$

$$y_2 = A\cos 2\pi\left(\nu t + \frac{x}{\lambda}\right)$$

在两列波重叠处各点的位移为两波引起的位移的合成，即

$$y = y_1 + y_2 = A\cos 2\pi\left(\nu t - \frac{x}{\lambda}\right) + A\cos 2\pi\left(\nu t + \frac{x}{\lambda}\right)$$

$$= \left(2A\cos 2\pi \frac{x}{\lambda}\right)\cos 2\pi\nu t \tag{11-18}$$

由上式可见，坐标为 x 的点在作振幅为 $\left|2A\cos 2\pi \frac{x}{\lambda}\right|$，频率为 ν 的简谐振动。因此各点都在作同样频率的简谐振动，但具有不同的振幅。图 11-16 所示给出了两列波以及合成波在不同时刻的波形图。

满足 $\cos 2\pi \frac{x}{\lambda} = 0$ 的点，振幅为零，这些点始终静止不动，称为**波节**；满足 $\left|\cos 2\pi \frac{x}{\lambda}\right| = 1$ 的点，振幅最大，等于 2 A，这些点的振动最强，称为**波腹**。

对于波节来讲，两列波在这些点上引起的振动具有相反的相位，因而叠加后振幅为零；而在波腹的位置，两列波在这些点上引起的振动具有相

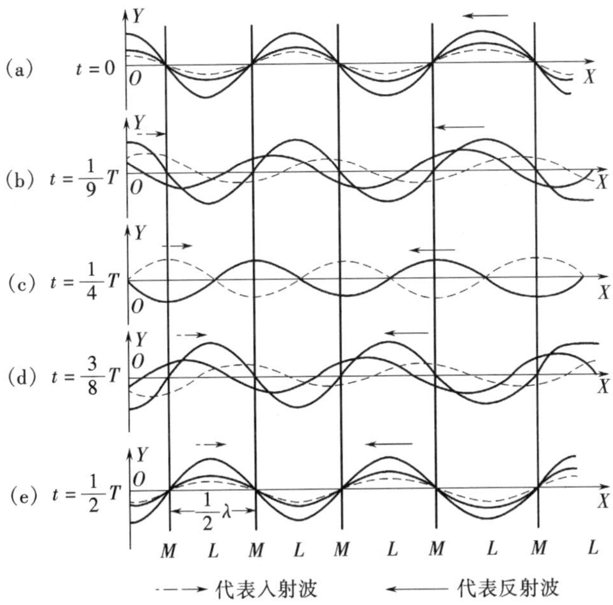

图 11-16　驻波

同的相位，因而叠加后振幅最大，等于 $2A$。

波腹和波节的坐标可用下述方法求得。波腹由 $\left|\cos 2\pi\frac{x}{\lambda}\right|=1$，即 $2\pi\frac{x}{\lambda}=\pm k\pi$ 解出波腹点的位置为

$$x=\pm k\frac{\lambda}{2}\quad(k=0,1,2,\cdots)\tag{11-19a}$$

波节由 $\cos 2\pi\frac{x}{\lambda}=0$，即 $2\pi\frac{x}{\lambda}=\pm(2k+1)\frac{\pi}{2}$ 解出波节点的位置为

$$x=\pm(2k+1)\frac{\lambda}{4}\quad(k=0,1,2,\cdots)\tag{11-19b}$$

两相邻波节点或两相邻波腹点之间的距离

$$x_{k+1}-x_k=[2(k+1)+1-2(k+1)]\frac{\lambda}{4}=\frac{\lambda}{2}\tag{11-20}$$

可见两相邻波节或两相邻波腹之间的距离都是半波长。而波节与两相邻波腹之间的距离为四分之一波长。因而测得波节与波节或波腹与波腹之间的距离就可以确定出两列波的波长。

下面研究驻波的相位。由式(11-18)可以看到，因子 $\cos 2\pi\frac{x}{\lambda}$ 在波节的两旁具有相反的符号，而在波节之间则具有相同的符号。若 $\cos 2\pi\frac{x}{\lambda}$ 为正，则在两波节之间的各点都具有相同的振动相位 $2\pi\nu t$，而波节两旁的点则

具有相反的振动相位。由此可见，两波节之间的各点同时沿同方向达到最大值，又同时沿同一方向通过平衡位置，使 $\cos 2\pi \frac{x}{\lambda}$ 为正的点相位为 $2\pi\nu t$；使 $\cos 2\pi \frac{x}{\lambda}$ 为负的点相位为 $2\pi\nu t+\pi$。如图 11-17 所示，波在每一瞬间都有一定的波形，但这波形是固定不动的，只是各点的位移变化大小而已，因此才称之为驻波。

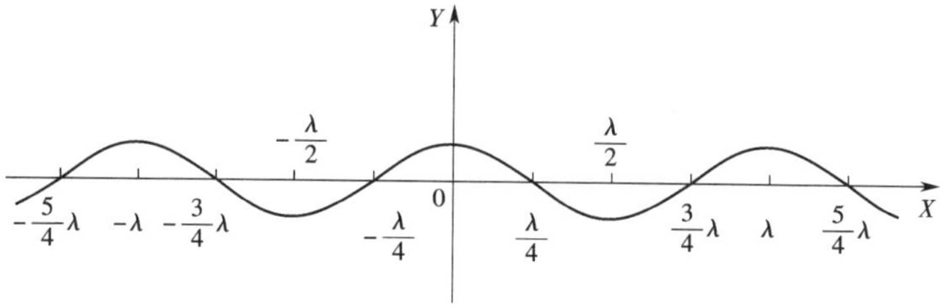

图 11-17 驻波的相位

当各质元的振动位移同时达到最大值时，各质元动能都为零（振动速度为零），全部能量都是势能（位移最大）。由于波节附近相对形变最大，势能最大，而在波腹处相对形变为零，势能为零，因此势能集中在波节附近。当各质元都同时通过平衡位置时，各质元的相对形变都为零，即势能为零，全部能量都是动能。这时由于波腹处质元的速度最大，动能最大，而在波节处，各质元的速度为零，动能为零，因此动能集中在波腹附近。由此可见，在介质振动的过程中动能和势能不断转换。在转换过程中能量不断地从波节附近集中在波腹附近，再由波腹附近集中到波节附近。由于叠加成驻波的两列波能流密度的数值相等，方向相反，因而在振动过程中没有能量沿某一方向传播，能流密度为零。因此驻波无所谓传播方向，不传播任何能量，实质上这是介质的一种特殊的振动形态，而不是作为能量传播过程的波。为了区别一般的波与驻波，往往将前者称为**行波**。

驻波的形成通常是在前进波与反射波相干涉的情况下发生的，例如绳的一端固定，音叉振动时在固定点产生反射波，入射波与反射波相干涉后就使细绳上产生驻波，波的反射处是一波节（图 11-16）。

一般情况下反射处是波腹还是波节与两种介质的密度有关，密度大的介质称为**波密介质**；密度小的介质称为**波疏介质**。如波从较密的介质反射而回到较疏的介质时反射处形成波节，反之形成波腹。例如声波从水面返回空气时，由于水的密度大于空气的密度因而反射处为波节。用手抖动一根绳子，另一端为自由端，由于空气的密度小于绳子的密度，所以由空气中返回绳子中时，自由端为一波腹。边界处形成波节的情形表示，**前进波和反射波有相反的相位**，反射时相位突然改变了 π。因为相差半波长的两点相位相差 π，所以反射时相位改变 π 就相当于损失了半个波长，如图 11-18 所示，因此这种情况常称为**半波损失**。

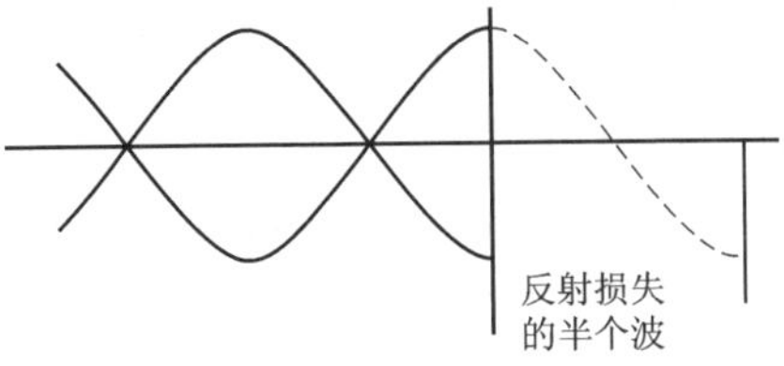

图 11-18　半波损失

阅读材料

声波武器——次声波

声波是机械纵波，它可以在固体、液体和气体中传播。人们通常可以听到的声音是 20 ~ 20 000 Hz 频率范围内的声波。目前军事领域中应用的主要是次声波部分（即频率低于 20 Hz 的声波）。与可闻声波相比，次声波在介质中传播时，能量衰减缓慢，隐蔽性好，不易为人察觉，所以军事上常用次声波接收装置来侦察敌情。另一方面，次声波武器还可直接消灭敌人的有生力量。那么，它的杀伤原理是什么呢？这里要涉及物理学的一个重要概念——共振。原来，次声武器是利用与人体器官固有频率相近的次声波与人体器官发生共振，导致器官变形、移位甚至破裂，以达到杀伤的目的。次声武器大体可分为两类。①“神经型”次声武器。次声频率与人脑阿尔法节律（8 ~ 12 Hz）很接近，所以次声波作用于人体时便要刺激人的大脑，引起共振，对人的心理和意识产生一定影响。轻者感觉不适，注意力下降，情绪不安，导致头昏、恶心；严重时使人神经错乱，癫狂不止，休克昏厥，丧失思维能力。②“器官型”次声武器。当次声波频率与人体内脏器官的固有频率（4 ~ 18 Hz）相近时，会引起人的五脏六腑产生强烈共振。轻者肌肉痉挛，全身颤抖，呼吸困难；重者血管破裂，内脏损伤，甚至迅速死亡。次声武器的特点在于：①突袭性，次声波在空气中的传播速度为每秒三百多米，在水中传播更快，每秒可达 1 500 m 左右，次声波是常人听不到、看不见的，故除了传播迅速之外，次声波还具有良好的隐蔽性；②作用距离远，根据物理学原理，声波的频率越低，传播时介质对它的吸收就越小，波的传播距离也越远，比如炮弹产生的可闻声波，由于衰减快，在几千米外就听不到了，但它产生的次声波，可传到 80 km 以外，而氢弹产生的次声波可绕地球传播好几圈，行程十几万千米，故高强度的次声武器具有洲际作战能力；③穿透力强，传播介质对低频率的声波吸收较小，故次声波具有很强的穿透能力，一般的可闻声波，一堵墙即可将其挡住，而实验表明，次声波能穿透几十米厚的钢筋混凝土墙，因此，无论敌人是在掩体内躲藏，还是乘坐在坦克中，或在深海的潜艇里，都难以逃脱次声武器的袭击；④次声波在杀伤敌人的同时，不会造成环境污染，不破坏对方的武器装备，可作为战利品，取而用之。需指出的是，目前次声武器发出的次声波的强度和方向性等因素尚待进一步研究，所以真正应用于战争的次声武器还不多见。据说，第一台次声波发生器是由法国人在1972年发明的，它产生的次声波可以损害5 km以外的人。发明者还得出结论：频率为7 Hz的次声波，可对人体造成致命的打击。有报道称，美军在干预索马里期间已经试用过某些音响或声音武器的样品。这些武器可以使人的内脏发生震动，把人震昏，使人感到恶心，甚至使肠子里的粪便液化，不断腹泻。此外，超声波在军事上的应用也很多。由于海水有良好的导电性，对电磁波的吸收能力很强，因而电磁雷达无法探测水下作战目标（如潜水艇）的方位和距离。所谓超声波，是指高频率的机械波（频率在20 kHz以上）。它具有能流密度大、方向性好、穿透力强等特点。超声波在空气中衰减较快，而在固体、液体中的衰减却很小，这正好与电磁波相反。这种情况下，超声波雷达——声纳，便可发挥巨大的威力。

同步练习

思考题

11.1 什么是波动？振动与波动有什么区别和联系？

11.2 必须具备哪些条件才能形成机械波？

11.3 波动曲线与振动曲线有什么不同？试说明之。

11.4 横波和纵波有什么区别？

11.5 什么是波长、波的周期和频率、波速？它们之间有什么关系？

11.6 波动的能量与哪些物理量有关？比较波动的能量与谐振动的能量。

11.7 两相干波源的振动相位差为 π，它们发出的波经相同的距离相遇，干涉的结果如何？

11.8 波长都是 λ 的两列波互相叠加，合成波的波长等于多少？

11.9 怎样理解半波损失？

11.10 驻波有什么特点？在驻波的同一半波中，其各质点振动的振幅是否相同？振动的频率是否相同？

选择题

11.11 机械波的表达式为 $y = 0.03\cos 6\pi(t + 0.01x)$ (SI)，则 [　　]

A. 其振幅为3 m　　　　B. 其周期为 $\frac{1}{3}$ s

C. 其波速为 $10\ \mathrm{m\cdot s^{-1}}$　　　　D. 波沿 X 轴正向传播

11.12　一平面简谐波沿 OX 正方向传播，波动表达式为 $y = 0.10\cos\left[2\pi\left(\dfrac{t}{2}-\dfrac{x}{4}\right)+\dfrac{\pi}{2}\right]$ (SI)，该波在 $t = 0.5$ s 时刻的波形图是

[　　]

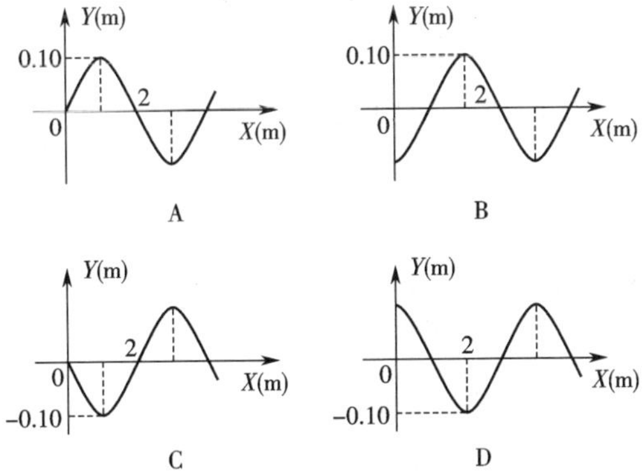

11.13　一沿 X 轴负方向传播的平面简谐波在 $t = 2$ s 时的波形曲线如图所示，则原点 O 的振动方程为　　[　　]

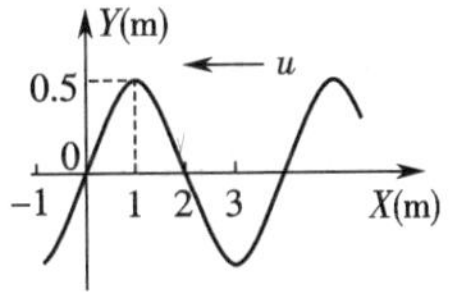

题 11.13 图

A. $y = 0.50\cos\left(\pi t+\dfrac{1}{2}\pi\right)$　(SI)

B. $y = 0.50\cos\left(\dfrac{1}{2}\pi t-\dfrac{1}{2}\pi\right)$　(SI)

C. $y = 0.50\cos\left(\dfrac{1}{2}\pi t+\dfrac{1}{2}\pi\right)$　(SI)

D. $y = 0.50\cos\left(\dfrac{1}{4}\pi t+\dfrac{1}{2}\pi\right)$　(SI)

11.14　图中画出一平面简谐波在 $t = 2$ s 时刻的波形图，则平衡位置在 P 点的质点的振动方程是　　[　　]

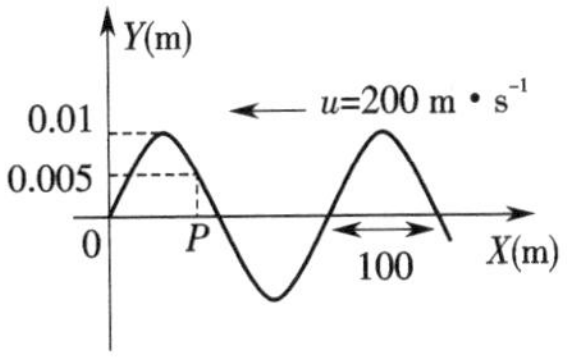

题 11.14 图

A. $y_P = 0.01\cos\left[\pi(t-2)+\dfrac{1}{3}\pi\right]$　(SI)

B. $y_P = 0.01\cos\left[\pi(t+2)+\dfrac{1}{3}\pi\right]$　(SI)

C. $y_P = 0.01\cos\left[2\pi(t-2)+\dfrac{1}{3}\pi\right]$　(SI)

D. $y_P = 0.01\cos\left[2\pi(t-2)-\dfrac{1}{3}\pi\right]$　(SI)

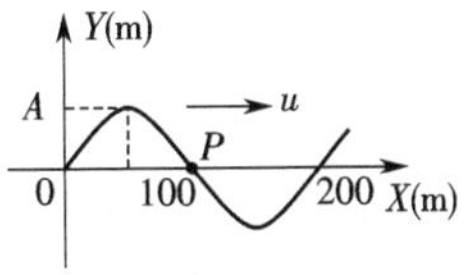

题 11.15 图

11.15　图示一简谐波在 $t = 0$ 时刻的波形图，波速 $u = 200\ \mathrm{m\cdot s^{-1}}$，则 P 处质点的振动速

度表达式为 [ ]

A. $v=-0.2\pi\cos(2\pi t-\pi)$ (SI)

B. $v=-0.2\pi\cos(\pi t-\pi)$ (SI)

C. $v=0.2\pi\cos(2\pi t-\pi/2)$ (SI)

D. $v=0.2\pi\cos(\pi t-3\pi/2)$ (SI)

11.16 一简谐波沿 X 轴正方向传播，$t=T/4$ 时的波形曲线如图所示。若振动以余弦函数表示，且此题各点振动的初相取 $-\pi$ 到 π 之间的值，则 [ ]

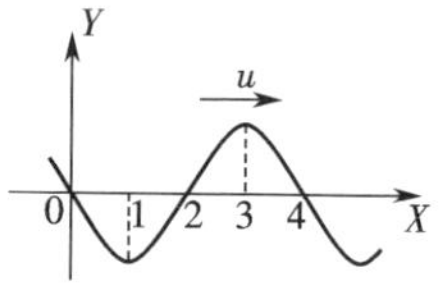

题 11.16 图

A. 原点的初相为 $\varphi_0=0$

B. 1 点的初相为 $\varphi_1=-\dfrac{1}{2}\pi$

C. 2 点的初相为 $\varphi_2=\pi$

D. 3 点的初相为 $\varphi_3=-\dfrac{1}{2}\pi$

11.17 图示一简谐波在 $t=0$ 时刻的波形图，波速 $u=200$ m/s，则图中原点的振动加速度的表达式为 [ ]

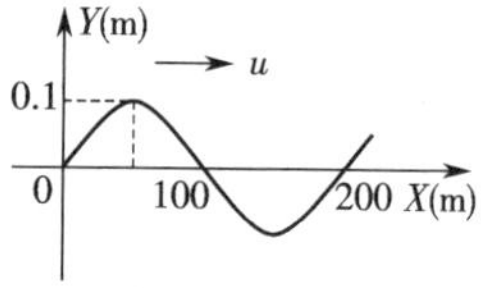

题 11.17 图

A. $a=0.4\pi^2\cos\left(\pi t-\dfrac{1}{2}\pi\right)$ (SI)

B. $a=0.4\pi^2\cos\left(\pi t-\dfrac{3}{2}\pi\right)$ (SI)

C. $a=-0.4\pi^2\cos(2\pi t-\pi)$ (SI)

D. $a=-0.4\pi^2\cos\left(2\pi t+\dfrac{1}{2}\pi\right)$ (SI)

11.18 一平面简谐波在弹性媒质中传播，在某一瞬时，媒质中某质元正处于平衡位置，此时它的能量是 [ ]

A. 动能为零，势能最大　　B. 动能为零，势能为零

C. 动能最大，势能最大　　D. 动能最大，势能为零

11.19 如图所示，两列波长为 λ 的相干波在 P 点相遇。波在 S_1 点振动的初相是 φ_1，S_1 到 P 点的距离是 r_1；波在 S_2 点的初相是 φ_2，S_2 到 P 点的距离是 r_2，以 k 代表零或正、负整数，则 P 点是干涉极大的条件为 [ ]

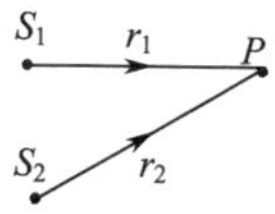

题 11.19 图

A. $r_2-r_1=k\lambda$　　B. $\varphi_2-\varphi_1=2k\pi$

C. $\varphi_2-\varphi_1+2\pi(r_2-r_1)/\lambda=2k\pi$　　D. $\varphi_2-\varphi_1+2\pi(r_1-r_2)/\lambda=2k\pi$

11.20 在波长为 λ 的驻波中，两个相邻波节之间的距离为 [ ]

A. λ　　B. $3\lambda/4$　　C. $\lambda/2$　　D. $\lambda/4$

填空题

11.21　一个余弦横波以速度 u 沿 X 轴正向传播，t 时刻波形曲线如图所示。试分别指出图中 A、B、C 各质点在该时刻的运动方向。A ________；B ________；C ________。

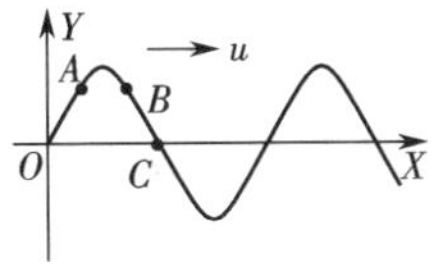

题 11.21 图

11.22　一声波在空气中的波长是 0.25 m，传播速度是 340 $\mathrm{m \cdot s^{-1}}$，当它进入另一介质时，波长变成了 0.37 m，它在该介质中传播速度为________。

11.23　一平面简谐波沿 X 轴正方向传播，波速 $u = 100\ \mathrm{m \cdot s^{-1}}$，$t = 0$ 时刻的波形曲线如图所示。可知波长 λ = ________；振幅 A = ________；频率 ν = ________。

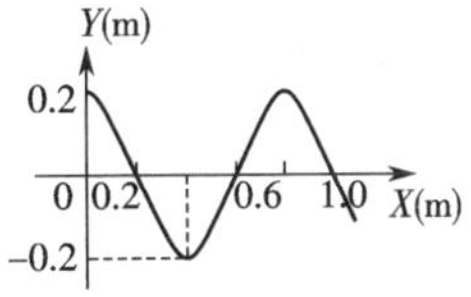

题 11.23 图

11.24　频率为500 Hz 的波，其波速为350 $\mathrm{m \cdot s^{-1}}$，相位差为 $2\pi/3$ 的两点间距离为________。

11.25　一平面简谐波的表达式为 $y = A\cos\omega(t - x/u) = A\cos(\omega t - \omega x/u)$，其中 x/u 表示________；$\omega x/u$ 表示________；y 表示________。

11.26　频率为 100 Hz 的波，其波速为 250 $\mathrm{m \cdot s^{-1}}$。在同一条波线上，相距为 0.5 m 的两点的相位差为________。

11.27　图为 $t = T/4$ 时一平面简谐波的波形曲线，则其波的表达式为________。

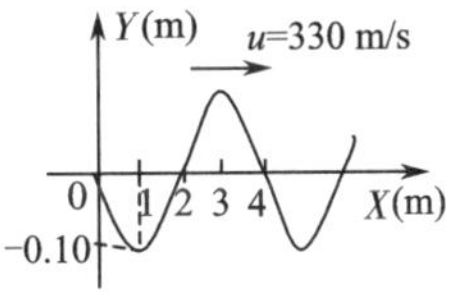

题 11.27 图

11.28　如图所示，波源 S_1 和 S_2 发出的波在 P 点相遇，P 点距波源 S_1 和 S_2 的距离分别为 3λ 和 $10\lambda/3$，λ 为两列波在介质中的波长。若 P 点的合振幅总是极大值，则两波在 P 点的振动频率________，波源 S_1 的相位比 S_2 的相位领先________。

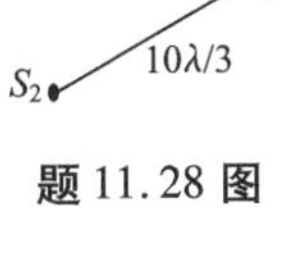

题 11.28 图

11.29　在固定端 $x = 0$ 处反射的反射波表达式是 $y_2 = A\cos 2\pi(\nu t - x/\lambda)$。设反射波无能量损失，那么入射波的表达式是 y_1 = ________；形成的驻波的表达式是 y = ________。

11.30　一驻波表达式为 $y = 2A\cos(2\pi x/\lambda)\cos\omega t$，则 $x = -\dfrac{1}{2}\lambda$ 处质点的振动方程是________；该质点的振动速度表达式是________。

计算题

11.31 一平面简谐纵波沿着线圈弹簧传播。设波沿着 X 轴正向传播，弹簧中某圈的最大位移为 3.0 cm，振动频率为 25 Hz，弹簧中相邻两疏部中心的距离为 24 cm。当 $t=0$ 时，在 $x=0$ 处质元的位移为零并向 X 轴正向运动，试写出该波的表达式。

11.32 一简谐波，振动周期 $T=\frac{1}{2}$ s，波长 $\lambda=10$ m，振幅 $A=0.1$ m。当 $t=0$ 时，波源振动的位移恰好为正方向的最大值。若坐标原点和波源重合，且波沿 OX 轴正方向传播，求：

(1) 此波的表达式；

(2) $t_1=T/4$ 时刻，$x_1=\lambda/4$ 处质点的位移；

(3) $t_2=T/2$ 时刻，$x_1=\lambda/4$ 处质点的振动速度。

11.33 一平面简谐波沿 X 轴正向传播，其振幅为 A，频率为 ν，波速为 u。设 $t=t'$ 时刻的波形曲线如图所示。求：

(1) $x=0$ 处质点振动方程；

(2) 该波的表达式。

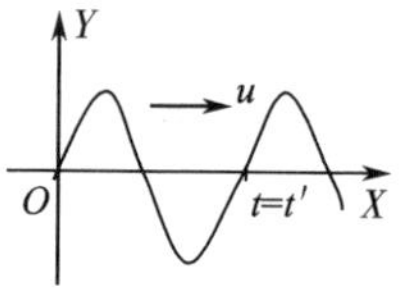

题 11.33 图

11.34 已知一平面简谐波的表达式为 $y=0.25\cos(125t-0.37x)$ (SI)，求：

(1) $x_1=10$ m、$x_2=25$ m 两点处质点的振动方程；

(2) x_1、x_2 两点间的振动相位差；

(3) x_1 点在 $t=4$ s 时的振动位移。

11.35 一横波方程为 $y=A\cos\frac{2\pi}{\lambda}(ut-x)$，式中 $A=0.01$ m，$\lambda=0.2$ m，$u=25\ \text{m}\cdot\text{s}^{-1}$，求 $t=0.1$ s 时在 $x=2$ m 处质点振动的位移、速度和加速度。

11.36 一平面简谐波沿 X 轴正向传播，其振幅和角频率分别为 A 和 ω，波速为 u，设 $t=0$ 时的波形曲线如图所示。

(1) 写出此波的表达式；

(2) 求距 O 点分别为 $\lambda/8$ 和 $3\lambda/8$ 两处质点的振动方程；

(3) 求距 O 点分别为 $\lambda/8$ 和 $3\lambda/8$ 两处质点在 $t=0$ 时的振动速度。

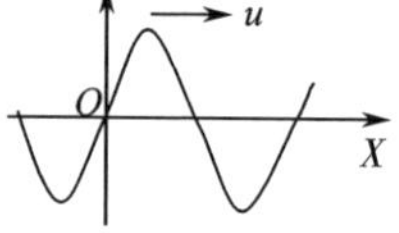

题 11.36 图

11.37 某质点作简谐振动，周期为 2 s，振幅为 0.06 m，$t=0$ 时刻，质点恰好处在负向最大位移处，求：

(1) 该质点的振动方程；

(2) 此振动以波速 $u=2\ \text{m}\cdot\text{s}^{-1}$ 沿 X 轴正方向传播时，形成的一维简

谐波的波动表达式(以该质点的平衡位置为坐标原点)；

(3)该波的波长。

11.38　两列余弦波沿 OX 轴传播,波动表达式分别为

$$y_1 = 0.06\cos\left[\frac{1}{2}\pi(0.02x - 8.0t)\right] \quad (\text{SI})$$

$$y_2 = 0.06\cos\left[\frac{1}{2}\pi(0.02x + 8.0t)\right] \quad (\text{SI})$$

试确定 OX 轴上合振幅为0.06 m的那些点的位置。

第 12 章 光的干涉

基本要求

1. 了解光的相干条件及获得相干光的基本原理和方法。

2. 理解光程的概念,掌握光程和光程差的计算以及干涉极大、极小的条件,熟悉光程差和相位差之间的关系,了解半波损失产生条件。

3. 理解杨氏双缝干涉、劈尖干涉实验的基本装置,熟悉实验规律及干涉条纹位置和明(或暗)条纹间距的计算。

4. 了解迈克耳孙干涉仪的工作原理和应用。

学习重点

1. 相干光的获得。

2. 光的干涉。

3. 对相干光在相遇点光程差的分析。

从 19 世纪开始,物理学家们利用光的波动学说和干涉理论研究了光的干涉、衍射和偏振,认识到了光的横波特性,测出了光在水中的速度比空气中的小,并且成功解释了光的直线传播现象,波动说取得了决定性的胜利。重要的意义还在于波动说从理论上找到了光和电磁波之间的联系,奠定了光的电磁理论的基础。

光就是电磁波,可见光的频率范围从 7.5×10^{14} Hz 到 3.9×10^{14} Hz,波长从 400 nm 到 760 nm。实验表明,引起感光及生理作用的是光波中的电场强度矢量 $\boldsymbol{E}$,所以人们常把 $\boldsymbol{E}$ 矢量称为**光矢量**。

由于光是电磁波,因此第 11 章中关于波的一般讨论也都适用于光波。当两列光波在空间相遇时,如果满足相干条件,即光矢量振动方向相同、频率相同、两列光波振动相位差恒定,则在光波相遇区域将出现稳定的、明暗相间的条纹分布,这种现象称为**光的干涉**。满足上述条件的光称为相干光。

12.1 相干光的获得

普通光源(如日光灯、钠光灯等)发光是原子能级跃迁时所发出的辐射。研究表明,当发光体中的原子受激发而处于能量比较高的能级时,由于不稳定,要自发地回到低能级,从而发出光辐射。原子的一次辐射持续时间极短,为 $10^{-8}\sim10^{-10}$ s,因此一个原子的一次辐射,只能发出一段长度有限、振动方向一定、频率一定、初相恒定的一个波列。光源发射的光波是发光体中所有原子发光的总和。由于各原子彼此独立地、随机地、间歇地发出一个个波列，因此同一原子不同时刻发出的光或同一瞬间不同原子发出的光，即使它们频率相同，但光矢量的振动方向不可能都相同，相位差更不能保持恒定，不满足相干条件。

如何利用普通光源获得相干光呢？根据普通光源的发光机制，可以将同一原子发出的同一个波列在空间分成两部分，然后让这两部分在一个可能的范围内相遇。由于相遇点发生叠加的光波来自同一波列，相干条件可以得到满足。获得相干光常用的方法有两种，一种是采用分割波面的方法，称为**分波面法**；另一种是利用反射、折射的方法，称为**分振幅法**。后面要介绍的杨氏双缝干涉属于分波面法，薄膜干涉属于分振幅法。

12.2　光程

12.2.1　光程及光程差

光的干涉是光的相干叠加，根据波的干涉理论，分析两列相干光波在相遇点的光强度（正比于光矢量模的平方），关键在于分析出两光波在相遇点的相位差。通常当两束相干光在同一媒质中传播时，在相遇点的相位差 $\Delta\varphi$ 与几何路程差 l 之间有如下关系

$$\Delta\varphi = \frac{2\pi}{\lambda_n}l$$

其中 λ_n 为光在该媒质中的波长。

当两束相干光分别通过不同媒质时，由于同一频率的光在不同媒质中的传播速度不同，因此不同媒质中的光波波长亦不同，这时就不能简单地利用上式来计算相位差了。为方便相位差的计算而引入光程的概念。

光在媒质中通过的几何路程 r 与该媒质折射率 n 的乘积 nr 称为**光程**。

设光在折射率为 n 的媒质中通过几何路程 r 用了 t 秒，与真空光速 c 相比，媒质中的光速变为 $v = c/n$，其光程可以表示为

$$nr = nvt = n\frac{c}{n}t = ct$$

上式左边是光程，右边则表示光在 t 秒内在真空中通过的几何路程。也就是说，光程 nr 实际上就是相同时间内光在真空中的几何路程。

应该注意，同一频率的光在不同媒质中波长不同，$\lambda_n = \dfrac{\lambda}{n}$，$\lambda$ 为真空波长。但是，光波传播一个波长距离产生的相位变化都是 2π。因此，光

在媒质中通过几何路程 r 时相位变化为

$$\Delta\varphi=\frac{2\pi}{\lambda_n}r=\frac{2\pi}{\lambda}nr$$

上式表明，光在媒质中通过几何路程 r 时产生的相位变化与光在真空中通过几何路程 nr 产生的相位变化相同。

如图 12-1 所示，设 S_1 和 S_2 为初相相同的相干光源，光束 S_1P 和 S_2P 分别在折射率 n_1 和 n_2 的媒质中传播，在 P 点两光相遇，其相位差为

$$\Delta\varphi=\frac{2\pi}{\lambda_1}r_1-\frac{2\pi}{\lambda_2}r_2=\frac{2\pi}{\lambda}(n_1r_1-n_2r_2) \tag{12-1}$$

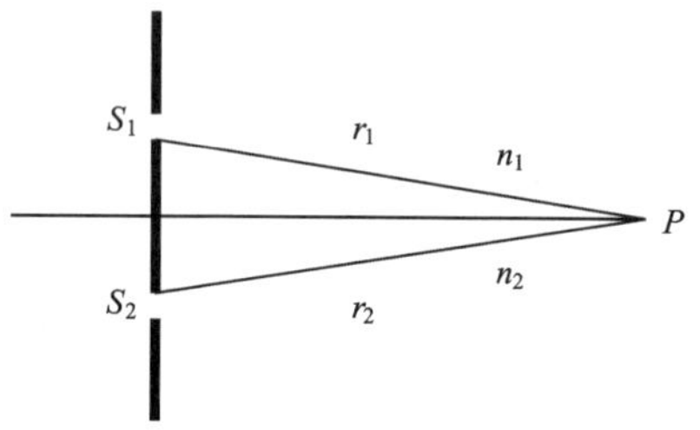

图 12-1 光程及光程差

由此可见，引入光程的概念后，为计算不同媒质中相干光的相位差带来了方便，可以不考虑媒质中的波长，而统一用真空波长来表示。

令式(12-1)中

$$n_1r_1-n_2r_2=\delta \tag{12-2}$$

δ 称为两束光的光程差，于是式(12-1)可写为

$$\Delta\varphi=\frac{2\pi}{\lambda}\delta \tag{12-3}$$

式(12-3)反映了光程差与相位差之间的关系。由波的相干理论可知

$$\Delta\varphi=\begin{cases}\pm 2k\pi & (k=0,1,2,\cdots\text{干涉相长})\\ \pm(2k+1)\pi & (k=0,1,2,\cdots\text{干涉相消})\end{cases}$$

利用式(12-3)，上述条件还可以用光程差表示为

$$\delta=\begin{cases}\pm k\lambda & (k=0,1,2,\cdots\text{干涉相长})\\ \pm(2k+1)\dfrac{\lambda}{2} & (k=0,1,2,\cdots\text{干涉相消})\end{cases} \tag{12-4}$$

12.2.2 透镜不引起附加的光程差

理论和实验都可以证明：使用透镜只能改变光波的传播方向，但对物、像间各光线不会引起附加的光程差。

图 12-2 是透镜的等光程性示意图。点光源 S 发出初相相同的光线 a、b、c，它们各自传播了不同的几何路径汇于 S' 点，这些光线到达 S' 点时

仍保持相位相同,透镜不附加新的光程差。

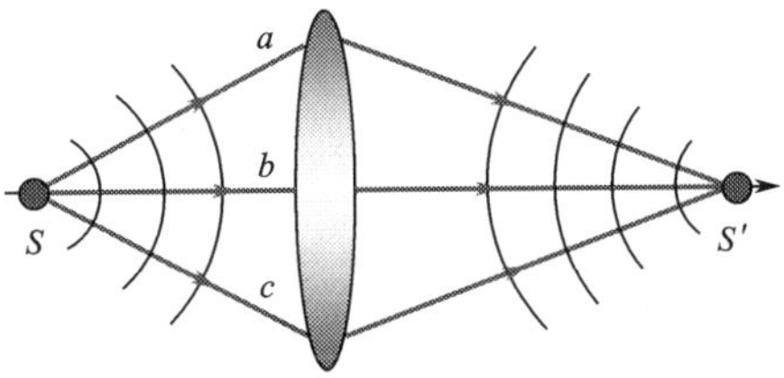

图 12-2　透镜的等光程性

12.3　杨氏双缝干涉

英国物理学家托马斯·杨(Thomas Young,1773—1829)于1801年首先利用普通光源观察到光的干涉现象,证实了光的波动理论,这一实验具有重要的历史意义。

12.3.1　实验装置

图12-3是杨氏双缝干涉实验的原理简图。单色光照射在单缝 S 上,缝后关于 S 对称放置两个相距很近的狭缝 S_1 和 S_2,S_1 和 S_2 之间的距离为 d,它们与观察屏间的距离为 D,通常实验中总满足 $D \gg d$。

实验中 S_1、S_2 关于 S 对称放置,S_1、S_2 是从同一波面上分出的两部分,用分波面法获得相干光来满足两束光的相干性。S_1、S_2 作为新子波波源的初相相同。

12.3.2　条纹分析

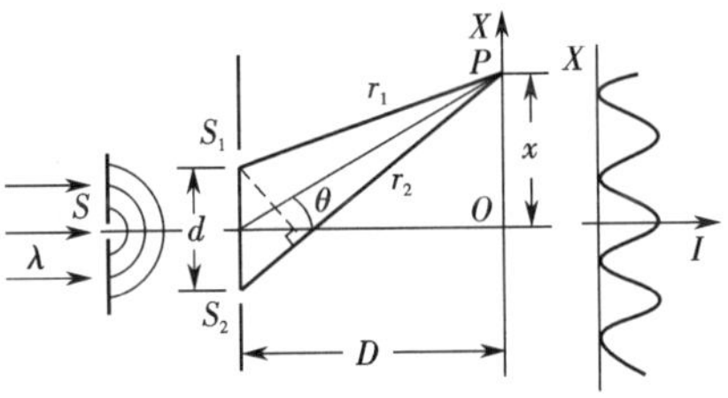

图 12-3　杨氏双缝干涉实验

要确定屏幕上的光强分布,关键在于确定由 S_1、S_2 发出的光波到屏上汇聚点的相位差或光程差。P 点的位置可用屏中心 O 点到 P 点的距离 x 表示,如图12-3所示。P 点处的光程差

$$\delta = r_2 - r_1 \quad (\text{空气的折射率 } n = 1)$$

在 $D \gg d$,$D \gg x$,即 θ 角很小时

$$\delta = r_2 - r_1 \approx d\sin\theta \approx d\tan\theta = \frac{d}{D}x \quad \left(\text{其中 } \tan\theta = \frac{x}{D}\right)$$

光程差是位置 x 的函数,位置不同则光程差不同,两光波叠加后的光振幅就不同,光强亦不同,因此屏上将出现光强的不均匀分布。当

$$\delta = \frac{d}{D}x = \begin{cases} \pm k\lambda & (k=0,1,2,\cdots \text{干涉相长}) \\ \pm(2k+1)\dfrac{\lambda}{2} & (k=0,1,2,\cdots \text{干涉相消}) \end{cases}$$

$$x=\frac{D}{d}\delta=\begin{cases}\pm k\dfrac{D}{d}\lambda & (k=0,1,2,\cdots\text{明纹})\\ \pm(2k+1)\dfrac{D}{d}\dfrac{\lambda}{2} & (k=0,1,2,\cdots\text{暗纹})\end{cases} \tag{12-5}$$

式(12-5)给出的是明、暗条纹中心的位置。中央 O 点处 $x=0,k=0$,明纹条件得到满足,形成中央明纹。其他 x 点的亮度介于明纹和暗纹之间,逐渐变化。

由式(12-5)知,两相邻明纹或暗纹中心的间距都是

$$\Delta x=\frac{D}{d}\lambda \tag{12-6}$$

上式既可表示条纹间距,也可表示条纹的宽度。

实验中,若测得 Δx、D 及 d 的值,可由上式确定波长。

当改用白光照射时,除中央明纹中心仍为白色外,其他各级明纹因不同波长光的相干极大不在同一位置而呈现彩色条纹。

通过上面的分析,可以归纳出杨氏双缝干涉条纹特点:中央明纹两侧对称分布等间距、明暗相间、与缝平行的直条纹;相邻明纹对应点间的距离与入射光的波长成正比,波长越小,条纹间距越小。

例题 12.1 单色平行光垂直入射到缝间距 $d=2\times10^{-4}$ m 的双缝上,双缝到屏的距离 $D=2$ m。求:

(1)第 1 级明纹中心到同侧第 4 级明纹中心间的距离为 1.5×10^{-2} m,求入射光波的波长;

(2)若入射光波长 $\lambda=600$ nm,求相邻明纹间的距离;

(3)入射光波长 $\lambda=600$ nm,现用一厚度 $e=6.2\times10^{-6}$ m、折射率 $n=1.58$ 的玻璃片覆盖一缝后,零级明纹将移到原来的第几级明纹处?(1 nm $=10^{-9}$ m)

解:(1)根据双缝干涉明纹的条件

$$x=k\frac{D}{d}\lambda$$

$$\Delta x_{14}=x_4-x_1=(k_4-k_1)\frac{D}{d}\lambda$$

$$\lambda=\frac{(x_4-x_1)d}{(k_4-k_1)D}$$

将 $d=2\times10^{-4}$ m,$D=2$ m,$x_4-x_1=1.5\times10^{-2}$ m 代入,得

$$\lambda=500\ \text{nm}$$

(2)根据双缝干涉明纹间距

$$\Delta x=\frac{D}{d}\lambda$$

代入已知条件,得

$$\Delta x = 6 \times 10^{-3}\,\mathrm{m}$$

(3) 如图 12-4 所示，设覆盖玻璃后，零级明纹移到 P 点，两路光到 P 点的光程相等，满足

$$(n-1)e + r_1 = r_2$$

而不盖玻璃片时，此点为第 k 级明纹，则应有

$$r_2 - r_1 = k\lambda$$

所以

$$(n-1)e = k\lambda$$

$$k = (n-1)e/\lambda = 5.99 \approx 6$$

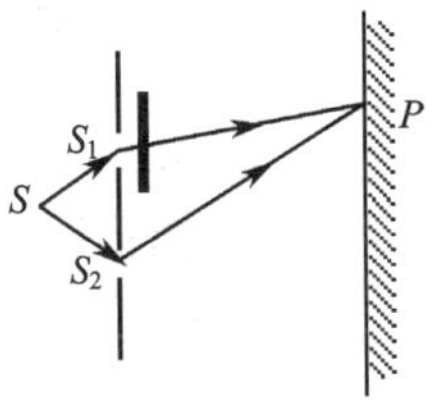

图 12-4　例题 12.1 图

除了杨氏双缝干涉实验外，利用分波面法获得相干光的实验还有菲涅尔双棱镜实验、菲涅尔双面镜实验、劳埃镜实验等。下面简述劳埃镜实验原理。

如图 12-5 所示，从狭缝 S_1 发出的光，一部分直接射到屏幕上，另一部分掠射到反射镜 M 上，反射后到达屏幕 P 上。反射光可看成是由虚光源 S_2 发出的。S_1 和 S_2 构成一对相干光源。图中阴影区域表示叠加的区域，在屏幕上可以观察到明暗相间的干涉条纹。

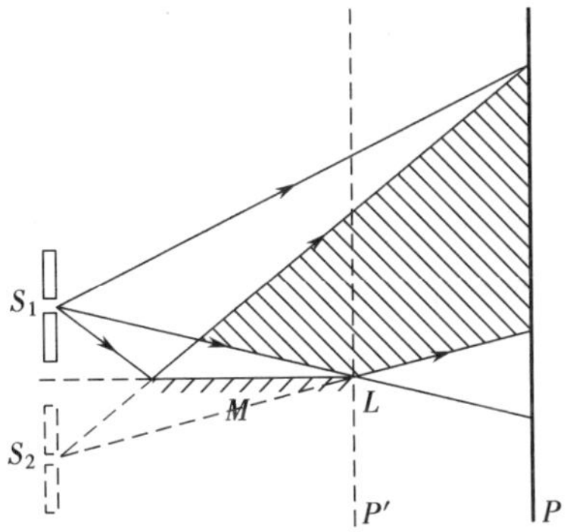

图 12-5　劳埃镜实验

若把屏幕放到与镜面相接触的 P' 位置，此时从 S_1 和 S_2 发出的光到达接触点 L 的路程相等，在 L 处似乎应出现明纹，但是实验事实是，在接触处为一暗纹。这表明，直接射到屏幕上的光与由镜面反射出来的光在 L 处的相位相反，即相位差为 π。由于入射光的相位没有变化，只能是反射光的相位跃变了 π。

劳埃镜实验不但显示了光的干涉现象，而且还显示了当光由光疏(折射率较小)媒质射向光密(折射率较大)媒质时在分界面上反射光有相位 π 的跃变，相当于光程改变了 $\lambda/2$，这种现象称为**半波损失**。

今后在讨论光波叠加时，如遇到反射问题，要判断有无半波损失，若有半波损失，在确定光程差时必须计及，否则会出现与事实不符的结论。

12.4 薄膜干涉

当一束光照射到薄膜上表面时，将被分成两束，一束为反射光，另一束为折射光，若折射光被薄膜下表面反射后能与上表面的反射光相遇，则可产生相干叠加。由于上、下表面的反射光都是由一束入射光中分出，从能量守恒的角度来看，其振幅都要小于入射光的振幅，这相当于振幅被“分割”了。所以薄膜干涉是利用分振幅法获得相干光的干涉。通常见到的油膜或肥皂膜在日光照射下呈现彩色花纹都是薄膜干涉的结果。下面分等倾干涉及等厚干涉两种情况进行研究。

12.4.1 等倾干涉

厚度均匀的薄膜，折射率为 n，厚度为 e，置于折射率为 n_1 的媒质中，如图 12-6 所示。由光源发出的一束波长为 λ 的光线以入射角 i 入射到膜上 A 点，分别被膜的上、下表面反射形成两条平行光 a、b，a、b 两光线经透镜 L 后汇于焦平面上 P 点，由 A 点分开的两条光线到 P 点的光程差为

$$\delta = n(AB + BC) - n_1 AD + \frac{\lambda}{2}$$

式中$\frac{\lambda}{2}$是由于半波损失而附加的光程差。$\frac{\lambda}{2}$项在式中是否出现取决于薄膜及周围媒质的折射率，要视具体情况而定。在图 12-6 所示的情形中，由于假定薄膜两侧媒质的折射率均为 n_1，所以不论 $n > n_1$，还是 $n < n_1$，a、b 两条反射光之一总有半波损失出现。

由几何关系

$$AB = BC = \frac{e}{\cos\gamma}$$

$$AD = AC\sin i = 2e\tan\gamma\sin i$$

及折射定律

$$n_1\sin i = n\sin\gamma$$

可得

$$\delta = 2ne\cos\gamma + \frac{\lambda}{2}$$

或写为

$$\delta = 2e\sqrt{n^2 - n_1^2\sin^2 i} + \frac{\lambda}{2} \qquad (12\text{-}7)$$

对于上述厚度均匀的薄膜，光程差是由入射角 i 决定的，凡以相同入射角入射的光线，经膜上、下表面反射后产生的相干光线都有相同的光程差，因而它们的干涉情况一致，对应于干涉图样中的同一级条纹，故将这

样形成的干涉条纹称为**等倾条纹**，如图 12-7 所示。

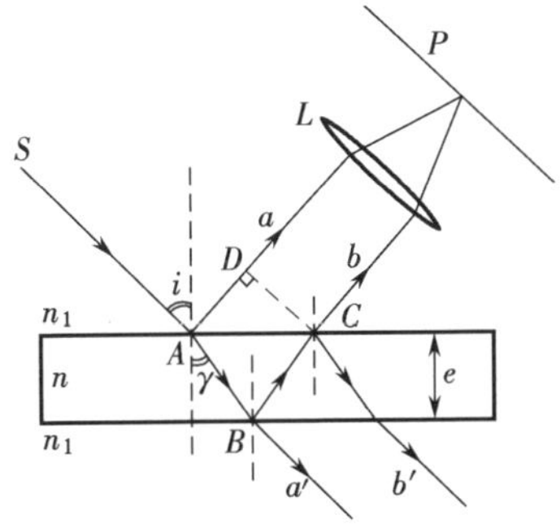

图 12-6　薄膜干涉

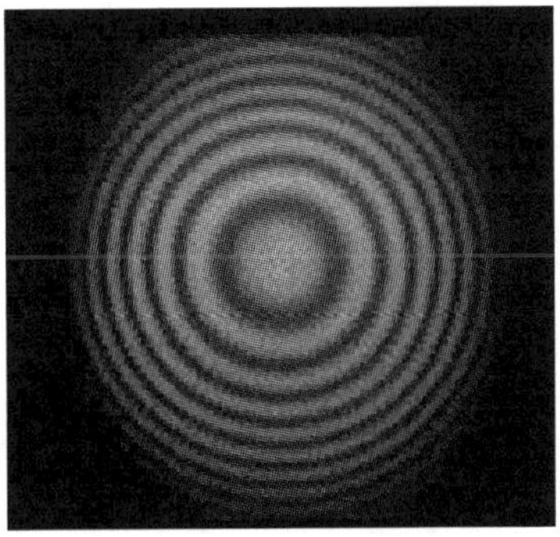

图 12-7　等倾干涉条纹

等倾干涉明纹的光程差条件

$$\delta = 2e\sqrt{n^2 - n_1^2\sin^2 i} + \frac{\lambda}{2} = k\lambda \quad (k = 1, 2, 3, \cdots)$$

等倾干涉暗纹的光程差条件

$$\delta = 2e\sqrt{n^2 - n_1^2\sin^2 i} + \frac{\lambda}{2} = (2k+1)\frac{\lambda}{2} \quad (k = 0, 1, 2, \cdots)$$

透射光也有干涉现象，两透射光线 a'、b' 相干的光程差

$$\delta' = 2e\sqrt{n^2 - n_1^2\sin^2 i} \qquad (12\text{-}8)$$

比较式(12-7)及式(12-8)，可知 δ 与 δ' 相差 $\frac{\lambda}{2}$。当反射光的干涉相互加强时，透射光的干涉相互减弱，它们的条纹是互补的。显然，这是符合能量守恒定律的。

利用薄膜干涉原理，可以给一些光学元件镀膜，当膜厚适当时，可使某种波长的反射光因干涉而减弱，从而使更多的光能透过元件，称这类薄膜为增透膜。同理，还可以选择适当的膜厚，使某些波长的反射光因干涉而加强，从而使这些波长的光更多地反射，称这类薄膜为增反膜或高反膜。

例题 12.2　折射率为 n 的玻璃基片上均匀镀膜，膜的折射率为 n_c，现有波长 λ 的单色光由空气（折射率 n_0）垂直入射于膜上，若使膜上、下表面的反射光干涉相消，则介质膜至少多厚？（$n_0 < n < n_c$）

解：由各媒质折射率间的关系可知，膜上、下表面的反射光均有半波损失，故光程差为

$$\delta = 2n_c e = (2k+1)\frac{\lambda}{2}$$

时反射光干涉相消。

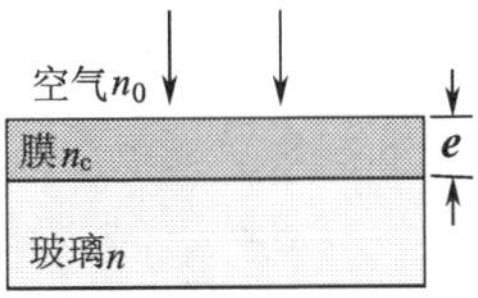

图 12-8　例题 12.2 图

若使膜厚最小，应取 $k = 0$，所以

$$e=\frac{\lambda}{4n_c}$$

12.4.2 等厚干涉

如果光的入射角不变,膜厚不均匀,厚度相同的地方对应在同一级干涉条纹上,这样的干涉现象称为**等厚干涉**,下面以劈尖和牛顿环为例来讨论。

12.4.2.1 劈尖干涉

膜厚不均匀成劈尖形,它的两个表面是平面,其间有一个极小的夹角 θ,如图 12-9 所示。实验中,将折射率为 n 的劈尖置于折射率为 n_1 的媒质中,采用波长为 λ 的单色平行光垂直入射劈尖。入射光在上表面处分开,一部分被上表面反射,另一部分折射后再被劈尖下表面反射,由于 θ 角极小,可认为上、下两表面的反射光在劈尖上表面处相遇产生相干叠加,观察劈尖表面就可以看到干涉条纹。设入射点 A 处劈尖厚度为 e,则上、下表面的反射光在相遇处的光程差为

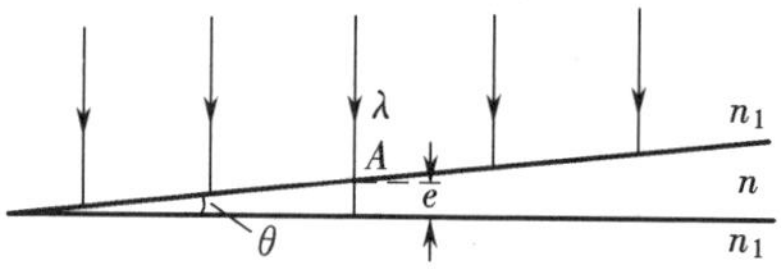

图 12-9 劈尖干涉

$$\delta=2ne+\frac{\lambda}{2} \qquad (12\text{-}9)$$

式中:$2ne$ 是由于下表面反射光在劈尖中经历了 $2e$ 的几何路径引起的光程差;$\frac{\lambda}{2}$ 是由于半波损失而附加的光程差,此项在式中是否出现要视具体情况而定。

分析式(12-9),光程差与入射点劈尖厚度有关,凡厚度相同的地方光程差相同,干涉情况一致,对应同一条干涉条纹,故将此类干涉称为等厚干涉。由于劈尖厚度相同处均与棱边平行,因此劈尖干涉条纹应为一系列与棱边平行的明暗相间的直条纹,如图 12-10 所示。

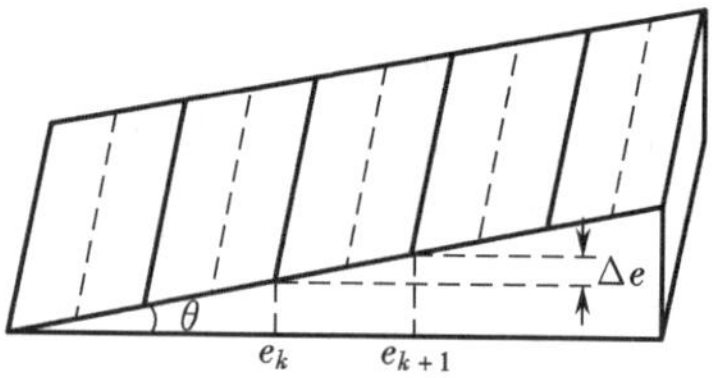

图 12-10 劈尖干涉条纹

$$\delta=2ne+\frac{\lambda}{2}=\begin{cases}k\lambda & (k=1,2,3,\cdots\text{明纹})\\(2k+1)\dfrac{\lambda}{2} & (k=0,1,2,\cdots\text{暗纹})\end{cases}$$

棱边 $e=0$,$\delta=\frac{\lambda}{2}$,为暗纹。

设相邻明纹或暗纹之间劈尖膜的厚度差为 Δe,则

$$\Delta e = e_{k+1} - e_k = \frac{\lambda}{2n} \tag{12-10}$$

为光波在劈尖媒质中波长的一半。由几何关系

$$\Delta e = L\sin\theta \approx L\theta$$

$$L = \frac{\lambda}{2n\theta} \tag{12-11}$$

式中:L 为相邻两明(暗)条纹沿劈尖表面的间距;n 为劈尖媒质的折射率;λ 为光在真空中的波长。上式表明,劈尖干涉条纹是等间距的,条纹间距与劈尖角 θ 有关。θ 越大,条纹间距越小,条纹越密集。当 θ 大到一定程度后,条纹就不可区分了,所以劈尖干涉条纹只能在 θ 很小时才能观察到。

综上所述,劈尖干涉条纹的特点是:干涉图样为一系列与棱边平行、等间距、明暗相间的直条纹;相邻两明(暗)纹处劈尖的厚度差为光在劈尖媒质中波长的 1/2。

在劈尖干涉装置中,若保持其劈角 θ 不变,增大(减薄)劈尖的厚度,条纹将保持间距不变并向着(远离)棱边方向平移;若增大(减小)劈角 θ,条纹间距将变小(变大),并向着(远离)劈尖棱边移动。

利用劈尖干涉可以测媒质折射率,还可用于检测加工工件表面质量。

例题 12.3　有一玻璃劈尖,放在空气中,劈尖角 $\theta = 8\times10^{-5}$ rad,用波长 $\lambda = 589$ nm 的单色光垂直入射时,测得相邻干涉条纹的间距 $L = 2.4\times10^{-3}$ m,求玻璃的折射率。

解:由式(12-11)可得

$$n = \frac{\lambda}{2L\theta} = \frac{5.89\times10^{-7}}{2\times2.4\times10^{-3}\times8\times10^{-5}} = 1.58$$

例题 12.4　用劈尖干涉法可检测工件表面缺陷。当波长为 λ 的单色平行光垂直入射时,若观察到的干涉条纹如图 12-11 所示,每一条纹弯曲部分的顶点恰好与其左边条纹的直线部分的连线相切,则工件表面与条纹弯曲处对应的部分存在凹、凸哪种缺陷?其深度多大?

解:劈尖干涉条纹为等厚条纹,使各级等厚线的相应部分向劈尖顶端移动,说明工件表面有凹纹。

如图 12-12 所示,b 表示条纹间距,a 表示条纹弯曲最大宽度,H 表示工件下凹深度,由几何关系

$$\frac{b}{\lambda/2} = \frac{a}{H}$$

$$H = \frac{a}{b}\,\frac{\lambda}{2}$$

由于本题中 $a = b$,所以 $H = \frac{\lambda}{2}$,工件表面与条纹弯曲处对应部分的下凹

深度为 $\lambda/2$。

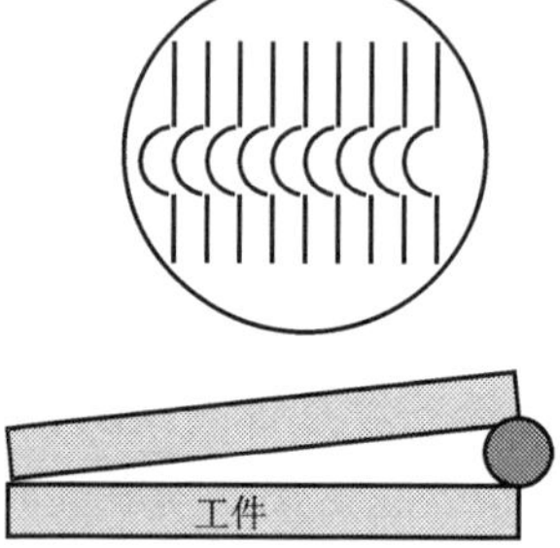

图 12-11 例题 12.4 图

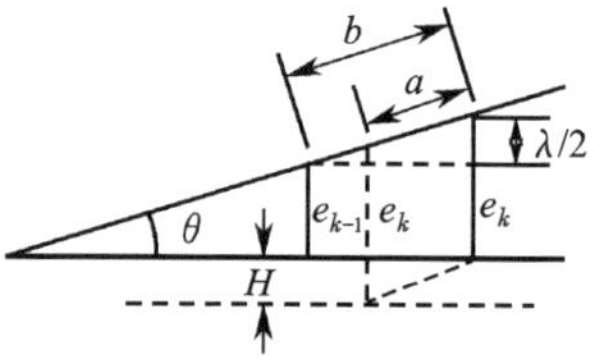

图 12-12 例题 12.4 图

12.4.2.2 **牛顿环**

图 12-13(a)为牛顿环实验装置示意图。一块曲率半径很大的平凸透镜与一平玻璃相接触,构成一个上表面为球面,下表面为平面的空气层。由单色光源 S 发出的光,经半透半反镜 M 反射后,垂直射向平凸透镜并在空气层的上、下表面处反射,从而在显微镜内可观察到如图 12-13(b)所示的干涉条纹图样。由于这里空气层的等厚轨迹是以接触点为圆心的一系列同心圆,所以干涉条纹的形状也是明暗相间的同心圆环。

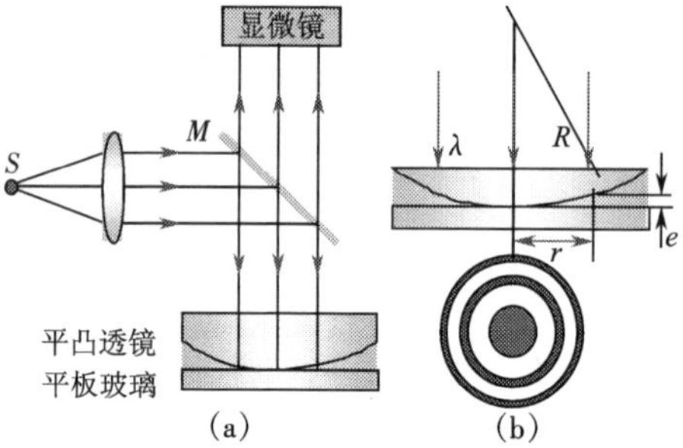

图 12-13 牛顿环实验装置及条纹

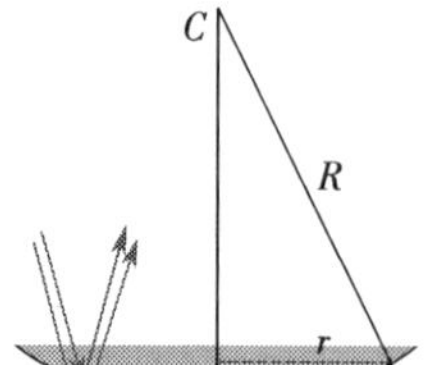

图 12-14 条纹分析用图

如图 12-14 所示,设透镜球面的球心为 C,半径为 R,距环心为 r 处的空气层厚度为 e,由几何关系得

$$(R-e)^2+r^2=R^2$$

通常 $R\gg e$,故上式略去高阶小量 e^2,可得

$$e=\frac{r^2}{2R}$$

由于空气层上、下表面均为玻璃,故光程差中有半波损失项,因此

$$\delta = 2e + \frac{\lambda}{2} = \frac{r^2}{R} + \frac{\lambda}{2} = \begin{cases} k\lambda & (k = 1, 2, 3, \cdots \text{明纹}) \\ (2k+1)\frac{\lambda}{2} & (k = 0, 1, 2, \cdots \text{暗纹}) \end{cases}$$

或

$$r = \begin{cases} \sqrt{\left(k - \frac{1}{2}\right) R\lambda} & (k = 1, 2, 3, \cdots \text{明纹}) \\ \sqrt{kR\lambda} & (k = 0, 1, 2, \cdots \text{暗纹}) \end{cases} \tag{12-12}$$

实验室中,常用牛顿环来测量光波的波长。另外还可以根据条纹的圆形程度来检验平面玻璃是否磨得很平,以及透镜的曲率半径是否各处均匀等。

综合以上分析可以得出如下结论:由于半波损失,反射式牛顿环的中心总是暗纹;条纹级数 k 越大,相邻明(暗)纹间距越小,条纹的分布是不均匀的;离圆心越远,光程差增加越快,所看到的牛顿环也变得越来越密,即内疏外密的同心圆环。

例题 12.5 用氦氖激光器发出的波长为 633 nm 的单色光做牛顿环实验,测得第 k 个暗环的半径为 5.63 mm,第 $k+5$ 个暗环的半径为 7.96 mm,求平凸透镜的曲率半径 R。

解:由暗环条件得

$$r_k = \sqrt{kR\lambda}$$

$$r_{k+5} = \sqrt{(k+5)R\lambda}$$

两边平方并整理可得

$$R = \frac{r_{k+5}^2 - r_k^2}{5\lambda} = \frac{(7.96^2 - 5.63^2) \times 10^{-6}}{5 \times 6.33 \times 10^{-7}} = 10.0 \text{ m}$$

12.5 迈克耳孙干涉仪

干涉条纹的位置取决于光程差,光程差的任何变化都会引起干涉条纹的移动。干涉仪就是根据这个原理制成的。它是近代精密测量仪器之一,在科学技术方面有广泛的应用。干涉仪有各种形式,作为例子这里只介绍迈克耳孙干涉仪。

1881 年,迈克耳孙(A. A. Michelson)为了研究光速问题,精心设计了一种干涉装置,装置结构示意图如图 12-15 所示。M_1 和 M_2 是两面磨得很光的平面镜,其中 M_1 是固定的,M_2 用螺旋控制,可作微小移动。G_1 和 G_2 是两块材料相同、厚度均匀且相等的平行玻璃片。在 G_2 的向着 E 的那个表面上镀有半透明的薄银层,使照射在 G_2 上的光线一半反射一半透射。G_1、G_2 这两块平行玻璃片与 M_1 和 M_2 倾斜成 45°角。

来自光源 S 的光线经过透镜 L 后成为平行光线。折入 G_2 的光线一

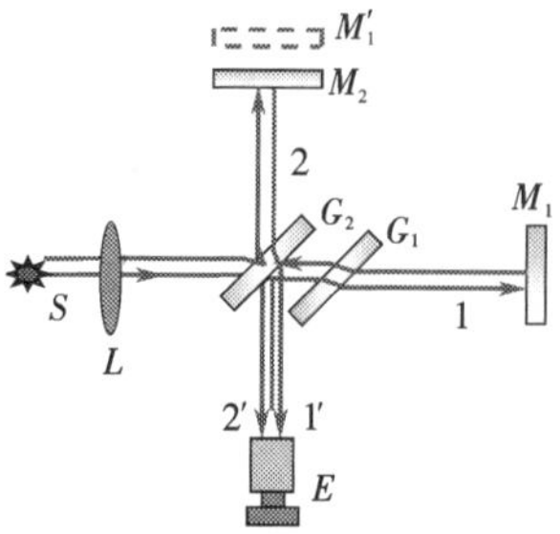

图 12-15 迈克耳孙干涉仪原理示意图

部分在镀银层上反射形成光线 2，向 M_2 传播，经 M_2 反射后再穿过 G_2 向 E 处传播；另一部分穿过薄银层形成光线 1，穿过 G_1 向 M_1 传播，经 M_1 反射后再穿过 G_1 经薄银层反射也向 E 处传播。显然这两条到达 E 的光线是相干的，在 E 处可观察到干涉条纹。玻璃片 G_1 的目的是起补偿光程的作用。由于光线 2′前后共通过玻璃片 G_2 三次，而光线 1′只通过 G_2 一次，有了 G_1 使光线 1′和 2′分别三次通过等厚的玻璃片，从而避免由于所经路程不相等而引起较大的光程差。因此 G_1 叫做补偿玻璃。

设想镀银层所形成的 M_1 的虚像是 M_1'。因为虚像 M_1' 与 M_1 相对于镀银层的位置是对称的，所以虚像 M_1' 应在 M_2 附近。来自 M_1 的反射光线可看作是从 M_1' 反射的。如果 M_1 和 M_2 严格地相互垂直，那么相应地 M_1' 和 M_2 严格地相互平行，因此 M_1' 与 M_2 形成一等厚的空气层，结果在视场中将出现环形的等倾条纹，如图 12-16 所示；如果 M_1 与 M_2 不是严格地相互垂直，则 M'_1 和 M_2 就不是严格地相互平行，因而 M'_1 与 M_2 形成一个劈尖，结果主视场中的干涉条纹组将近似地为平行的等厚条纹，如图 12-17 所示。

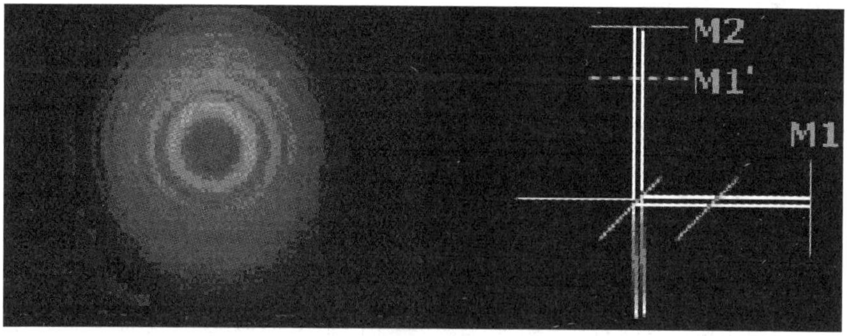

图 12-16 M_1 和 M_2 严格垂直时的等倾条纹

当光程差有微小变化时，干涉条纹就会发生变化，利用迈克耳孙干涉仪可观察到 1% 的条纹变化。M_2 每平移 $\frac{\lambda}{2}$ 的距离时，视场中就有一明条纹移过。所以移过的明条纹数目 ΔN 与 M_2 平移的距离 Δd 之间的关系为

$$\Delta d = \Delta N \frac{\lambda}{2} \tag{12-13}$$

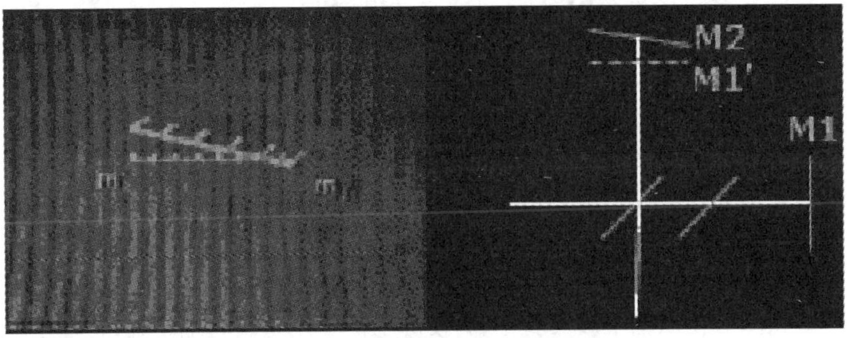

图 12-17　M_1 和 M_2 不严格垂直时的等厚条纹

例题 12.6　将折射率 $n=1.40$ 的薄膜插入迈克耳孙干涉仪一侧光路中，观察到条纹平移了 7 条，求膜厚。已知入射光波长 $\lambda=589$ nm。

解：设膜厚为 e，由于光线往返通过，插入薄膜后该侧光路光程增加了 $2(n-1)e$，因此有

$$2(n-1)e=7\lambda$$

代入已知数据，可得

$$e=\frac{7\lambda}{2(n-1)}=5.154\ \mu\text{m}$$

同步练习

思考题

12.1　有两盏钠光灯，发出波长相同的光，照射到同一点，问能否产生干涉？为什么？如果只用一盏钠光灯，并用黑纸盖住钠光灯的中部，上、下两部分的光同时照射到同一点，问能否产生干涉？为什么？

12.2　在杨氏双缝干涉中，若做如下一些情况的变动时，屏幕上的干涉条纹将如何变化？

(1) 将钠黄光 589.3 nm 换成波长为 632.8 nm 的氦氖激光；

(2) 将整个装置放入水中；

(3) 将双缝 S_1 和 S_2 的间距 d 增大；

(4) 将观察屏幕向双缝靠近；

(5) 在双缝之一的后面放一折射率为 n 的透明薄膜。

选择题

12.3　在相同的时间内，一束波长为 λ 的单色光在空气中和在玻璃中　[　　]

A. 传播的路程相等，走过的光程相等

B. 传播的路程相等，走过的光程不相等

C. 传播的路程不相等,走过的光程相等

D. 传播的路程不相等,走过的光程不相等

12.4 如图所示,波长为 λ 的平行单色光垂直入射在折射率为 n_2 的薄膜上,经上下两个表面反射的两束光发生干涉。若薄膜厚度为 e,而且 $n_1 > n_2 > n_3$,则两束反射光在相遇点的相位差为 [ ]

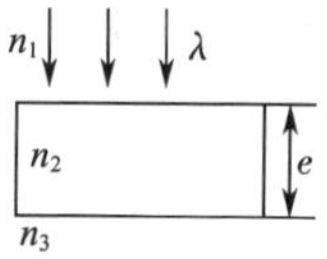

题 12.4 图

A. $4\pi n_2 e/\lambda$　　B. $2\pi n_2 e/\lambda$

C. $(4\pi n_2 e/\lambda)+\pi$　　D. $(2\pi n_2 e/\lambda)-\pi$

12.5 在双缝干涉实验中,为使屏上的干涉条纹间距变大,可以采取的办法是 [ ]

A. 使屏靠近双缝

B. 使两缝的间距变小

C. 把两个缝的宽度稍微调窄

D. 改用波长较小的单色光源

12.6 如图所示,两个直径有微小差别的彼此平行的滚柱之间的距离为 L,夹在两块平板玻璃的中间,形成空气劈形膜,当单色光垂直入射时,产生等厚干涉条纹。如果滚柱之间的距离 L 变小,则在 L 范围内干涉条纹的 [ ]

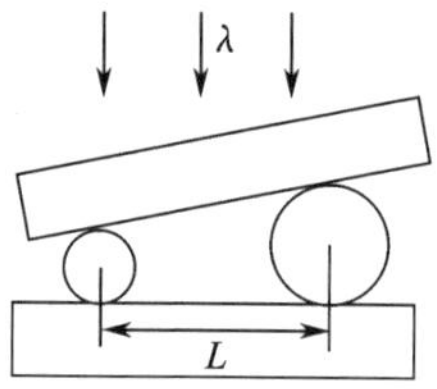

题 12.6 图

A. 数目减少,间距变大

B. 数目不变,间距变小

C. 数目增加,间距变小

D. 数目减少,间距不变

12.7 如图所示,用单色光垂直照射在观察牛顿环的装置上。当平凸透镜垂直向上缓慢平移而远离平面玻璃时,可以观察到这些环状干涉条纹 [ ]

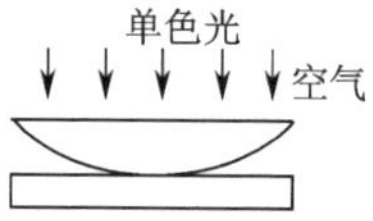

题 12.7 图

A. 向右平移　　B. 向中心收缩

C. 向外扩张　　D. 静止不动

E. 向左平移

12.8 在迈克耳孙干涉仪的一条光路中,放入一折射率为 n、厚度为 d 的透明薄片,放入后,这条光路的光程改变了 [ ]

A. $2(n-1)d$　　B. $2nd$

C. $2(n-1)d+\lambda/2$　　D. nd

E. $(n-1)d$

填空题

12.9 用波长为 λ 的单色光垂直照射置于空气中的厚度为 e、折射率为 n 的透明薄膜,由膜上、下表面反射的两束光在上表面相遇处的光程差 $\delta=$ ________。

12.10　若一双缝装置的两个缝分别被折射率为 n_1 和 n_2 的两块厚度均为 e 的透明介质所遮盖，此时由双缝分别到屏上原中央极大所在处的两束光的光程差 δ ________。

12.11　一双缝干涉装置，在空气中观察时干涉条纹间距为 1.0 mm。若整个装置放在水中，干涉条纹的间距将为________mm。（设水的折射率为4/3）

12.12　一束波长为 $\lambda=600$ nm 的平行单色光垂直入射到折射率为 $n=1.33$ 的透明薄膜上，该薄膜是放在空气中的。要使反射光得到最大限度的加强，薄膜最小厚度应为________nm。

12.13　用波长为 λ 的单色光垂直照射置于空气中折射率为 n 的劈形膜，形成等厚干涉条纹，若测得相邻明条纹的间距为 l，则劈尖角 $\theta=$ ________。

12.14　在空气中有一劈形透明膜，其劈尖角 $\theta=1.0\times10^{-4}$ rad，在波长 $\lambda=700$ nm 的单色光垂直照射下，测得两相邻干涉明条纹间距 $L=0.25$ cm，由此可知此透明材料的折射率 $n=$ ________。

12.15　已知在迈克耳孙干涉仪中使用波长为 λ 的单色光，在干涉仪的可动反射镜移动距离 d 的过程中，干涉条纹将移动________条。

计算题

12.16　在双缝干涉实验中，用波长 $\lambda=546.1$ nm 的单色光照射，双缝与屏的距离 $D=300$ mm。测得中央明条纹两侧的两个第五级明条纹的间距为 12.2 mm，求双缝间的距离。

12.17　汞弧灯发出的光通过一滤光片后照射双缝干涉装置。已知双缝间距 $d=0.60$ mm，观察屏与双缝相距 $D=2.5$ m，侧得相邻明纹间距离 $\Delta x=2.27$ mm。试计算入射光的波长，并指出属于什么颜色。

12.18　在折射率 $n_1=1.52$ 的镜头表面镀有一层折射率 $n_2=1.38$ 的 MgF_2 增透膜，如果此膜适用于波长 $\lambda=550$ nm 的光，膜的厚度至少应是多少？

12.19　用波长 $\lambda=500$ nm 的平行光垂直照射折射率 $n=1.33$ 的劈形膜，观察反射光的等厚干涉条纹。从劈形膜的棱算起，第 5 条明纹中心对应的膜厚度是多少？

12.20　波长为 680 nm 的平行光垂直照射到 $L=12$ cm 长的两块玻璃片上，两玻璃片的一边互相接触，另一边被厚 $D=0.048$ mm 的纸片隔开。试问在这 12 cm 内呈现多少条暗条纹？

12.21　观察迈克耳孙干涉仪产生的等倾干涉条纹，在可动反射镜移动距离 0.322 0 mm 的过程中，测得中心缩近 1 204 个条纹，求所用光波的波长。

第 13 章　光的衍射

基本要求

1. 了解惠更斯-菲涅尔原理及它对光衍射现象的定性解释。

2. 理解分析单缝夫琅禾费衍射的半波带方法，了解干涉与衍射的区别。

3. 掌握光栅衍射主极大条件，了解光栅光谱的特点，了解光栅的应用。

4. 了解衍射现象对光学仪器分辨率的影响。

5. 了解 X 射线衍射及布拉格公式。

学习重点

1. 光的衍射现象及其解释，半波带法对单缝衍射的分析。

2. 光栅公式及光栅光谱。

让光通过一个宽度可以调节的狭缝，缝后放置一观察屏，当缝宽减小到一定程度时，光偏离直线传播，在观察屏上出现了明暗相间与缝平行的条纹。把狭缝换成细针孔或小圆孔，也可以观察到类似现象。将这种光通过小障碍物后，改变了传播方向，并出现光强度的空间非均匀分布的现象称为光的衍射。

利用激光可以较为清晰地演示衍射现象。如图 13-1 所示，用激光照射狭缝（图（a））和针孔（图（b）），在屏上可观察到绕过障碍物后形成的明暗相间的直或圆的衍射条纹。

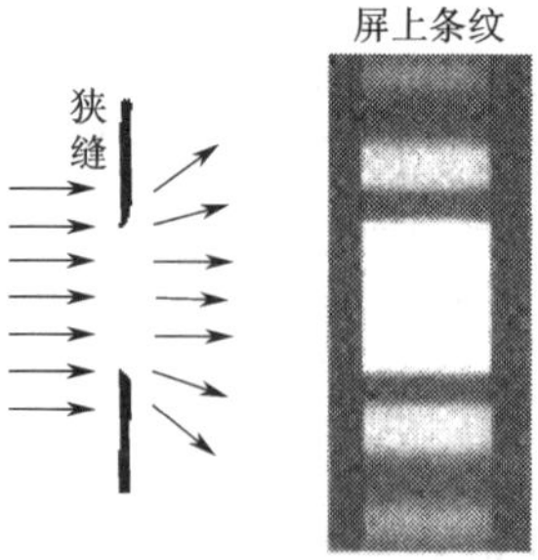

(a)

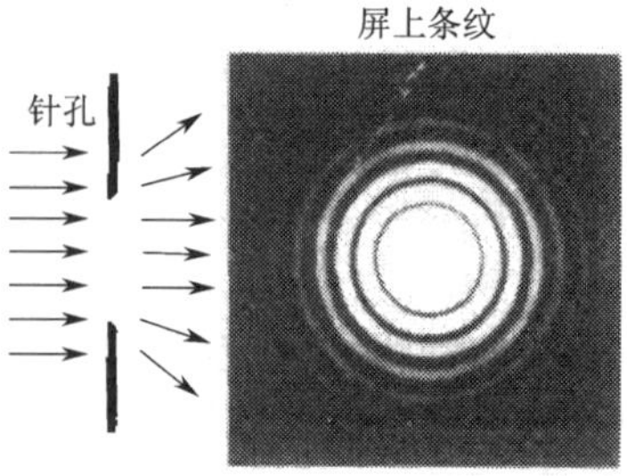

(b)

图 13-1　光的衍射现象

根据实验方法的不同，通常将衍射现象分成两类：一类如图 13-2（a）所示，光源及观察屏离狭缝或圆孔等衍射物为有限远，这类衍射称为**菲涅

尔衍射或近场衍射;另一类如图 13-2(b)所示,光源及观察屏都在离衍射物无限远处,这类衍射称为**夫琅禾费衍射**或**远场衍射**。夫琅禾费衍射由于两个透镜的作用,对于衍射物来讲,就相当于把光源和观察屏都移到无限远了。

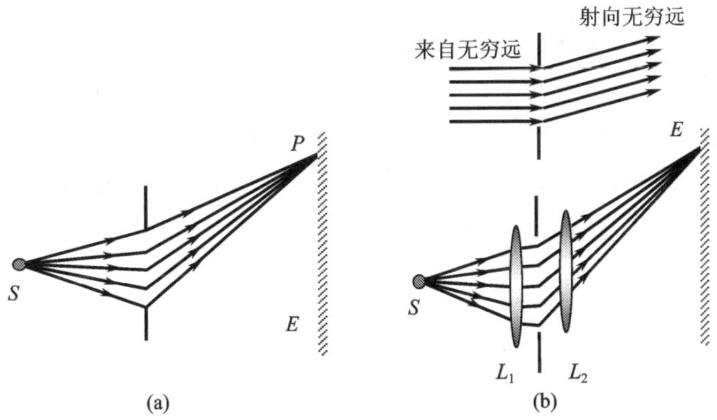

图 13-2　菲涅尔衍射和夫琅禾费衍射

13.1　惠更斯-菲涅尔原理

关于波的衍射现象,惠更斯用子波的思想解释了波在衍射时传播方向改变问题,但不能解决衍射强度分布问题,为了从理论上解决光衍射图样中的光强分布,法国物理学家菲涅尔接受了惠更斯原理中的子波概念,并把子波的概念与干涉原理结合起来,提出了各子波为相干波的思想,将惠更斯原理发展为惠更斯-菲涅尔原理。其内容简略表述为:光波在传播过程中,从同一波阵面上各点发出的子波,经传播而在空间某点相遇时,相遇点的光振动是这些子波相干叠加的结果。根据这个原理,如果已知某一波面 S,则空间任一点 P 的光振动就可由波面 S 上每个面元 dS 发出的子波在该点相干叠加的合振动来表示,对合振幅的计算是个积分过程,如图 13-3 所示。

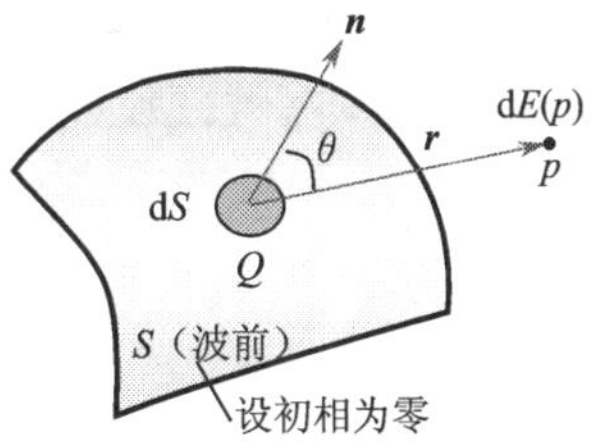

图 13-3　惠更斯-菲涅耳原理

此原理从理论上给出了解决衍射问题的方法,原则上,利用积分方法可以确定任一衍射问题中的振幅(光强)分布,但积分计算相当复杂。因此后面关于衍射问题的研究,将采用简单直观的半波带法和振幅矢量法来进行定性半定量的研究。

13.2 单缝夫琅禾费衍射

13.2.1 实验装置

图 13-4 为观察单缝夫琅禾费衍射现象的实验装置。当一束平行光垂直照射宽度可与光的波长相比较的狭缝时，光线会绕过缝的边缘向阴影区衍射，衍射光经透镜 L 汇聚到焦平面处的屏幕上，形成单缝衍射条纹。屏幕上可观察到宽且亮的中央明纹，两侧对称分布着明暗相间的直条纹，明纹亮度随离中央距离的增大而减小。

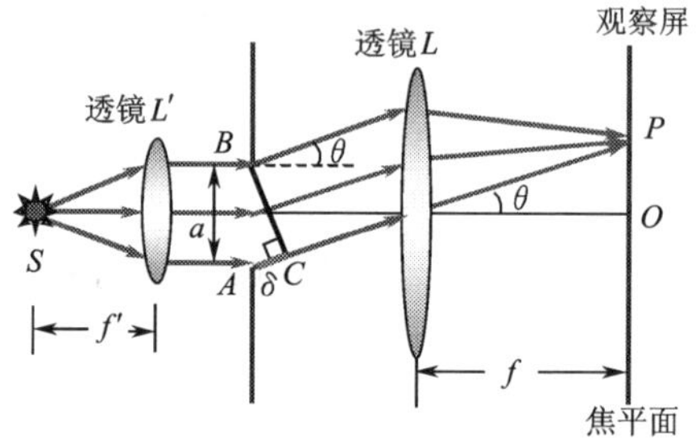

图 13-4 单缝夫琅禾费衍射实验装置

13.2.2 条纹分析

下面将采用菲涅尔半波带法对单缝衍射条纹进行分析，如图 13-5 所示。当采用平行光垂直照射时，缝上各点作为新子波的初相相同。

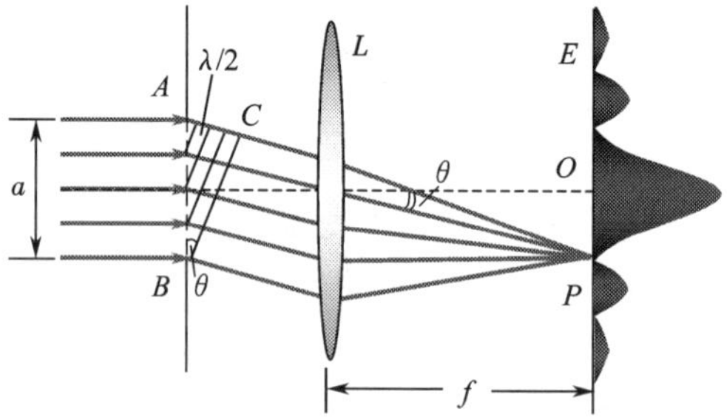

图 13-5 单缝夫琅和费衍射条纹分析

与入射方向相同的子波射线，经透镜 L 汇于屏上 O 点，由于各子波到 O 点的光程相同，O 点因干涉形成明纹中心，称为中央明纹。

与入射方向成 θ 角的子波射线（θ 亦称为衍射角），经透镜 L 汇于屏上 P 点，P 点的干涉情况将取决于各子波到 P 点的光程差，对单缝两条边缘衍射线来讲，其光程差为

$$AC = a\sin\theta \tag{13-1}$$

用相邻距离为$\frac{\lambda}{2}$的平行于 BC 的平面把 AC 等分，同时也将单缝 AB 分割为一个个面积相等的条带，称为**半波带**。半波带具有以下特点：①由于半波带面积相等，所以各半波带发出的子波强度相等；②由于相邻半波带上的对应点发出的子波射线到 P 点的光程差均为$\frac{\lambda}{2}$，相位相反，因此相邻两个半波带引起的振动在 P 点合成时将相互抵消。由以上特点，若 AC 正好等于半波长的偶数倍，即单缝处正好能分成偶数个半波带，则光束抵消后在 P 点出现暗纹；若 AC 正好等于半波长的奇数倍，即单缝处正好能分成奇数个半波带，则两两抵消后，总要剩下一个半波带的光没被抵消，因而 P 点出现明纹；若 AC 不能正好等于半波长的整数倍，则 P 点的光强介于明暗之间。当入射光波长及缝宽一定时，能分成多少个半波带由衍射角 θ 决定，θ 越大，$\sin\theta$ 越大。由式(13-1)可知，单缝处能分成的半波带数目越多，光线汇聚点离中央明纹中心越远。

综上所述，可将单缝夫琅禾费衍射明暗纹条件表示为

$$a\sin\theta = \begin{cases} \pm k\lambda & (k = 1,2,3,\cdots\text{暗纹}) \\ \pm(2k+1)\dfrac{\lambda}{2} & (k = 1,2,3,\cdots\text{明纹}) \end{cases} \tag{13-2}$$

上式表示的是各级(k 表级数)明暗纹中心对应的衍射角。以上利用半波带来分析衍射明暗纹条件的方法称为**菲涅尔半波带法**。

结合式(13-2)，令图 13-4 中 $OP = x$，屏上明暗纹中心的位置为

$$x = f\tan\theta \approx f\sin\theta = \begin{cases} \pm k\dfrac{\lambda f}{a} & (k = 1,2,3,\cdots\text{暗纹}) \\ \pm(2k+1)\dfrac{\lambda f}{2a} & (k = 1,2,3,\cdots\text{明纹}) \end{cases} \tag{13-3}$$

13.2.3　条纹特点

归纳起来，单缝夫琅禾费衍射条纹具有以下特点。

①中央明纹两侧对称分布明暗相间的直条纹。

②中央明纹的宽度是其他明纹宽度的两倍。通常情况下，衍射图样呈现在衍射角较小的范围内，$\tan\theta \approx \sin\theta$ 总可以得到满足，所以中央明纹宽

$$l_0 = 2f\tan\theta_1 \approx 2f\sin\theta_1 = \frac{2\lambda f}{a}$$

其中 θ_1 为第一级暗纹中心对应的衍射角，满足 $a\sin\theta_1 = \lambda$。其他明纹宽

$$l = f(\tan\theta_{k+1} - \tan\theta_k) = f\left[\frac{(k+1)\lambda}{a} - \frac{k\lambda}{a}\right] = \frac{\lambda f}{a}$$

因此有

$$l_0 = 2l$$

③明纹亮度随衍射级次的增大而减小。因为衍射角越大,级次越高,分成的半波带数目越多,未被抵消的半波带面积越小,子波强度越低,明纹亮度越小。

④缝宽及波长对衍射条纹有一定影响。由式(13-3),对同一级条纹,入射光波长越大时,条纹离中央越远。因此白光照射时,除中央明纹仍为白色外,中央两侧对称排列由紫(λ 小)到红(λ 大)的彩色条纹。

对一定波长的单色光,缝宽越小,各级条纹的衍射角越大,条纹间隔也越大,衍射效果越显著;反之,缝宽越大,各级条纹的衍射角越小,各级衍射条纹向中央明纹靠拢。当缝宽增大到一定程度时,条纹分辨不清,衍射现象消失,表现为光沿直线传播,所以几何光学是波动光学在$\frac{\lambda}{a}\to 0$ 时的极限情况。

13.2.4 干涉与衍射的关系

前一章在分析双缝干涉条纹形成时曾利用了波的相干叠加原理,这里分析单缝衍射条纹形成时又利用了波的相干叠加原理,可见干涉和衍射都是光波相干叠加的表现。两者有什么不同?从本质上讲,干涉、衍射都是光波相干的结果。从习惯上说,干涉是指有限多的、分立的光束间的相干叠加,对合振幅的计算是个求和过程;衍射是指波面上无穷多的、连续的子波间的相干叠加,对合振幅的计算是个积分过程。但二者常常出现在同一现象中,例如,双缝干涉图样实际上就是两个缝发出的光束间的干涉和每个缝自身衍射共同作用结果,后面将要介绍的光栅衍射也是单缝衍射和多缝间干涉的综合效果。

例题 13.1 在单缝夫琅禾费衍射实验中,入射光有两种波长的光,$\lambda_1 = 400$ nm,$\lambda_2 = 760$ nm。已知单缝宽度 $a = 1.0\times10^{-4}$ m,透镜焦距$f = 0.5$ m。求两种光第一级衍射明纹中心之间的距离。

解:由单缝衍射明纹公式可知

$$a\sin\theta_1 = (2k+1)\frac{\lambda_1}{2} = \frac{3}{2}\lambda_1 \quad (k=1)$$

$$a\sin\theta_2 = (2k+1)\frac{\lambda_2}{2} = \frac{3}{2}\lambda_2 \quad (k=1)$$

$$\tan\theta_1 = \frac{x_1}{f},\tan\theta_2 = \frac{x_2}{f}$$

由于 θ_1 和 θ_2 很小,所以 $\tan\theta_1 \approx \sin\theta_1$,$\tan\theta_2 \approx \sin\theta_2$,故

$$x_1 = f\frac{3\lambda_1}{2a},x_2 = f\frac{3\lambda_2}{2a}$$

两种光第一级衍射明纹中心之间的距离

$$\Delta x = x_2 - x_1 = f\frac{3(\lambda_2 - \lambda_1)}{2a} = 2.7 \times 10^{-3}\ \text{m}$$

13.3　圆孔衍射　光学仪器分辨率

13.3.1　圆孔衍射

如图 13-6 所示，让单色平行光通过圆孔，再由透镜将其汇聚在置于焦平面的屏幕上。按几何光学，此时屏上应有一个与圆孔有关的像，而实际呈现的是一个光强分布相当复杂的图样。当圆孔换成其他形状的开孔时，此图样也随之改变。计算上述图样的光强分布需用惠更斯-菲涅尔原理加之较为复杂的积分，计算过程从略，这里只给出结论。

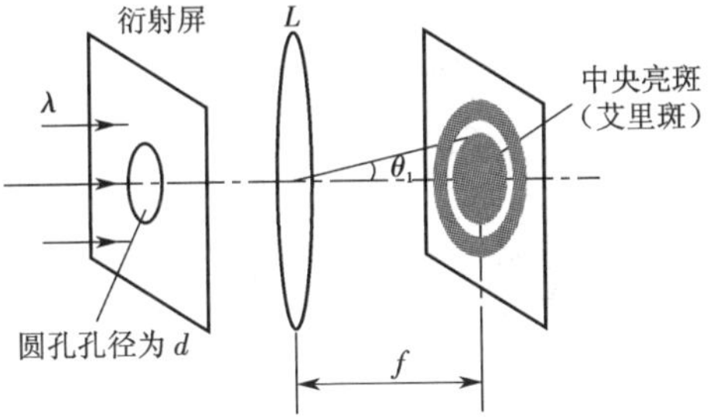

图 13-6　圆孔衍射

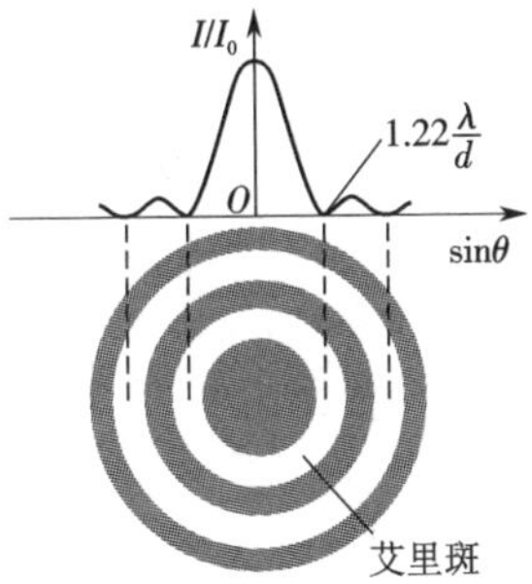

图 13-7　光强分布

理论计算可以证明，衍射图样的光强分布曲线如图 13-7 所示。衍射图样的中央是一明亮圆斑，称为**艾里斑**，围绕艾里斑的是明暗相间的圆环。艾里斑上分布的光能占通过圆孔的总光能的 84% 左右，其余 16% 的光能分布在周围的各级亮环中 。

艾里斑半径对透镜光心的张角（即衍射第一极小对通过圆孔中心的法线的夹角）为

$$\theta_1 \approx \sin\theta_1 = 1.22\frac{\lambda}{d} \tag{13-4}$$

式中：λ 是入射光波长；d 为圆孔直径。显然，d 越小或 λ 越大，衍射现象越明显。

14.3.2　光学仪器分辨率

从上面的讨论可以看出，由于衍射的作用，一个物点通过光学仪器成像时，像点不再是一个几何点，而是一个有一定大小的艾里斑。因此对相

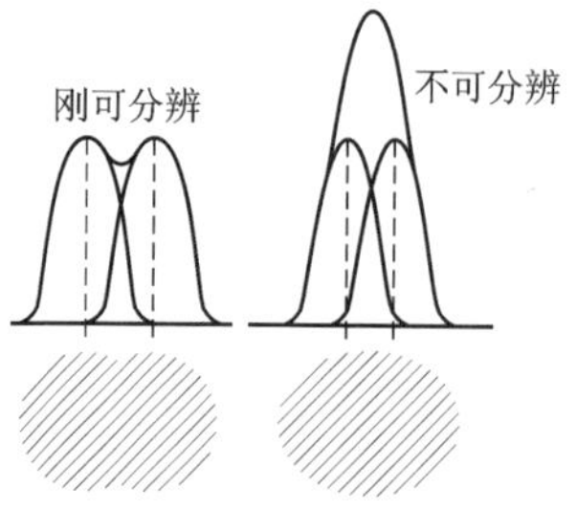

图 13-8 分辨衍射图样的条件

距很近的两个物点,其相对应的两个艾里斑就会相互重叠甚至无法分辨出两个物点的像。可见,由于光的衍射现象,使光学仪器的分辨能力受到了限制。这里,瑞利提出了一种恰能区分两个像点的判别标准,称之为**瑞利判据**。即:如果一物点在像平面上形成的艾里斑中心,恰好落在另一物点的衍射第一级暗环的位置上,这两个物点恰能被仪器分辨,如图 13-8 所示。

以透镜为例,恰能分辨时,两物点对透镜光心的张角称为**最小分辨角**,如图 13-9 所示。

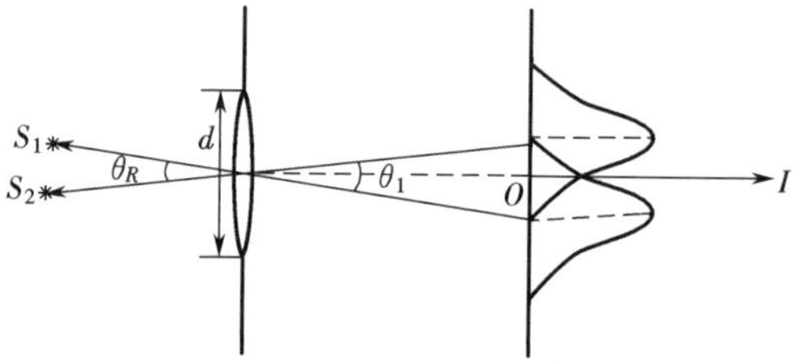

图 13-9 最小分辨角

$$\theta_R = \theta_1 = 1.22\frac{\lambda}{d} \tag{13-5a}$$

其倒数称为仪器分辨率

$$R = \frac{1}{\theta_R} = \frac{d}{1.22\lambda} \tag{13-5b}$$

上式表明:光学仪器分辨率与入射光波长成反比,波长越小分辨率越高;分辨率与仪器的透光孔径成正比,透光孔径越大则分辨率越高。

值得注意的是,本节讨论的是在非相干光照射下的情形,两衍射图样的叠加是非相干叠加,否则,还要考虑干涉效应。

例题 13.2 人眼的瞳孔直径约为 3 mm,若视觉感受最灵敏的光波长为 550 nm。试问:

(1)人眼最小分辨角是多大?

(2)在教室的黑板上画一等号,其两横线相距 2 mm,试分析坐在离黑板 10 m 处的同学能否分辨这两条横线。

解:(1)人眼的最小分辨角为

$$\theta_R = 1.22\frac{\lambda}{d} = \frac{1.22\times550\times10^{-9}}{3\times10^{-3}} = 2.24\times10^{-4}\ \text{rad} = 0.013°$$

(2) 等号两横线在人眼处所张角为

$$\theta = \frac{\Delta x}{l} = \frac{2 \times 10^{-3}}{10} = 2.0 \times 10^{-4}\ \mathrm{rad} < \theta_R$$

所以距黑板 10 m 处的同学看不清楚。

13.4　光栅衍射

在单缝衍射中，缝较宽时，相邻明纹间距小，使条纹不易分辨；缝很窄时，又会因为条纹亮度降低而使条纹不够清晰。所以在两种情况下，都很难精确测定条纹的位置及间距，故不能准确测量光波波长。利用光栅就可以获得亮度高、分得开、又很窄的清晰的衍射谱线。

光栅是由许多等宽度的狭缝等间隔地排列起来所构成的光学器件。常用光栅有两种，如图 13-10 所示。一种是用于透射光衍射的**透射光栅**，它是在一块平玻璃上刻一系列等宽、等距的平行刻痕；另一种是用于反射光衍射的**反射光栅**，它是在一块光洁度很高的金属表面刻一系列斜的等宽、等距的平行细槽。实用光栅在 1 mm 内有成百乃至上千条刻痕。例如一般用于可见光和紫外光区的光栅大多数是每毫米 600 条刻痕或 1200 条刻痕。一块 100 mm × 100 mm 的光栅要刻 6 万条或 12 万条等宽、等距的平行痕迹，对制作工艺要求极高，因此原刻光栅是很贵重的光学元件。

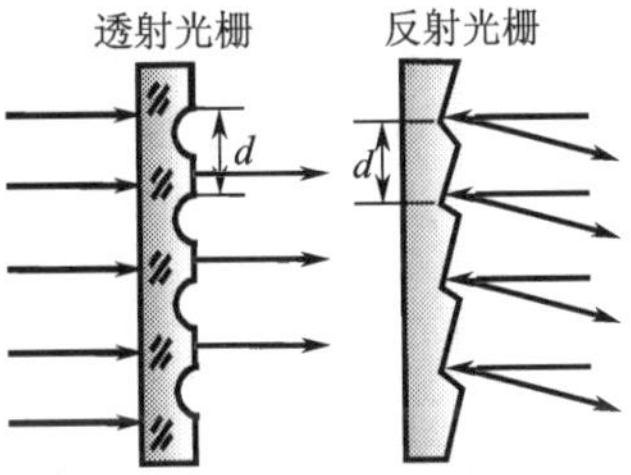

图 13-10　光栅分类

下面以透射光栅为例来研究光栅衍射问题。光栅上每个透光部分（狭缝）的宽度 a 和相邻两缝间不透光部分的宽度 b 之和，即 $d = a + b$，称为**光栅常数**。

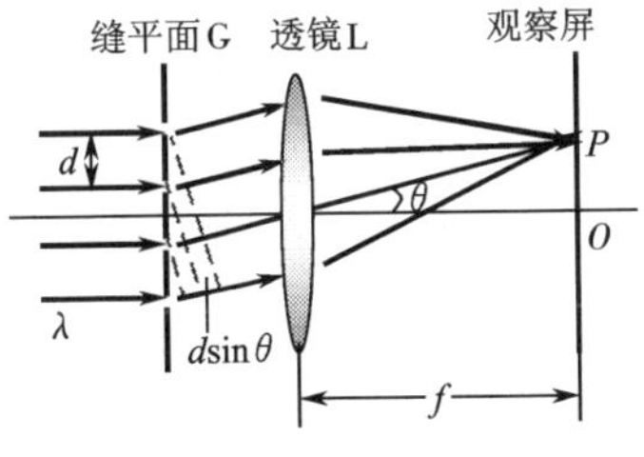

图 13-11　光栅衍射实验装置

图 13-11 是光栅衍射实验装置，实验中采用单色平行光垂直入射总缝数为 N 的光栅，再用透镜 L 将通过光栅沿各方向传播的光汇聚到置于焦平面的屏幕上，屏幕上就会呈现出如图 13-12 所示的光栅衍射谱线。

实验表明：光栅衍射在两明线间有一片较宽的暗区，使得明线又细又亮，而且随着缝数的增加，明线的亮度将增大，而其宽度都变得更细。

图 13-12 光栅衍射谱线

13.4.1 衍射谱线分析

当平行光照射到总缝数为 N 的光栅上时，每一狭缝都要产生衍射，而各狭缝的光束之间又要发生干涉。因此光栅衍射条纹是衍射和干涉共同作用的结果。

当光通过宽度为 a 的狭缝时会发生衍射，若在光栅装置中把其余的缝遮住，只留下一条缝，这时观察屏上会呈现单缝衍射图样；若换成另一条缝单独开放，其余的遮住，观察屏上仍然会呈现同样的单缝衍射图样，其位置及强度分布情况并无任何变化。这样，当 N 条缝同时开放时，将有 N 套完全相同的单缝衍射强度分布图样重合在一起。若各缝作为次级光源是不相干的，那么重合处的光强度是单缝时的 N 倍，总的图样还像单缝时那样。但现在各缝作为次级光源是相干的，因此屏上某点的光振动将是各缝在该点引起光振动的相干叠加，光栅衍射是在单缝衍射基础上的多光束干涉。

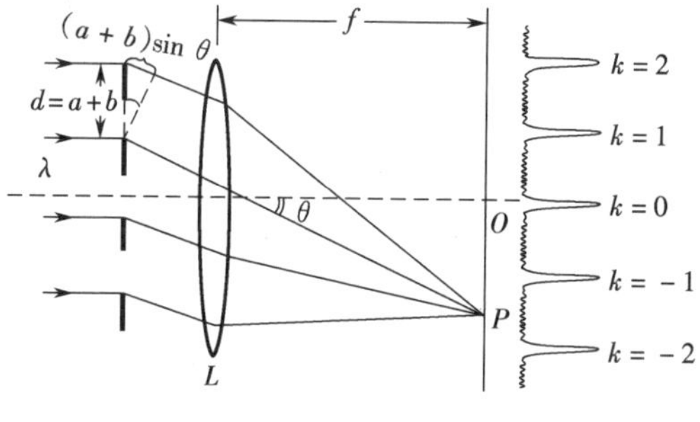

图 13-13 光栅衍射示意图

参考图 13-13，当相邻两缝发出的沿 θ 方向的衍射射线到屏上汇聚点的光程差是 λ 的整数倍时，各缝沿该方向的衍射射线到该点的光程差都将是 λ 的整数倍，它们彼此相干加强。

由于相邻两缝发出的沿 θ 方向的衍射射线到屏上汇聚点的光程差为

$$\delta = (a+b)\sin\theta$$

所以，凡衍射角 θ 满足

$$(a+b)\sin\theta = \pm k\lambda \quad (k=0,1,2,\cdots) \tag{13-6}$$

的衍射射线彼此干涉加强，屏上出现亮线。此亮线是因缝间干涉而形成的，又称为光栅衍射的主极大。式(13-6)称为**光栅公式**，其中 k 表示主极大的级次。

在主极大处，来自各缝的光线是同相位的，其光振动的合振幅 $A = NA_i$（A_i 为一个缝在该处的光振幅），光强度 $I = N^2 I_i$（I_i 为一个缝在该处的光强度）。因此，缝数 N 越多，屏上主极大越亮。

此外，当衍射角 θ 满足

$$N(a+b)\sin\theta = \pm m\lambda \quad (m = 1, 2, 3, \cdots, N-1)$$

时

$$(a+b)\sin\theta = \pm m\frac{\lambda}{N} \quad (m = 1, 2, 3, \cdots, N-1)$$

即相邻两缝沿 θ 方向的衍射射线到汇聚点的光程差为 λ/N 的整数倍，相位差为 $2\pi/N$ 的整数倍，汇聚点处的光振动是 N 个相位依次相差 $2\pi/N$（或 $2\pi/N$ 的整数倍）的光振动合成，结果合振幅为 0，光强度为 0，该处出现全暗。分析上式 m 的取值范围，可知在两个主极大之间这样的全暗要出现 $N-1$ 次。当缝数较大时，两主极大之间将形成一片暗区，使得主极大又细又亮。

以上分析中只考虑了缝间的干涉效果，它只能决定主极大，其光强分布如图 13-14(b) 所示。但实验中发现，主极大的亮度随衍射级次的增大而减小，这种现象的出现是单缝衍射的结果。因为各缝沿不同方向的衍射光振幅已不同，所以它们相干叠加后的光强也就不同。

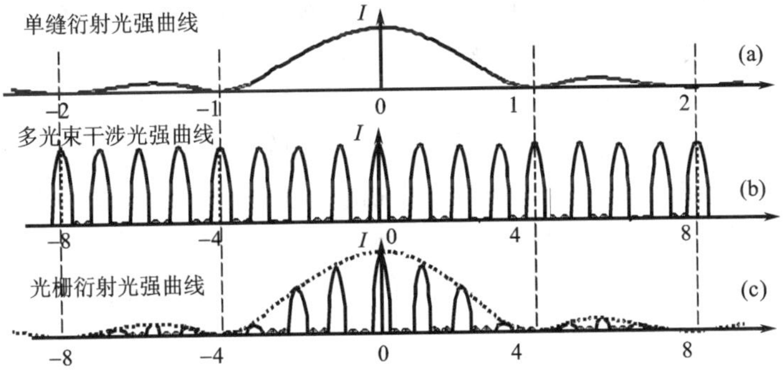

图 13-14 单缝衍射和多缝干涉形成的光栅衍射的光强分布

当一些衍射方向满足

$$a\sin\theta = \pm k'\lambda \quad (k' = 1, 2, 3, \cdots) \tag{13-7}$$

时，在该方向上衍射单缝极小，衍射光振幅及光强度均为 0。此时，纵使式(13-6)同时得到满足，该出现主极大的地方也不会观察到主极大，称这种现象为**缺级**。

出现缺级的衍射角应同时满足光栅主极大条件及单缝衍射极小条件，即

$$(a+b)\sin\theta = \pm k\lambda$$

$$a\sin\theta = \pm k'\lambda$$

由以上两式可得

$$k = \frac{a+b}{a}k'$$

图 13-14(c)给出 $a+b=4a$ 时衍射和干涉的综合作用所导致的光栅衍射的光强分布。

13.4.2 光栅光谱

由光栅公式(13-6)可知,在光栅常数一定时,主极大的衍射角 θ 与入射光的波长有关。当给定级次时,波长越长,衍射角越大,条纹越远离中央。若采用白光照射光栅,则各种波长的单色光将产生各自的衍射谱线,除中央明纹由各色光混合仍为白光外,两侧的各级明线都由紫到红对称排列,这些彩色光带,叫做光栅衍射光谱。

对给定光栅,波长短的光衍射角小,波长长的光衍射角大,所以在光栅光谱中可能出现短波的高级次与长波的低级次对应相同的衍射角,其谱线是重叠在一起的,称之为**重级现象**。

光谱分为连续光谱(如炽热的固体所发出的光谱)、线光谱(原子发光,也叫原子光谱)和带状光谱(分子发光,也叫分子光谱)。

由于各种元素或化合物有它们自己特定的光谱,所以由某种材料的谱线结构,可以定性地分析出该材料所含的元素或化合物。此外,还可以从谱线的强度定量地分析元素含量的多少,这叫做光谱分析。光谱分析是现代物理学研究的重要手段,在工程技术中得到了广泛应用。

另外,光栅能把不同波长的光分开,光栅的分辨本领与级次和缝数成正比。当要求在某一级次的谱线上提高光栅的分辨本领时,必须增大光栅的总缝数。这就是光栅所以要刻上上万条甚至几十万条刻痕的原因。

例题 13.3 用白光垂直照射在每厘米有 6000 条刻线的平面光栅上。

(1)求第一级光谱的张角。

(2)试证明,对任何光栅,当白光垂直入射时,第二级光谱与第三级光谱将发生重叠。

解:(1)光栅常数

$$a+b = \frac{10^{-2}}{6\ 000} = \frac{1}{6}\times 10^{-5}\ \text{m}$$

第一级谱线的张角即为 $\lambda = 400$ nm 紫光的第一级主极大的衍射角 θ_1 与 $\lambda' = 760$ nm 红光的第一级主极大的衍射角 θ_1' 之差。

由光栅方程

$$(a+b)\sin\theta = k\lambda$$

取 $k=1$，得

$$\theta_1=\arcsin\frac{\lambda}{a+b}=\arcsin 6\times10^5\times400\times10^{-9}=13.89°$$

$$\theta_1'=\arcsin\frac{\lambda'}{a+b}=\arcsin 6\times10^5\times760\times10^{-9}=27.13°$$

因此第一级谱线的张角

$$\Delta\theta=\theta_1'-\theta_1=13.24°$$

（2）对任意光栅，红光 $\lambda'=760$ nm 的第二级谱线衍射角 θ_2' 与紫光 $\lambda=400$ nm 的第三级谱线衍射角 θ_3 比较，因为 $2\lambda'>3\lambda$，所以 $\theta'_2>\theta_3$，即紫光的第三级谱线已落在了红光的第二级谱线内，发生了光谱的重叠现象。

例题 13.4　波长为 600 nm 的单色光垂直入射于某光栅，第二级谱线出现在 $\sin\theta=0.20$ 处。试问：

（1）此光栅的光栅常数；

（2）对上述入射光波最多能看到第几级谱线？

解：（1）由光栅衍射公式 $(a+b)\sin\theta=k\lambda$ 得

$$a+b=\frac{k\lambda}{\sin\theta}$$

将 $k=2$ 代入上式得

$$a+b=\frac{2\times600\times10^{-9}}{0.20}=6\times10^{-6}\ \text{m}=6\ \mu\text{m}$$

（2）在光栅衍射中，理论上谱线能够呈现的最高级次应在衍射角接近 90°时，因此取 $\sin\theta=1$，最高级次

$$k_{\max}=\frac{a+b}{\lambda}=\frac{6\times10^{-6}}{600\times10^{-9}}=10$$

第 10 级谱线出现在 $\theta=90°$ 的位置上，是接收不到的，所以最多能看到第 9 级谱线。

13.5　X 射线的布拉格衍射

13.5.1　X 射线

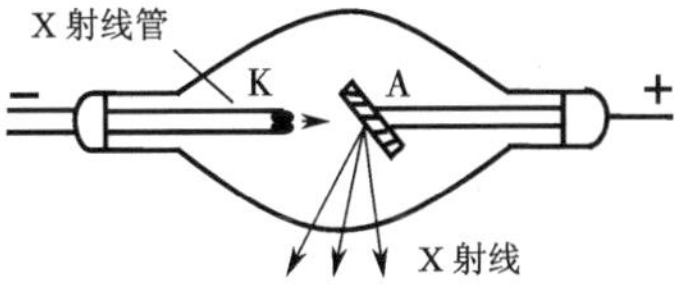

图 13-15　X 射线的产生

1895 年伦琴（W. K. Rontgen, 1845—1923）发现了由高速电子撞击金属而产生的新射线。这种射线称为伦琴射线，也称为 X 射线。产生 X 射线的真空管称为 X 光管。它的结构如图 13-15 所示。由热阴极 K 发出电子射线向装在阴极对面的阳极 A 射击而产生伦琴射线。阳极也叫对阴极，它由钼、钨或铜等金属制成。为了增加电子射线的速度，在两极之间

加有数万伏特的电压。

伦琴射线发现以后,由于它不受电场或磁场的作用而偏转,所以被假定为在本质上与可见光相同,也是一种电磁波。其区别只在于伦琴射线的波长特别短,大约为 10^{-10} m。然而要证实 X 射线是电磁波,关键要找到与 X 射线波长可以相比的衍射物。直到 1912 年,劳厄(M. V. Laue, 1879—1960)利用他的天然晶体可用来作为光栅的想法,获得了伦琴射线的衍射图样,因而证实了伦琴射线的波动性质。

13.5.2 劳厄实验

劳厄用晶体构成天然光栅的想法是这样的:构成晶体的微粒在空间是按一定的点阵排列的,这些微粒间的距离约为 10^{-10} m,因此晶体就形成光栅常数很小的空间(三维)衍射光栅。

劳厄实验装置如图 13-16 所示。一束穿过铅板上小孔的 X 射线束(波长连续分布),投射在晶体薄片上,照片底片上发现有很强的 X 射线束在一些确定的方向上出现,形成劳厄斑(图 13-17)。这是由于 X 射线照射晶体时,组成晶体的每一个微粒相当于发射子波的中心,向各方向发出子波,而来自晶体中这许多有规则排列的散射中心的 X 射线会因干涉而使得某些方向的光束加强。

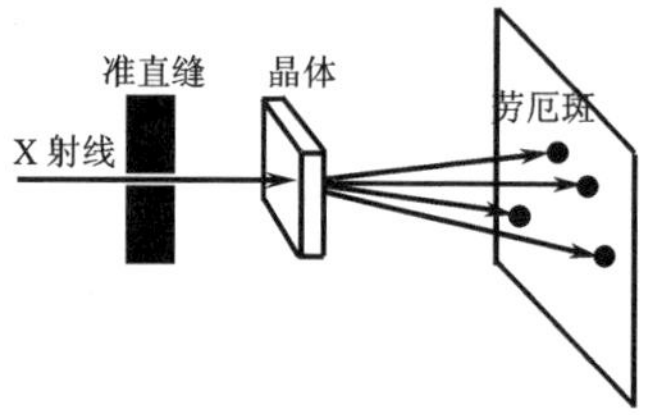

图 13-16 劳厄实验装置

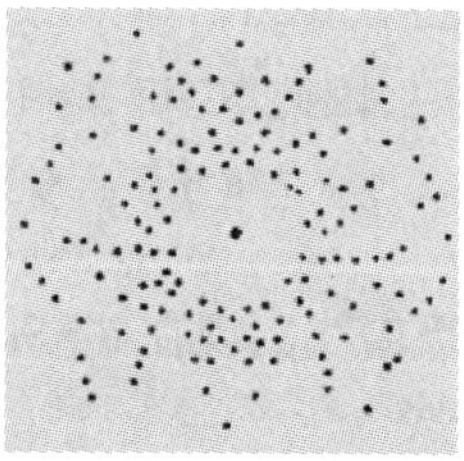

图 13-17 劳厄斑点

实验结果不仅反映了 X 射线的波动性(具有衍射现象),同时证实了晶体中原子(离子或分子)是按一定规律排列的,其间隔与 X 射线的波长同一数量级。晶体的 X 射线衍射现象成为当时物理学家研究晶体结构和测量 X 射线波长的有力工具。

13.5.3 布拉格公式

1913 年布拉格父子提出了一种解释 X 射线衍射的方法,并作了定量的计算。他们想象晶体是由一系列平行的原子层(称为晶面)所构成的,如图 13-18 所示。设各原子层之间的距离为 d。当一束单色的、平行的 X

射线以掠射角 ϕ 入射到晶面上时，一部分将为表面层原子所散射，其余部分将为内部各原子层所散射。但是在各原子层所散射的射线中，只有沿镜式反射方向的射线的强度为最大。反射线 1 和 2 的光程差为

$$\delta = AC + CB = 2d\sin\phi$$

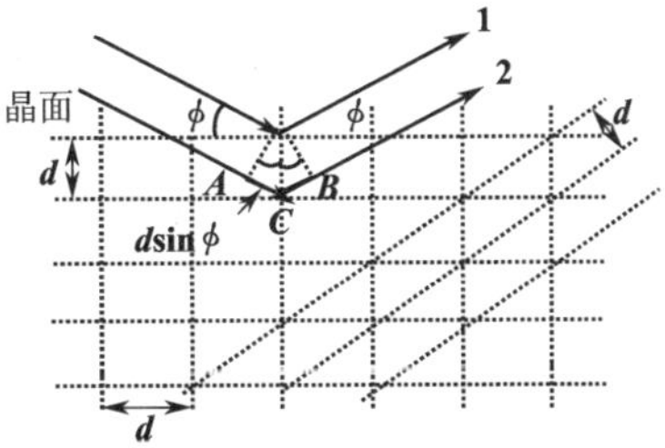

图 13-18　推导布拉格公式用图

反射线相干加强应满足

$$2d\sin\phi = k\lambda \quad (k = 1, 2, 3, \cdots) \tag{13-8}$$

上式称为布拉格公式或布拉格条件。

布拉格公式是 X 射线晶体衍射的基本规律，其应用是多方面的。如果已知晶体的晶面间距 d，就可以根据 X 射线衍射实验由掠射角 ϕ 算出入射 X 射线的波长，从而可以研究 X 射线谱，进而研究原子结构；如果用已知波长的 X 射线射向某种晶体的晶面上，由出现最大强度的掠射角 ϕ 可以算出相应的晶面间距 d，从而可以研究晶体结构，进而研究材料性能。有关这些方面的研究工作已发展成比较成熟的学科——X 射线结构分析学。

例题 13.5　以铜作为阳极靶材料的 X 射线管发出的 X 射线主要是波长 $\lambda \approx 0.15$ nm 的特征谱线。当它以掠射角 $\phi = 11°15'$ 照射某一组晶面时，在反射方向上测得一级衍射极大，求该组晶面的间距。又若用以钨为阳极靶材料做成的 X 射线管所发出的波长连续的 X 射线照射该组晶面，在 $\phi = 36°$ 的方向上可测得什么波长的 X 射线的衍射极大?

解： 由布拉格公式

$$2d\sin\phi = k\lambda$$

将已知条件代入，取 $k = 1$，可得晶面间距

$$d = \frac{\lambda}{2\sin\phi} = 0.38 \text{ nm}$$

若以连续波长的 X 射线入射，在 $\phi = 36°$ 的方向上

$$\lambda = 2d\sin 36° = 0.45 \text{ nm}$$

波长的 X 射线衍射极大。

阅读材料

科学家介绍——菲涅尔

菲涅尔(Augustin Fresnel,1788—1827)是法国物理学家和道路工程师,他从小体弱多病,但读书非常刻苦,学习成绩一直非常优秀,数学尤为突出。

菲涅尔

1814年菲涅尔开始进行有关光学方面的研究,1815年向科学院提交了关于光的衍射的第一篇研究报告,从实验角度和理论方面对光的衍射现象进行了探讨。

1818手,巴黎科学院举行了一次以解释衍射现象为内容的科学竞赛。年轻的菲涅尔出乎意料地取得了优胜,他以光的干涉原理补充了惠更斯原理,提出了惠更斯-菲涅尔原理,完善了光的衍射理论。

竞赛委员会的成员泊松(S. D. Poisson)是微粒说的拥护者,他运用菲涅尔的理论导出了一个奇怪的结论:光经过不透明的小圆盘衍射后,在圆盘后面轴线上的一定距离处,会出现一亮点。泊松认为这是十分荒谬的,并宣称他驳倒了波动理论。菲涅尔接受了这一挑战,立即用实验证实了这个理论预言。后来人们称这一亮点为泊松亮斑。

但是波动说在解释光的偏振现象时遇到了困难。一直在为这一困难寻求解决办法的托马斯·杨在1817年觉察到,如果光是横波或许问题能得到解决,他把这一想法写信告诉了阿拉果(D. F. Arago,1786—1853),阿拉果立即转告了菲涅尔。菲涅尔当时已经独立地领悟到了这一思想,对杨的想法赞赏倍至,并立刻用这一假设解释了偏振光的干涉,证明了光的横波特性,完善了光的波动说。

利用光的横波特性,菲涅尔还得到一系列重要结论,如:提出了偏振面转动理论;发现了光的圆偏振和椭圆偏振现象;确立了反射和折射的定量关系,导出了著名的菲涅尔反射、折射公式,解释了反射时的偏振;建立了双折射理论,奠定了晶体光学的基础等。

菲涅尔具有高超的实验技巧和才干,他长年不懈地勤奋工作,获得了许多数值正确、内容深刻的结果。菲涅尔双面镜实验和双棱镜实验就是例子。

从1819到1827年,经过8年的艰苦努力,菲涅尔设计出了一种特殊结构的透镜系统,大大改进了灯塔照明,为海运事业的发展作出了贡献。正当他在科学事业上硕果累累的时候,不幸因肺病医治无效而逝世,终年仅39岁。

由于他在科学事业上的重大成就,巴黎科学院授予他院士称号,英国皇家学会选他为会员,并授予他伦福德奖章,人们称他为"物理光学的缔造者"。

菲涅尔等人建立的波动理论是在弹性以太中传播的横波。直到1865年,麦克斯韦建立了光的电磁理论,才完成了光的波动理论的最后形式。

同步练习

思考题

13.1　为什么在日常生活中,声波的衍射比光波的衍射更加显著?

13.2　光栅衍射和单缝衍射有何区别? 为什么光栅衍射的明纹特别明亮?

13.3　假如可见光波段不是在400~760 nm,而是在毫米波段,人眼的瞳孔直径仍在3 mm左右。试想人们看到的外部世界将是怎样的景象?

13.4　多缝光栅有缝宽 a、光栅常数 $a+b$ 和缝数 N 三个结构参数。试分别讨论每一个参数的变化如何影响衍射图样中主极大的位置和主极大的光强。

选择题

13.5　根据惠更斯-菲涅尔原理,若已知光在某时刻的波阵面为 S,则 S 的前方某点 P 的光强度决定于波阵面 S 上所有面积元发出的子波各自传到 P 点的　[　]

A. 振动振幅之和　　B. 光强之和

C. 振动振幅之和的平方　　D. 振动相干叠加

13.6　在单缝夫琅禾费衍射实验中,波长为 λ 的单色光垂直入射在宽度为 $a=4\lambda$ 的单缝上,对应于衍射角为30°的方向,单缝处波振面可分成的半波带数目为　[　]

A. 2个　　B. 4个　　C. 6个　　D. 8个

13.7　在如图所示的单缝夫琅禾费衍射实验装置中,S为单缝,L为透镜,C为放在L焦面处的屏幕。当把单缝S垂直于透镜光轴稍微向上平移时,屏幕上的衍射图样　[　]

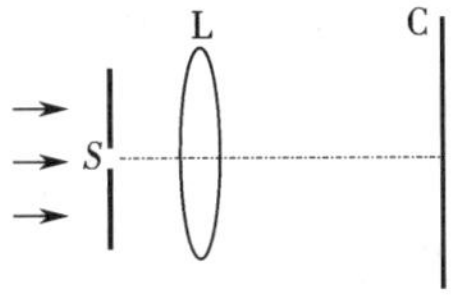

题13.7图

A. 向上平移　　B. 向下平移

C. 不动　　　　　　D. 条纹间距变大

13.8　在题 13.7 图所示的单缝夫琅禾费衍射实验装置中，若将透镜 L 垂直于光轴稍微向上平移时，屏幕上的衍射图样　[　　]

A. 向上平移　　　　　B. 向下平移

C. 不动　　　　　　　D. 条纹间距变大

13.9　一衍射光栅对某一定波长的垂直入射光，在屏幕上只能出现零级和一级主极大，欲使屏幕上出现更高级次的主极大，应该　[　　]

A. 换一个光栅常数较小的光栅

B. 换一个光栅常数较大的光栅

C. 将光栅向靠近屏幕的方向移动

D. 将光栅向远离屏幕的方向移动

13.10　一束白光垂直照射在一光栅上，在形成的同一级光栅光谱中，偏离中央明纹最远的是　[　　]

A. 紫光　　B. 绿光　　C. 黄光　　D 红光

13.11　提高光学仪器分辨本领的办法是　[　　]

A. 增大通光孔径，增大入射光波长

B. 增大通光孔径，减小入射光波长

C. 减小通光孔径，增大入射光波长

D. 减小通光孔径，减小入射光波长

填空题

13.12　用 $\lambda = 500$ nm 的光垂直入射一宽度为 2.5×10^{-4} m 的单缝，观察到屏上中央明纹的宽度为 4.0×10^{-3} m，该单缝衍射装置所用透镜焦距为__________m。

13.13　一单色平行光垂直照射于一单缝上，若其第三级明纹位置恰好与波长 600 nm 的单色光的第二级明纹位置重合，则该单色光的波长为__________nm。

13.14　波长为 λ 的单色光垂直投射于缝宽为 a，总缝数为 N，光栅常数为 d 的光栅上，光栅公式（表示出现主极大的衍射角 θ 应满足的条件）为__________________。

13.15　波长为 $\lambda = 550$ nm 的单色光垂直入射于光栅常数 $d = 2 \times 10^{-4}$ cm 的平面衍射光栅上，可能观察到光谱线的最高级次为第__________级。

13.16　用方解石分析 X 射线谱，已知方解石的晶格常数（即晶面间距）为 1.312×10^{-10} m，若在与晶面成 43° 和 40° 的方向上观察到两条主极大谱线，则这两条谱线的波长分别为__________nm 和__________nm。

计算题

13.17　有一单缝，缝宽 $a = 0.10$ mm，在缝后放一焦距为 50 cm 的汇聚透镜,用波长 $\lambda=546$ nm 的平行光垂直照射单缝,试求位于透镜焦平面处屏上中央亮纹的宽度。

13.18 用钠光灯作光源进行单缝衍射实验,单缝宽 0.40 mm,用焦距为 700 mm 的透镜把衍射光聚焦到屏幕上。求屏幕上

(1)衍射图样中心到中央明纹边缘的距离;

(2)第一级明纹中心到同侧第二级暗纹中心的距离。

13.19 用波长 $\lambda=632.8$ nm 的单色光垂直照射某光栅,测得第二级光谱的衍射角为 $39°15'$,求该光栅的光栅常数。

13.20 波长分别为 $\lambda_1=500$ nm 和 $\lambda_2=520$ nm 的两种单色光同时垂直入射在光栅常数 $a+b=2.0\times10^{-5}$ m 的光栅上,紧靠光栅后面,用焦距 $f=200$ cm 的凸透镜把光线汇聚在屏幕上。求在屏上出现的上述两种单色光的第三级明纹间的距离。

第 14 章　光的偏振

基本要求

1. 理解自然光与偏振光的区别，了解产生偏振光的几种方法。

2. 掌握马吕斯定律和布儒斯特定律。

学习重点

1. 偏振光的产生及特性。

2. 马吕斯定律和布儒斯特定律。

光波是电磁波，为横波，其光矢量的振动方向与光的传播方向垂直。在与光传播方向垂直的平面内，光矢量有各种可能的振动方向。根据光矢量振动方向的分布，将光分为自然光和偏振光，而偏振光又可分为线偏振光（又称完全偏振光）、部分偏振光、圆及椭圆偏振光。

14.1　自然光与偏振光

14.1.1　自然光

普通光源发光是原子能级跃迁产生的电磁辐射，当发光物质中大量原子同时跃迁时，由于跃迁的自发性及随机性，使得光矢量的振动在垂直于光传播方向的平面内沿各种可能方向的机会均等，或者说在垂直于光传播方向的平面内沿各方向光振幅均相同，这种光称为**自然光**，如图 14-1(a)所示。

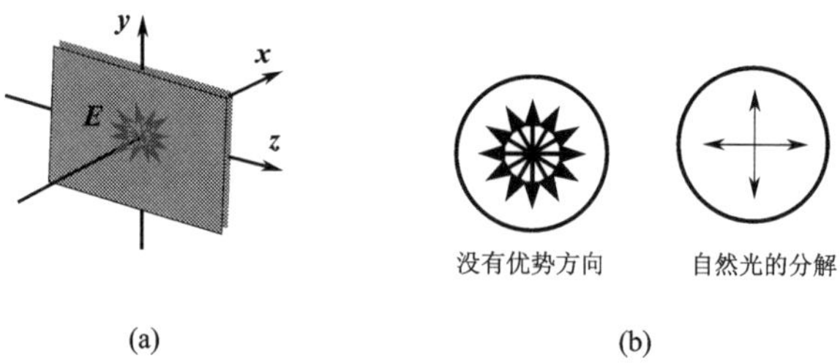

图 14-1　自然光

对自然光，若把所有方向的光振动都分解到相互垂直的两个方向上，则在这两个方向上的振动能量和振幅都相等，如图 14-1(b)所示。

但应注意，由于自然光中各个光振动是相互独立的，无恒定的相位关系,所以分解到相互垂直两个方向上的光矢量之间也没有恒定的相位关系。

为了简明地表示自然光,常用与传播方向垂直的短线表示在纸面内的光振动,用点表示垂直于纸面的光振动,如图 14-2 所示,自然光点和短线的数目相等。

图 14-2 自然光表示法

14.1.2 线偏振光

在垂直于传播方向的平面内,光矢量只沿一个固定方向振动,这种光称为**线偏振光**,又称**完全偏振光**,如图 14-3(a)所示。通常把光矢量振动方向与光传播方向构成的平面称为振动面。图 14-3(b)是线偏振光的表示法。

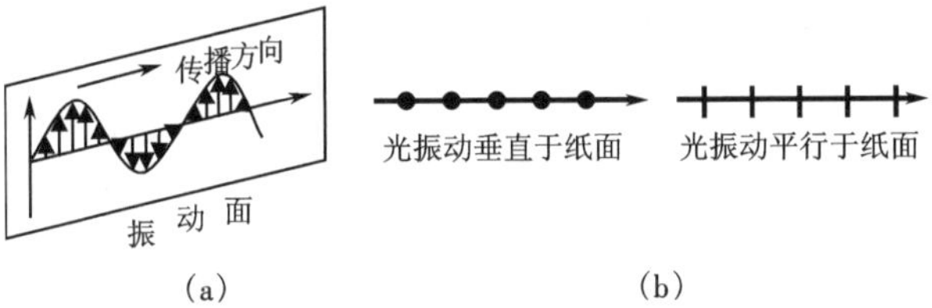

图 14-3 线偏振光

14.1.3 部分偏振光

部分偏振光光矢量的振动状态介于自然光与线偏振光之间,在垂直于光传播方向的平面内,各方向的光振动都有,但不同方向上的振幅不等,因此分解到相互垂直的两个方向上的振幅也不相等,如图 14-4(a)所示。部分偏振光可用数目不等的点和短线表示,如图 14-4(b)所示。需要注意的是,部分偏振光各方向上的光振动间也没有恒定的相位关系。

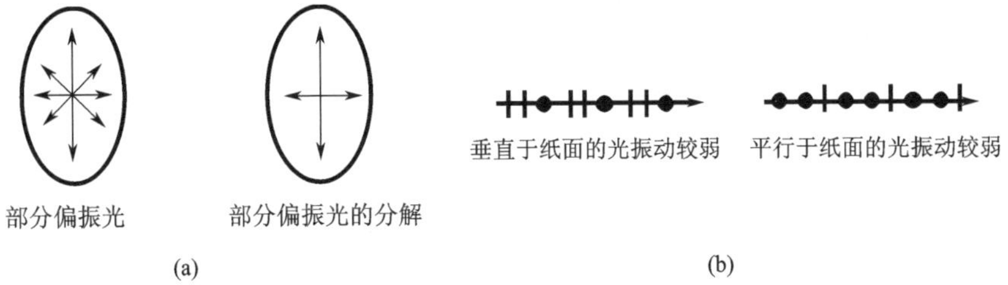

图 14-4 部分偏振光

14.1.4 圆及椭圆偏振光

圆及椭圆偏振光的特点是:在垂直于光传播方向的平面内光矢量以一定的频率旋转。如果光矢量矢端的轨迹是一个圆则为**圆偏振光**;如果光矢量矢端的轨迹是一个椭圆则为**椭圆偏振光**。根据相互垂直简谐振动的合成规律,圆及椭圆偏振光中旋转的光矢量可由有固定相位差的两相互垂直的光振动合成。所以,可以用两个相互垂直的光矢量表示圆及椭圆偏振光,但这两个光矢量间有恒定的相位关系,这一点与自然光及部分偏振光不同。

14.2 起偏与检偏 马吕斯定律

14.2.1 偏振片 起偏与检偏

某些物质(如硫酸碘奎宁)能吸收某一方向的光振动,而对与之垂直方向的光振动则极少吸收,这种性质称为**二向色性**。把具有二向色性的材料涂敷于透明薄片上,就制成偏振片。

偏振片只允许某一特定方向的光振动通过,这一方向称为偏振片的**偏振化方向**,图 14-5 中偏振片上的实线表示它的偏振化方向。

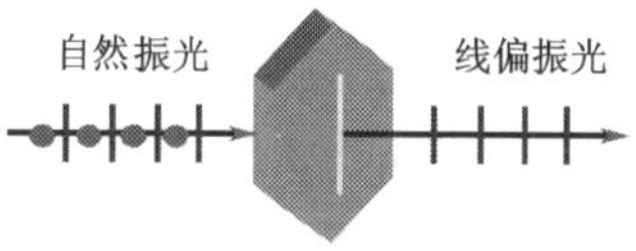

图 14-5 偏振片的起偏

无论是自然光还是偏振光,通过偏振片后均成为光振动沿偏振化方向的线偏振光,利用偏振片产生偏振光时称为**起偏**。自然光通过偏振片后光强减半,这是因为自然光中光矢量在垂直光传播方向的平面内均匀对称。

偏振片还可以用来检测入射光的偏振状态,这时称之为**检偏**。如果入射的是自然光,以入射光线为轴旋转偏振片时出射光强无变化。如果入射的是线偏振光,以入射光线为轴旋转偏振片,当偏振片的偏振化方向与线偏振光的光振动方向一致时,出射光强最大;当偏振片的偏振化方向与线偏振光的光振动方向垂直时,出射光强为零,出现消光现象;如果入射的是部分偏振光,当以入射光线为轴旋转偏振片时将观察到出射光强的变化,但无消光现象出现。如果入射的是圆或椭圆偏振光,随着偏振片的转动,对于圆偏振光其出射光强将与检测自然光时的结果一样无强度变化;对于椭圆偏振光其出射光强的变化与检测部分偏振光时的结果一样。因此,用转动偏振片观察出射光强变化的方法,只能把自然光、线偏振光及部分偏振光区别开,而不能区别自然光与圆偏振光或者部分偏振光与椭圆偏振光。要想将它们区别开,还需要其他的方法,留待以后再介绍。

14.2.2 马吕斯定律

如图14-6所示，设入射线偏振光振幅为E_0，光强度为I_0，光矢量振动方向与偏振片的偏振化方向的夹角为α，则通过偏振片的光矢量振幅E是E_0在其偏振化方向的分量，即$E=E_0\cos\alpha$。由于光强度正比于振幅的平方，即

$$\frac{I}{I_0}=\frac{E^2}{E_0^2}=\cos^2\alpha$$

所以透射光强

$$I=I_0\cos^2\alpha \tag{14-1}$$

式(14-1)称为**马吕斯定律**。该定律给出偏振光通过偏振片后其强度变化的规律。

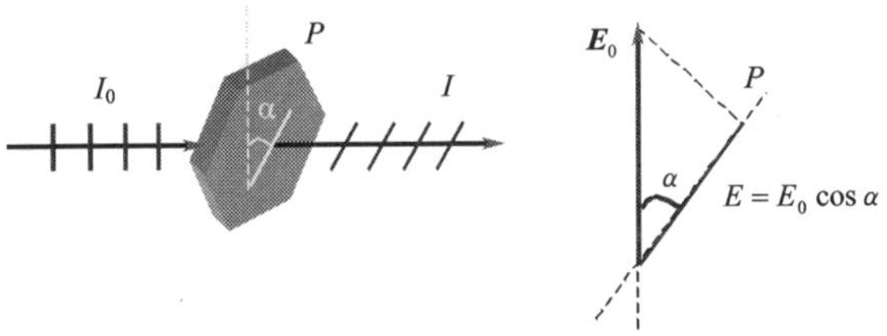

图14-6 马吕斯定律

若$\alpha=0$或$\alpha=\pi$，即入射线偏振光的光振动方向与偏振片的偏振化方向一致，此时$I=I_0$，透射光强度最大；若$\alpha=\frac{\pi}{2}$或$\alpha=\frac{3\pi}{2}$，即入射线偏振光的光振动方向与偏振片的偏振化方向正交，此时$I=0$，没有透射光，出现消光；当α为其他值时，透射光强介于I_0与0之间。

例题14.1 如图14-7所示，P_1、P_2为偏振化方向相互平行的两个偏振片，光强为I_0的平行自然光垂直入射在P_1上。

(1) 求通过P_2后的光强I；

(2) 如果在P_1、P_2之间插入第三个偏振片P_3（如图中虚线所示），并测得最后光强$I=I_0/32$，求P_3的偏振化方向与P_1的偏振化方向之间的夹角α（设α为锐角）。

解：(1) 由于入射光为自然光，所以经P_1后光强$I_1=I_0/2$，I_1为线偏振光。通过P_2后，由马吕斯定律有

$$I=I_1\cos^2\alpha=\frac{I_0}{2}\cos^2\alpha$$

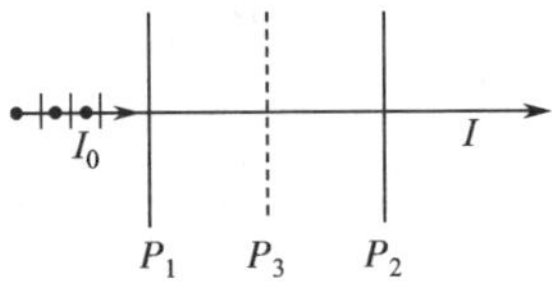

图14-7 例题14-1图

因为P_1与P_2的偏振化方向平行，所以$\alpha=$

0,故

$$I=\frac{I_0}{2}$$

(2)插入第三个偏振片后,设第三个偏振片的偏振化方向与第一个偏振片偏振化方向间的夹角为 α,由于 P_1、P_2 的偏振化方向相互平行,所以 P_3 与 P_2 的偏振化方向之间的夹角也为 α。自然光经 P_1 后光强 $I_1=I_0/2$,成为线偏振光。由马吕斯定律,经 P_3 后光强

$$I_3=I_1\cos^2\alpha$$

经 P_2 后光强

$$I=I_3\cos^2\alpha$$

按题意 $I=I_0/32$,故

$$\frac{I_0}{32}=I_3\cos^2\alpha=I_1\cos^4\alpha=\frac{I_0}{2}\cos^4\alpha$$

$$\cos^4\alpha=\frac{1}{16}$$

$$\cos\alpha=\frac{1}{2}$$

$$\alpha=\frac{\pi}{3}$$

例题 14.2 有两个偏振片,一个起偏,一个检偏。当它们的偏振化方向之间的夹角为30°时,一束单色自然光穿过它们,出射光强为 I_1;当它们的偏振化方向之间的夹角为60°时,另一束单色自然光穿过它们,出射光强为 I_2,且 $I_1=I_2$。求两束单色自然光的强度之比。

解:设第一束单色自然光的强度为 I_{10},第二束单色自然光的强度为 I_{20},透过起偏器后,它们的强度都应减为原来的一半,分别为 $I_{10}/2$ 和 $I_{20}/2$。由马吕斯定律,透过检偏器后,它们的强度分别为

$$I_1=\frac{I_{10}}{2}\cos^2 30^\circ$$

$$I_2=\frac{I_{20}}{2}\cos^2 60^\circ$$

由题意 $I_1=I_2$,有

$$\frac{I_{10}}{I_{20}}=\frac{\cos^2 60^\circ}{\cos^2 30^\circ}=\frac{1}{3}$$

14.3 反射光和折射光的偏振

自然光入射到两种媒质分界面时将发生反射和折射。实验发现,当自然光在两种各向同性媒质的分界面上反射和折射时,反射光和折射光

都变为部分偏振光。

如图 14-8 所示，自然光的两个分振动被媒质分界面以不同程度进行反射和折射，垂直于入射面的振动反射多而折射少，平行于入射面的振动反射少而折射多。因此反射光为垂直入射面振动占优势的部分偏振光，折射光为平行入射面振动占优势的部分偏振光。1911 年，布儒斯特在实验中发现反射、折射光的偏振化程度随入射角而变，当入射角等于某一特定值 i_0 时，反射光中只有垂直于入射面的振动，成为线偏振光，折射光仍为部分偏振光。这一特殊角称为**起偏角**或**布儒斯特角**，如图 14-9 所示。

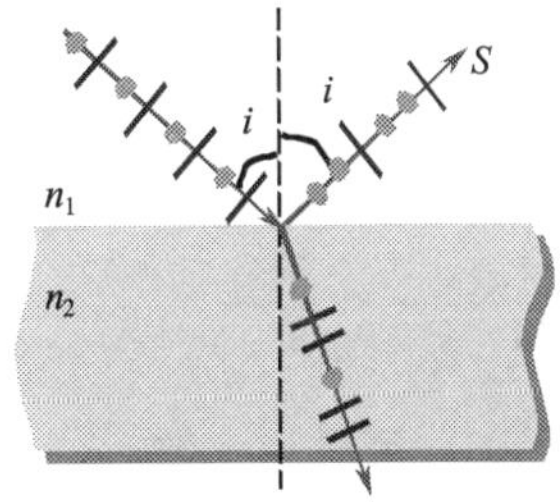

图 14-8　反射折射光的偏振

实验中还发现，当光线以起偏角入射时，反射光和折射光的传播方向相互垂直，即

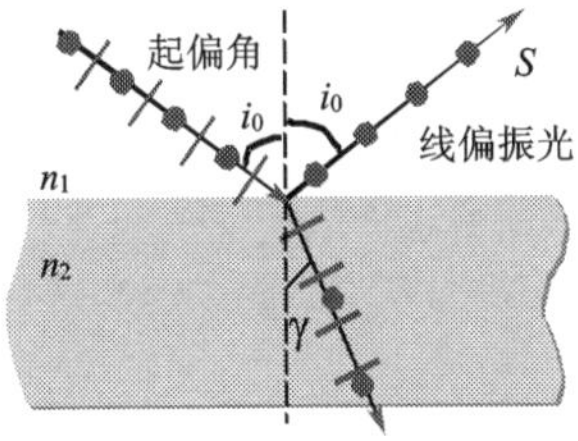

图 14-9　布儒斯特定律

$$i_0+\gamma=\frac{\pi}{2}$$

根据折射定律，有

$$n_1\sin i_0=n_2\sin\gamma=n_2\cos i_0$$

可得

$$\tan i_0=\frac{n_2}{n_1}\qquad(14\text{-}2)$$

式中：n_1、n_2 为两种媒质的折射率。式(14-2)称为**布儒斯特定律**。

对于一般的光学玻璃，反射光的强度约占入射光强度的 7.5%，大部分光将透过玻璃。因此，仅靠自然光在一块玻璃片的反射来获得偏振光，其强度是比较弱的。为了增大反射光的强度和折射光的偏振化程度，可以采用若干相互平行、由相同玻璃片组成的玻璃片堆来获得线偏振光，如图 14-10 所示。当玻璃片数目足够多时，垂直于入射面的光振动被多次反射掉，透射的光中就只有平行入射面的光振动了，这样得到的反射光和折射光均为线偏振光，而且它们的振动方向互相垂直。

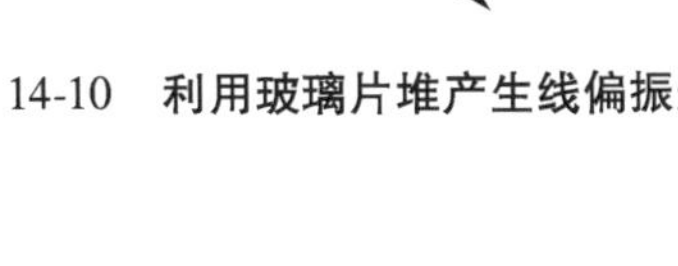

图 14-10　利用玻璃片堆产生线偏振光

例题 14.3　如图 14-11 所示，安排三种透光媒质Ⅰ、Ⅱ、Ⅲ，其折射率分别为 $n_1=1.33$，$n_2=1.50$，$n_3=1.00$。两个交界面相互平行。一束自然

光自媒质Ⅰ入射到Ⅰ与Ⅱ的交界面上，反射光为线偏振光。

(1)求入射角 i_0。

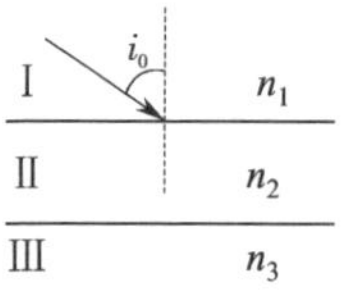

图 14-11 例题 14.3 图

(2)媒质Ⅱ与Ⅲ界面上的反射光是不是线偏振光？为什么？

解：反射光为线偏振光，则以起偏角入射，故入射角 i_0 满足

$$\tan i_0 = \frac{n_2}{n_1} = \frac{1.50}{1.33} = 1.33$$

$$i_0 = 48.4°$$

(2)令光线在媒质Ⅱ中的折射角为 γ，则 $\gamma = 90° - 48.4° = 41.6°$，显然 γ 等于媒质Ⅱ与Ⅲ界面上的入射角。

若Ⅱ与Ⅲ界面上的反射光是线偏振光，则Ⅱ与Ⅲ界面上的入射角 i'_0 须满足布儒斯特定律

$$\tan i'_0 = \frac{n_3}{n_2} = \frac{1.00}{1.50} = 0.67$$

$$i'_0 = 33.7°$$

因为 $\gamma \neq i'_0$，故Ⅱ与Ⅲ界面上的反射光不是线偏振光。

阅读材料

光学的发展历史及研究内容

狭义来说，光学(optics)是关于光和视见的科学。光学这个词，早期只用于跟眼睛和视见相联系的事物。而今天，常说的光学是广义的，是研究从微波、红外线、可见光、紫外线到 X 射线的宽广波段范围内的，关于电磁辐射的发生、传播、接收和显示，以及跟物质相互作用的科学。光学是物理学的一个重要组成部分，也是与其他应用技术紧密相关的学科。

1. 光学发展史

光学是一门有悠久历史的学科，它的发展史可追溯到两千多年前。

人类对光的研究，最初主要是试图回答“人怎么能看见周围的物体”之类的问题。约在公元前四百多年(先秦时代)，中国的《墨经》中记录了世界上最早的光学知识。它有 8 条关于光学的记载，叙述影的定义和生成，光的直线传播性和针孔成像，并且以严谨的文字讨论了在平面镜、凹球面镜和凸球面镜中物和像的关系。

自《墨经》开始，公元 11 世纪阿拉伯人伊本·海赛木发明透镜；公元 1590 年到 17 世纪初，詹森和李普希同时独立地发明显微镜；一直到 17 世纪上半叶，才由斯涅耳和笛卡儿将光的反射和折射的观察结果，归结为

今天大家所惯用的反射定律和折射定律。

1665年,牛顿进行太阳光的实验。它把太阳光分解成简单的组成部分,这些成分形成一个颜色按一定顺序排列的光分布——光谱。这使人们第一次接触到光的客观的和定量的特征,各单色光在空间上的分离是由光的本性决定的。

牛顿还发现,把曲率半径很大的凸透镜放在光学平玻璃板上,当用白光照射时,在透镜与玻璃平板接触处出现一组彩色的同心环状条纹;当用某一单色光照射时,则出现一组明暗相间的同心环条纹,后人把这种现象称为牛顿环。借助这种现象,可以用第一暗环的空气隙的厚度来定量地表征相应的单色光。

牛顿在发现这些重要现象的同时,根据光的直线传播性,认为光是一种微粒流。微粒从光源飞出来,在均匀媒质内遵从力学定律作等速直线运动。牛顿用这种观点对折射和反射现象作了解释。

惠更斯是光的微粒说的反对者,他创立了光的波动说,提出"光同声一样,是以球形波面传播的",并且指出光振动所达到的每一点,都可视为次波的振动中心,次波的包络面为传播波的波阵面(波前)。在整个18世纪中,光的微粒流理论和光的波动理论都被粗略地提了出来,但都不很完整。

19世纪初,波动光学初步形成,其中托马斯·杨圆满地解释了"薄膜颜色"和双狭缝干涉现象。菲涅尔于1818年以干涉原理补充了惠更斯原理,由此形成了今天为人们所熟知的惠更斯-菲涅尔原理,用它可圆满地解释光的干涉和衍射现象,也能解释光的直线传播。

在进一步的研究中,观察到了光的偏振和偏振光的干涉。为了解释这些现象,菲涅尔假定光是一种在连续媒质(以太)中传播的横波。为说明光在各不同媒质中的不同速度,又必须假定以太的特性在不同的物质中是不同的;在各向异性媒质中还需要有更复杂的假设。此外,还必须给以太以更特殊的性质才能解释光不是纵波。如此性质的以太是难以想象的。

1846年,法拉第发现了光的振动面在磁场中发生旋转;1856年,韦伯发现光在真空中的速度等于电流强度的电磁单位与静电单位的比值。他们的发现表明光学现象与磁学、电学现象间有一定的内在关系。

1860年前后,麦克斯韦指出,电场和磁场的改变,不能局限于空间的某一部分,而是以等于电流的电磁单位与静电单位的比值的速度传播着,光就是这样一种电磁现象。这个结论在1888年为赫兹的实验证实。然而,这样的理论还不能说明能产生像光这样高频率的电振子的性质,也不能解释光的色散现象。到了1896年,洛伦兹创立电子论,才解释了发光和物质吸收光的现象,也解释了光在物质中传播的各种特点,包括对色散现象的解释。在洛伦兹的理论中,以太乃是广袤无限的不动的媒质,其唯一特点是,在这种媒质中光振动具有一定的传播速度。

对于像炽热的黑体的辐射中能量按波长分布这样重要的问题,洛伦兹理论还不能给出令人满意的解释。并且,如果认为洛伦兹关于以太的概念是正确的,则可将不动的以太选作参照系,使人们能区别出绝对运动。而事实上,1887 年迈克耳孙用干涉仪测"以太风",得到否定的结果,这表明到了洛伦兹电子论时期,人们对光的本性的认识仍然有不少片面性。

1900 年,普朗克从物质的分子结构理论中借用不连续性的概念,提出了辐射的量子论。他认为各种频率的电磁波,包括光,只能以各自确定的分立能量从振子射出,这种能量微粒称为量子,光的量子称为光子。

量子论不仅很自然地解释了灼热体辐射能量按波长分布的规律,而且以全新的方式提出了光与物质相互作用的整个问题。量子论不但给光学,也给整个物理学提供了新的概念,所以通常把它的诞生视为近代物理学的起点。

1905 年,爱因斯坦运用量子论解释了光电效应。他给光子作了十分明确的表示,特别指出光与物质相互作用时,光也是以光子为最小单位进行的。

1905 年 9 月,德国《物理学年鉴》发表了爱因斯坦的《关于运动媒质的电动力学》一文,第一次提出了狭义相对论基本原理。文中指出,从伽利略和牛顿时代以来占统治地位的古典物理学,其应用范围只限于速度远远小于光速的情况,而他的新理论可解释与很大运动速度有关的过程的特征,根本放弃了以太的概念,圆满地解释了运动物体的光学现象。

这样,在 20 世纪初,一方面从光的干涉、衍射、偏振以及运动物体的光学现象确证了光是电磁波;而另一方面又从热辐射、光电效应、光压以及光的化学作用等无可怀疑地证明了光的量子性——微粒性。

1922 年发现的康普顿效应,1928 年发现的喇曼效应以及当时已能从实验上获得的原子光谱的超精细结构,都表明光学的发展是与量子物理紧密相关的。光学的发展历史表明,现代物理学中的两个最重要的基础理论——量子力学和狭义相对论都是在关于光的研究中诞生和发展的。

此后,光学开始进入了一个新的时期,以至于成为现代物理学和现代科学技术前沿的重要组成部分。其中最重要的成就,就是发现了爱因斯坦于 1916 年预言过的原子和分子的受激辐射,并且创造了许多具体的产生受激辐射的技术。

爱因斯坦研究辐射时指出,在一定条件下,如果能使受激辐射继续去激发其他粒子,造成连锁反应,雪崩似地获得放大效果,最后就可得到单色性极强的辐射,即激光。1960 年,梅曼用红宝石制成第一台可见光的激光器；同年制成氦氖激光器；1962 年产生了半导体激光器；1963 年产生了可调谐染料激光器。由于激光具有极好的单色性、高亮度和良好的方向性，所以自 1960 年问世以来，激光得到了迅速的发展和广泛应用，引起了科学技术的重大变化。

光学的另一个重要分支是由成像光学、全息术和光学信息处理组成的。这一分支最早可追溯到 1873 年阿贝提出的显微镜成像理论和 1906 年波特为之完成的实验验证；1935 年泽尔尼克提出相位反衬观察法，并依此由蔡司工厂制成相衬显微镜，为此他获得了 1953 年诺贝尔物理学奖；1948 年伽柏提出的现代全息照相术的前身——波阵面再现原理，为此他获得了 1971 年诺贝尔物理学奖。

自 20 世纪 50 年代以来，人们开始把数学、电子技术和通信理论与光学结合起来，给光学引入了频谱、空间滤波、载波、线性变换及相关运算等概念，更新了经典成像光学，形成了所谓“傅里叶光学”。再加上由于激光所提供的相干光和由利思及阿帕特内克斯改进了的全息术，形成了一个新的学科领域——光学信息处理。光纤通信就是依据这方面理论的重要成就而实现的，它为信息传输和处理提供了崭新的技术。

在现代光学本身，由强激光产生的非线性光学现象正为越来越多的人所注意。激光光谱学（包括激光喇曼光谱学、高分辨率光谱和皮秒超短脉冲以及可调谐激光技术）的出现，已使传统的光谱学发生了很大的变化，成为深入研究物质微观结构、运动规律及能量转换机制的重要手段。它为凝聚态物理学、分子生物学和化学的动态过程的研究提供了前所未有的技术。

2. *光学的研究内容*

通常把光学分成几何光学、物理光学、量子光学和应用光学。

（1）几何光学

几何光学是从几个由实验得来的基本原理出发，研究光的传播问题的学科。它利用光线的概念、折射与反射定律来描述光在各种媒质中传播的途径，得出的结果通常总是波动光学在某些条件下的近似或极限。

（2）物理光学

物理光学是从光的波动性出发研究光在传播过程中所发生的现象的学科，所以也称为波动光学。它可以比较方便地研究光的干涉、光的衍射、光的偏振以及光在各向异性的媒质中传播时所表现出的现象。

波动光学的基础就是经典电动力学的麦克斯韦方程组。波动光学不详论介电常数和磁导率与物质结构的关系，而侧重于解释光波的表现规律。波动光学可以解释光在散射媒质和各向异性媒质中传播时的现象以及光在媒质界面附近的表现；也能解释色散现象和各种媒质中压力、温度、声场、电场和磁场对光的现象的影响。

(3)量子光学

1900 年普朗克在研究黑体辐射时,为了从理论上推导出与实际相符甚好的经验公式,大胆地提出了与经典概念迥然不同的假设,即“组成黑体的振子的能量不能连续变化,只能取一份份的分立值”。

1905 年,爱因斯坦在研究光电效应时推广了普朗克的上述量子论,进而提出了光子的概念。他认为光能并不像电磁波理论所描述的那样分布在波阵面上,而是集中在所谓光子的微粒上。在光电效应中,当光子照射到金属表面时,一次为金属中的电子全部吸收,而无需电磁理论所预计的那种累积能量的时间。电子把这些能量的一部分用于克服金属表面对它的吸力即做逸出功,余下的就变成电子离开金属表面后的动能。

这种从光子的性质出发来研究光与物质相互作用的学科即为量子光学。它的基础主要是量子力学和量子电动力学。

光的这种既表现出波动性又具有粒子性的现象称为光的波粒二象性。后来的研究从理论和实验上都无可争辩地证明了:非但光有这种两重性,世界的所有物质,包括电子、质子、中子和原子以及所有的宏观物体,也都有与其本身质量和速度相联系的波动的特性。

(4)应用光学

光学是由许多与物理学紧密联系的分支学科组成,由于它有广泛的应用,所以还有一系列应用背景较强的分支学科也属于光学范围。例如,有关电磁辐射的物理量的测量的光度学、辐射度学;以正常平均人眼为接收器,来研究电磁辐射所引起的彩色视觉及其心理物理量的测量的色度学;众多的技术光学,包括光学系统设计及光学仪器理论、光学制造和光学测试、干涉量度学、薄膜光学、纤维光学和集成光学等;还有与其他学科交叉的分支,如天文光学、海洋光学、遥感光学、大气光学、生理光学及兵器光学等。

同步练习

思考题

14.1 如何区别自然光、线偏振光和部分偏振光?

14.2 当一束光入射到两种透明媒质分界面上时,发现只有透射光而无反射光,试说明这束光是怎样入射的。其偏振状态如何?

14.3 线偏振光依次通过偏振片 P_1 和 P_2,P_1 和 P_2 的偏振化方向与原入射光光矢量振动方向的夹角分别是 α 和 β。欲使最后透射光振动方向与原入射光振动方向互相垂直,并且透射光有最大的光强,问 α 和 β 各应满足什么条件?

14.4 如图所示,三种透明介质Ⅰ、Ⅱ、Ⅲ的折射率分别为 n_1、n_2、n_3,

它们之间的两个交界面互相平行。一束自然光以起偏角 i_0 由媒质 Ⅰ 射向媒质 Ⅱ，欲使在媒质 Ⅱ 和媒质 Ⅲ 交界面上的反射光也是线偏振光，三个折射率 n_1、n_2 和 n_3 之间应满足什么关系？

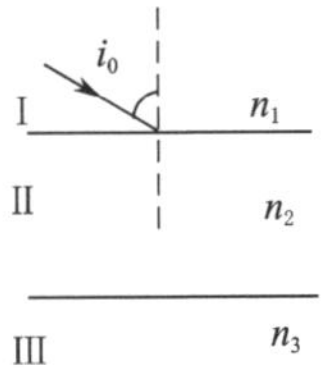

题 14.4 图

选择题

14.5　两偏振片堆叠在一起，一束自然光垂直入射其上时没有光线通过。当其中一偏振片慢慢转动 180°时透射光强度发生的变化为　[　　]

A. 光强单调增加

B. 光强先增加，后又减小至零

C. 光强先增加，后减小，再增加

D. 光强先增加，然后减小，再增加，再减小至零

14.6　一束光强为 I_0 的自然光，相继通过三个偏振片 P_1、P_2、P_3 后，出射光的光强 $I=I_0/8$。已知 P_1 和 P_2 的偏振化方向相互垂直，若以入射光线为轴，旋转 P_2，要使出射光的光强为零，P_2 最少要转过的角度是　[　　]

A. 30°　　B. 45°　　C. 60°　　D. 90°

14.7　一束光是自然光和线偏振光的混合光，让它垂直通过一偏振片。若以此入射光束为轴旋转偏振片，测得透射光强度最大值是最小值的 5 倍，那么入射光束中自然光与线偏振光的光强比值为　[　　]

A. 1/2　　B. 1/3　　C. 1/4　　D. 1/5

14.8　一束自然光射向空气中的一块平板玻璃（如图），设入射角等于布儒斯特角 i_0，则在界面 2 的反射光　[　　]

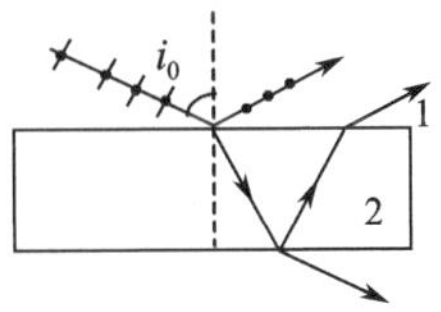

题 14.8 图

A. 是自然光

B. 是线偏振光且光矢量的振动方向垂直于入射面

C. 是线偏振光且光矢量的振动方向平行于入射面

D. 是部分偏振光

14.9　自然光以 60°的入射角照射到某两介质交界面时，反射光为线偏振光，则知折射光为　[　　]

A. 线偏振光且折射角是 30°

B. 部分偏振光且只是在该光由真空入射到折射率为 $\sqrt{3}$ 的介质时，折射角是 30°

C. 部分偏振光，但须知两种介质的折射率才能确定折射角

D. 部分偏振光且折射角是 30°

填空题

14.10 一束光垂直入射在偏振片 P 上，以入射光线为轴转动 P，观察通过 P 的光强的变化情况。若入射光是__________光，则将看到光强不变；若入射光是__________，则将看到明暗交替变化，有时出现全暗；若入射光是__________，则将看到明暗交替变化，但不出现全暗。

14.11 马吕斯定律的数学表达式为 $I = I_0\cos^2\alpha$。式中 I 为通过检偏器的透射光的强度；I_0 为入射__________的强度；α 为入射光________方向和检偏器________方向之间的夹角。

14.12 一束自然光从空气中投射到玻璃表面上（空气折射率为 1），当折射角为 30°时，反射光是完全偏振光，则此玻璃板的折射率等于__________。

14.13 假设某一介质对于空气的临界角是 45°，则光从空气射向此介质时的布儒斯特角是__________。

计算题

14.14 有三个偏振片叠在一起，已知第一个偏振片与第三个偏振片的偏振化方向相互垂直，一束光强为 I_0 的自然光垂直入射在偏振片上，已知通过三个偏振片后的光强为 $I_0/16$，求第二个偏振片与第一个偏振片的偏振化方向之间的夹角。

14.15 将两个偏振片叠放在一起，这两个偏振片的偏振化方向之间的夹角为 60°，一束光强为 I_0的线偏振光垂直入射到偏振片上，该光束的光矢量振动方向与两偏振片的偏振化方向皆成 30°角。

（1）求透过每个偏振片后的光强度；

（2）若将原入射光束换为强度相同的自然光，求透过每个偏振片后的光强度。

14.16 如图所示，媒质Ⅰ为空气（$n_1 = 1.00$），Ⅱ为玻璃（$n_2 = 1.60$），两个交界面相互平行。一束自然光由媒质Ⅰ中以 i 角入射。若使Ⅰ、Ⅱ交界面上的反射光为线偏振光，则

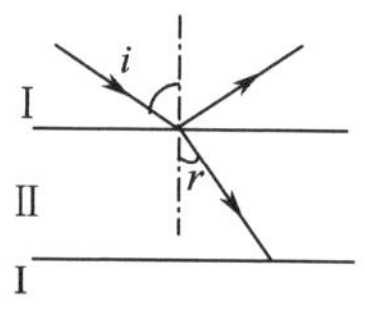

题 14.16 图

（1）入射角 i 是多大？

（2）图中玻璃上表面处折射角是多大？

（3）在图中玻璃板下表面处的反射光是否也是线偏振光？

第 15 章　狭义相对论基础

基本要求

1. 了解经典力学时空观及伽利略变换。

2. 理解狭义相对论时空观、洛伦兹变换和狭义相对论的物理效应(长度收缩、时间膨胀及同时的相对性)。

3. 了解狭义相对论质量、动量及质能的关系。

学习重点

1. 狭义相对论时空观与经典力学时空观在时空认识上的不同。

2. 洛伦兹时空坐标变换和狭义相对论的物理效应。

狭义相对论是在 20 世纪初由爱因斯坦(Albert Einstein,1879—1955)创立的,20 世纪六七十年代进入应用阶段,加速器、核反应堆等高能粒子的研究都以相对论为基础。

在日常生活的宏观世界里,物体运动的速度总是远远小于光速 c。例如:卫星环绕地球的第一宇宙速度 $v=7.8\ \mathrm{km\cdot s^{-1}}$,它与光速的比值 $v/c=2.6\times10^{-5}$,显然 $v\ll c$;声波在空气中的速度 $v=332\ \mathrm{m\cdot s^{-1}}$,$v/c\approx10^{-6}$。牛顿(Isaac Newton,1642—1727)力学体系描述这些物体运动规律时是准确而完美的。

但是,当人们进入微观领域,牛顿力学体系还那么完美吗?例如,用 10 MV 的高压加速电子,按牛顿力学规律 $eU=\frac{1}{2}mv^2$ 计算出电子速度可达 6.25 c(c 为真空光速),但电子的实际速度却仅有 0.998 8c;如果把加速电压由 10 MV 增加到 40 MV,电子速度并没有按经典规律那样增大一倍,而仅从 0.998 8c 增加到 0.999 9c。

经典理论在解决高速运动微观粒子问题上的失色,原因在于它建立在一个不完善的时空观念上。爱因斯坦则以一种全新的时空观,提出了包括光速不变在内的两个基本假设,并以此为基础导出了一系列结论,这些结论不仅适用于高速运动的粒子,而且可以证明经典理论关于物体运动的描述不过是狭义相对论结论在 $v\ll c$ 情况下的近似。

为了对狭义相对论时空观有一个较为全面的了解,首先回顾一下经典力学时空观。

15.1 经典力学时空观 伽利略变换

经典力学时空观集中反映在伽利略(Galileo Galilei,1564—1642)变换中,用来讨论宏观低速领域里的运动。人们生活当中所能体验到的运动,都属于这个范畴。

15.1.1 伽利略时空坐标变换

众所周知,要描述一个物体的运动,首先要选择一个参照系,在该参照系中确定一个坐标系,然后用时钟和坐标来记录一个物体于何时运动到何地。现在把描述物体运动这样一件事推广到要记录一个物理事件(这个物理事件可以泛指一个人出生、眨眼、发射卫星、物体运动到某处等),就要用一组时空坐标(x,y,z,t)反映。假设在不同参照系中记录同一物理事件,其时空坐标就会不同。同一物理事件在两个不同惯性参照系下时空坐标间的关系就称为坐标变换。

设有两个惯性系 k、k',其 X、X'轴重合。k'系相对 k 系以匀速 v 沿 X 轴正向运动。当 O、O'重合时作为两参照系的计时起点,此时 $t=0,t'=0$。空间 P 点发生一物理事件,该事件在 k 系中的时空坐标为(x,y,z,t),在 k'系中为(x',y',z',t'),如图 15-1 所示。

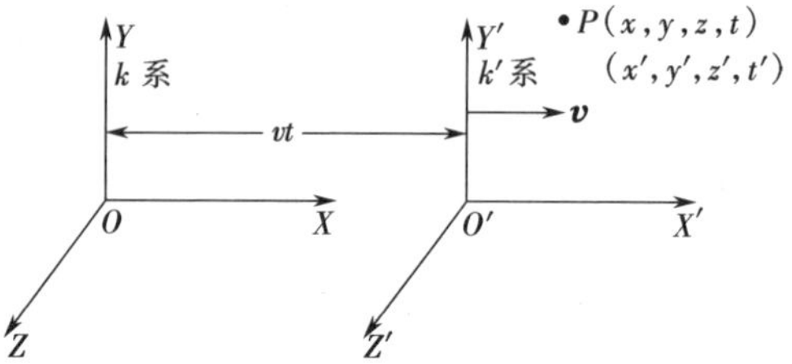

图 15-1 伽利略变换

两惯性系中时空坐标间有如下关系:

$$\left.\begin{aligned} x' &= x - vt \\ y' &= y \\ z' &= z \\ t' &= t \end{aligned}\right\} \tag{15-1a}$$

或

$$\left.\begin{aligned} x &= x' + vt' \\ y &= y' \\ z &= z' \\ t &= t' \end{aligned}\right\} \tag{15-1b}$$

上式称为**伽利略时空坐标变换**。

将式(15-1a)两边对时间求导,并注意到 $\mathrm{d}t=\mathrm{d}t'$,可得到伽利略速度变换。

$$\left.\begin{aligned}u'_x&=u_x-v\\u'_y&=u_y\\u'_z&=u_z\end{aligned}\right\}\tag{15-2a}$$

写成矢量式为

$$\boldsymbol{u}'=\boldsymbol{u}-\boldsymbol{v}\tag{15-2b}$$

或

$$\left.\begin{aligned}u_x&=u'_x+v\\u_y&=u'_y\\u_z&=u'_z\end{aligned}\right\}\tag{15-2c}$$

写成矢量式为

$$\boldsymbol{u}=\boldsymbol{u}'+\boldsymbol{v}\tag{15-2d}$$

其中

$$u'_x=\frac{\mathrm{d}x'}{\mathrm{d}t'},u'_y=\frac{\mathrm{d}y'}{\mathrm{d}t'},u'_z=\frac{\mathrm{d}z'}{\mathrm{d}t'}$$

$$u_x=\frac{\mathrm{d}x}{\mathrm{d}t},u_y=\frac{\mathrm{d}y}{\mathrm{d}t},u_z=\frac{\mathrm{d}z}{\mathrm{d}t}$$

将式(15-2a)两边对时间求导并注意到 $\mathrm{d}v/\mathrm{d}t=0$,可得

$$\left.\begin{aligned}a'_x&=a_x\\a'_y&=a_y\\a'_z&=a_z\end{aligned}\right\}\tag{15-3a}$$

写成矢量式为

$$\boldsymbol{a}'=\boldsymbol{a}\tag{15-3b}$$

15.1.2 经典力学时空观

伽利略时空坐标变换从以下几方面体现了经典力学的时空观。

1. 两事件的时间间隔是绝对的

设两事件 P_1、P_2,在 k 系中时空坐标为 $P_1(x_1,y_1,z_1,t_1)$、$P_2(x_2,y_2,z_2,t_2)$,在 k' 系中时空坐标为 $P_1(x'_1,y'_1,z'_1,t'_1)$、$P_2(x'_2,y'_2,z'_2,t'_2)$。由式(15-1a),$t=t'$,可得到 $\Delta t=\Delta t'$,这说明在两个惯性系中测量到的两事件的时间间隔相同,与参照系的选择无关,是绝对的。若在 k 系中两事件同时发生,$\Delta t=t_2-t_1=0$,那么在 k' 系中这两事件也必然同时发生,即 $\Delta t'=0$,同时性也是绝对的。

2. 物体长度的测量值是绝对的

设一直尺相对 k' 系静止并沿 X' 轴放置,在 k' 系测量该尺长度为 $l'=$

$x_2' - x_1'$，其中 x_1'、x_2' 分别为尺两端在 k'系的坐标值。在 k 系测量该尺长度为 $l = x_2 - x_1$，将伽利略变换式(15-1a)代入可得到

$$l' = x_2' - x_1' = (x_2 - vt_2) - (x_1 - vt_1) = (x_2 - x_1) - v(t_2 - t_1)$$

考虑到尺随 k'系一起相对 k 系以速度 v 运动，所以在 k 系中测量运动尺两端坐标时应同时进行，即 $t_2 = t_1$，因此两惯性系测得的尺长相同，$l' = x_2' - x_1' = x_2 - x_1 = l$。这说明物体长度测量值与参照系的选择无关，是绝对的。

3. 物体的速度为相对量

由式(15-2d)，若小车相对地面以速度 $\boldsymbol{v}$ 匀速直线运动，现有一小球相对小车以速度 $\boldsymbol{u}'$抛出，则小球对地面的速度 $\boldsymbol{u} = \boldsymbol{u}' + \boldsymbol{v}$，服从经典速度合成法则。即物体运动速度在不同惯性系中测量结果不同，与惯性系的选择有关，为相对量。

4. 力学的相对性原理

由伽利略变换式(15-3b)，同时考虑到经典力学的观点，质量不随运动而变化，是一个不变量，所以对 k 和 k'系，牛顿第二定律具有相同的表达式，即

$$\boldsymbol{F} = m\boldsymbol{a}$$

$$\boldsymbol{F}' = m'\boldsymbol{a}'$$

力学规律在不同惯性系中有完全相同的形式。还可以将之理解为：不能通过任何力学实验来确定实验所在的惯性系是静止的还是匀速直线运动的；所有惯性系对力学规律等价，没有一个惯性系比其他惯性系占有优势。这称为力学的相对性原理。

综上所述，如果把不随惯性系而变化的量说成是“绝对”的，把随惯性系变化的量说成是“相对”的。那么经典力学的观点是：时间、长度、质量这三个物理量及力学规律是绝对的；而事件发生的空间坐标及物体的速度则是相对的。在经典观念中，空间与时间是彼此独立的。空间像一个大的框架，而时间在那里均匀流逝着。

15.2 狭义相对论时空观　洛伦兹变换

前述经典力学认为速度具有相对性，现在来考察一下光速。设计如图 15-2 所示这样一个假想实验，小球以速度 v 向着在 A 处的接球人运动，球被该人接到后又以速度 v 传出，A 处的接球人是先接到球而后将球传出。B 处一观察者来观察接、传球这两事件，在这里可以将球看成一发光体(光源)，若光速与参照系的选择有关(即光速也满足经典速度合成)，则接球时光对观察者的速度为 $c - v$，球被传出后，光对观察者的速度为 $c + v$，若 A、B 间距离足够大时，B 处的观察者会先看到传出的球而

后看到接球，接、传球两事件的时序颠倒了。究竟光速是否参与速度合成呢？爱因斯坦提出了自己的观点，被称为两个基本原理。

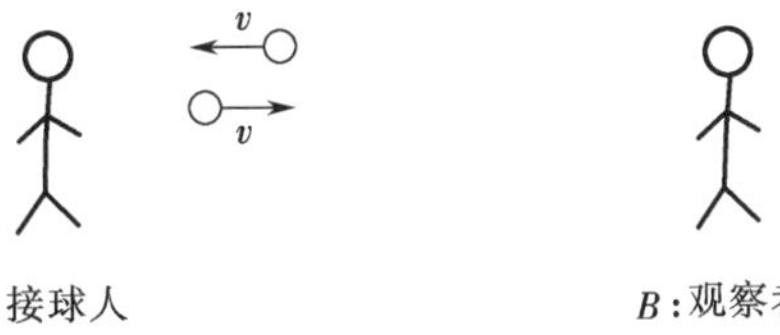

图 15-2　光速的假想实验

15.2.1　两个基本原理

1905 年，爱因斯坦提出了两个基本原理，并在此基础上创立了狭义相对论。这两个基本原理之一为**光速不变原理**。光速不变原理表明：在所有惯性系中，光在真空中沿各方向的速度都是 c（$c = 3\times10^8\ \mathrm{m\cdot s^{-1}}$），与光源及观察者的运动无关。

假设一飞船以速度 v 相对地球运动，飞船上有一光源发出一光脉冲，此光脉冲相对飞船上的观察者速度为 c，相对地球上的观察者速度也为 c，与光源的运动无关。同样光速与观察者的速度无关，无论观察者以速度 v 向着光源或者背离光源运动，他所测量到的光速都是 c。

爱因斯坦两个基本原理之二为物理学的**相对性原理**。相对性原理表明：在所有惯性系中，物理规律有相同的形式。这是基于力学的相对性原理，并将之推广至物理学。爱因斯坦认为，所有惯性系对物理学规律等价，即不能在惯性系中通过任何物理学实验来确定该惯性系是静止的还是匀速直线运动的。

那么，满足上述两个基本原理的变换应为什么形式呢？

15.2.2　洛伦兹变换

设惯性系 k' 相对惯性系 k 以速度 v 沿 X 轴正向运动，并在 k 系与 k' 系坐标原点重合时两惯性系中的时钟开始计时（即此刻 $t=0, t'=0$），如图 15-3 所示。

空间 P 点发生一物理事件，该事件在 k 系中的时空坐标为 (x, y, z, t)，在 k' 系中为 (x', y', z', t')，由于两参照系仅沿 x 方向有相对运动，故只需要确定 (x, t) 与 (x', t') 间的变换关系。

考虑到以下两点：①时空的均匀性使惯性系间的时空变换为线性的；②新变换在低速情况下能回到伽利略变换。可以假设 k 系变换到 k' 系的形式为

$$x' = \gamma(x - vt) \tag{15-4a}$$

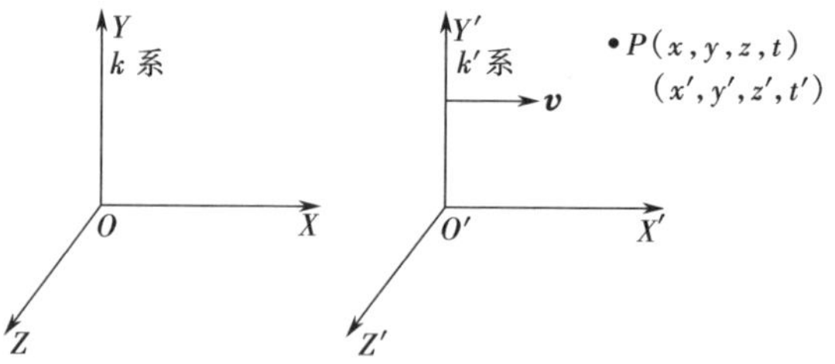

图 15-3 **洛伦兹变换**

其中 γ 与 x 及 t 无关。

根据爱因斯坦相对性原理，k'系向 k 系的变换应具有相同的形式，故

$$x=\gamma(x'+vt') \tag{15-4b}$$

这里 v 前面的符号改变是考虑到两惯性系的相对运动方向相反。

下面利用光速不变原理来确定 γ 并找到 t 与 t'间的变换关系。

设 k'系与 k 系坐标原点重合时，从原点发出一沿 X 轴正向传播的光脉冲，按照光速不变原理，对 k 系和 k'系的观察者光速都是 c，经一段时间后，光脉冲所在点在两系中的坐标分别为

$$x'=ct'$$

$$x=ct$$

将上述两式分别代入式(15-4a)及式(15-4b)，得

$$ct'=\gamma(ct-vt)=\gamma(c-v)t$$

$$ct=\gamma(ct'+vt')=\gamma(c+v)t'$$

两式相乘得

$$c^2tt'=\gamma^2(c^2-v^2)tt'$$

由此可得

$$\gamma=\frac{1}{\sqrt{1-\frac{v^2}{c^2}}} \tag{15-5}$$

将 γ 代入式(15-4a)及式(15-4b)，得

$$x'=\frac{x-vt}{\sqrt{1-\frac{v^2}{c^2}}} \tag{15-6a}$$

$$x=\frac{x'+vt'}{\sqrt{1-\frac{v^2}{c^2}}} \tag{15-6b}$$

由上两式消去 x'可解得

$$t' = \frac{t - \frac{v}{c^2}x}{\sqrt{1 - \frac{v^2}{c^2}}} \tag{15-7a}$$

同样消去 x 可解得

$$t = \frac{t' + \frac{v}{c^2}x'}{\sqrt{1 - \frac{v^2}{c^2}}} \tag{15-7b}$$

综上，由爱因斯坦的两个基本原理可以得到两个惯性系间的时空变换关系式，由 k 系到 k' 系的变换为

$$\left.\begin{aligned} x' &= \gamma(x - vt) \\ y' &= y \\ z' &= z \\ t' &= \gamma\left(t - \frac{v}{c^2}x\right) \end{aligned}\right\} \tag{15-8a}$$

由 k' 系到 k 系的变换为

$$\left.\begin{aligned} x &= \gamma(x' + vt') \\ y &= y' \\ z &= z' \\ t &= \gamma\left(t' + \frac{v}{c^2}x'\right) \end{aligned}\right\} \tag{15-8b}$$

上述新的变换称为**洛伦兹时空坐标变换**。它表达了同一物理事件在不同惯性系中时空坐标间的关系。

由式(15-5)可见，当 $v < c$ 时，$\gamma > 1$；当 $v \geq c$ 时，γ 无意义；当 $v \ll c$ 时，$\gamma = 1$，此时洛伦兹变换回到经典伽利略变换。

洛伦兹变换是爱因斯坦两个基本原理的直接结果，是狭义相对论的核心，它体现了狭义相对论时空观。

15.2.3　狭义相对论时空观

由洛伦兹变换可以得到以下结论。

1. 同时是相对的

设空间不同地点发生两物理事件 P_1、P_2，它们在 k 系中的时空坐标为 $P_1(x_1, y_1, z_1, t_1)$ 及 $P_2(x_2, y_2, z_2, t_2)$，在 k' 系中的时空坐标为 $P_1(x_1', y_1', z_1', t_1')$ 及 $P_2(x_2', y_2', z_2', t_2')$，若 k' 系中两事件同时发生，$t_1' = t_2'$，$\Delta t' = t_2' - t_1' = 0$，那么在 k 系中两事件的时间间隔为

$$\Delta t = t_2 - t_1 = \gamma\left[(t_2' - t_1') + \frac{v}{c^2}(x_2' - x_1')\right]$$

$$=\gamma \frac{v}{c^2}(x_2'-x_1')$$

由于 $x_2'\neq x_1'$，因此 $\Delta t\neq 0$，$t_2\neq t_1$。即某惯性系中同时、不同地点发生的两事件，在其他惯性系中考察则不同时。“同时”具有相对性。

同时的相对性是光速不变原理的必然结果。设一列“爱因斯坦火车”以速度 v 匀速直线运动，车厢中部一光源发出一光脉冲，此光信号相对火车系的传播速度为 c，因此车厢首尾 A、B 两处的接收器同时接收到光信号，如图 15-4 所示。而地面的观察者考察 A、B 两处接收器接收光信号这两个事件是不同时的。由于光信号相对地面参照系的速度仍为 c，而火车相对地面以速度 v 向右运动着，因此地面观察者得到的结论是：B 处接收器接收到光信号在先，A 处接收器接收到光信号在后。这样一来，在火车系中 A、B 接收光信号这两事件同时发生，地面系则得出不同时的结论，故“同时”是相对的。

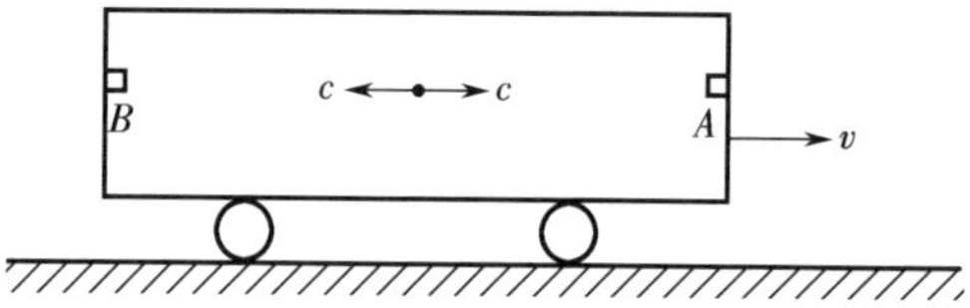

图 15-4　同时的相对性

2. 两事件的时间间隔是相对的

设 k' 系中两事件的时间间隔 $\Delta t'=t_2'-t_1'$，上述两事件在 k 系中的时间间隔 $\Delta t=t_2-t_1$，由洛伦兹变换式(15-8b)有

$$\begin{aligned}\Delta t &= t_2-t_1\\ &=\gamma\left[(t_2'-t_1')+\frac{v}{c^2}(x_2'-x_1')\right]\end{aligned}$$

通常 $\Delta t\neq\Delta t'$，即两事件的时间间隔与惯性系的选择有关，是相对的。

时间膨胀效应：若在 k' 系中于同一地点($x_2'=x_1'$)不同时刻($t_2'\neq t_1'$)发生两事件，其时间间隔记为 τ_0，将某系中同一地点先后发生两事件的时间间隔称为**固有时**，此时 $\tau_0=t_2'-t_1'$。现在于 k 系中考察上述两事件，其时间间隔为 $\tau=t_2-t_1$，由洛伦兹变换式(15-8b) 可得

$$\begin{aligned}\tau &= t_2-t_1\\ &=\gamma\left[(t_2'-t_1')+\frac{v}{c^2}(x_2'-x_1')\right]\\ &=\gamma(t_2'-t_1')\\ &=\gamma\tau_0\end{aligned}$$

其中，k' 系中同一地点 $x_2'-x_1'=0$。由于 $\gamma>1$，所以 $\tau>\tau_0$，即时间间隔变长了，这种变化称为时间膨胀效应。

反过来，若两事件于 k 系中同一地点（$x_2=x_1$）先后（$t_2\neq t_1$）发生，其时间间隔仍记为固有时 τ_0，此时 $\tau_0=t_2-t_1$，那么由 k' 系考察上述两事件，其时间间隔 $\tau=t'_2-t'_1$，由洛伦兹变换式(15-8a)有

$$\begin{aligned}\tau&=t'_2-t'_1\\&=\gamma\left[(t_2-t_1)-\frac{v}{c^2}(x_2-x_1)\right]\\&=\gamma(t_2-t_1)\\&=\gamma\tau_0\end{aligned}$$

同理 $\tau>\tau_0$。

由此可见：某系中同一地点先后发生的两事件，其时间间隔最短；在其他有相对运动的惯性系中，上述两事件的时间间隔将变长，即

$$\tau=\gamma\tau_0 \tag{15-9}$$

时间膨胀效应也是光速不变原理的必然结果。设火车以速度 v 相对于地面运动，如图 15-5(a)所示。车厢底部 A 处一信号源发出一光信号，被其正上方相距 l 处一平面反射镜反射后，被 A 处的接收器接收到。对火车系而言，光信号发出与接收这两事件发生在同一地点，因此其时间间隔记为 τ_0，$\tau_0=\dfrac{2l}{c}$。现在于地面系考察光信号从发出到接收这两事件的时间间隔。显然对地面系而言，上述两事件发生于不同地点（因为火车在运动，而光信号传播需要时间）。设地面系中光信号于 B 点发出，于 B' 点接收到，如图 15-5(b)所示。由光速不变原理，有如下关系得到满足：

$$\left(c\frac{\tau}{2}\right)^2=l^2+\left(v\frac{\tau}{2}\right)^2$$

其中 τ 为在地面系考察光信号从发出到接收的时间间隔。将上式展开并整理可得

$$(c^2-v^2)\tau^2=4l^2$$

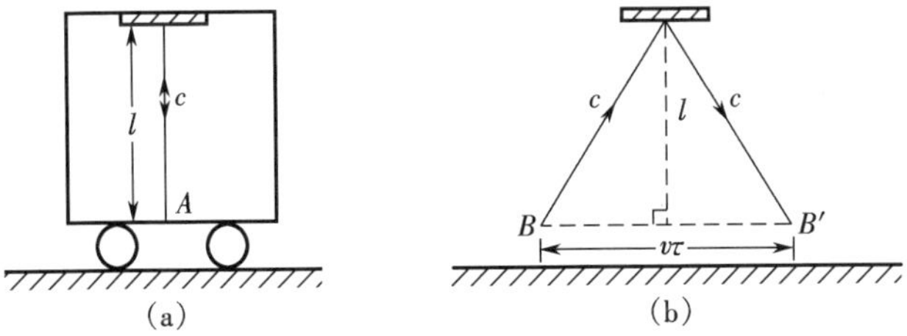

图 15-5 时间膨胀

因为 $\tau_0=\dfrac{2l}{c}$，所以

$$(c^2-v^2)\tau^2=c^2\tau_0^2$$

$$\tau=\frac{\tau_0}{\sqrt{1-\frac{v^2}{c^2}}}$$

$$\tau=\gamma\tau_0$$

3. 物体长度是相对的

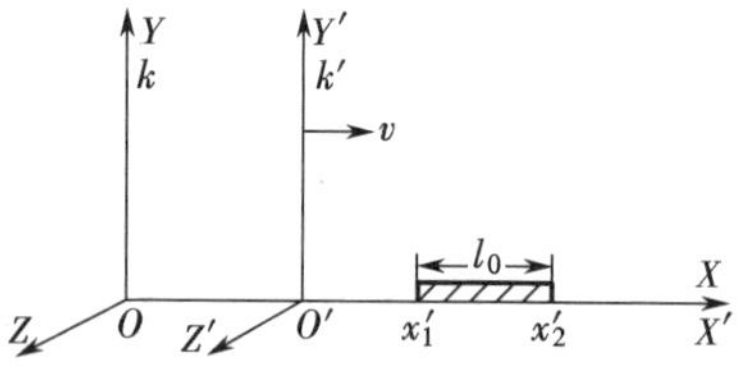

图 15-6 长度收缩

长度收缩效应:设一直尺相对于 k' 系静止并沿 X' 轴放置,如图 15-6 所示。在 k' 系测量该尺长度 $l_0=x_2'-x_1'$,其中 x_2'、x_1' 分别为尺两端在 k' 系的坐标值,将相对观察者静止时测量到的物体长度称为静止长度(或固有长度),用 l_0 表示。在 k 系测量该尺长度为 $l=x_2-x_1$。注意:对 k 系而言,尺是运动的,因此当尺长用 x_2-x_1 表示时也就意味着 $t_2=t_1$,即测量运动尺两端坐标时必须是同时的。由洛伦兹变换式(15-8a)可以得到

$$l_0=x_2'-x_1'=\gamma[(x_2-x_1)-v(t_2-t_1)]$$

因为 $t_2=t_1$,所以

$$l_0=\gamma(x_2-x_1)=\gamma l$$

$$l=\sqrt{1-\frac{v^2}{c^2}}l_0$$

由于 $v<c$,所以 $\sqrt{1-\frac{v^2}{c^2}}<1$,$l<l_0$,即长度收缩了。

反之,若将直尺固定于 k 系,而于 k' 系测量,将会得出什么样的结论呢?

由于直尺相对于 k 系静止,所以其静止长度 $l_0=x_2-x_1$,而在 k' 系中测量运动尺长时也必须要同时,因此 $t_2'=t_1'$,所测尺长为 $l=x_2'-x_1'$,由洛伦兹变换式(15-8b)可以得到

$$\begin{aligned}l_0&=x_2-x_1=\gamma[(x_2'-x_1')+v(t_2'-t_1')]\\&=\gamma(x_2'-x_1')=\gamma l\end{aligned}$$

$$l=\sqrt{1-\frac{v^2}{c^2}}l_0$$

同样可以得到长度收缩的结论,即物体相对观察者静止时,其长度测量值最长,称为静止长度 l_0;物体相对观察者运动时,在其运动方向上长度测量值 l 是其静止时的 $\sqrt{1-\frac{v^2}{c^2}}$ 倍,表示为

$$l=\sqrt{1-\frac{v^2}{c^2}}l_0 \tag{15-10}$$

在与运动垂直的方向上长度测量值不变。

上述结果表明：物体长度在不同惯性系中测量到的结果不同，这就是长度缩短效应。

综上所述，狭义相对论认为：物体的长度、两事件的时间间隔、同时的概念均与惯性系的选择有关，是相对的。而光速及物理规律与惯性系的选择无关。将以上观点与经典观点进行对比，不难发现狭义相对论与经典理论在时空观念上的根本不同。经典时间与空间是彼此独立、互不关联的；而狭义相对论时间与空间是紧密联系在一起的，时间不再与惯性系的选择无关。这一点可由洛伦兹坐标变换的最后一式与伽利略坐标变换的最后一式体会到。

关于狭义相对论长度收缩、时间膨胀等结论，已被大量的实验所证实。

例题 15.1　宇宙射线中有许多高能粒子，如 μ 子，其速度可达 0.998 c，它是不稳定粒子，在很短时间内就可衰变为其他粒子。实验室中得到 μ 子的平均寿命 τ_0 约为 2.15×10^{-6} s，大气层厚度 l_0 约为 10^4 m，试讨论 μ 子如何在平均寿命内穿越大气层。

解：按经典理论，μ 子在其平均寿命里以 $v=0.998c$ 的速度飞行，能通过的距离

$$l=v\tau_0=0.998\times3\times10^8\times2.15\times10^{-6}=644\ \text{m}$$

因此 μ 子是不能穿越大气层的。

按狭义相对论理论，可以从时间膨胀角度和长度收缩角度讨论。

(1) 从时间膨胀角度

实验室中产生的 μ 子的寿命是静止 μ 子的寿命，而宇宙射线中的 μ 子对地球上的观察者而言为飞行 μ 子，其平均寿命

$$\tau=\gamma\tau_0=\frac{\tau_0}{\sqrt{1-\dfrac{v^2}{c^2}}}=16\tau_0$$

在这段时间内，μ 子可飞行的距离为

$$L=v\tau=16v\tau_0=10\ 304\ \text{m}$$

故可以穿越大气层。

(2) 从长度收缩角度

大气层 10^4 m 的厚度是地面观测的结果，而对于固定在 μ 子上的惯性系而言，大气层厚度收缩为

$$l'=\sqrt{1-\frac{v^2}{c^2}}\,l_0=632\ \text{m}$$

而 μ 子在自己的平均寿命 τ_0 内可飞行的距离为

$$L'=v\tau_0=644\ \text{m}$$

故仍可穿越大气层。

以上由狭义相对论理论分析出宇宙射线中的 μ 子可穿越大气层到达地面,这一点与实验观察结果相符合。

例题 15.2 一短跑选手,在地球上以 10 s 的时间跑完 100 m 的距离,在飞行速度为 0.8c 的飞船上测量这位选手跑了多长时间? 多长距离?

解:分析求解相对论问题可以分几个步骤。

(1)确定参照系:本题设地球为 k 系,飞船为 k'系。

(2)找出物理事件:本题中选手用 10 s 的时间跑完 100 m 是个物理过程,可将其归结成起跑和到达终点两事件。因此事件一为起跑,事件二为到达终点。

(3)列出已知条件及要求解的问题:本题已知 k'系相对 k 系的速度 $v=\frac{4}{5}c$,在 k 系中两事件的时空间隔分别为 $\Delta t=10$ s,$\Delta x=100$ m,求 k'系中两事件的时空间隔 $\Delta t'=?$,$\Delta x'=?$

(4)由洛伦兹变换求解结果:

$$\Delta x'=\gamma(\Delta x-v\Delta t)=\frac{100-0.8\times3\times10^{8}\times10}{\sqrt{1-0.8^{2}}}=-4\times10^{9}\mathrm{m}$$

$$\Delta t'=\gamma(\Delta t-\frac{v}{c^{2}}\Delta x)=\frac{10-\dfrac{0.8\times100}{3\times10^{8}}}{\sqrt{1-0.8^{2}}}=16.7\ \mathrm{s}$$

分析:狭义相对论中长度收缩及时间膨胀结论都是有条件的。在时间膨胀中要注意到同一地点先后发生的两事件的时间间隔为固有时这个条件;在长度收缩中要注意到测运动尺两端坐标要同时这个条件。而本题中选手起跑及到达终点既不在同一地点,也不发生在同一时间,因此不能直接用长度收缩及时间膨胀结论来求解本题。

例题 15.3 观察者甲测得同一地点发生的两事件的时间间隔为 4 s,观察者乙测得其时间间隔为 5 s,求:

(1)乙相对甲的运动速度;

(2)观察者乙测得两事件的空间间隔。

解:本题设甲为 k 系,两事件于同一地点发生,其时间间隔为固有时 $\tau_0=4$ s。乙为 k'系,测得时间间隔 $\tau=5$ s。由 $\tau=\gamma\tau_0$ 得

$$\gamma=\frac{1}{\sqrt{1-\dfrac{v^{2}}{c^{2}}}}=\frac{\tau}{\tau_0}=\frac{5}{4}$$

$$v=0.6c$$

即乙相对甲的运动速度为 0.6c。

乙于 k' 系测得两事件的空间间隔为

$$\Delta x' = \gamma(\Delta x - v\Delta t)$$

因 $\Delta x = 0, \Delta t = \tau_0$，故

$$\Delta x' = -\gamma v\tau_0 = -v\tau = -0.6c \times 5 = -9 \times 10^8 \text{ m}$$

15.3 相对论动力学

相对论动力学的基本任务在于找出高速运动物体的力学规律，这些规律既应满足爱因斯坦相对性原理，在低速时又能回到经典力学的形式。

15.3.1 质一速关系

经典力学中物体质量不随运动速度而变，动量是物体质量与速度的乘积。狭义相对论在承认动量守恒成立的前提下导出质量与运动速度有关的结论，即

$$m = m_0/\sqrt{1 - v^2/c^2} = \gamma m_0 \tag{15-11}$$

式中：m 为物体以速度 v 运动的运动质量；m_0 为物体静止时的质量，称为静止质量。

上式表明，物体以速度 v 运动的质量 m 为其静止质量 m_0 的 γ 倍。当物体速度远远小于光速时，$\gamma = 1, m = m_0$，与运动无关，回到经典力学。

以 v/c 为横坐标，质量 m 为纵坐标，画出物体质量与速度的关系，如图 15-7 所示。从图中可以看出，质量的增加只在物体速度接近光速时才变得明显。

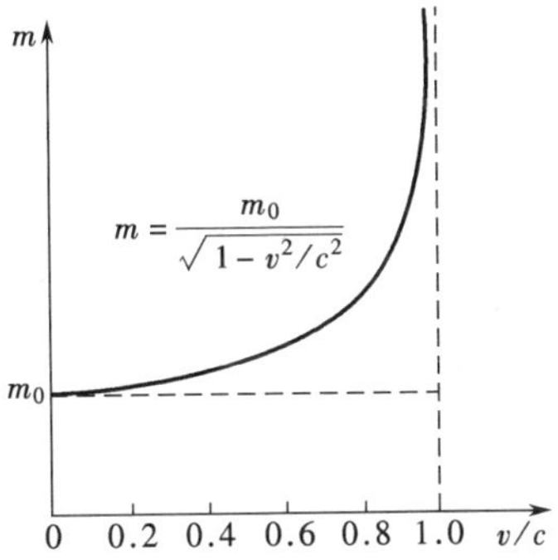

图 15-7　质速关系

对一般物体 $m_0 > 0$，当 $v \to c, m \to \infty$ 时，无论对物体加多大的力，也不可能使物体的速度再增加。因此，一切运动物体的速度不可能大于光速，这与由洛伦兹变换得到的结论是一致的。

在狭义相对论中，物体的动量 $\boldsymbol{p}$ 定义为

$$\boldsymbol{p} = m\boldsymbol{v} = m_0\boldsymbol{v}/\sqrt{1 - v^2/c^2} \tag{15-12}$$

按上式定义的动量满足以下两点。

①动量守恒定律在洛伦兹变换下是保持不变的。若某一力学过程，在某一惯性系下动量守恒，则该过程在其他惯性系下动量也守恒。

②当 $v \ll c$ 时，还原为经典力学中的形式。

由于质量与运动速度有关,所以相对论中动力学的基本方程应写为

$$\boldsymbol{F}=\frac{\mathrm{d}}{\mathrm{d}t}(m\boldsymbol{v})=\frac{\mathrm{d}}{\mathrm{d}t}(\gamma m_0\boldsymbol{v})$$

或

$$\boldsymbol{F}=\frac{\mathrm{d}(m\boldsymbol{v})}{\mathrm{d}t}=m\frac{\mathrm{d}\boldsymbol{v}}{\mathrm{d}t}+\boldsymbol{v}\frac{\mathrm{d}m}{\mathrm{d}t}$$

在这里,力的作用不仅会改变物体的运动状态,产生加速度,同时也会改变物体的质量。

15.3.2 质—能关系

下面推导相对论中的动能表达式。根据动能定理,物体的动能是使物体从静止开始运动到速度为 v 时合外力所做的功,即

$$E_{\mathrm{k}}=\int \mathrm{d}E_{\mathrm{k}}=\int F\mathrm{d}s=\int \frac{\mathrm{d}(mv)}{\mathrm{d}t}\mathrm{d}s=\int_0^v v\mathrm{d}(mv)=\int_0^v v\mathrm{d}\left(\frac{m_0v}{\sqrt{1-v^2/c^2}}\right)$$

采用分部积分,可得

$$E_{\mathrm{k}}=mc^2-m_0c^2 \tag{15-13}$$

式中:m_0c^2 称为物体的静能。mc^2 为物体动能与静能之和,称为物体的总能量 E,即

$$E=mc^2 \tag{15-14}$$

上式为相对论质—能关系。

质—能关系表明物体的质量和能量这两个重要的物理量之间有着密切的联系,若物体的质量发生变化,物体的能量也一定有相应的变化,反之亦然。

但是,应该清楚,一个孤立系统内部进行的任何过程,其总能量应该是守恒的。质—能关系表明,总能量守恒也就意味着总质量守恒。若一系统内部进行的过程使该系统总质量减少,则表明有能量从系统放出。核能的利用,就是相对论质—能关系的一个重要实验证明,也是质—能关系的重大应用之一。

例题 15.4 轻核发生聚变时会释放出巨大的核能,试计算氢核聚变时所放出的核能。反应方程式为

$${}_1^2\mathrm{H}+{}_1^3\mathrm{H}\rightarrow{}_2^4\mathrm{He}+{}_0^1\mathrm{n}$$

解:核质量以原子质量单位 u 表示,1 u = 1.66×10^{-27} kg,核反应前的总质量为

$$m=2.014\ 1\ \mathrm{u}({}_1^2\mathrm{H})+3.016\ 0\ \mathrm{u}({}_1^3\mathrm{H})=5.030\ 1\ \mathrm{u}$$

核反应后的总质量为

$$m'=4.002\ 60\ \mathrm{u}({}_2^4\mathrm{He})+1.008\ 66\ \mathrm{u}({}_0^1\mathrm{n})=5.011\ 26\ \mathrm{u}$$

反应前后总质量差为

$$\Delta m = m - m' = 0.01884\ \mathrm{u} = 3.127 \times 10^{-29}\ \mathrm{kg}$$

其释放出的能量

$$\Delta E = \Delta mc^2 = 3.127 \times 10^{-29} \times (3 \times 10^8)^2 = 2.814 \times 10^{-12}\ \mathrm{J}$$

这只是一个氘核与一个氚核反应释放出的能量。

15.3.3　能量—动量的关系

相对论动量

$$p = mv = m_0 v / \sqrt{1 - v^2/c^2}$$

相对论能量

$$E = mc^2 = m_0 c^2 / \sqrt{1 - v^2/c^2}$$

利用以上两式消去 v 可得动量和能量之间的关系为

$$E^2 = m_0^2 c^4 + p^2 c^2 = E_0^2 + p^2 c^2 \tag{15-15}$$

对于光子，静质量和静能量均为零，所以光子的能量—动量关系为

$$E = pc$$

能量为 E 的光子具有动量 $p = \dfrac{E}{c}$ 及质量 $m = \dfrac{E}{c^2}$。

因为光子有质量，所以光子经过一个大星体附近，会因受星体的万有引力作用而使光线弯曲，这一点已被天文观察所证实；因为光子有动量，所以光照射到物体表面时会产生光压，这种光压可通过实验测量到。

阅读材料

相对论的意义

狭义相对论和广义相对论建立以来，已经过去了很长时间，它们经受住了实践和历史的考验，是人们普遍承认的真理。相对论对现代物理学的发展和现代人类思想的发展都有巨大的影响。相对论从逻辑思想上统一了经典物理学，使经典物理学成为一个完美的科学体系。狭义相对论在狭义相对性原理的基础上统一了牛顿力学和麦克斯韦电动力学两个体系，指出它们都服从狭义相对性原理，对洛伦兹变换都是协变的，牛顿力学只不过是物体在低速运动下很好的近似规律。广义相对论又在广义协变的基础上，通过等效原理，建立了局域惯性场与普遍参照系之间的关系，得到了所有物理规律的广义协变形式，并建立了广义协变的引力理论，而牛顿引力理论只是它的一级近似。这就从根本上解决了以前物理学只限于惯性系的问题，从逻辑上得到了合理的安排。相对论严格地考察了时间、空间、物质和运动这些物理学的基本概念，给出了科学而系统的时空观和物质观，从而使物理学在逻辑上成为完美的科学体系。

狭义相对论给出了物体在高速运动下的运动规律,并指出质量与能量相当,给出了质—能关系式。这两项成果对低速运动的宏观物体并不明显,但在研究微观粒子时却显示了极端的重要性。因为微观粒子的运动速度一般都比较快,有的接近甚至达到光速,所以粒子的物理学离不开相对论。质—能关系式不仅为量子理论的建立和发展创造了必要的条件,而且为原子核物理学的发展和应用提供了根据。

广义相对论建立了完善的引力理论,而引力理论主要涉及的是天体。到现在,相对论宇宙学仍在进一步发展,引力波物理、致密天体物理和黑洞物理这些属于相对论天体物理学的分支学科也都有一定的进展,吸引了许多科学家进行研究。

一位法国物理学家曾经这样评价爱因斯坦:“在我们这一时代的物理学家中,爱因斯坦将位于最前列。他现在是、将来也还是人类宇宙中最有光辉的巨星之一。”“按照我的看法,他也许比牛顿更伟大,因为他对于科学的贡献,更加深入地进入了人类思想基本要领的结构中。”

同步练习

思考题

15.1 试述你对牛顿时空观和狭义相对论时空观的理解。

15.2 如果能制造出光子火箭,那么,在以光速飞行的飞船上测定的光速该是多少?

15.3 两个观察者分别处于惯性系 k 和惯性系 k' 中。在这两个惯性系中各有一根分别与 k 系和 k' 系相对静止的米尺,而且两米尺均沿 X、X' 轴放置。这两个观察者从测量中发现,在另一个惯性系中的米尺总比自己惯性系中的米尺要短些,你怎样看待这个问题?

15.4 有两个事件 A 和 B,在 k 系中的观察者测得这两个事件发生于同一时刻不同地点。那么,对 k' 系中的观察者来说,这两个事件是否仍发生于同一时刻不同地点呢?它与 k' 系相对 k 系沿 X、X' 轴的速度 v 有什么关系?

15.5 一民航客机以 200 $\mathrm{km \cdot s^{-1}}$ 的平均速度相对地面飞行。机上的乘客下机后,是否需要因时间延缓而对手表进行修正?

15.6 若一粒子的速度由 $1.0\times10^{8}\ \mathrm{m \cdot s^{-1}}$ 增加到 $2.0\times10^{8}\ \mathrm{m \cdot s^{-1}}$,该粒子的动量是否增加到原来的 2 倍?其动能是否增加到原来的 4 倍?

选择题

15.7 宇宙飞船相对于地面以速度 v 作匀速直线飞行,某一时刻飞船头部的宇航员向飞船尾部发出一个光信号,经过 Δt(飞船上的钟)时间

后，被尾部的接收器收到，则由此可知飞船的静止长度为
（c 表示真空中光速） [ ]

A. $c\Delta t$　　B. $v\Delta t$

C. $\frac{c\Delta t}{\sqrt{1-(v/c)^2}}$　　D. $c\Delta t\sqrt{1-(v/c)^2}$

15.8 一宇航员要到离地球为 5 光年的星球去旅行，如果宇航员希望把这路程缩短为 3 光年，则他所乘的火箭相对于地球的速度应是
（c 表示真空中光速） [ ]

A. $v=c/2$　　B. $v=3c/5$

C. $v=4c/5$　　D. $v=9c/10$

15.9 把一个静止质量为 m_0 的粒子，由静止加速到 $v=0.6c$（c 为真空中光速）需做的功等于 [ ]

A. $0.18m_0c^2$　　B. $0.25m_0c^2$　　C. $0.36m_0c^2$　　D. $1.25m_0c^2$

15.10 根据相对论力学，动能为 0.255 MeV 的电子，其运动速度约等于

A. $0.1c$　　B. $0.5c$　　C. $0.75c$　　D. $0.85c$

（c 表示真空中的光速，电子的静能 $m_0c^2=0.51$ MeV） [ ]

填空题

15.11 狭义相对论认为，时间和空间的测量值都是__________，它们与观察者的__________密切相关。

15.12 一观察者测得一沿长度方向匀速运动着的米尺的长度为 0.8 m，则此米尺以速度 $v=$________ $\mathrm{m\cdot s^{-1}}$ 接近观察者。

计算题

15.13 半人马星座 α 星是离太阳系最近的恒星，它距离地球 4.3×10^{16} m，设有一宇宙飞船自地球往返于半人马星座 α 星之间，若飞船的速度为 $0.8c$，按地球上的时钟计算，飞船往返一次需多少时间？以飞船为参照系，地球与 α 星之间的距离是多少？

15.14 某地发生两件事，静止于该地的甲测得时间间隔为 4 s，若相对于甲作匀速直线运动的乙测得时间间隔为 5 s，求乙相对于甲的运动速度及乙测得两事件的空间距离。

15.15 一个体积为 V_0、质量为 m_0 的正立方体，沿其一棱方向相对于观测者 A 以速度 v 运动，求观测者 A 测得其质量密度 ρ 是多少？

15.16 一电子以 $v=0.99c$（c 为真空中光速）的速率运动，试求：

(1) 电子的总能量是多少？

(2) 电子的经典力学的动能与相对论动能之比是多少？（电子静止质量 $m_e=9.11\times10^{-31}$ kg）

第 16 章　量子物理初步

基本要求

1. 了解热辐射及普朗克的量子假设;理解光电效应及康普顿效应的实验规律;理解爱因斯坦光子理论对这两个效应的解释及光的波粒二象性。

2. 了解氢原子光谱实验规律和玻尔的氢原子理论。

学习重点

1. 普朗克的量子假设、光电效应及康普顿效应的基本实验规律。

2. 氢原子光谱实验规律和玻尔的氢原子理论。

19 世纪末叶,欧洲各主要资本主义国家的工业生产有了很大发展,对新技术、新工艺和新产品的需求日益迫切。例如当时白炽灯已经发明,人们为了寻找新的光源大力进行真空和放电的研究。这一点对于物理学的发展有着相当直接的影响。

但是自然科学的发展还有它本身的规律。当时物理学正处在一场大革命前夜,它一方面好像很完善了,另一方面却又暴露出尖锐的矛盾。1900 年,著名的英国物理学家开尔文在一篇展望 20 世纪物理学的文章中先说:“在已经基本建成的科学大厦中,后辈物理学家只要作一些零碎的修补工作就行了。”但是他接着又说:“在物理学晴朗的天空的远处,还有两朵小小的令人不安的乌云。”这两朵乌云指的是当时物理学无法解释的两个实验:一个是热辐射实验,另一个是迈克耳逊实验。开尔文算是有眼力的了,但他可能也完全没有想到,正是这两朵小小的乌云,不久就发展成为物理学中一场革命的风暴,从而导致了现代量子力学和相对论力学的诞生。

16.1　热辐射　普朗克的能量子假设

16.1.1　热辐射

从日常经验可知,一物体温度升高时,会向四周放射热量,这叫做热辐射。随着该物体温度的升高,物体的颜色会从暗红渐渐变为橘红,直至白炽耀眼,这时感到它放射的热量越来越多。这些说明物体温度越高,热辐射就越强烈;温度越高,光谱中最强的辐射的频率越高,即物体颜色由红到蓝。

由于热辐射和温度密切相关，一物体在一定温度下和一定时间内，从物体表面的一定面积上所发射的，在任何一段波长内的辐射能量都有一定的量值。为了反映物体在不同温度下辐射能按波长分布的情况，引入一个叫做**单色辐出度**的物理量，用 e_λ 表示，

$$e_\lambda=\frac{\mathrm{d}E_\lambda}{\mathrm{d}\lambda} \tag{16-1}$$

如果在单位时间内从物体表面积上所发射的波长在 λ 到 $\lambda+\mathrm{d}\lambda$ 范围内的辐射能为 $\mathrm{d}E_\lambda$，那么 $\mathrm{d}E_\lambda$ 与波长间隔的比值即为**单色辐出度**。e_λ 与物体的温度 T 和波长 λ 都有关，是 λ 和 T 的函数，常表示为 $e(\lambda,T)$。

考虑到一般从炽热物体上发出的电磁波各种波长均有，例如太阳光就是由各种光所组成，还应引入物体的**总辐出度**的概念，它表示每单位时间内从物体表面单位面积上所发射的各种波长的光的总辐射能，用$E(T)$表示。

显然 $E(T)$ 只是温度的单值函数，在一定的温度 T 时，物体的总辐出度和单色辐出度之间的关系为

$$E=\int_0^\infty e_\lambda \mathrm{d}\lambda \tag{16-2}$$

人如果朝四周看，会发现有的东西是白色的，有的是黑色的，还有红、黄、蓝等各种颜色。它们为什么会有这些颜色呢？原来，如果一种物体能够吸收日光中除红光以外的其他色光，它便呈现出红色；一种物体如果能够吸收一切色光，便显现出黑色；另一种物体能把一切色光都反射回去，人们便看到它是白色的了。由此可见，白色物体吸收辐射的本领最弱，而黑色物体的吸收本领最强。所以夏天人在室外的阳光下最好穿白色的衣服，而不要穿黑色的衣服，这样会感到凉爽些。

任一物体向周围放出辐射能的同时，也吸收周围物体发射的辐射能。为了描述物体的吸收和反射能力，需要引入吸收率和反射率的概念。当入射能入射到某不透明的物体表面时，一部分能量被吸收，另一部分能量被反射。吸收的能量与入射总能量的比值称为该物体的**吸收率**，反射能量与入射总能量的比值称为该物体的**反射率**。物体的吸收率和反射率也是随着物体的温度和入射波的波长而改变的，用 $\alpha(\lambda,T)$ 或 α_λ 和 $\gamma(\lambda,T)$ 或 γ_λ 分别表示一物体在温度 T 时，对于波长在 λ 和 $\lambda+\mathrm{d}\lambda$ 范围内的辐射能的**单色吸收率**和**单色反射率**。

对于不透明的物体，单色吸收率和单色反射率的总和等于1，即

$$\alpha(\lambda,T)+\gamma(\lambda,T)=1$$

若物体是透明的，还应有一部分能量透射，则上式两者之和小于1。

在通常的温度下，一般物体不可能发光，它的颜色就决定于外界的光

照射。可是当物体的温度升高以后,它们便能自动发光了。不同的物体在同样温度下去比较,会发现它们发光的亮度和颜色都不同,即一定温度的炽热物体发射的电磁波从强度到分布都各不相同,依赖于它们的组成材料。但非常有趣的是,原来黑色的物体,例如煤炭,温度升高后变得很亮,辐射也很强。这意味着**吸收本领大的物质,同时也是发射本领大的物质**。

如果有一类物质,不管它们的成分如何,它们在相同温度下都发出同样形式的热辐射电磁波谱,并且其表面能吸收任何波长的辐射能,由于它们不反射光,当它们自己发射的可见光成分极其微弱时,它们看上去是黑色的,所以称为**黑体**。黑体像刚体、质点等模型一样,也是一种理想模型。在自然界中并不存在真正的黑体,最黑的煤炭对一切波长的电磁波吸收率也不过90%左右。

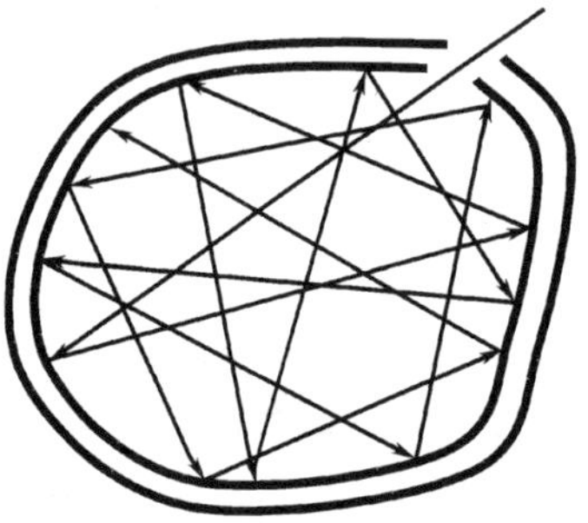

图 16-1 绝对黑体模型

白天在户外看一个小窗户,只见里面黑洞洞的,房间里的东西什么也看不见。原因是进入里面的光线都被屋内吸收了。若是晚上去看,屋内开了灯,可看到这扇窗户比旁边分外明亮。这个事实启发人们在一个密闭空腔上开一个小孔(图 16-1),则这个小孔就可以看成是一个黑体的表面,空腔的内表面越粗糙越好,任何一种辐射投到这个小孔上都将有进无出,即100%地被吸收。因此小孔的行为就和一个黑体的行为一样。如果现在把这个空腔加热,就有热辐射从小孔往外跑,只要研究从小孔中往外跑的辐射能就能知道黑体辐射的特性。

测定黑体的单色发射本领的实验如图 16-2 所示。等温空腔 A 加热后有辐射从小孔射出,经过平行光管 B_1 后入射到棱镜 P 上,不同波长的辐射线在棱镜内发生不同的偏转。如果平行光管 B_2 对准某一方向上具有一定波长的辐射线,则由汇聚透镜 L_2 聚焦在热电偶 C 上,可测出这一波长的辐射线的功率。调节 B_2 的方向可相应地测出不同波长射线的功率。由实验所得到的曲线如图 16-3 所示。此曲线有如下特性:

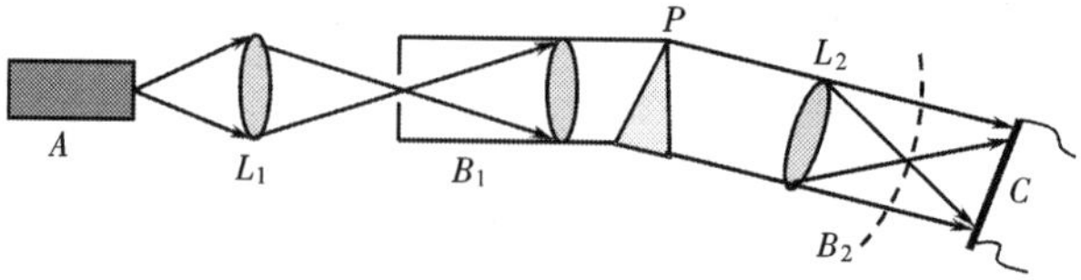

图 16-2 测定黑体单色发射本领实验

①在一定温度 T,曲线的形状是确定的;

②每一条曲线下的面积等于黑体在一定温度下的总辐出度,它与绝对温度 T^4 成正比,即

$$E(T)=\int_0^{\infty} e_{\lambda}(\lambda,T)\,\mathrm{d}\lambda=\sigma T^4 \tag{16-3}$$

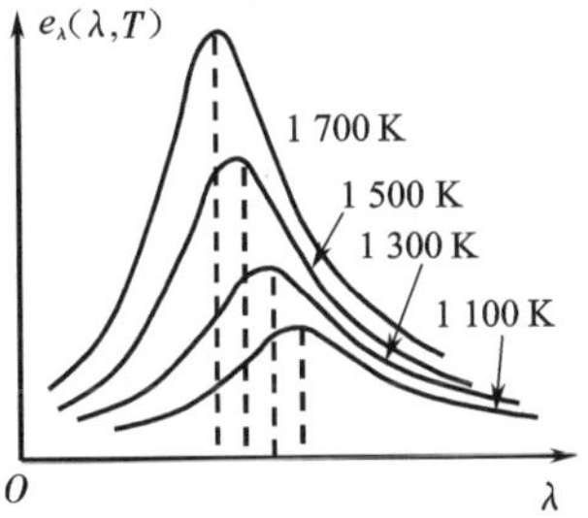

图 16-3 **黑体辐射实验曲线**

比例系数 σ 称为**斯忒藩-玻尔兹曼常量**。由实验得出

$$\sigma=5.67\times10^{-8}\ \mathrm{W\cdot m^{-2}\cdot K^{-4}}$$

上式也叫**斯忒藩-玻尔兹曼定律**,它仅适用于黑体。

由图中可以看出,在每一曲线上 $e_\lambda(\lambda,T)$ 都有一最大值,即最大的单色发射本领,对应于这个最大值的波长叫做峰值波长,用 λ_m 表示。随着温度 T 的升高,λ_m 向短波方向移动,两者之间的关系可由实验确定为

$$T\lambda_m=b=2.898\times10^{-3}\ \mathrm{m\cdot K} \tag{16-4}$$

上式也叫**维恩位移定律**。有经验的工人由钢水的颜色判断钢水的温度就靠这条定律,即随着温度的升高高温物体的颜色由暗红转为蓝白色。

例题 16.1 假定恒星表面的行为与黑体表面一样,测得太阳和北极星辐射波谱的峰值波长分别为 $\lambda_{m1}=510$ nm 和 $\lambda_{m2}=350$ nm,试估计太阳和北极星的表面温度及每单位表面积上单位时间内辐射出的总能量。

解:根据维恩定律 $T\lambda_m=b$,有

$$T=\frac{b}{\lambda_m}$$

对太阳

$$T=\frac{b}{\lambda_m}=\frac{2.897\times10^{-3}}{510\times10^{-9}}=5\ 700\ \mathrm{K}$$

对北极星

$$T=\frac{b}{\lambda_m}=\frac{2.897\times10^{-3}}{350\times10^{-9}}=8\ 300\ \mathrm{K}$$

根据斯忒藩-玻尔兹曼定律,单位时间内从单位表面积上辐射出的总能量为

$$E_1(T)=\sigma T_1^4=5.67\times10^{-8}\times5\ 700^4=6.0\times10^{7}\ \mathrm{W\cdot m^{-2}}(\text{太阳})$$

$$E_2(T)=\sigma T_2^4=5.67\times10^{-8}\times8\ 300^4=2.8\times10^{8}\ \mathrm{W\cdot m^{-2}}(\text{北极星})$$

16.1.2 普朗克的能量子假设

上面得到的黑体辐射的关系曲线都是由实验所得到的结果。那么究

竟如何由理论导出黑体发射本领与绝对温度和辐射波长的关系式 $e_\lambda = f(\lambda, T)$ 呢？当时的物理学家为此做了大量工作。比较著名的有两个公式，即**瑞利-金斯公式**和**维恩公式**。瑞利和金斯于 1890 年把分子物理中的能量按自由度均分定理用到电磁辐射中，得到如下公式：

$$e_\lambda(\lambda, T) = C_1\lambda^{-4}T \tag{16-5}$$

式中 C_1 为常量。这个公式在波长很长的波段与实验曲线符合得比较好，但是在短波波段，随着波长减小 e_λ 将趋于无穷大，完全与实验不符。物理学史上称它为**紫外灾难**，因它正好在可见光紫外区外。还有一个公式是维恩在 1896 年提出的，它所依据的是辐射按波长的分布，类似于麦克斯韦的分子速度分布律的概念。此理论公式为

$$e_\lambda(\lambda, T) = C_2\lambda^{-5}e^{-\frac{C_3}{\lambda T}} \tag{16-6}$$

式中 C_2、C_3 为常量，这个公式在波长较短的方面与实验曲线相接近，但在长波方面与实验曲线不符。

一个理论和实验不符，不等于它就毫无价值了，因为瑞利-金斯公式推导的思想非常明确：完全根据经典物理学，现在出了毛病，一定是经典物理学的基本原理有问题。由于问题出在短波区，瑞利-金斯公式在紫外一端发散，所以称为紫外灾难。这个灾难可是非同小可，它是整个经典物理学的灾难。这就是为什么开尔文把黑体辐射谱解释上的困难看成是一朵乌云的缘故。

德国物理学家普朗克早在 1894 年就致力于黑体辐射问题的研究。他在总结和分析前人研究工作的基础之上，于 1900 年建立了一个表述黑体辐射强度随波长变化的公式，即**普朗克公式**，其形式为

$$e_\lambda(\lambda, T) = 2\pi hc^2\lambda^{-5}\frac{1}{e^{\frac{hc}{k\lambda T}} - 1} \tag{16-7}$$

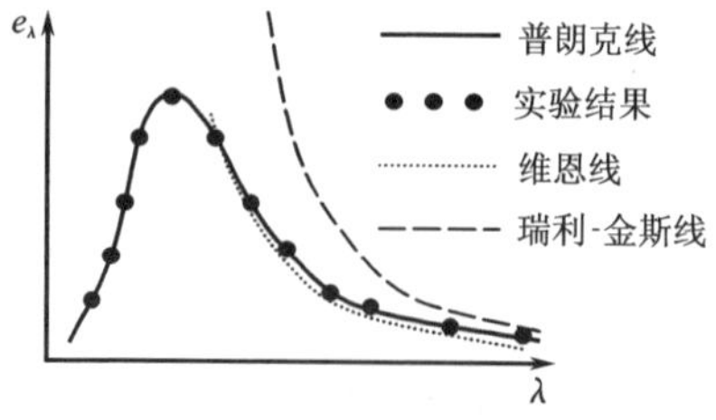

图 16-4 理论与实验曲线比较

这里引入了一个常数 h，称为**普朗克常量**，它的数值为 $h = 6.63 \times 10^{-34}$ J·s。

这个公式与实验符合得非常好(图 16-4)。在短波区域温度较低时，普朗克公式简化为维恩公式，在波长较长温度较高时，普朗克公式简化为瑞利-金斯公式。

普朗克注意到，在过去的理论中，能量都是可以连续变化的。例如在研究黑体辐射中，器壁上的分子、原子被看作是吸收电磁波的振子。电磁波和振子间的能量交换可以无限制地减小或增大，这一假定直接导致得出瑞利-金斯公式，而这却是不正确的。普朗克坚信，解决黑体辐射问题

的关键在于弄清楚这些振子吸收和放出电磁辐射的规律。于是他决定放弃经典的能量理论,实际就是经典的能均分定理,勇敢地假定振子的能量不可以连续变化,他认为当振子吸收频率为 ν 的电磁波时,它只能处于一些等间隔的能量状态中的一个,即

$$E_n = nh\nu \quad (n = 0, 1, 2, \cdots) \tag{16-8}$$

n 叫**量子数**,只能取正整数,并称每一个可能的能量状态为一个**量子态**,而能量的最小单元叫**能量子**,即 $\varepsilon = h\nu$。这种不连续的量子化的能量状态常用**能级图**(图16-5)来表示。

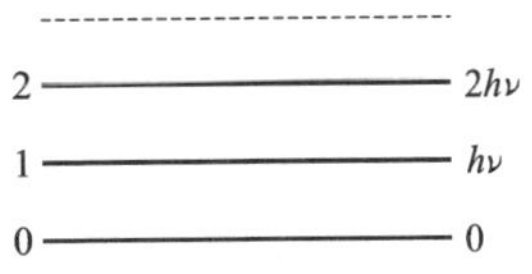

图16-5　能级图

上面的内容叫做**普朗克能量子的假设**。普朗克就是根据这个量子假设,再应用统计理论,得到了黑体辐射的普朗克公式。在能量概念上,普朗克的量子假设和经典物理学有本质上的区别。在经典热力学和电磁波理论中能量是连续的,物体的吸收和辐射的能量可以是任意的量值。但按普朗克量子假设,能量却是不连续的,存在着能量的最小单元($h\nu$)。物体吸收或辐射的能量都是这个最小单元的整数倍,而且是一份一份地按不连续的方式进行的。这样在1900年就诞生了**量子物理学**。它宣告过去经典物理学那种无限连续的观念破产了,微观世界中原来存在着不连续性,普朗克常量 h 实际上就是这种不连续性的表征。

16.2　光电效应

16.2.1　光电效应及其实验规律

1886至1887年间,赫兹在实验中发现:当两个电极之一受到紫外线照射时,两电极之间的放电就比较容易产生。后来进一步认识到这是金属中的自由电子在光的照射下吸收能量而逸出金属表面的结果,这种现象称为**光电效应**,逸出金属表面的电子称为**光电子**。

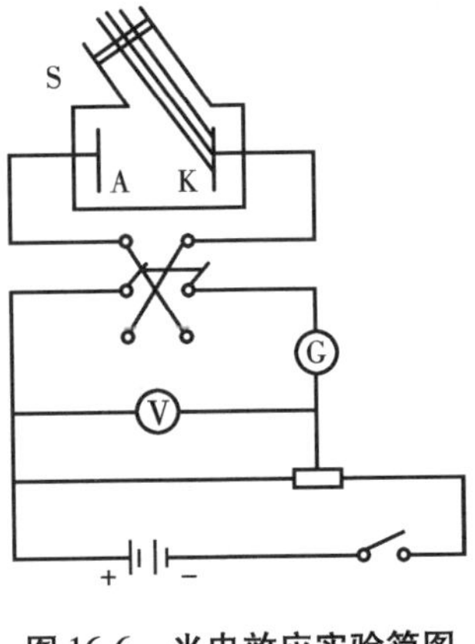

图16-6　光电效应实验简图

光电效应的研究对光的本性的认识和量子论的发展起了非常重要的作用。

图16-6是一个研究光电效应的实验装置示意图。当光通过石英窗口(石英对紫外光的吸收很小)照射到真空管内的金属阴极K上时,阴极K就释放出光电子,逸出的光电子在加速电压 $U = U_A$

$-U_K$ 的作用下，从阴极 K 飞向阳极 A，从而在电路中形成电流，这种电流称为**光电流**。电路中的电流计 G 用来测量光电流的强度。

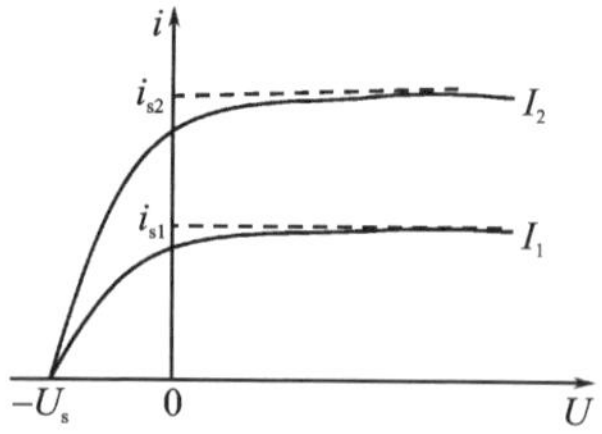

图 16-7 光电效应的伏安特性曲线

当入射光强和频率一定时，实验测得光电流 i 和加速电压 U 的关系如图 16-7 所示（图中两条曲线分别对应于入射光频率相同而光强不同的两种情况，并且光强 $I_2 > I_1$）。当电压从 0 开始升高时，逸出金属的光电子在电场的加速下速度不断增大，电压越高，单位时间到达阳极的光电子数越多，因此光电流不断增大。当电压 U 足够高时，从金属板 K 发射出的光电子全部被阳极 A 吸收，光电流达到一极限（饱和）值 i_s。当电压 U 从 0 变负时（阳极接负极，阴极接正极），光电流并不立即降为零，这表明从金属板 K 逸出的电子具有一定的初动能，所以尽管有电场的阻碍，但仍有部分电子到达阳极 A。如果使负电压足够大，光电子受电场力的阻碍不能到达阳极时，光电流降为零，这时的电压值 U_s 称为**遏止电压**。依动能定理，遏止电压 U_s 和电子电量 e 的乘积对应于从阴极 K 逸出的光电子的最大初动能，即

$$E_K = \frac{1}{2}mv_m^2 = eU_s \qquad (16\text{-}9)$$

式中：m 为电子的质量，v_m 为电子逸出金属表面时的初速度。由实验曲线（图 16-7）知，光强不同的入射光，只要频率相同，其遏止电压也相同，说明对同一阴极材料，光电子的最大初动能与光强无关。

另外，在实验中改变入射光的频率，得到遏止电压 U_s 跟入射光频率 ν 的关系如图 16-8 所示。实验曲线为直线，说明遏止电压（对应于光电子最大初动能）跟入射光频率成线性关系。不同的阴极金属可作出不同的直线，但这些直线都有相同的斜率。

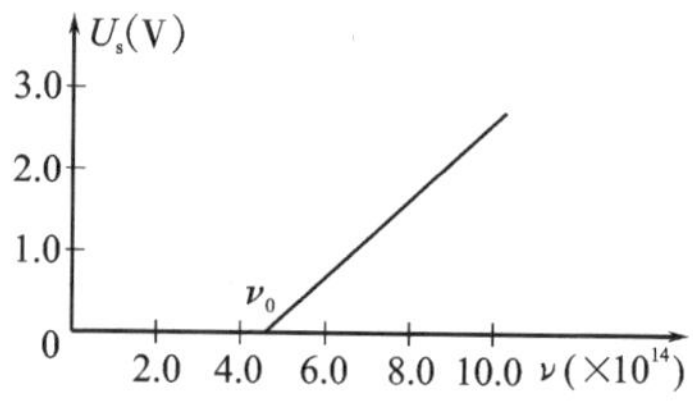

图 16-8 遏止电势差与频率的关系

从图中直线可得

$$U_s = K(\nu - \nu_0) \qquad (16\text{-}10)$$

式中：K 为比例系数（也即图中斜线的斜率），是与金属材料无关的一个普适恒量；ν_0 为直线与横坐标的交点。利用式(16-9)，式(16-10)可写成

$$\frac{1}{2}mv_m^2 = eK\nu - eK\nu_0 \qquad (16\text{-}11)$$

电子的最大初动能 $\frac{1}{2}mv_m^2$ 必为正值，所以

$$eK\nu - eK\nu_0 \geqslant 0$$

可得

$$\nu \geqslant \nu_0 \tag{16-12}$$

式(16-12)说明,入射光频率必须大于某一 ν_0 才会有光电子从金属表面逸出,若 $\nu < \nu_0$,则不论光的强度如何都不能产生光电效应。ν_0 称为**截止频率**或**红限频率**,相应的波长称为**红限波长**。图 16-8 给出的是钠金属的遏止电势差与频率的关系。不同金属具有不同的红限频率。

实验中还发现,光电效应具有"瞬时性"。只要入射光的频率大于红限频率,不论光的强度如何,光一照射到金属表面几乎立即就有光电子逸出,其延迟的时间至多为 10^{-9} s。

16.2.2 经典理论的困难

前面介绍的是光电效应的实验规律,它与光的波动说的基本概念有着深刻的矛盾。按照光的波动说,当光照射在金属上时,构成光波的电磁场使金属内的电子作受迫振动,其振幅应与光波振幅成正比。这些作受迫振动的电子从入射光中吸收能量,当电子的能量足够大时,就可以脱离金属成为光电子。因此按波动说:光电子的初动能应随入射光光强增大而增大。但是实验结果却说明:任何金属的光电子的初动能都随入射光的频率线性地增加,而与入射光的强度无关。其次按照光的波动说:只要入射光足够强就应可以释放电子,不应存在红限。但实验事实却说明:每种金属都存在一个红限 ν_0,对于频率小于 ν_0 的入射光,不管入射光的强度多大,都不能发生光电效应。另外,按照波动说,只要金属中电子吸收光波能量的时间长一些,积累了足够的能量,电子总可以逸出金属。若光强较弱,那么积累的时间就要长一些。但实验表明,当物体受到光的照射时,一般来说不论光怎样弱,只要频率大于红限,光电子几乎是立刻就发射出来。以上这些都说明,光的波动理论对光电效应不能作出圆满的解释。

16.2.3 爱因斯坦光量子理论

为了解释光电效应,在普朗克能量子假设的基础上,爱因斯坦于1905 年提出了辐射本身就是由粒子构成的大胆假设。爱因斯坦认为:光不仅在发射或吸收时具有粒子性,而且在空间传播时同样具有粒子性,一束光就是由以光速 c 运动的粒子流所组成的,这些粒子称为**光量子**,简称**光子**。频率为 ν 的光子的能量为

$$\varepsilon = h\nu \tag{16-13}$$

式中:h 是普朗克常量。

利用爱因斯坦的光量子理论,可以对光电效应作出非常圆满的解释:

频率为 ν 的光照射到金属表面时,一个光子的能量可以被一个电子吸收而使电子的动能增加 $h\nu$,动能增大的电子有可能逸出金属表面。设电子从金属表面逸出时克服阻力所需的功为 A(该功称为逸出功),初动能为 $\frac{1}{2}mv_m^2$。按照能量守恒与转换定律有

$$h\nu = A + \frac{1}{2}mv_m^2 \tag{16-14}$$

上式称为**爱因斯坦光电效应方程**。

从式(16-14)可以清楚地看出,光电子的初动能跟入射光的强度无关,而与入射光的频率 ν 成线性关系;从式(16-14)又可看出,只有光子的能量 $h\nu$ 大于金属中电子的逸出功 A 时才能产生光电效应,因此,存在一个红限频率 ν_0,

$$\nu_0 = \frac{A}{h} \tag{16-15}$$

光子的能量是一次性地被电子所吸收,这一过程需时极短。所以,光电效应具有瞬时性。

入射光的强度大,说明光束中光子的数量多,照射到金属表面时所打出的光电子数目也多,所以光电流大,饱和电流也大。

爱因斯坦光电效应方程不仅圆满地解释了光电效应,而且是一个能够被实验定量检验的方程。根据式(16-14)及式(16-9)可得

$$U_s = \frac{h}{e}\nu - \frac{A}{e} = \frac{h}{e}(\nu - \nu_0) \tag{16-16}$$

上式表明,遏止电压跟光子频率 ν 成线性关系。从实验中得到 U_s—ν 曲线,可求得普朗克常数 h 的值。1916 年,密立根通过精确的实验证明:U_s 与 ν 的关系确是一直线,它的斜率是 h/e,测得 h 值为 6.63×10^{-34} J·s,当时的误差为 0.5%。这个早期的测量跟从普朗克的辐射公式导出的 h 值符合得很好。这两者利用完全不同的现象和理论,对 h 值的测量所得的结果是如此相符,它们有力地证明了爱因斯坦光量子假设的正确性。

16.2.4 光的波粒二象性

根据狭义相对论,物质的能量与质量有密切关系,即质量为 m 的物质同时也具有能量 E,即 $E = mc^2$。每一光子既然具有一定的能量 $h\nu$,那么它也应具有相应的质量 m,即

$$m = \frac{E}{c^2} = \frac{h\nu}{c^2} \tag{16-17}$$

这一量值是有限的,但质量与静止质量之间的关系为

$$m = \frac{m_0}{\sqrt{1 - v^2/c^2}}$$

对于光子来说，速度 $v=c$，所以必须假定光子的静止质量为零。

又因光子具有一定的质量 m 和速度 c，所以光子的动量为

$$p=mc=\frac{E}{c}=\frac{h\nu}{c}=\frac{h}{\lambda} \tag{16-18}$$

既然光是具有能量和动量的量子流，那么当光照射在物体上时，对物体将有压力作用。1901 年，列别捷夫用精密的实验方法测出了数量级很小的光压，从而也证实了光子的设想。

通过以上讨论，证明光与物体相互作用时具有粒子性，但光的干涉、衍射和偏振都有力地表明光在传播过程中具有波动性。因此说光具有**波粒二象性**，即在某些情况下表现出波动性，在另一些情况下表现出粒子性。

最后需要说明的是，爱因斯坦最初引入光子的概念，是用来解释光电效应的，但是经过 100 多年的演变，今天光子的概念已经与当时的想法有所不同，我们不能把光子想象成是定域在空间的一些小球。不仅如此，曾经作为光子学说的主要支柱的光电效应的光子解释，现在也只有历史的意义了，因为在量子力学建立以后，光电效应的解释并不一定需要光量子的假定。不过无论如何，在 1905 年人们第一次认识到光具有波粒二象性，这是值得庆贺的，爱因斯坦也由此而获得了 1923 年诺贝尔物理学奖。

例题 16.2 钨的光电效应红限波长 $\lambda_0=274$ nm。求：(1)钨电子的逸出功；(2)在 $\lambda=200$ nm 的紫外光照射下，光电子的遏止电势差 U_s。

解：(1) $A=h\nu_0=h\dfrac{c}{\lambda_0}=\dfrac{6.63\times10^{-34}\times3\times10^{8}}{2.74\times10^{-7}}=7.26\times10^{-19}\ \text{J}$

(2) 根据爱因斯坦光电效应方程 $h\nu=\frac{1}{2}mv^2+A$，设遏止电势差为 U_s，因

$$eU_s=\frac{1}{2}mv^2$$

所以

$$h\nu=eU_s+A$$

$$U_s=\frac{h\nu-A}{e}=\frac{h\nu}{e}-\frac{A}{e}=\frac{hc}{\lambda e}-\frac{A}{e}$$

$$=\frac{6.63\times10^{-34}\times3\times10^{8}}{2.00\times10^{-7}\times1.60\times10^{-19}}-\frac{7.26\times10^{-19}}{1.60\times10^{-19}}=1.68\ \text{V}$$

例题 16.3 已知 γ 射线的波长 $\lambda=1.24\times10^{-12}$ m，求其光子的能量、动量和质量。

解：根据爱因斯坦光子假设，光子能量

$$\varepsilon=h\nu=h\frac{c}{\lambda}=\frac{6.63\times10^{-34}\times3\times10^{8}}{1.24\times10^{-12}}=1.6\times10^{-13}\ \text{J}$$

光子的动量

$$p=\frac{h}{\lambda}=\frac{6.63\times10^{-34}}{1.24\times10^{-12}}=5.35\times10^{-22}\ \mathrm{kg\cdot m\cdot s^{-1}}$$

因

$$\varepsilon=h\nu=h\frac{c}{\lambda}=mc^2$$

所以光子的质量

$$m=\frac{h}{c\lambda}=\frac{6.63\times10^{-34}}{3\times10^{8}\times1.24\times10^{-12}}=1.78\times10^{-30}\ \mathrm{kg}$$

16.3 康普顿效应

有一定方向的可见光通过不均匀物质时(如雾、悬浮在透明体中的微粒等),就会向各方向发射,因而从各方向都可看到光线,这种现象称为**光的散射**。当 X 射线通过物质时,也有散射现象发生。在 X 射线散射现象中,光的粒子性表现得特别明显。讨论 X 射线的散射,可以使人们对光的认识更深入一步。

为什么会有散射现象发生呢? 根据古典的电磁理论(即光的波动说),当电磁波通过物体时,它能引起物体内部带电粒子作受迫振动,而向四周发生辐射,形成散射光。因为带电粒子受迫振动的频率必须等于入射光的频率,所以散射光的频率或波长应该与入射光的频率相等。这一结果对一般波长的光来说是正确的,但对波长很短的 X 射线的散射光来说就与实验不符。

在 1922 到 1923 年间,康普顿及我国科学家吴有训研究了金属石墨等物质散射后的 X 射线光谱,他们的实验装置如图 16-9 所示。

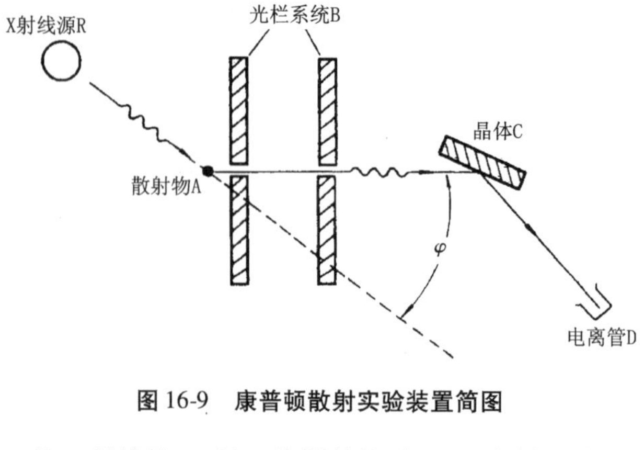

图 16-9 康普顿散射实验装置简图

图中 R 是 X 射线管,A 是一块散射物质,B 是光栏系统;通过光栏后的散射光变成狭窄的光束。这一光束投射到具有晶体 C 和电离管 D 的光谱仪上,通过光谱仪,能够分析散射线的波长及其强度。R 可以绕 A 转动,以使不同方向的即不同 φ 角散射光的光谱线通过光栏系统而进入光谱仪。

实验结果如图 16-10 所示。图(a)代表原始射线(Mo 的 X 射线)的强度分布,图(b)、图(c)、图(d)为不同散射角时散射光的光谱结构。由图可见:

①散射线中除了有与入射波长 λ_0 相同的射线外,还伴有波长大于 λ_0 的射线;

②波长的变化 $\lambda-\lambda_0$ 随散射角 φ 的增大而增大。

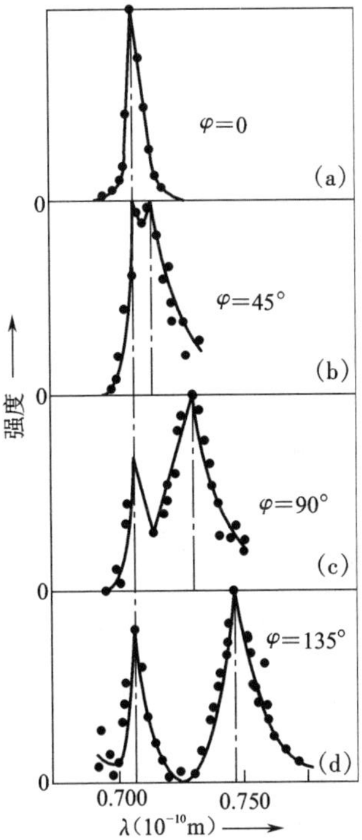

图 16-10　实验曲线

实验表明,在同一散射角下,波长变化与散射物质无关。这种波长改变的散射称为**康普顿效应**。

光的波动理论能够解释波长不变的散射,但不能解释康普顿效应。要解释康普顿效应必须应用光子概念。

首先讨论 X 射线光子与散射物质中电子的碰撞。一般情况下,X 射线中一个光子的能量,约有几百电子伏特,这比散射物质中一个外层电子的束缚能量(约几个到几十个电子伏特)大得多,所以入射的 X 射线光子与电子的相互作用近似地可以看作光子与一个自由电子的碰撞,这个自由电子的速度很小,可以忽略。

如图 16-11 所示的一个光子与一个电子碰撞前后的能量和动量的改变由表 16-1 给出。

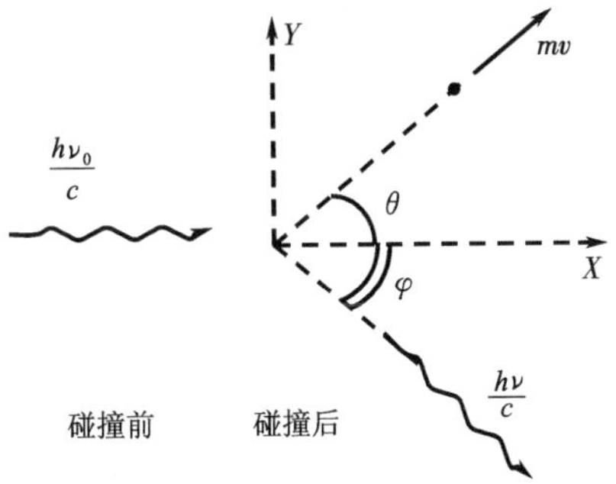

图 16-11　光子与电子的碰撞

表 16-1 碰撞前后的能量和动量的改变

	碰撞前		碰撞后	
	光子	电子	光子	电子
能量	$h\nu_0$	m_0c^2	$h\nu$	mc^2
沿 X 轴的动量	$h\nu_0/c$	0	$(h\nu/c)\cos\varphi$	$mv\cos\theta$
沿 Y 轴的动量	0	0	$-(h\nu/c)\sin\varphi$	$mv\sin\theta$

碰撞前后能量守恒

$$m_0c^2 + h\nu_0 = mc^2 + h\nu \tag{16-19}$$

动量守恒

$$\frac{h\nu_0}{c} = \frac{h\nu}{c}\cos\varphi + mv\cos\theta (沿 X 轴) \tag{16-20}$$

$$0 = -\frac{h\nu}{c}\sin\varphi + mv\sin\theta (沿 Y 轴) \tag{16-21}$$

联立以上三式,可解得

$$\Delta\lambda = \lambda - \lambda_0 = \frac{h}{m_0c}(1-\cos\varphi) = \frac{2h}{m_0c}\sin^2\frac{\varphi}{2} \tag{16-22}$$

这一结论与实验完全符合,散射的射线中确有 $\lambda > \lambda_0$ 的射线存在,而且当 $\varphi < 180°$时,波长的变化 $\lambda - \lambda_0$ 随散射角 φ 的增大而增大。康普顿效应是继热辐射和光电效应之后,进一步揭示了光的粒子性。康普顿效应在理论上与实验上的符合直接证实了光子具有一定的质量、能量和动量。还应指出,由于康普顿效应所研究的不是整个光束和散射物质之间的宏观作用,而是一个光子和一个电子间的作用,所以这一效应同时也证实了能量守恒定律和动量守恒定律在微观粒子相互作用时同样是正确的。

例题 16.4 设波长 $\lambda_0 = 1.00\times10^{-10}$m 的 X 射线与自由电子弹性碰撞,散射角 $\varphi = 90°$,求:

(1)散射波长的改变 $\Delta\lambda$ 是多少?

(2)反冲电子得到多少动能?

(3)在碰撞中,光子能量损失了多少?

解:(1)根据公式有

$$\Delta\lambda = \frac{h}{m_0c}(1-\cos\varphi)$$

即

$$\Delta\lambda = \frac{6.63\times10^{-34}}{9.11\times10^{-31}\times3.0\times10^{8}}(1-\cos 90°) = 2.43\times10^{-12}\ \text{m}$$

(2)根据能量守恒有

$$mc^2 - m_0c^2 = h\nu_0 - h\nu$$

即

$$
\begin{aligned}
E_k &= h\nu_0 - h\nu = \frac{hc}{\lambda_0} - \frac{hc}{\lambda} \\
&= hc\left(\frac{1}{\lambda_0} + \frac{1}{\lambda_0 + \Delta\lambda}\right) \\
&= \frac{hc\Delta\lambda}{\lambda_0(\lambda_0 + \Delta\lambda)} \\
&= 295\ \text{eV}
\end{aligned}
$$

(3)因为能量守恒,光子损失的能量等于反冲电子获得的动能。

16.4 氢原子光谱实验 玻尔理论

16.4.1 原子模型与α粒子散射实验

虽然早在18世纪,物理学和化学的研究成果已经证实了物质是由原子组成的,但直到19世纪末对原子的结构才开始有了一定的了解。1903年,电子的发现者——获1906年诺贝尔奖的汤姆孙首先提出了一个原子模型,原子是一个带正电的球,电子嵌在里面,像葡萄干嵌在面包里似的,或者说像一个西瓜,电子则是瓜子。

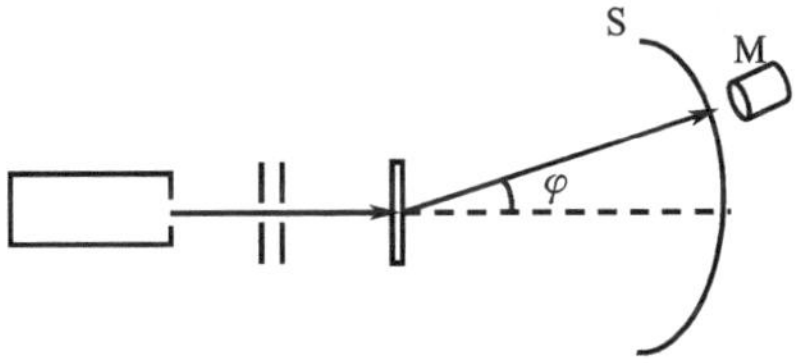

图16-12 α粒子散射实验

另一位伟大的英国实验物理学家,1908年诺贝尔化学奖的获得者卢瑟福则提出了另一个原子模型。他认为在原子中央是一个很小的很重的带正电荷的原子核,电子绕着核运动,就好像行星绕着太阳旋转一样,这两种模型究竟哪一个正确,要用实验来检验。卢瑟福、盖革等人做了这方面的实验,这就是有名的α粒子散射实验。实验在真空中进行(图16-12)。放射性元素镭放在一个铅制的管中,镭放出一束高速α粒子,垂直地射在金属箔上,α粒子与金属箔的原子发生作用后沿着不同的散射角φ射出,打到沿着圆弧移动的荧光屏S上发出闪光,用放大镜M观察闪光,就可把单位时间内的闪光次数记录下来,从而得到α粒子数目依不同的散射角φ的分布规律。实验发现:大多数粒子经过金属箔后与原来的运动方向偏离不多,即散射角φ较小;但少数α粒子的散射角φ很大,有的接近180°。

为什么α粒子会有大角度散射呢?这一实验事实引起了人们的重视。为了解释α粒子的大角度散射,人们首先考虑了α粒子与电子之间的相互作用,但因 α 粒子的质量比电子的质量约大 8 000 倍,所以 α 粒子与原子中的电子碰撞对运动方向不可能有显著的改变,而引起大角度散射。这就像是飞着的炮弹与细小的砂粒碰撞一样,砂粒不可能使炮弹前进方向有显著的改变。即使假定 α 粒子与原子中多个电子发生多次碰撞,计算结果也与实验不符。其次人们考虑 α 粒子与原子中带正电部分的相互作用,卢瑟福认为原子中的正电荷在原子内的分布是不均匀的,它集中在很小的原子核内,由于发射出来的 α 粒子有较大的速度(约 $2\times10^{4}\ \mathrm{m\cdot s^{-1}}$),因而具有较大的能量,它能够克服带正电荷的原子核的电场力接近原子中心与原子核相互作用,引起 α 粒子的大角度散射。α 粒子散射实验和其他一些实验都证实了卢瑟福的原子模型是正确的。原子的直径约 10^{-10} m,而原子核的直径小于 10^{-14} m。原子的全部质量可以认为几乎都集中在原子核上。大家可能注意到了卢瑟福原子模型虽然能解释 α 粒子散射实验,但它没有说明外围电子的分布及其运动规律。

16.4.2 氢原子光谱的实验规律性

虽然卢瑟福的原子模型成功地解释了 α 粒子散射实验,但在理论上的问题还不少。为了说明这一点,先看看氢原子的光谱实验。激发气体发光的方法很多,例如各种形式的气体放电,用电子轰击原子或用适当波长的光照射原子都可以使原子发光。原子发出的光可能由几种不同的波长组成,为了找出原子发光的规律性,有必要把原子发出的光分散开来,并测定它们的波长,这就需要摄谱仪(图 16-13)。放电管中原子发出的光通过狭缝 S、透镜 L_1、棱镜 P 和透镜 L_2 投射到照相底片 R 上,光经过棱镜后,波长不同的光折射的角度不同,这样就把原子发出的光分散开来。摄谱仪中的透镜系统可以保证狭缝 S 有清晰的像落在底片上形成光谱。

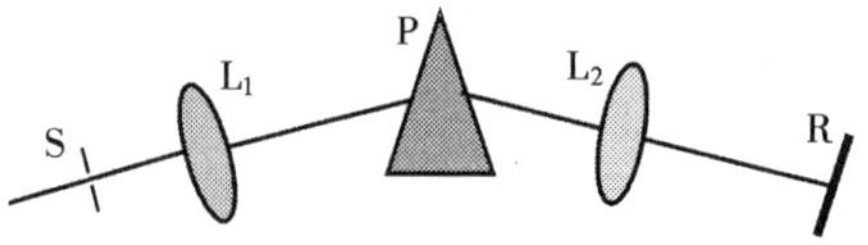

图 16-13 摄谱仪简图

图 16-14 给出的就是氢原子巴耳末系的光谱,可以看出这些原子的光谱是由彼此分立的平行亮线所组成。这种光谱叫线状光谱,其中每条亮线代表一种波长的光,称为谱线。另外这种由原子发光所形成的光谱叫做发射光谱,还有一种是吸收光谱,这里不作介绍。

分析一下原子的线光谱,人们发现谱线并不是无规则地分布着,而是按照一定规则组成的。氢原子所发射的一组谱线总是在照相底片的某些确定位置上,而铁原子所发射的一组谱线总是在另外一些确定的位置上。

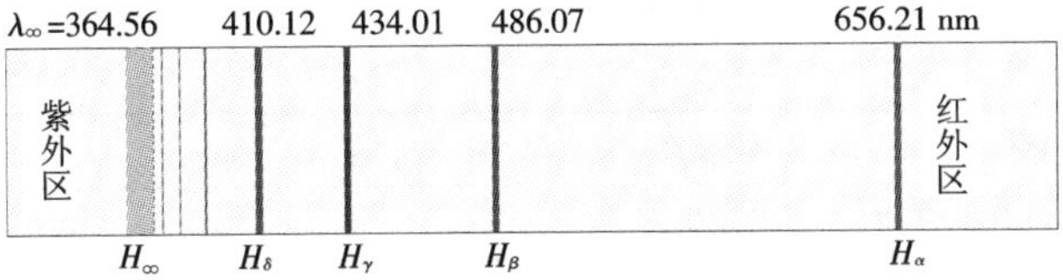

图 16-14　氢原子光谱

这表明各种元素的原子都发出自己特有的线光谱,所以线光谱是原子的特征之一。既然如此,可以肯定谱线的这种规律性与原子内电子的运动有一定的联系,因此原子光谱的实验规律便成了探索原子结构的重要资料。

对原子光谱的研究是从氢原子光谱开始的,1885 年瑞士数学教师巴尔末(J. J. Balmer)对氢原子光谱可见光区的 4 条谱线(图 16-14)进行分析研究后,推断出了一个关于氢原子光谱的巴尔末线系公式,即

$$\lambda = B\frac{n^2}{n^2-4}$$

式中:B 为恒量,$B=3\ 645.7\times10^{-10}$ m;n 为正整数。当 $n=3,4,5,\cdots$时,上式分别给出各谱线的波长。现代光谱学中常用频率 ν 或用波长的倒数 $\tilde{\nu}=\frac{1}{\lambda}$来表示,它的意义是单位长度内所含的波数。这样上式可改写为

$$\tilde{\nu} = R\left(\frac{1}{2^2}-\frac{1}{n^2}\right)$$

式中:$R=4/B=1.096\ 776\times10^7\ \text{m}^{-1}$,称为**里德伯恒量**。这个式子就叫做氢原子光谱巴尔末系的**里德伯公式**。利用巴尔末公式可以极好地说明他那 4 个已知频率,但总的说来未免显得太奇怪,因此没有很快得到人们的承认,但随着时间的推移,测量的频率越来越多,不仅测量了氢,也测量了其他元素。而 1908 年瑞士科学家证明了对所有这些频率巴尔末公式都适用。巴尔末根据最贫乏的资料作出惊人的一绝,但因这件事远远走在时代前面,所以他生前没有得到真正承认。后来在光谱的紫外区、红外区以及远红外区都发现了氢原子的光谱线,它们的谱线都可用与巴尔末公式相同的公式表示,这个统一的公式为

$$\tilde{\nu} = R\left(\frac{1}{m^2}-\frac{1}{n^2}\right)\begin{pmatrix} m=1,2,3,\cdots \\ n=m+1,m+2,\cdots \end{pmatrix} \tag{16-23}$$

式中:m 决定于谱系;n 决定于该系中的个别谱线。m 和 n 可列成表 16-2。

表 16-2 氢原子光谱系

光波波长范围	光谱系	m	n
紫外区	赖曼系	1	2,3,4…
可见光区	巴尔末系	2	3,4,5…
红外区	帕邢系	3	4,5,6…
近红外区	布喇开系	4	5,6,7…
远红外区	普芬德系	5	6,7,8…

现在看到氢原子光谱可用这样简单的规律来表示,而其结果又非常准确,所以上述公式决不只是一个经验公式而已,而是氢原子内在规律的表现。

那么如何解释氢原子光谱呢？能否应用卢瑟福原子模型来解释氢原子光谱的规律性？根据卢瑟福原子模型和一些早期的实验已证明原子内有一个核,它是一个带正电荷的质子,核外有一电子绕核旋转。根据麦克斯韦电磁理论,电子绕核的加速运动应该引起电磁波的发射,而所发射的电磁波的频率就等于电子绕核旋转的频率。随着能量的辐射,轨道半径应不断减小,直到电子与原子核合并为止。这样的电子旋转频率应不断增大,因此所发射的电磁波应有一较宽的频率范围。然而实验上观测到的结果完全不是这样,氢原子发射出来的光只是一些频率极其确定的谱线,而且电子也并没有迅速地沿螺旋线一直缩到核里去。从这里可以看出,理论与实验不符,因此,有必要对原子理论作进一步的研究和完善。

卢瑟福的原子有核模型解释不了原子辐射问题。对此,许多物理学家都在努力研究和探索。1913 年,玻尔在有核模型基础上提出了三条假设,即玻尔的氢原子理论,它有效地解释了光谱的规律。

16.4.3 氢原子的玻尔理论

玻尔提出的三个基本假设如下。

①原子系统只能具有一系列不连续的能量状态,在这些状态中电子虽然作加速运动但不辐射电磁能量,这些状态称为原子系统的稳定状态(定态),相应的能量分别为 $E_1, E_2\cdots(E_1 < E_2 < \cdots)$。

②只有当原子从一个具有较高能量 E_n 的稳定状态跃迁到另一个具有较低能量 E_k 的稳定状态时原子才发射单色光,频率 ν_{kn} 由下式决定:

$$\nu_{kn} = \frac{E_n - E_k}{h} \tag{16-24}$$

式中:h 为普朗克常量。反之,原子在较低能量 E_k 的稳定状态时,如吸收频率为 ν_{kn} 的光子就可以跃迁到较高能量 E_n 的稳定状态,所以上式实际是光辐射或吸收时的能量守恒定律。

③在电子绕核作圆周运动中，不同的可能的稳定状态决定于下一条件：

$$L = n\frac{h}{2\pi} \quad (n = 1,2,3,\cdots) \tag{16-25}$$

式中：L 是电子的动量矩，它只能等于$\frac{h}{2\pi}$的整数倍；n 为正整数，叫做**量子数**。上式称为**量子化条件**。

下面根据玻尔的假设来计算氢原子的能量。

设电子质量为 m，绕原子核作圆周运动，速度为 v，电子运动的轨道半径为 r（图 16-15），由库仑定律核对电子的引力为

$$f = \frac{ze^2}{4\pi\varepsilon_0 r^2}$$

式中：z 为电荷数，对于氢，$z = 1$。由牛顿运动定律知 f 即电子所受的向心力，其大小

$$ma_n = m\frac{v^2}{r} = \frac{ze^2}{4\pi\varepsilon_0 r^2}$$

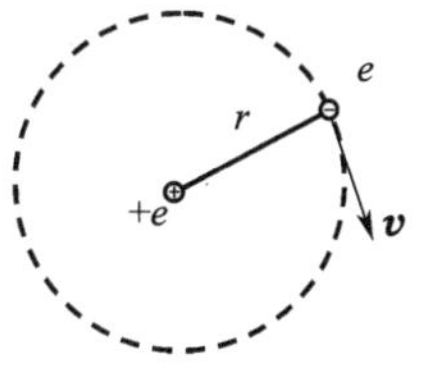

图 16-15　电子绕原子核作圆周运动

电子的动能

$$E_k = \frac{1}{2}mv^2 = \frac{ze^2}{8\pi\varepsilon_0 r}$$

电子与原子核系统的势能

$$E_p = -\frac{ze^2}{4\pi\varepsilon_0 r}$$

原子系统的总能量

$$E = E_k + E_p = -\frac{ze^2}{8\pi\varepsilon_0 r} \tag{16-26}$$

按照经典理论，电子轨道半径可以取任意值，因此能量 E 也可以取任意值。但是根据玻尔假设，电子在定态，它的动量矩只能取一些确定的不连续的数值，可得到量子化的第 n 个稳定轨道的半径

$$r_n = \frac{h^2\varepsilon_0}{\pi mze^2}n^2 \quad (n = 1,2,3,\cdots) \tag{16-27}$$

电子绕核运动时，只能在满足上式的轨道上运动，电子现在成了有轨电车，只能在这些特殊轨道上运动，但它同时也是个跳蚤，玻尔允许它跳车，但不允许它到处闲逛，只允许它落在另一个轨道上巡游，直到它要再跳为止。

把式（16-27）代入式（16-26）中，可得到

$$E_n = -\frac{mz^2e^4}{8\varepsilon_0^2h^2n^2} \quad (n = 1,2,3,\cdots) \tag{16-28}$$

原子的能量也是量子化的了，它只能取一系列不连续的值，这些不连续的

值就是能级。对于氢原子，$z=1$。把上式各量都代入可得到

$$E_n = -\frac{13.6}{n^2}\ \mathrm{eV} \tag{16-29}$$

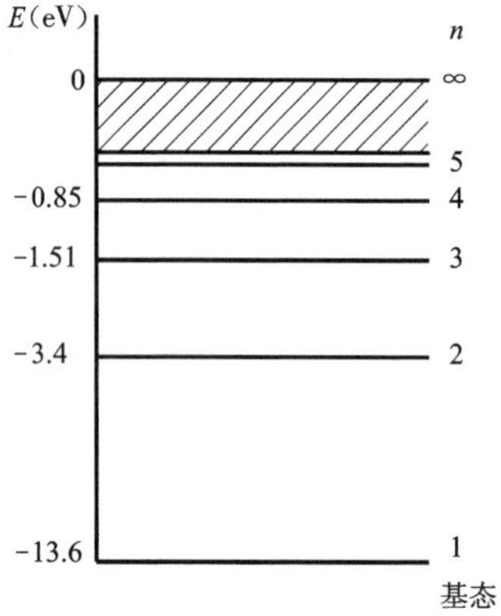

图 16-16 氢原子能级

氢原子能级分布如图 16-16 所示。

如果氢原子中的电子在 $n=1$ 的轨道上运动，它的能量 $E_1=-13.6$ eV 为最小，这时原子的状态就是**基态**。此时氢原子的最小轨道半径

$$r_1 = \frac{\varepsilon_0 h^2}{\pi m e^2} \approx 5.29\times10^{-11}\ \mathrm{m} \tag{16-30}$$

r_1 叫**玻尔半径**。可以看到，当量子数 n 增加时，氢原子可能位于 E_2、E_3……能量较高的能级，与这些能级相对应的状态称为**激发态**。从图中还可以看到，n 增大时相邻原子能级越来越接近。若 $n\to\infty$，则 $r\to\infty$，$E_\infty\to0$。这时电子已脱离原子核的束缚而成为自由电子，电子从基态脱离原子核成为自由电子所需做的功称为**电离能**。氢原子的电离能是 13.6 eV。

另外，根据玻尔假设，原子从能级 E_n 跃迁到 E_k 时，放出单色光的频率为

$$\nu_{kn} = \frac{E_n - E_k}{h} = \frac{mz^2e^4}{8\pi\varepsilon_0^2h^3}\left(\frac{1}{k^2}-\frac{1}{n^2}\right)$$

若令 $R=\dfrac{mz^2e^4}{8\pi\varepsilon_0^2h^3c}$，则上式变为 $\nu_{kn}=R\left(\dfrac{1}{k^2}-\dfrac{1}{n^2}\right)$。这正是巴尔末公式式(16-23)，$R$ 是里德伯恒量。代入已知数据，可得 $R=1.097\times10^7\ \mathrm{m}^{-1}$，可见理论值与实验值符合得很好。

现在能够对氢原子光谱作出解释了。一般情况下，室温时绝大部分原子都位于基态，处于激发态的原子是非常少的。氢原子位于基态，电子在 $r=r_1$ 的圆形轨道上运动，具有能量为 -13.6 eV，这时它的能量最小，也最稳定。当原子受到辐射或高能粒子碰撞等外界因素的激发时，就吸取一定的能量，跃迁到某一量子数较高的能级。这时原子处于受激状态。处于受激状态的原子是不够稳定的，它能够自发地跃迁到能量较低的受激状态或基态。在跃迁过程中，例如原子自量子数为 n 的状态跃迁到量子数为 k 的状态，发出一个单色光子。从不同的初状态 n 跃迁到同一个末状态 k 时发出的光属于同一个谱系。例如从 $n=2,3,4\cdots$ 的能级跃迁到 $k=1$ 的能级发出的谱线同属于赖曼系；又如从 $n=3,4,5\cdots$ 的能级跃

迁到 $k=2$ 的能级发出的各谱线同属于巴尔末系，依此类推。在某一时刻，一个氢原子只能放出一条谱线，许多氢原子才能够放出各种不同的谱线。由于在实验室中观察到的是大量受激原子所发出的光，所以能够同时观察到全部谱线。

玻尔的氢原子理论成功地解释了氢原子光谱，正因为如此，今天人们尊称玻尔为原子物理学的领袖。1922 年，即爱因斯坦获奖后一年，玻尔也获得了诺贝尔物理学奖。

例题 16.5　计算氢原子中的电子从量子数 n 的状态跃迁到量子数 $n-1$ 的状态时，所发出谱线的频率，并说明当 n 很大时，该频率与用经典物理方法所算得的频率一致。

解：根据玻尔理论，氢原子中的电子从量子数 n 的状态跃迁到量子数 $n-1$ 的状态时，所发出谱线的频率可由下式计算：

$$\nu=\frac{E_n-E_{n-1}}{h}=\frac{me^4}{8\varepsilon_0^2h^3}\left[\frac{1}{(n-1)^2}-\frac{1}{n^2}\right]=\frac{me^4}{8\varepsilon_0^2h^3}\left[\frac{2n-1}{n^2(n-1)^2}\right]$$

当 n 很大时，上式近似为

$$\nu\approx\frac{me^4}{4\varepsilon_0^2h^3n^3}$$

按照经典力学和经典电磁理论，当电子以速率 v 绕核作半径为 r 的轨道运动时，其线速度

$$v=\frac{e}{\sqrt{4\pi\varepsilon_0mr}}$$

其电磁辐射的周期 T 及频率 ν 服从下式

$$T=\frac{1}{\nu}=\frac{2\pi r}{v}$$

可得出电子在轨道上的旋转频率

$$\nu=\frac{v}{2\pi r}=\frac{e}{2\pi\sqrt{4\pi\varepsilon_0mr^3}}$$

根据经典理论，原子电磁辐射的频率与电子旋转频率相等，故将式（16-27）中第 n 个稳定轨道半径 r_n 的值代入上式，即得到辐射频率

$$\nu=\frac{e}{2\pi\sqrt{\varepsilon_0m\left(\dfrac{\varepsilon_0h^2}{\pi me^2}n^2\right)^3}}=\frac{me^4}{4\varepsilon_0^2h^3n^3}$$

与前述结果一致，表明经典物理可以被看作是量子物理当量子数很大时的特殊情形。

16.4.4　弗兰克-赫兹实验

玻尔关于氢原子的量子论发表不久，1914 年，弗兰克和赫兹通过实

验证实了原子能级的存在。弗兰克-赫兹实验使人们有可能测量把原子从基态激发到某一受激态时所需的能量。实验发现，这个能量对于给定的原子是一个确定的数值。进一步实验还能测量出把原子激发到第二、第三受激态所需的能量，从而证实了原子能级的存在。

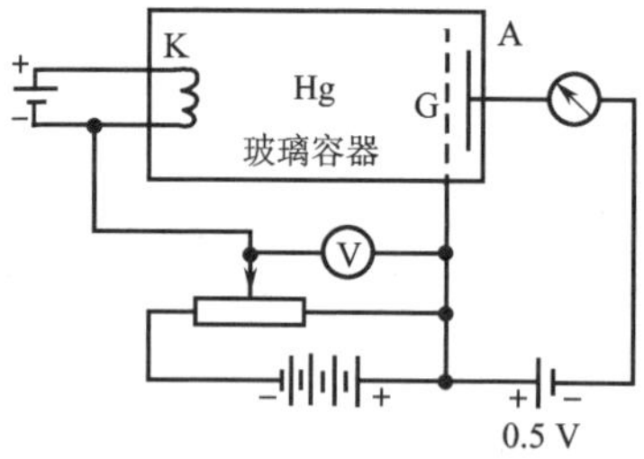

图 16-17　弗兰克-赫兹实验

如图 16-17 所示，在充气管里充有 Hg（汞）蒸气，K 为阴极，G 为栅极，A 为阳极，即接收极。所得到的阳极电流与加速电压之间的关系如图 16-18 所示。

在加速电压 V 的作用下，电子获得了的能量，该能量以动能$\frac{1}{2}mv^2$的形式表现出来。通过调节加速电压，可改变电子的能量。在盛有 Hg 蒸气的真空玻璃管里，通过调节气压可使 Hg 蒸气原子的平均自由程远远小于 K、G 之间的距离。这样当电子在没有到达栅极之前就与气体原子发生多次碰撞。在通常的碰撞情形下，由于相碰撞的电子与原子的质量相差很大，因此电子只改变方向而不损失动量，即发生完全弹性碰撞。但有时也发生另一种碰撞，碰撞后电子将本身的能量传给了原子，使原子跃迁到受激状态，这是非弹性碰撞。

当电子的能量小于 4.9 eV 时，它与原子的碰撞是完全弹性碰撞，不损失能量。因而在这个范围内测得的结果，接收极电流随着加速电压的增大而增大。实验发现，当电子能量为 4.9 eV 时，电子与 Hg 原子的碰撞是以非弹性的形式进行的，这时 Hg 原子受到电子的碰撞而跃迁到第一激发态。碰撞后的电子损失了能量，速度减小。这时测量到的阳极电流便迅速下降，即如图 16-18 所示。

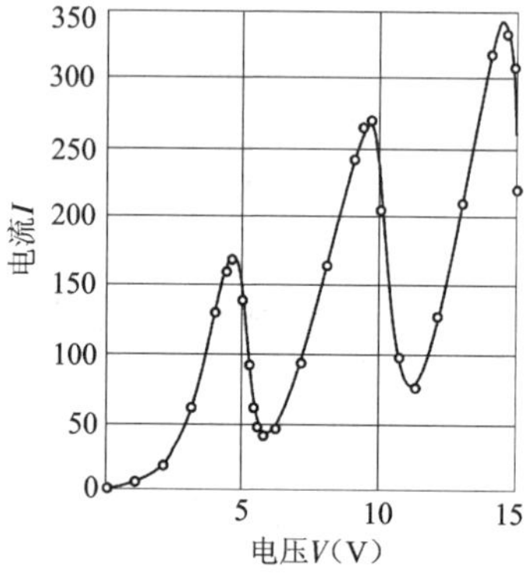

图 16-18　弗兰克-赫兹实验曲线

实验还发现，当电子能量为 9.8 eV 时，阳极电流再次下降。这是因为同一个电子在行程中可能经历了两次激发原子的非弹性碰撞，每次碰撞损失 4.9 eV 的能量。实验表明，Hg 原子基态时的能量与第一激发态的能量之差是一确定值，且等于 4.9 eV。

更精确的实验装置还能观察出 4.9 eV 并非 Hg 在碰撞时唯一可吸收的能量。若把加速电压提高到 6.7 V 或更高一些，发现电子要么损失 4.9 eV，要么损失 6.7 eV 的能量。6.7 eV 即是 Hg 原子第二激发态所具有的能量。再进一步增大加速电压，因而增大电子本身的能量，又会找到第三、第四激发态的能量。

图 16-19 给出的是实验测得的 Hg 原子在几个激发态时所具有的能量，此处取基态能量为零值。

值得注意的是，当用 10.4 eV 的电子碰撞 Hg 原子时，Hg 原子释放出一个电子而电离。故对 Hg 原子而言，电离能量是 10.4 eV。因为释放出去的那个电子可以带走任何数量的能量(以动量的形式)，故原子可以吸收任何一份大于电离能的能量。

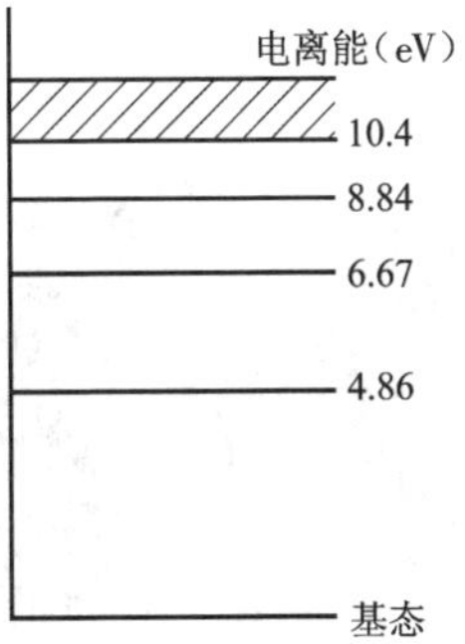

图 16-19　Hg 原子能级

弗兰克-赫兹实验证明，原子能级确实存在，这两位科学家因此而获 1925 年诺贝尔物理学奖。

16.4.5　玻尔理论的困难

玻尔理论是相当成功的，它对氢原子和类氢原子的光谱作了很好的说明。但是，当用它来说明稍为复杂的原子光谱时，就碰到不可克服的困难。比如，它对元素氦的光谱就不能加以解释，即使定性地说明也办不到。为什么会如此呢？其实这个理论一开始就有些先天不足。它既用了现代物理中“量子化”的概念，又用了经典力学来处理氢原子。因此，玻尔理论既不是始终如一的经典理论，又不是彻底的量子论。按英国物理学家布喇格的幽默说法：玻尔每星期一、三、五用经典物理思维着，二、四、六又用量子规律在研究问题，这就不免会碰到麻烦。

但是，玻尔理论毕竟是解决原子结构问题的一个重大步骤。20 世纪初，关于原子构造众说纷纭，莫衷一是，而玻尔却能另辟蹊径，独树一帜，指出了继续前进的方向。他至少使人们明白原子内部的现象是不能用经典物理来处理的，而量子规律在微观领域中具有极重要的意义。玻尔的工作加快了现代物理的发展。虽然，现在谁也不再用玻尔理论来研究原子的构造，但是玻尔理论是导致更完善的量子力学理论的重要基础，是学习量子力学的一个阶梯。玻尔的功绩是不可磨灭的。何况，像定态能级跃迁等概念还保存在现代物理学理论中。

阅读材料

科学家介绍——普朗克

普朗克(Max Planck, 1858—1947),近代伟大的德国物理学家,量子论的奠基人,1858 年 4 月 23 日生于基尔。1867 年,其父民法学教授,应慕尼黑大学的聘请任教,从而举家迁往慕尼黑。普朗克在慕尼黑度过了少年时期,1874 年入慕尼黑大学。1877 至 1878 年间,去柏林大学听过数学家 K. 外尔斯特拉斯、物理学家 H. von. 亥姆霍兹和 G. R. 基尔霍夫讲课。普朗克晚年回忆这段经历时说,这两位物理学家的人品和治学态度对他有深刻影响,但他们的讲课却不能吸引他。在柏林期间,普朗克认真自学了 R. 克劳修斯的主要著作《力学的热理论》,使他立志去寻找像热力学定律那样具有普遍性的规律。1879 年普朗克在慕尼黑大学获得博士学位后,先后在慕尼黑大学和基尔大学任教。1888 年基尔霍夫逝世后,柏林大学任命他为基尔霍夫的继任人(先任副教授,1892 年后任教授)和理论物理学研究所主任。1900 年,他在黑体辐射研究中引入能量量子。由于这一发现对物理学的发展作出的贡献,他获得 1918 年诺贝尔物理学奖。

自 20 世纪 20 年代以来,普朗克成了德国科学界的中心人物,与当时德国以及国外的知名物理学家都有着密切联系。1918 年被选为英国皇家学会会员,1930 至 1937 年他担任威廉皇帝协会会长。在那个时期,柏林、哥廷根、慕尼黑、莱比锡等大学成为世界科学的中心,是同普朗克、W. 能斯脱、A. 索末菲等人的努力分不开的。在纳粹攫取德国政权后,以一个科学家对科学、对祖国的满腔热情与纳粹分子展开了为捍卫科学的尊严的斗争。

普朗克在科学研究上的成就主要有以下几方面。

①普朗克早期的研究领域主要是热力学。他的博士论文就是《论热力学的第二定律》。此后,他从热力学的观点对物质的聚集态的变化、气体与溶液理论等进行了研究。

②提出能量子概念。普朗克在物理学上最主要的成就是提出著名的普朗克辐射公式,创立了能量子概念。

19 世纪末,人们用经典物理学解释黑体辐射实验的时候,出现了著名的所谓"紫外灾难"。虽然瑞利、金斯(1877—1946)和维恩(1864—

1928）分别提出了两个公式，企图弄清黑体辐射的规律，但是和实验相比，瑞利-金斯公式只在低频范围符合，而维恩公式只在高频范围符合。普朗克从 1896 年开始对热辐射进行了系统的研究。经过几年艰苦努力，他终于导出了一个与实验相符的公式。他于 1900 年 10 月下旬在《德国物理学会通报》上发表了一篇只有三页纸的论文，题目是《论维恩光谱方程的完善》，第一次提出了黑体辐射公式。12 月 14 日，在德国物理学会的例会上，普朗克作了《论正常光谱中的能量分布》的报告。在这个报告中，他激动地阐述了自己最惊人的发现。他说，为了从理论上得出正确的辐射公式，必须假定物质辐射（或吸收）的能量不是连续的，而是一份一份进行的，只能取某个最小数值的整数倍。这个最小数值就叫能量子，辐射频率是 ν 的能量的最小数值 $\varepsilon = h\nu$。其中 h，普朗克当时把它叫做基本作用量子，现在叫做普朗克常数。普朗克常数是现代物理学中最重要的物理常数，它标志着物理学从“经典幼虫”变成“现代蝴蝶”。1906 年普朗克在《热辐射讲义》一书中，系统地总结了他的工作，为开辟探索微观物质运动规律新途径奠定了重要的基础。

1947 年 10 月 3 日，普朗克在哥廷根病逝，终年 89 岁。德国政府为了纪念这位伟大的物理学家，把威廉皇家研究所改名叫普朗克研究所。

普朗克的墓在哥廷根市公墓内，其标志是一块简单的矩形石碑，上面只刻着他的名字，下角写着：$h = 6.63 \times 10^{-34}$ J·s。

科学家介绍——康普顿

康普顿（Arthur Holy Compton，1892—1962），美国物理学家，1892 年 9 月 10 日生于俄州伍斯特。1913 年在伍斯特学院以最优异的成绩毕业并成为普林斯顿大学的研究生，1914 年获硕士学位，1916 年获博士学位，后在明尼苏达大学任教。1920 年起任圣路易斯华盛顿大学物理系主任，1923 年起任芝加哥大学物理系教授，1945 年返回华盛顿大学任校长，1953 年起改任自然科学史教授，直到 1961 年退休。

在明尼苏达大学任教的两年多时间里，康普顿完成了两项很有意义的工作，一项是提出电子半径为厘米的假设，用以解释他用实验所确定的 X 射线强度与散射角的关系；另一项是确定了磁性晶体的磁化效应，并科学地预言了铁磁性起源于电子的内禀磁矩，后为他的学生于 1930 年证实。康普顿最重大的贡献是康普顿效应及解释。1919 至 1920 年间，康普顿去英国在 J. 汤姆孙和 E. 卢瑟福的指导下以访问学者的身份在卡文迪什实验室工作，他进行了 γ 射线的散射实验，发现用经典理论无法解释实验结果。回国后他用单色 X 射线和布喇格晶体光谱仪做实验，通过从不同角度在靶周围测量散射 X 射线波长，发现散射波中含有波长增大的波，该现象就是著名的康普顿效应。康普顿指出：散射应遵从能量守恒和动量守恒定律，出射 X 射线波长变长证明了 X 射线光子带有量子化动量。1922 年，他采用单个光子和自由电子的简单碰撞理论，对这个效应做出了满意的理论解释。康普顿效应是近代物理学的一大发现，它进一步证实了爱因斯坦的光子理论，揭示出光的二象性，从而导致了近代量子物理学的诞生和发展；另一方面康普顿效应也阐明了电磁辐射与物质相互作用的基本规律。因此，无论从理论或实验上，它都具有极其深远的意义。康普顿因此获得 1927 年度诺贝尔物理学奖。中国物理学家吴有训在康普顿实验室做了大量实验，取得了令人信服的实验证据，排除了学术界对康普顿理论的异议，为康普顿的工作做出了宝贵的、不可多得的贡献。1930 至 1940 年这 10 年中，康普顿致力于宇宙线的研究，发现了逆康普顿效应。该效应在天体物理中有重要意义。

康普顿的主要著作有《X 射线和电子》和《X 射线的理论和实验》。康普顿曾任美国物理学会主席（1934）、美国科学工作者协会主席（1939 ~1940）、美国科学发展协会主席（1942）。1962 年 3 月 15 日，康普顿因患脑溢血在加利福尼亚州伯克利逝世。

科学家介绍——尼尔斯·玻尔

原子结构学说之父尼尔斯·亨利·戴维·玻尔（Bohr, Niels, 1885—1962）于 1885 年出生在丹麦的首都哥本哈根。1911 年他在哥本哈根大学获得博士学位。不久他前往英国剑桥，在以发现电子而闻名的科学家 J. J. 汤普森的指导下从事研究。几个月后玻尔来到曼彻斯特与在几年前发现原子核的欧内斯特·卢瑟福共同从事研究。卢瑟福提出原子中心有一个重核，周围有电子。这与从前的学说相反。玻尔很快就发展了自己崭新的原子结构学说，他那篇具有划时代意义的论文《论原子和分子结构》于 1913 年发表在《哲学杂志》上。

玻尔学说指出原子就像一个微型的太阳系，电子在重核周围的轨道上旋转。其中一个极其重要的差别在于经典物理学定律认为行星轨道的大小可以是任意的，而玻尔假定原子的电子只能在某些大小确定的轨道上旋转，只有轨道半径使整个原子的全部角动量是普朗克常数的倍数时才有可能，而中介值则不行。每个确定的轨道都具有与其相关的确定能量。当一个电子从一个确定的轨道跃迁到另一个确定的轨道时，辐射出来的光的频率就等于能量的变化再除以普朗克常数。

玻尔学说代表着对经典物理学说的一次彻底突破。一些富于想象力的科学家（如爱因斯坦）迅即称颂玻尔的论文是一部杰作，虽然起初有许多其他人对新学说提出了质疑。玻尔学说经受住了关键性的检验，圆满解释了氢原子光谱。长期以来人们就知道氢气遇高温时就开始进行光辐射。但是它辐射的光并不包括所有颜色的光，而只包括某些频率非常固定的光。玻尔原子学说的一个很大的优点在于它从几个简单的假说出发，以惊人的准确性解释了氢原子辐射的所有谱线（颜色）的精确波长。而且玻尔学说预示有更多的谱线存在，这些谱线以前并未观察到，而不久就被实验所证实。此外，玻尔原子结构学说第一次明确地解释了原子为什么具有它们所有的体积。由于具备这些令人信服的证据，玻尔学说很快就被公认。1922 年，玻尔获得诺贝尔物理奖。

1920 年哥本哈根成立理论物理学研究所，玻尔任所长。在他的指导下，众多才华横溢的青年科学家纷至沓来，使该所很快就成为世界上主要的科研中心之一。

但是与此同时，玻尔的原子结构学说也陷入了困境。主要问题在于玻尔学说虽然成功地解释了只有一个电子的原子（如氢原子）的光谱，但是它不能正确地预示出其他原子的光谱。有些科学家对玻尔学说在解释氢原子方面的绝对成功深受启发，企图对它稍加修正就能解释较重原子的光谱。玻尔首先认识到稍加修正仍无济于事，必须要彻底加以修正。他本人虽有天才却没能找到解决问题的方法。

这个方法终于在 1925 年被海森堡等人找到了。他们是在 1925 年着手于这项研究工作的。有趣的是海森堡和大多数对发展新学说有贡献的其他科学家都在哥本哈根做过研究工作。在那儿他们通过与玻尔开展讨论和相互间的密切影响，无疑会受益匪浅。玻尔本人立即拥护新学说，帮助推进新学说。他对新学说作出了重大的贡献。通过讨论和写作，他促进了新学说的系统化。

在 20 世纪 30 年代，玻尔把注意力转移到原子核结构问题上去了。他创造了重要的原子核“液滴模型”，还提出了反应堆中的“复核”学说。此外，玻尔还正确预言了参与核裂变的是铀的同位素 U_{235}，这对后来发展原子弹具有重大意义。

1940 年德国军队占领了丹麦。玻尔的处境十分危险，这是由于他坚决反对纳粹分子的观点众所周知，还由于他母亲是犹太人。1943 年玻尔设法逃出了被占领的丹麦来到瑞典。他还帮助许多丹麦籍犹太人潜逃出境，否则他们将会死在希特勒的煤气炉上。玻尔从瑞典飞到英国，又从英国飞到美国。在美国，玻尔在战争时期帮助制造了原子弹。

战后，玻尔返回哥本哈根，在那儿领导理论物理所，直到 1962 年去世时为止。在战后的年月里，玻尔为对原子能实行国际性控制进行努力奋斗，不过没有取得任何成效。

玻尔于1921年结婚，当时正值他从事伟大科研工作的黄金时代。他有五个儿子，其中的一个儿子阿基·玻尔获得1975年诺贝尔物理奖。玻尔是世界上最受爱戴的科学家之一。由于他的品格和人道主义而受到人们的喜爱和仰慕。

虽然玻尔最初的原子结构学说在五十多年前就已被取代，但是他在20世纪仍不愧为最伟大的人物之一。其理由有几点。第一，他的学说的某些重要方面仍被认为是正确的。例如，他的原子只能存在于某些不连续能级上的观点是所有后来的原子结构学说的一个不可分割的组成部分。第二，即使现代科学家认为玻尔原子图像实际上不正确，它也具有巨大的启发价值。也许所有理由中最重要的是玻尔学说给量子力学发展带来的动力。就算其中有些已被取代，也不难看出他的学说已被历史证明是现代原子学说和以后发展起来的量子力学的起点。

同步练习

思考题

16.1　什么是黑体？什么样的物体可以当作黑体？为什么从远处看洞口总是黑的？

16.2　你能用维恩位移定律估计人体热辐射的各种波长中，哪一个波长的单色发射本领最大吗？

16.3　炼钢工人常用平炉小孔观察到的钢水颜色来估计钢水的温度，这是什么道理？

17.5　所有物体都发射电磁波，为什么用肉眼看不见黑暗中的物体？用什么样的设备可观察到黑暗中的物体？

16.5　什么是光电效应？光电效应具有哪些规律？

16.6　什么是爱因斯坦光量子假设？光子的能量和动量与什么因素有关？

16.7　什么是康普顿效应？为什么用可见光不能观察到康普顿效应？

16.8　如何用光的粒子性解释光电效应和康普顿效应？

16.9　从经典理论来看，卢瑟福的原子核模型遇到了什么困难？

16.10　处于受激状态的原子与处于正常状态的原子有何区别？

16.11　用可见光照射能否使基态氢原子受到激发？

16.12　处于激发态 $n=4$ 的氢原子中的电子向低能态跃迁时，产生的谱线可能有多少条？

选择题

16.13　用频率为 ν_1 的单色光照射某种金属时，测得饱和电流为 I_1，

以频率为 ν_2 的单色光照射该金属时，测得饱和电流为 I_2，若 $I_1 > I_2$，则 [　　]

A. $\nu_1 > \nu_2$　　B. $\nu_1 < \nu_2$

C. $\nu_1 = \nu_2$　　D. ν_1 与 ν_2 的关系还不能确定

16.14　已知某单色光照射到一金属表面产生了光电效应，若此金属的逸出电势是 U_0（使电子从金属逸出需做功 eU_0），则此单色光的波长 λ 必须满足 [　　]

A. $\lambda \leqslant \dfrac{hc}{eU_0}$　　B. $\lambda \geqslant \dfrac{hc}{eU_0}$

C. $\lambda \leqslant \dfrac{eU_0}{hc}$　　D. $\lambda \geqslant \dfrac{eU_0}{hc}$

16.15　已知一单色光照射在钠表面上，测得光电子的最大动能是 1.2 eV，而钠的红限波长是 540 nm，那么入射光的波长是 [　　]

A. 535 nm　　B. 500 nm

C. 435 nm　　D. 355 nm

16.16　用频率为 ν 的单色光照射某种金属时，逸出光电子的最大动能为 E_k；若改用频率为 2ν 的单色光照射此种金属时，则逸出光电子的最大动能为 [　　]

A. $2E_k$　　B. $2h\nu - E_k$

C. $h\nu - E_k$　　D. $h\nu + E_k$

16.17　在康普顿散射中，如果设反冲电子的速度为光速的 60%，则因散射使电子获得的能量是其静止能量的 [　　]

A. 2 倍　　B. 1.5 倍　　C. 0.5 倍　　D. 0.25 倍

16.18　当照射光的波长从 400 nm 变到 300 nm 时，对同一金属，在光电效应实验中测得的遏止电压将 [　　]

A. 减小 0.56 V　　B. 减小 0.34 V

C. 增大 0.165 V　　D. 增大 1.035 V

（普朗克常量 $h = 6.63 \times 10^{-34}$ J·s，基本电荷 $e = 1.60 \times 10^{-19}$ C）

16.19　康普顿效应的主要特点是 [　　]

A. 散射光的波长均比入射光的波长短，且随散射角增大而减小，但与散射体的性质无关

B. 散射光的波长均与入射光的波长相同，与散射角、散射体性质无关

C. 散射光中既有与入射光波长相同的，也有比入射光波长长的和比入射光波长短的，这与散射体性质有关

D. 散射光中有些波长比入射光的波长长，且随散射角增大而增大，有些散射光波长与入射光波长相同，这都与散射体的性质无关

16.20 光电效应和康普顿效应都包含有电子与光子的相互作用过程。对此,在以下几种理解中,正确的是 [ ]

A. 两种效应中电子与光子两者组成的系统都服从动量守恒定律和能量守恒定律

B. 两种效应都相当于电子与光子的弹性碰撞过程

C. 两种效应都属于电子吸收光子的过程

D. 光电效应是吸收光子的过程,而康普顿效应则相当于光子和电子的弹性碰撞过程

E. 康普顿效应是吸收光子的过程,而光电效应则相当于光子和电子的弹性碰撞过程

16.21 由氢原子理论知,当大量氢原子处于 $n=3$ 的激发态时,原子跃迁将发出 [ ]

A. 一种波长的光　　B. 两种波长的光

C. 三种波长的光　　D. 连续光谱

16.22 具有下列哪一能量的光子,能被处在 $n=2$ 的能级的氢原子吸收? [ ]

A. 1.51 eV　B. 1.89 eV　C. 2.16 eV　D. 2.40 eV

16.23 要使处于基态的氢原子受激后可辐射出可见光谱线,最少应供给氢原子的能量为 [ ]

A. 12.09 eV　B. 10.20 eV　C. 1.89 eV　D. 1.51 eV

填空题

16.24 当波长为300 nm ($1\ \text{nm}=10^{-9}\ \text{m}$)的光照射在某金属表面时,光电子的能量范围为 $0\sim4.0\times10^{-19}$ J。在做上述光电效应实验时遏止电压为 $|U_a|=$ ________ V;此金属的红限频率 $\nu_0=$ ________ Hz。

(普朗克常量 $h=6.63\times10^{-34}$ J·s;基本电荷 $e=1.60\times10^{-19}$ C)

16.25 钨的红限波长是230 nm ($1\ \text{nm}=10^{-9}\ \text{m}$),用波长为180 nm的紫外光照射时,从表面逸出的电子的最大动能为________ eV。

16.26 以波长 $\lambda=0.207\ \mu\text{m}$ 的紫外光照射金属钯表面产生光电效应,已知钯的红限频率 $\nu_0=1.21\times10^{15}$ Hz,则其遏止电压 $|U_a|=$ ________ V。

(普朗克常量 $h=6.63\times10^{-34}$ J·s,基本电荷 $e=1.60\times10^{-19}$ C)

16.27 康普顿散射中,当散射光子与入射光子方向成夹角 $\phi=$ ______时,散射光子的频率小得最多;当 $\phi=$ ______ 时,散射光子的频率与入射光子相同。

16.28 某一波长的X光经物质散射后,其散射光中包含波长________和波长__________的两种成分,其中__________的散射成分称为康普顿散射。

16.29　在氢原子发射光谱的巴尔末线系中有一频率为 6.15×10^{14} Hz 的谱线，它是氢原子从能级 E_n = ________ eV 跃迁到能级 E_k = ________ eV 而发出的。

（普朗克常量 $h=6.63\times10^{-34}$ J·s，基本电荷 $e=1.60\times10^{-19}$ C）

16.30　欲使氢原子能发射巴尔末系中波长为 486.13 nm 的谱线，最少要给基态氢原子提供________ eV 的能量。

（里德伯常量 $R=1.097\times10^{7}\ \mathrm{m}^{-1}$）

16.31　被激发到 $n=3$ 的状态的氢原子气体发出的辐射中，有______条可见光谱线和________条非可见光谱线。

计算题

16.32　用单色光照射某一金属产生光电效应，如果入射光的波长从 $\lambda_1=400$ nm 减到 $\lambda_2=360$ nm（1 nm = 10^{-9} m），遏止电压改变多少？数值加大还是减小？

（普朗克常量 $h=6.63\times10^{-34}$ J·s，基本电荷 $e=1.60\times10^{-19}$ C）

16.33　以波长 $\lambda=410$ nm（1 nm = 10^{-9} m）的单色光照射某一金属，产生的光电子的最大动能 $E_k=1.0$ eV，求能使该金属产生光电效应的单色光的最大波长是多少？

（普朗克常量 $h=6.63\times10^{-34}$ J·s）

16.34　用波长 $\lambda_0=0.1$ nm 的光子做康普顿实验。

(1) 散射角 $\varphi=90°$ 的康普顿散射波长是多少？

(2) 反冲电子获得的动能有多大？

（普朗克常量 $h=6.63\times10^{-34}$ J·s，电子静止质量 $m_e=9.11\times10^{-31}$ kg）

16.35　已知氢光谱的某一线系的极限波长为 364.7 nm，其中有一谱线波长为 656.5 nm，试由玻尔氢原子理论，求与该波长相应的始态与终态能级的能量。

（$R=1.097\times10^{7}\ \mathrm{m}^{-1}$）

16.36　处于基态的氢原子被外来单色光激发后发出的光仅有三条谱线，问此外来光的频率为多少？（里德伯常量 $R=1.097\times10^{7}\ \mathrm{m}^{-1}$）

16.37　已知氢原子光谱中有一条谱线的波长 $\lambda=102.57$ nm，氢原子的里德伯常量 $R=1.097\times10^{7}\ \mathrm{m}^{-1}$，问跃迁发生在哪两个能级之间？

同步练习答案

第 1 章

选择题

1.9 D **1.10** C **1.11** D **1.12** D **1.13** B

填空题

1.14 $-50\sin 5t\boldsymbol{i}+50\cos 5t\boldsymbol{j}$,0,圆

1.15 8 m,10 m

1.16 0.8 $\mathrm{m\cdot s^{-2}}$,25.6 $\mathrm{m\cdot s^{-2}}$

计算题

1.17 (1) $-0.5\ \mathrm{m\cdot s^{-1}}$; (2) $-6\ \mathrm{m\cdot s^{-1}}$; (3)2.25 m

1.18 $t=\sqrt{\dfrac{R}{c}}-\dfrac{b}{c}$

1.19 $x=10+\dfrac{2}{3}t^3$

第 2 章

选择题

2.7 B **2.8** B **2.9** E **2.10** D **2.11** C **2.12** B **2.13** B

填空题

2.14 f_0

2.15 (1)$mg/\cos\theta$; (2)$\sin\theta\sqrt{gl/\cos\theta}$

2.16 (1)$(1+\sqrt{2})m\sqrt{gy_0}$; (2)$\dfrac{1}{2}mv_0$

2.17 $-F_0R$

2.18 18 J,6 $\mathrm{m\cdot s^{-1}}$

计算题

2.19 (1)$T=\dfrac{mv^2}{R}-mg\cos\theta$, $a_t=g\sin\theta$;(2)a_t 的大小和方向随 θ 变化

2.20 $v_1=-\dfrac{m}{M}v$,$v_2=\dfrac{m}{M+m}v$

2.21 980 J

2.22 729 J

第3章

选择题

3.7 D **3.8** C **3.9** C **3.10** B **3.11** D **3.12** A **3.13** B **3.14** B

填空题

3.15 6.54 $\mathrm{rad\cdot s^{-2}}$,4.8 s

3.16 $\frac{1}{2}mgl$;$2g/3l$

3.17 $\frac{1}{3}\omega_0$

3.18 157 N·m

3.19 0.5 $\mathrm{kg\cdot m^2}$

3.20 对子弹和杆,角动量

计算题

3.21 (1)$\frac{3g}{4l}$; (2)$\frac{3g}{2l}$

3.22 $v=\frac{2m_1g}{m_2+2m_1}t$

3.23 $\beta=\frac{(m_1-m_2)gr}{J+m_1r^2+m_2r^2}$

3.24 (1)$\omega=\frac{2m_0v_0}{2m_0R+mR}$; (2)$\Delta t=\frac{3m_0v_0}{2\mu mg}$

第4章

选择题

4.12 D **4.13** C **4.14** C **4.15** D **4.16** C **4.17** C **4.18** C

4.19 B

填空题

4.20 1∶1∶1

4.21 1.33×10^5 Pa

4.22 $\frac{3}{2}R,\frac{5}{2}R,6R$

4.23 1 mol 单原子分子理想气体的内能,单原子分子理想气体的定容摩尔热容,单原子分子理想气体的定压摩尔热容。

4.24 p_2/p_1

4.25 氩,氦

4.26 4 000 $\mathrm{m\cdot s^{-1}}$;1 000 $\mathrm{m\cdot s^{-1}}$

4.27 $\sqrt{\overline{v^2}}=\sqrt{\dfrac{3p}{\rho}}, E=\dfrac{3}{2}P$

4.28 $5.42\times10^{7}\ \mathrm{s}^{-1}, 6\times10^{-7}\ \mathrm{m}$

计算题

4.29 (1)$2.7\times10^{25}\ \mathrm{m}^{-3}$； (2)$1.43\ \mathrm{kg\cdot m^{-3}}$；
(3)$3.72\times10^{-26}\ \mathrm{m}^3$；(4)$3.34\times10^{-9}\ \mathrm{m}$

4.30 (1)$1.35\times10^{5}\ \mathrm{Pa}$； (2)$7.5\times10^{-21}\ \mathrm{J}$；362 K

第 5 章

选择题

5.6 D **5.7** C **5.8** D **5.9** B **5.10** D **5.11** D **5.12** A **5.13** B

填空题

5.14 500，700

5.15 1∶2，5∶3，5∶7

5.16 $\dfrac{3p_1V_1}{2}$，0

5.17 124.7 J，−84.3 J

5.18 1.62×10^{4} J

5.19 $<$

计算题

5.20 (1)$\dfrac{5}{2}(p_2V_2-p_1V_1)$； (2)$\dfrac{1}{2}(p_2V_2-p_1V_1)$；
(3)$3(p_2V_2-p_1V_1)$； (4)$3R$

5.21 (1)$T_C=100$ K，$T_B=300$ K
(2)各过程中气体所做的功分别为
$A\to B: W_1=400$ J，$B\to C: W_2=-200$ J，$C\to A: W_3=0$
(3)整个循环过程中气体所做总功为
$W=W_1+W_2+W_3=200$ J，$Q=W+\Delta E=200$ J

5.22 (1)$Q_{ab}=-6.23\times10^{3}$ J(放热)，$Q_{bc}=3.74\times10^{3}$ J(吸热)，$Q_{ca}=3.46\times10^{3}$ J(吸热)
(2)$W=0.97\times10^{3}$ J； (3)$\eta=W/Q_1=13.4\%$

5.23 (1)800 J；(2)100 J；(3)略

第 6 章

选择题

6.8 C **6.9** C **6.10** B **6.11** C **6.12** A **6.13** D **6.14** B
6.15 A **6.16** C **6.17** D

填空题

6.18 4 N/C,向上

6.19 $\pi R^2 E$

6.20 45V, −15V

6.21 -2×10^{-7} C

6.22 $\oint_L \boldsymbol{E}\cdot \mathrm{d}\boldsymbol{l}=0$,单位正电荷在静电场中沿任意闭合路径绕行一周静电场力做功为零,保守力

6.23 $(3\sqrt{3}qQ)/(2\pi\varepsilon_0 a)$

6.24 >

计算题

6.25 $\dfrac{q}{4\pi\varepsilon_0 d(L+d)}$,方向沿 X 轴正向

6.26 $6.99\times10^3\ \mathrm{N\cdot C^{-1}}$,

方向:$\boldsymbol{E}_P$ 与 X 轴正向夹角 $\beta=\arctan(E_y/E_x)=51.8°$

6.27 $\boldsymbol{E}=\dfrac{-q}{2\pi\varepsilon_0 a^2\theta_0}\sin\dfrac{\theta_0}{2}\boldsymbol{j}$

6.28 (1)$\dfrac{4}{3}\pi R^3\rho$;(2)$E_1=\dfrac{\rho r}{3\varepsilon_0}\quad(r\leqslant R)$,$\boldsymbol{E}_1$ 方向沿半径向外;

$E_2=\dfrac{R^3\rho}{3\varepsilon_0 r^2}\quad(r>R)$,$\boldsymbol{E}_2$ 方向沿半径向外;

(3)$U_1=\dfrac{\rho}{6\varepsilon_0}(3R^2-r^2)\quad(r\leqslant R)$;$U_2=\dfrac{R^3\rho}{3\varepsilon_0 r}\quad(r\geqslant R)$

6.29 $8.85\times10^{-9}\ \mathrm{C\cdot m^{-2}}$

6.30 (1)$\dfrac{\lambda}{4\pi\varepsilon_0}\ln\dfrac{a+l}{a}$;(2)$\dfrac{\lambda_0}{4\pi\varepsilon_0}\left[l-a\ln\dfrac{a+l}{a}\right]$

第 7 章

选择题

7.9 D **7.10** B **7.11** A **7.12** C **7.13** D **7.14** C **7.15** D

7.16 C

填空题

7.17 $-q$, $-q$

7.18 $2U/3$

7.19 ε_r,1,ε_r

7.20 $1/\varepsilon_r$,$1/\varepsilon_r$

7.21 ε_r,ε_r

计算题

7.22 $E=0\quad(r<R)$，$\quad E=\dfrac{1}{4\pi\varepsilon_0}\dfrac{Q}{r^2}\quad(r>R)$

$V_2=\dfrac{Q}{4\pi\varepsilon_0 r}\quad(r>R)$，$V_1\ \dfrac{Q}{4\pi\varepsilon_0 R}\quad(r\leqslant R)$

7.23 (1)内表面上有感应电荷 $-q$，外表面上带电荷 $q+Q$；

(2)$\dfrac{-q}{4\pi\varepsilon_0 a}$； (3)$\dfrac{-q}{4\pi\varepsilon_0 a}+\dfrac{q}{4\pi\varepsilon_0 r}+\dfrac{Q+q}{4\pi\varepsilon_0 b}$

7.24 (1)3.54×10^{-9} F； (2)3.54×10^{-6} C；

(3)$1.77\times10^{-6}\ \mathrm{C\cdot m^{-2}}$；(4)$2\times10^{5}\ \mathrm{V\cdot m^{-1}}$

7.25 1.416×10^{-8} F；1.416×10^{-5} C； $2\times10^{5}\ \mathrm{V\cdot m^{-1}}$；

7.26 (1)$\varepsilon_0 S/d$；(2)$\varepsilon_0 SU_{12}^2/2d$

7.27 (1)$\dfrac{\varepsilon_0\varepsilon_{r_1}\varepsilon_{r_2}S}{d_1\varepsilon_{r_2}+d_2\varepsilon_{r_1}}$；(2)$\dfrac{(d_1\varepsilon_{r_2}+d_2\varepsilon_{r_1})Q^2}{2\varepsilon_0\varepsilon_{r_1}\varepsilon_{r_2}S}$

第8章

选择题

8.11 C 8.12 B 8.13 D 8.14 C 8.15 B 8.16 A 8.17 A

填空题

8.18 $\dfrac{\mu_0 I}{4\pi R}$，垂直纸面向里

8.19 $\mu_0 i$，方向水平向右

8.20 $\boldsymbol{B}>\boldsymbol{B}_0$，$\boldsymbol{B}<\boldsymbol{B}_0$，$\boldsymbol{B}\gg\boldsymbol{B}_0$，闭合回路 L 所包围的电流代数和，磁场强度，$B=\mu_0\mu_r\boldsymbol{H}$

8.21 0，$\dfrac{Ee}{m}$，$e\ \sqrt{E^2+v^2B^2}/m$，0

8.22 1.60×10^{-15} N

8.23 5×10^{-3} N

计算题

8.24 (1)$\dfrac{R}{R+r}\mathscr{E}$；(2)$\mathscr{E}$，0；(3)$\dfrac{\mathscr{E}}{r}$，0；(4)$P=\dfrac{\mathscr{E}^2R}{(R+r)^2}$；(5)$r$

8.25 2.1×10^{-5} T，垂直纸面向里

8.26 $\dfrac{\mu_0 e^2}{8\pi a_0^2\ \sqrt{\pi m\varepsilon_0 a_0}}$，方向垂直纸面向外

8.27 (1) -0.24 Wb ；(2)0；(3)0.24 Wb

8.28 (1)$\dfrac{\mu_0 I_1 H}{2\pi}\ln\dfrac{C+L}{C}$；(2)$\dfrac{\mu_0 I_1 I_2 H}{2\pi}\left(\dfrac{1}{C}-\dfrac{1}{C+L}\right)$，方向沿 X 轴反方向

8.29 $2RIB$，方向沿 Y 轴正向

8.30 9.24×10^{-22} A·m^2

8.31 (1)0.283 N,方向:与 AC 直线垂直,与 OC 夹角 45°;

(2)1.57×10^{-2} N·m ,方向:力矩 $\boldsymbol{M}$ 将驱使线圈法线转向与 $\boldsymbol{B}$ 平行

第 9 章

选择题

9.9 C **9.10** B **9.11** D **9.12** B **9.13** D **9.14** D **9.15** D

9.16 B **9.17** C **9.18** B **9.19** C **9.20** D **9.21** D

填空题

9.22 $-\mu_0 n\pi a^2 I_m\omega\cos\omega t$

9.23 $\frac{5}{2}B\omega R^2$,O 点电势较高

9.24 金属导线以一端为轴时,$\frac{1}{2}B\omega L^2$,中心为轴时,0

9.25 $\varepsilon=\frac{1}{2}B\omega R^2$,为由圆心指向边缘

9.26 略

9.27 9.6 J

9.28 1:16

计算题

9.29 $-\frac{3}{10}B\omega L^2$

9.30 (1)$\frac{1}{2}\omega a^2 B$;(2)$3\omega a^2 B/2$;(3)O 点电势最高

9.31 $\left[\frac{\mu_0 I v}{2\pi a(a+b)}-\frac{\partial B}{\partial t}\right]bl$

9.32 $(12\,t+7)\times10^{-3}$ V,逆时针方向

9.33 $\frac{\mu_0 c}{2\pi}\ln\frac{a+b}{a}$

第 10 章

选择题

10.11 C **10.12** B **10.13** D **10.14** B **10.15** B **10.16** D

10.17 B

填空题

10.18 π, −π/2,π/3

10.19 10 cm,π/6 rad·s^{-1},π/3

10.20 $\frac{\pi}{3}$

10.21 0,3π cm · s^{-1}

10.22 π/4,$x=0.02\cos\left(\pi t+\frac{\pi}{4}\right)$ m

10.23 9.9×10^{2} J

10.24 A_2-A_1,$x=(A_2-A_1)\cos\left(\frac{2\pi}{T}t+\frac{\pi}{2}\right)$(SI)

计算题

10.25 (1)$T=\frac{2\pi}{\omega}=\frac{\sqrt{3}}{2}\pi$ s;(2)$x=\pm10.8$ cm

10.26 (1)$x=\frac{15\sqrt{2}}{2}\times10^{-2}\cos\left(10t-\frac{\pi}{4}\right)$(SI);

(2)$x=\frac{15\sqrt{2}}{2}\times10^{-2}\cos\left(10t+\frac{\pi}{4}\right)$(SI)

10.27 (1) $\pm3\sqrt{2}$ cm;(2)0.75 s

10.28 (1)0.16 J;(2)$x=0.4\cos(2\pi t+\pi/3)$(SI)

10.29 $x=0.1\cos\left(\frac{5\pi}{12}t+\frac{2\pi}{3}\right)$(SI)

10.30 $x=6.48\times10^{-2}\cos(2\pi t+1.12)$(SI)

第 11 章

选择题

11.11 B **11.12** B **11.13** C **11.14** C **11.15** A **11.16** D

11.17 D **11.18** C **11.19** D **11.20** C

填空题

11.21 向下,向上,向上

11.22 503 m · s^{-1}

11.23 0.8 m,0.2 m,125 Hz

11.24 0.233 m

11.25 波从坐标原点传至 x 处所需时间,x 处质点比原点处质点滞后的振动相位,t 时刻 x 处质点的振动位移

11.26 2π/5

11.27 $y=0.1\cos\left[2\pi\left(\frac{165t}{2}-\frac{x}{4}\right)+\pi\right]$ m

11.28 相同,4π/3

11.29 $y_1=A\cos[2\pi(\nu t+x/\lambda)+\pi]$,$y=2A\sin\frac{2\pi x}{\lambda}\sin 2\pi\nu t$(SI)

11.30 $y_1=2A\cos(\omega t+\pi)$ (SI)；$v=2A\omega\sin\omega t$ (SI)

计算题

11.31 $y=0.03\cos\left(50\pi t-\frac{25\pi}{3}x-\frac{\pi}{2}\right)$ m

11.32 (1) $y=0.1\cos 2\pi\left(2t-\frac{x}{10}\right)$ m；(2) 0.1 m；(3) $-1.26\ \mathrm{m\cdot s^{-1}}$

11.33 (1) $y_0=A\cos\left(2\pi\nu(t-t')+\frac{\pi}{2}\right)$ (SI)；

(2) $y=A\cos\left[2\pi\nu\left(t-t'-\frac{x}{u}\right)+\frac{\pi}{2}\right]$ (SI)

11.34 (1) $y_1=0.25\cos(125t-3.7)$ m，

$y_2=0.25\cos(125t-9.25)$ m；

(2) 5.55 m；(3) 0.249 m

11.35 -0.01 m，0，$6.17\times10^3\ \mathrm{m\cdot s^{-2}}$

11.36 (1) $y=A\cos\left[\omega\left(t-\frac{x}{u}\right)+\frac{\pi}{2}\right]$ (SI)；(2) $y_1=A\cos\left(\omega t+\frac{\pi}{4}\right)$ (SI)

$y_2=A\cos\left(\omega t-\frac{\pi}{4}\right)$ (SI)；(3) $-\frac{\sqrt{2}}{2}A\omega$ (SI)；$\frac{\sqrt{2}}{2}A\omega$ (SI)

11.37 (1) $y_0=0.06\cos(\pi t+\pi)$ m；

(2) $y=0.06\cos\left(\pi t-\frac{\pi}{2}x+\pi\right)$ m；(3) 4 m

11.38 $x=\pm100\left(k+\frac{1}{3}\right)$ m 或 $x=\pm100\left(k-\frac{1}{3}\right)$ m　$(k=0,1,2,\cdots)$

第 12 章

选择题

12.3 C　**12.4** A　**12.5** B　**12.6** B　**12.7** B　**12.8** A

填空题

12.9 $3.16e\pm\frac{\lambda}{2}$

12.10 $|n_2-n_1|e$

12.11 0.75 mm

12.12 112.7 nm

12.13 $\frac{\lambda}{2nL}$

12.14 1.40

12.15 $\frac{2d}{\lambda}$

计算题

12.16 0.134 mm

12.17 544.8 nm,属于黄色

12.18 99.6 nm

12.19 8.46×10^{-4} mm

12.20 142 条暗条纹

12.21 534.9 nm

第 13 章

选择题

13.5 D **13.6** B **13.7** C **13.8** A **13.9** B **13.10** D **13.11** B

填空题

13.12 1 m

13.13 428.6 nm

13.14 $d\sin\theta=\pm k\lambda$

13.15 3

13.16 17.9,16.9

计算题

13.17 5.46 mm

13.18 (1)1.03×10^{-3} m;(2)5.2×10^{-4} m

13.19 2.0×10^{-6} m

13.20 6.0×10^{-3} m

第 14 章

选择题

14.5 B **14.6** B **14.7** A **14.8** B **14.9** D

填空题

14.10 自然光,线偏振光,部分偏振光

14.11 线偏振光,光矢量振动,偏振化

14.12 $\sqrt{3}$

14.13 54.7°

计算题

14.14 $\frac{\pi}{8}$

14.15 (1)$\frac{3}{4}I_0,\frac{3}{16}I_0$;(2)$\frac{I_0}{2},\frac{I_0}{8}$

14.16 (1)58.0°;(2)32.0°;(3)是

第 15 章

选择题

15.7 A **15.8** C **15.9** B **15.10** C

填空题

15.11 相对的,运动

15.12 1.8×10^{8}

计算题

15.13 5.68 年,2.58×10^{16} m

15.14 1.8×10^{8} m/s 或 $3c/5$;9×10^{8} m

15.15 $\dfrac{m_0}{\left(1-\dfrac{v^2}{c^2}\right)V_0}$

15.16 (1)5.81×10^{-13} J = 3.63 MeV;(2)0.08

第 16 章

选择题

16.13 D **16.14** A **16.15** D **16.16** D **16.17** D **16.18** D

16.19 D **16.20** D **16.21** C **16.22** B **16.23** A

填空题

16.24 2.5,4×10^{14}

16.25 1.5

16.26 0.99

16.27 π,0

16.28 不变,变长,波长变长

16.29 −0.85, −3.4

16.30 12.75

16.31 1,2

计算题

16.32 0.345 V,数值加大

16.33 612 nm

16.34 (1)1.024×10^{-10} m;(2)291 eV

16.35 −1.51 eV; −3.4 eV

16.36 2.92×10^{15} Hz

16.37 $n=3\rightarrow n=1$

附录 物理学常量表

物理量名称	符号	数 值	计算用值
真空中的光速	c	299 792 458 m · s^{-1}	3.0 × 10^{8} m · s^{-1}
真空电容率	ε_0	8.854 187 817 × 10^{-17} C^{2} · N^{-1} · m^{-2}	8.85 × 10^{-12} C^{2} · N^{-1} · m^{-2}
真空磁导率	μ_0	12.566 370 614 × 10^{-12} N · A^{-2}	4π × 10^{-7} N · A^{-2}
电子电量	e	1.602 177 33 × 10^{-19} C	1.602 × 10^{-19} C
电子静止质量	m_c	9.109 389 7 × 10^{-31} kg	9.11 × 10^{-31} kg
质子静止质量	m_p	1.672 623 1 × 10^{-27} kg	1.673 × 10^{-27} kg
中子静止质量	m_n	1.674 928 6 × 10^{-27} kg	1.675 × 10^{-27} kg
阿伏伽德罗常量	N_0	6.022 136 7 × 10^{23} mol^{-1}	6.02 × 10^{23} mol^{-1}
玻尔兹曼常量	k	1.380 658 × 10^{-23} J · K^{-1}	1.38 × 10^{-23} J · K^{-1}
摩尔气体常数	R	8.314 510 J · mol · K^{-1}	8.31 J · mol · K^{-1}
普朗克常量	h	6.626 075 5 × 10^{-34} J · s	6.63 × 10^{-34} J · s
里德伯常量	R_∞	10 973 731.534 m^{-1}	
引力常量	G	6.672 59 × 10^{-11} m^{3} · s^{-2} · kg^{-1}	6.67 × 10^{-11} m^{3} · s^{-2} · kg^{-1}
重力加速度（海平面处）	g	9.806 65 m · s^{-2}（标准参考值）	9.8 m · s^{-2}
		9.780 4 m · s^{-2}（赤道）	
		9.832 2 m · s^{-2}（两极）	
地球质量		5.98 × 10^{24} kg	
地球半径		6.37 × 10^{6} m（平均半径）	
		6.378 2 × 10^{6} m（赤道半径）	
		6.356 8 × 10^{6} m（极半径）	
太阳质量		1.99 × 10^{30} kg	
太阳半径		6.960 × 10^{8} m	
地球中心到太阳中心距离		1.496 × 10^{11} m（平均值）	
		1.471 × 10^{11} m（在近日点）	
		1.521 × 11^{11} m（在远日点）	
地球中心至月球中心距离		3.844 × 10^{8} m	
月球质量		7.35 × 10^{22} kg	
月球半径		1.738 × 10^{6} m	

参考文献

[1] 杨仲耆,等. 大学物理学[M]. 北京:高等教育出版社,1981.
[2] 陈宜生,李增智. 大学物理[M]. 天津:天津大学出版社,1999.
[3] 张三慧. 大学物理学[M]. 北京:清华大学出版社,1998.
[4] 东南大学,等. 物理学[M]. 4 版. 北京:高等教育出版社,1999.
[5] 沙洪均. 物理学[M]. 北京:机械工业出版社,1997.
[6] 陈宜生. 物理学[M]. 天津:天津大学出版社,2005.
[7] 程守洙,江之永. 普通物理学简明教程[M]. 北京:高等教育出版社,2003.
[8] 贾落武,霍炳海,曹文斗,等. 大学物理概论[M]. 天津大学出版社,2000.